工业和信息化普通高等教育“十二五”规划教
21 世纪高等学校计算机规划教材
21st Century University Planned Textbooks of Computer Science

程序设计基础——Visual Basic教程（第2版）

Fundamental Tutorial of Programming in Visual Basic (2nd Edition)

周黎 钱瑛 周阳花 编著

高校系列

人 民 邮 电 出 版 社
北 京

图书在版编目（CIP）数据

程序设计基础 : Visual Basic教程 / 周黎，钱瑛，周阳花编著. -- 2版. -- 北京 : 人民邮电出版社，2011.9（2015.8 重印）

21世纪高等学校计算机规划教材

ISBN 978-7-115-25736-9

Ⅰ. ①程… Ⅱ. ①周… ②钱… ③周… Ⅲ. ①BASIC语言－程序设计－高等学校－教材 Ⅳ. ①TP312

中国版本图书馆CIP数据核字（2011）第164374号

内 容 提 要

本书从初学者的角度出发，由浅入深地介绍面向对象的程序设计方法，将 Visual Basic 的学习划分成三个阶段：基础阶段、高级阶段和应用阶段。基础阶段主要包括 Visual Basic 集成环境介绍、Visual Basic 基本控件的使用、程序设计基础知识及基本语句等内容；高级阶段主要包括程序设计算法基础、高级数据类型、过程；应用阶段主要包括文件、高级控件和数据库编程技术、Visual Basic .NET 简介等内容。

本书注重对学生进行基本概念、基本理论、基本技能的培养，可作为各类高等院校非计算机专业学习 Visual Basic 程序设计的教材，也可供有关工程技术人员和计算机爱好者阅读参考。

21 世纪高等学校计算机规划教材

程序设计基础——Visual Basic 教程（第 2 版）

◆ 编　著　周　黎　钱　瑛　周阳花

责任编辑　武恩玉

◆ 人民邮电出版社出版发行　北京市丰台区成寿寺路 11 号

邮编　100164　电子邮件　315@ptpress.com.cn

网址　http://www.ptpress.com.cn

中国铁道出版社印刷厂印刷

◆ 开本：787×1092　1/16

印张：20　　2011 年 9 月第 2 版

字数：522 千字　　2015 年 8 月北京第 7 次印刷

ISBN 978-7-115-25736-9

定价：39.00 元

读者服务热线：(010)81055256　印装质量热线：(010)81055316

反盗版热线：(010)81055315

前 言

Visual Basic 是国内外最流行的程序设计语言之一，它采用面向对象与事件驱动的程序设计思想，使编程变得更加方便、快捷。使用 Visual Basic 既可以开发个人或小组使用的小型工具，又可以开发多媒体软件、数据库应用程序、网络应用程序等大型软件。

目前，许多高校都开设了 Visual Basic 程序设计语言课程，而很多非计算机专业人员也选择使用 Visual Basic 作为学习计算机程序设计的入门语言。Visual Basic 程序设计课程主要介绍程序设计语言和可视化界面设计两方面知识，除了介绍 Visual Basic 的基本知识、基本语法、编程方法外，最重要的是让学生提高分析问题、解决问题的能力。

本书语言简洁易懂，从初学者的角度出发，由浅入深地介绍了 Visual Basic 的基础知识。对于有语言基础的读者，本书加深了对程序设计方法的指导，对各种典型算法进行了归纳总结，并引导读者走向实际应用。同时，为了让读者能了解程序设计的最新技术，本书还对 Visual Basic .NET 进行了简单介绍，通过与 Visual Basic 6.0 的对比，让读者能更快地掌握 Visual Basic. NET 的使用。

本书内容全面，涵盖了 Visual Basic 中的大部分知识要点，将各类等级考试中对 Visual Basic 的考核要求融入到本书的编写中。

本书由具有多年计算机基础教学经验的一线教师共同编写。其中第 1 章、第 2 章、第 3 章、第 10 章、第 11 章及附录由周阳花编写，第 5 章、第 6 章、第 12 章由周黎编写，第 4 章、第 7 章、第 8 章、第 9 章由钱瑛编写。最后由周黎统稿并修改定稿。

本书所有实例程序都已在中文 Visual Basic 6.0 企业版中调试通过。另外，为方便教学，本书免费向教师提供配套的电子教案、教材中所有例题的源程序以及部分课后参考答案，需要者请登录人民邮电出版社教学服务与资源网（http://www.ptpedu.com.cn）免费下载。

与本书配套出版的实验指导教材可以帮助读者复习重点内容，理解、掌握并灵活运用所学知识。

本书虽经多次讨论并反复修改，但限于作者水平有限，不当之处在所难免，敬请广大读者指正。

编 者

2011 年 4 月

目 录

第1章 Visual Basic 6.0 概述

学习重点

- 面向对象程序设计的基本概念。
- Visual Basic 6.0 集成开发环境。
- Visual Basic 应用程序开发步骤。

1.1 Visual Basic 6.0 简介

Visual Basic（简称 VB）是微软公司在 PC 上开发的一种包含协助开发环境的可视化编程语言，其前身是 BASIC（Beginner's All-purpose Symbolic Instruction Code）语言（含义为初学者通用符号指令代码）。从任何标准来说，Visual Basic 都是世界上使用人数较多的语言，具有简单易学、功能强大、见效快等特点。它拥有图形用户界面（Graphical User Interface，GUI）和快速应用程序开发（Rapid Application Development，RAD）系统，可以轻易地使用 DAO、RDO、ADO 连接数据库，或轻松地创建 ActiveX 控件，还有强大的多媒体功能等。

1.1.1 Visual Basic 的发展历史

BASIC 语言是由 Dartmouth 学院 John G. Kemeny 和 Thomas E. Kurtz 两位教授于 20 世纪 60 年代中期所创，凭借其短小精悍、简单易学的特点，很快就流行起来。随着计算机技术的不断发展，BASIC 语言也演化出许多不同名称的版本，发展到 20 世纪 80 年代出现了 Quick Basic、True Basic、Turbo Basic 等语言。

20 世纪 90 年代初，微软公司凭借强大的技术优势，开始把 Basic 向可视化编程方向发展。1991 年 Visual Basic 1.0 版应运而生。虽然第一代 VB 产品功能比较弱，但它的出现在软件开发史上具有跨时代的意义。

随着 Visual Basic 1.0 版的巨大成功，微软公司不失时机地在 4 年时间内接连推出 Visual Basic 2.0，Visual Basic 3.0 和 Visual Basic 4.0 三个版本。虽然以现在的眼光看，Visual Basic 3.0 的功能仍然是弱小的，但在当时它是第一个集成 Access 数据库驱动的 Visual Basic 版本，这使得 Visual Basic 的数据库编程能力得到大大提高。Visual Basic 4.0 中引入了面向对象的程序设计思想和“控件”的概念，使得大量已经编好的 Visual Basic 程序可以直接拿来使用。1997 年微软公司又发布了 Visual Basic 5.0，此版本实现了向下兼容，并引入了 ActiveX 技术。

1998 年微软公司发布了 Visual Basic 的高端版本 6.0，在创建自定义控件、对数据库的访问以及对 Internet 的访问等方面功能更加强大和完善，还引入了使用部件编程的概念，这实际上是对象编程的扩展。根据用户对象的不同，Visual Basic 6.0 分成标准版、专业版和企业版 3 种版本。标准版是为初学者开发的，基于 Windows 的应用程序而设计；专业版为专业编程人员提供了一整套功能完备的开发工具，包括 ActiveX 控件、Internet Information Server Application Designer、集成的 Visual Database Tools 等；企业版使得专业编程人员能够开发功能强大的组内分布式应用程序，其中包括 Back Office 工具。

2002 年 Visual Basic .NET（简称 VB .NET）2002 版问世。Visual Basic .NET 是一种真正的面向对象编程语言和 Visual Basic 并不完全兼容。它拥有很多强大的功能，能快速创建 Windows 程序、Windows 服务、ASP .NET Web 应用程序，可以方便编写客户/服务器程序，并支持强大的数据库应用。

此外，微软公司还开发了一系列有关 Visual Basic 的脚本语言，如 Visual Basic for Applications，即 VBA，包含在微软公司的应用程序（如 Microsoft Office）中，以及类似 WordPerfect Office 这样第三方的产品里面。VBScript 是默认的 ASP 语言，还可以用在 Windows 脚本编写和网页编码中，它的语法虽然类似于 Visual Basic，却是一种完全不同的语言。

经过多年的发展，Visual Basic 已成为专业化的开发语言，并被广大的用户接受和使用。

1.1.2 Visual Basic 的特点

Visual Basic 受到广大编程爱好者以及专业程序员的青睐，它具有以下特点。

（1）可视化的集成开发环境。当使用面向过程的程序设计语言编写程序时，令人感到麻烦的是使用代码编写程序界面。因为在编程过程中界面不可见，需要不断地修改和运行才能设计出友好的界面。而在 Visual Basic 的可视化集成开发环境中，只要使用系统提供的工具在屏幕上画出对象，接着进行对象属性设置就行了，很直观并可以省去编写大量代码的工作。

（2）面向对象的程序设计思想。面向对象的程序设计就是把程序和数据封装起来作为一个对象，并为每一个对象设置所需要的属性。这种编程思想是伴随 Windows 图形界面的诞生而产生的。Visual Basic 采用面向对象的程序设计思想，其中图形对象的创建不需要语句来描述，程序采用事件驱动的编程机制，整个过程既简单又快速。

（3）强大的数据库管理功能。Visual Basic 利用数据控件可以直接建立 Access 格式的数据库或访问 Access 中的数据，此外还能编辑和访问 FoxPro、Paradox 等外部数据库。Visual Basic 提供开放式数据连接功能（Open Data Base Connectivity，ODBC），可以直接访问或建立链接方式，使用并操作后台大型网络数据库。

（4）支持对象链接和嵌入。Visual Basic 全面支持 Windows 系统的对象链接和嵌入（Object Linking and Embedding，OLE）技术，可以在不同的应用程序之间快速地传递数据，并可以自动利用其他应用程序所支持的各种功能。

（5）强大的 Internet 功能。VB 拥有强大的 Internet 功能，在应用程序内很容易通过 Internet 访问文档和程序。

（6）支持动态链接库。VB 使用动态链接库（Dynamic Linking Library，DLL）技术，可以在 VB 应用程序中调用其他语言编写的函数。

（7）完备的联机帮助系统。MSDN 的安装能使用户在 VB 开发系统中学到开发环境和编程语言的更多信息。

1.1.3　面向对象的基本概念

面向对象程序设计（Object Oriented Programming，OOP），是目前占主流地位的一种程序设计方法，它最重要的特色就是程序围绕被操作的对象来展开设计。Visual Basic 就是面向对象的程序设计语言，它采用事件驱动的编程机制。下面介绍面向对象程序设计中的一些重要概念。

1. 类和对象

类和对象是面向对象程序设计中很重要的概念。类是某些具有共同抽象的对象的集合，即将这些对象的共同特征（属性和方法等）抽取出来，形成一个关于这些对象集合的抽象定义；而类实例化后就称为对象，对象是运行的基本实体，包括属性、方法和事件要素。例如，“汽车”是类，而具体的“某辆汽车”是一个对象，它包含了汽车的具体信息（如品牌、型号等）及其操作（如启动、刹车等）。在 Visual Basic 中，应用程序的每个窗体和窗体上的每个控件都是 VB 的对象。

2. 属性

属性指对象本身所具有的特性。对象既然可以看作是物体，那么这个物体本身所具有的颜色、形状、大小、名称、位置等，都可以看作是这个对象的属性。如汽车这个类的属性有品牌、型号、颜色、排量等，当这些属性被赋予具体的属性值后，就产生了一个汽车对象。

在 Visual Basic 中对象的属性绝大部分是已经事先定义好的，也有部分属性需要在应用过程中才去定义。大多数属性的属性值是可以改变的，也有不能改变的，如只读属性。

窗体和其他控件对象改变属性值的方法有两种。

（1）设计时通过属性窗口（详见 1.3.4 小节各种窗口简介）设置属性值，如图 1-1 所示。

（2）运行时通过程序代码改变属性值。

采用第 1 种方法设置时必须先选中对象，后设置属性值。一般用来设置对象属性的初始值和一些在整个程序运行过程中保持不变的值。在属性窗口中改变对象的外观属性时，能立刻预览到设置的效果。

图 1-1　属性窗口

属性窗口列出了对象的大部分属性，但并不是全部属性，对于那些在属性窗口中没有的属性要改变属性值的话只能通过第 2 种方法设置。另外，如果有些对象的属性需要在运行中途更改，也采用第 2 种方法设置。在程序代码中一般采用赋值语句来改变属性值：

```
[对象名.] 属性名 = 表达式
```

格式说明：

① 该语句表示会将等号右边的表达式的值赋给左边对象的相应属性。

② 对象名是对象在属性窗口中设置的 Name 属性值。

③ 对象名缺省或对象名为 Me 时，表示当前窗体。

④ 不能修改只读属性的值，如 Name 属性。

3. 方法

方法指对象自身可以进行的动作或行为，它可以返回结果（功能函数），也可以不返回结果（过程）。例如，人具有说话、走路等功能。Visual Basic 中每个窗体或控件对象都具有各自的方法，如窗体可“打印”或“移动”，因此打印（Print）和移动（Move）都是窗体对象的方法。有些方法还能改变对象的属性值，如 Move 方法能改变窗体的位置属性（Top 和 Left 属性）。

在程序代码中窗体和其他控件对象的方法一般采用如下格式调用：

```
[对象名.] 方法名 [参数项列表]
```

格式说明：

① 有一些方法是没有参数的，调用时很简单，就采用“[对象名.]方法名”格式调用。

② 另一些方法是有参数的，当参数多于一个时，用英文标点“,”（逗号）间隔。

4. 事件

事件是预先定义好的、能够被对象识别的动作。不同类型的对象所识别的事件不一定相同。大部分事件需要由用户来触发，也有一些事件是系统自动触发的。如用鼠标单击“开始”按钮，就会弹出“开始”菜单，说明“开始”按钮这个对象识别了外界对它的“单击”操作，鼠标的单击就是“事件”。

窗体和控件对象的事件可以分成以下 3 类。

① 程序事件：如 Visual Basic 程序装载、打开和关闭窗体时触发的事件。

② 鼠标事件：鼠标操作触发的事件。

③ 键盘事件：按下键盘上的按键触发的事件。

事件被触发后要执行的一系列相应操作则需要由程序员来决定，即程序员要编写事件过程，这样才能设计出符合要求的应用程序。编程的关键要抓住两点：一是对哪个对象的哪个事件编程，二是编写什么样的代码。

窗体事件过程的一般形式如下：

```
Private Sub Form_事件名([参数列表])            '子过程开始
    [程序代码]
End Sub                                       '子过程结束
```

格式说明：

（1）不管窗体的 Name 属性值为何，事件过程名都是由“Form”、“_”和具体的事件名组成。若是其他控件对象的事件过程，则事件过程名由对象具体的 Name 属性值、“_”和具体的事件名组成。这一点在第 8 章中会详细介绍。

（2）每个事件过程前都有“Private”关键字作前缀，表明该过程是模块级的；“Sub”关键字表示这是一个子过程。

（3）事件有无参数完全由 Visual Basic 的具体事件本身提供，用户无权修改。

5. 事件驱动

使用过微软 Office 软件的用户都知道，当用鼠标在菜单栏或工具栏上单击某个菜单项或按钮时，系统就会完成一个相应的操作。例如，单击“打印”菜单项或按钮，系统就会弹出“打印”对话框；单击“保存”菜单项或按钮，系统就会弹出“另存为”对话框，这是因为这些菜单项或按钮对象触发了一个单击事件，并执行了相应的代码（事件过程）。

由此可见，程序的运行，并没有固定的顺序，而是取决于用户的操作。这和传统的结构化的应用程序不同，后者是由程序本身控制执行次序，严格按照预定路径从第一行代码开始执行，必要时调用过程。两种方式比较，显然由用户来掌控程序运行流向要灵活和实用得多。

在 Visual Basic 应用程序中每一个窗体和控件对象都有一个预先定义好的过程集，运行时若用户或系统触发事件，则调用执行相应的事件过程，否则整个程序就处于等待状态，这就是事件驱动的编程机制。

1.2　Visual Basic 的安装

安装 Visual Basic 6.0 前，应确认计算机是否满足相应的硬件和软件配置，系统要求如下：

（1）586DX66、Pentium 或更高的微处理器。

（2）150MB 左右的硬盘空间，若要安装 MSDN 至少还要 67MB 的硬盘空间。

（3）内存在 32MB 以上。

（4）Windows 95、Windows NT 4.0 或更新的操作系统。

1.2.1　Visual Basic 6.0 的安装

Visual Basic 6.0 是微软公司发布的 Windows 和 Internet 平台开发系统 Visual Studio 6.0 中的一个工具，用户可以在 Visual Studio 6.0 的安装过程中，通过自定义选项，选择 Visual Basic 6.0 进行安装，也可以使用 Visual Basic 6.0 安装光盘单独安装。

安装时，将安装光盘放入光驱，稍等片刻就会出现安装向导，主要操作步骤如下。

（1）接受最终用户许可协议。

（2）输入产品号和用户 ID（见图 1-2）。

（3）选择典型安装或自定义安装类型，并选择安装路径（见图 1-3）。

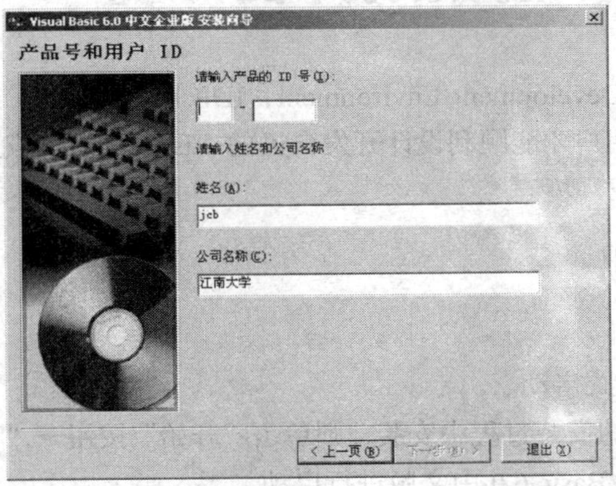

图 1-2 “Visual Basic 6.0 中文企业版安装向导”

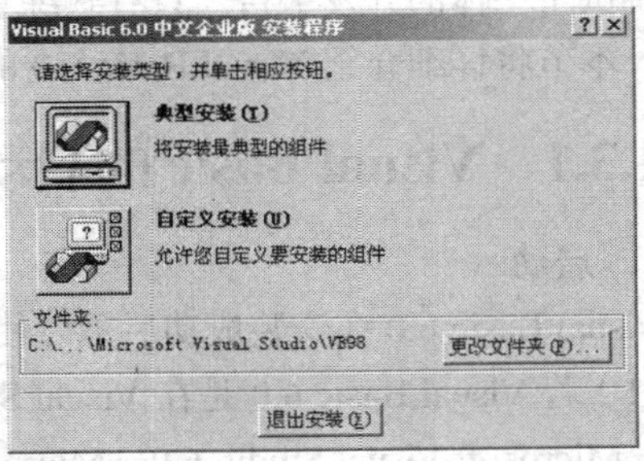

图 1-3 “Visual Basic 6.0 中文企业版安装程序”对话框

当安装向导向系统复制完文件后，系统将重启，启动成功后，屏幕上将出现安装 MSDN 的对话框。此时，用户可以不安装 MSDN，等以后通过 MSDN 光盘来单独安装。

如果 Visual Basic 初次安装不是完全安装，或者在使用过程中某些组件损坏了，用户不必重新安装整个程序，只要安装这些组件即可（见图 1-4）。

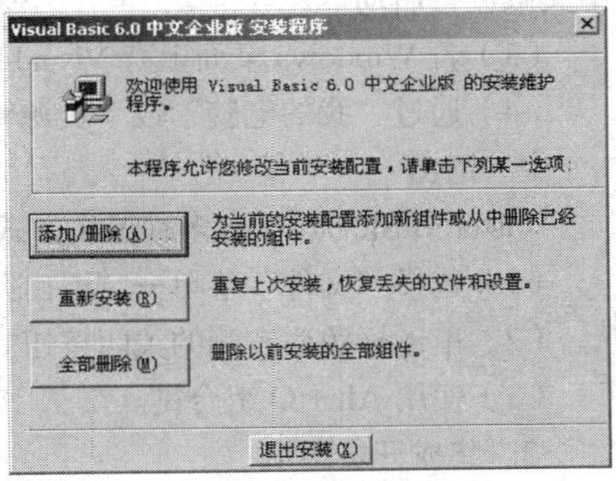

图 1-4　安装程序向导之添加/删除组件

其中有 3 种选择，部分安装可选第一种方式。

（1）“添加/删除”按钮：选择要添加或删除的组件。

（2）“重新安装”按钮：重新安装 Visual Basic 6.0。

（3）"全部删除"按钮：将 Visual Basic 6.0 从系统中全部删除。

1.2.2 Visual Basic 帮助系统的安装

Visual Basic 联机帮助由两张微软开发者网络（MSDN）库光盘组成。使用联机帮助之前，必须安装 MSDN。安装步骤类似于 Visual Basic 的安装。由于 MSDN 集成了 Visual Studio 6.0 中的所有软件的帮助信息，因此，在安装过程中可以根据需要进行自定义选择安装。成功安装后，Visual Basic 的联机帮助界面如图 1-5 所示。

帮助主题对话框中包含了"目录"、"索引"、"搜索"和"书签"4 个选项卡。用户可以通过目录或关键字等查找自己需要的帮助信息。此外 MSDN 支持在线获取帮助，单击菜单中的"MSDN Online"，将连线到默认的 MSDN 站点，在该站点中可以进行帮助查询。在 Visual Basic 的理论学习和上机实践中，学会使用帮助系统可以让用户较快地掌握 Visual Basic 编程。

图 1-5　MSDN 界面

1.3 Visual Basic 6.0 的集成开发环境

Visual Basic 6.0 的集成开发环境（Integrated Development Environment，IDE）是集设计、运行和调试于一体的开发平台。只有熟练掌握它，用户才能顺利设计开发自己的 Visual Basic 应用程序。本节将详细介绍 Visual Basic 6.0 的集成开发环境。

1.3.1 Visual Basic 的启动和退出

1. 启动

Visual Basic 6.0 在安装成功后可以使用多种方式启动。

（1）若 Visual Basic 6.0 是在 Visual Studio 6.0 的安装过程中安装，则单击"开始"按钮→"程序"→Microsoft Visual Studio 6.0→Microsoft Visual Basic 6.0 中文版进行启动。

（2）若单独安装 Visual Basic 6.0，则单击"开始"按钮→"程序"→Microsoft Visual Basic 6.0 中文版进行启动。

（3）若 Windows 桌面上有 Visual Basic 6.0 的快捷图标，则可双击它直接进行启动。

（4）通过"我的电脑"或"资源管理器"进入安装路径，双击 VB6.EXE 的图标进行启动。

2. 退出

Visual Basic 6.0 也有多种退出方式。

（1）选择"文件"菜单→"退出"命令。

（2）单击标题栏右侧的关闭按钮。

（3）使用 Alt + Q 组合键。

3. 集成开发环境

Visual Basic 6.0 启动后，先显示版权信息的窗口，随后显示如图 1-6 所示的"新建工程"对话框。

该对话框中包含“新建”、“现存”和“最新”3 个选项卡。

- “新建”选项卡表示如选择“标准 EXE”，则创建一个标准的可执行文件。
- “现存”选项卡可以选择和打开存放在磁盘中的工程。
- “最新”选项卡可以列出最近使用过的工程。

单击“新建”选项卡，双击“标准 EXE”文件，则会出现如图 1-7 所示的 Visual Basic 的集成开发环境。

启动 Visual Basic 后，标题栏中从左到右分别是控制菜单、标题内容、最小化按钮、最大化/还原按钮和关闭按钮。默认标题内容为“工程 1-Microsoft Visual Basic[设计]”，方括号中的内容为程序的当前工作模式。

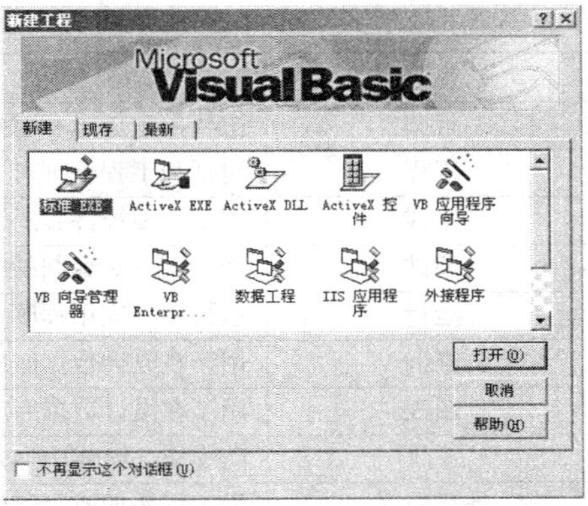

图 1-6　“新建工程”对话框

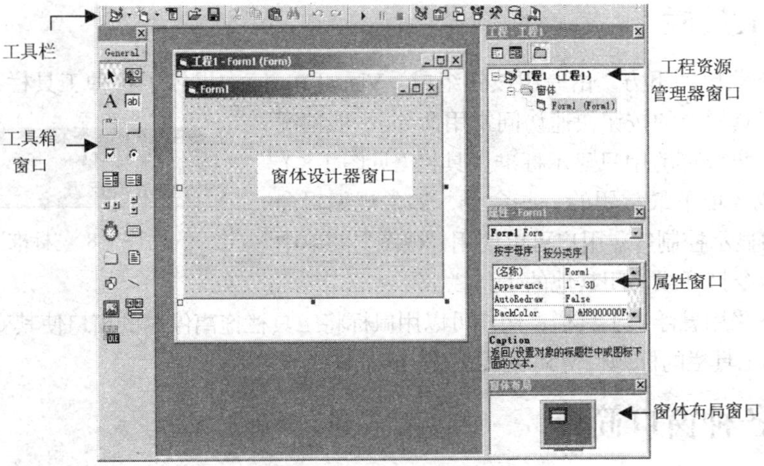

图 1-7　Visual Basic 集成开发环境

Visual Basic 中有设计、运行、break（中断）3 种工作模式。

（1）设计模式时，用户可以设计界面，编制代码。

（2）运行模式时，用户可以查看运行效果，但不可以对界面和代码进行修改。

（3）中断模式时，用户可以修改代码，但不可以编辑界面，使用 F5 或“继续”按钮将程序转入运行状态，使用“结束”按钮可以结束程序的运行，回到设计模式。

一般情况下，用户在设计模式设计好界面，编写代码后，需要使用运行模式查看程序效果，并在编译出错时程序自动转入中断模式，以供用户修改代码。

1.3.2　菜单栏

Visual Basic 6.0 菜单栏包括 13 个下拉式菜单，各菜单功能如表 1-1 所示。

表 1-1　各菜单功能

菜　单	功 能 说 明
文件	包含与用户访问文件有关的一些菜单项，包括新建工程、打开工程等
编辑	包括与文本编辑有关的菜单项

续表

菜 单	功 能 说 明
视图	主要用于显示和隐藏各种窗口，如代码窗口、对象窗口、立即窗口等
工程	包括与工程管理有关的菜单项，并且还提供了定制工具箱的功能
格式	用于调整控件布局，包括控件的对齐方式，控件之间的间距等
调试	帮助用户对编制的应用程序进行调试
运行	运行用户应用程序
查询	用于在设计数据库应用程序时 SQL 属性的设计
图表	用于在设计数据库应用程序时数据库的编辑
工具	向模块、窗体中加入过程和过程属性，向窗体中添加菜单等功能
外接程序	为工程添加或删除外接程序
窗口	设置 MDI 设计窗口的排列情况，并列出所有打开的文档窗口
帮助	提供帮助信息

1.3.3 工具栏

工具栏位于菜单栏下方，由一组按钮组成。Visual Basic 中提供了各种工具栏，用户在编程环境下可以利用工具栏上的按钮快速访问常用命令。一般情况下，Visual Basic 集成环境中只显示标准工具栏（见图 1-8），其中包括在集成环境下最常用的一些命令，如常规编辑命令、各种窗口的显示控制等。用户可以使用“视图”菜单中的“工具栏”命令打开或关闭其他的工具栏。

图 1-8 “标准”工具栏

Visual Basic 采用悬浮式工具栏，用户可以用鼠标将工具栏拖离停靠的窗口使其变为浮动工具栏，也可以双击浮动工具栏的标题栏使其还原成固定的工具栏。

1.3.4 各种窗口简介

1. 窗体设计器窗口

Visual Basic 启动后，窗体设计器窗口会出现在集成开发环境中央，简称窗体（Form）。它是 Visual Basic 中最重要的一个窗口，用于设计应用程序的界面，也可以显示应用程序的运行结果。一个应用程序可以有一个或多个窗体。每个窗体都有自己的名称，默认名称是 Form1、Form2，…。默认状态下，窗体设计器中布满了网格点，方便用户对齐控件，如图 1-9 所示。用户可以通过“工具”菜单→“选项…”→“通用”→“窗体网格设置”来进行网格的设置。

2. 工具箱窗口

工具箱窗口（见图 1-10）由 1 个指针和 20 个按钮式的基本控件图标组成。利用这些图标，用户可以在窗体上创建各种控件对象。其中指针不是控件，它仅用于移动窗体和控件，或者调整它们的大小。具体各控件的介绍将在第 3 章中详细给出。

用户还可通过“工程”菜单→“部件”将 Windows 中注册过的其他控件加入到工具箱中。

3. 工程资源管理器窗口

工程资源管理器窗口（见图 1-11）是在 Visual Basic 集成开发环境中用来管理工程的一个窗口，用来显示一个应用程序的工程层次列表，同时还提供了一定的管理功能，可以添加、删除各个部分，还可以在界面和代码间来回切换。该窗口若不可见，可以通过“视图”菜单→“工程资源管理器”（Ctrl + R）或者标准工具栏上的按钮打开。

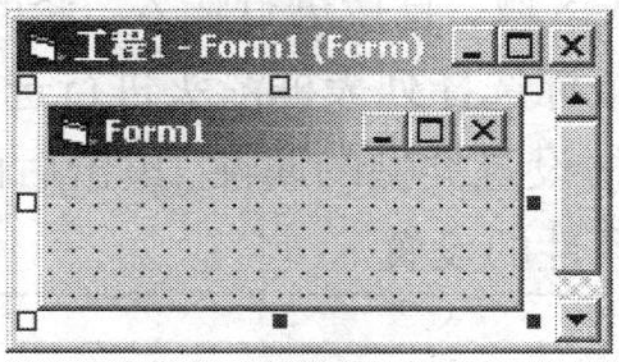

图 1-9 窗体设计器窗口

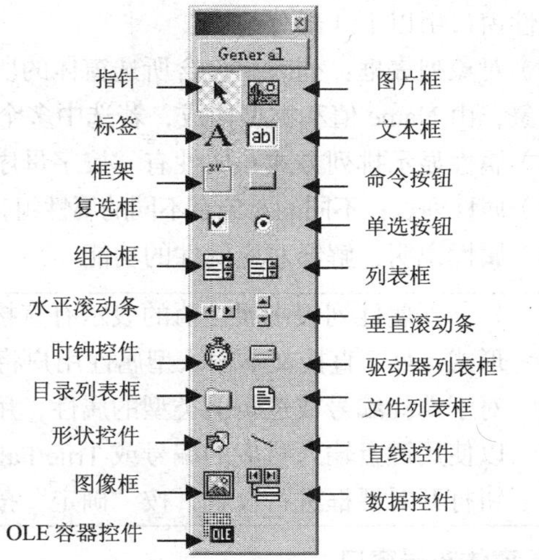

图 1-10 工具箱窗口

在工程资源管理器窗口上有 3 个按钮，功能如下。

（1）代码按钮：显示所选项目的代码窗口，以显示或编辑代码。

（2）对象查看按钮：显示所选项目的窗体窗口，以显示或编辑对象。这里的对象可以是 ActiveX 对象、用户控件或模块的对象窗口。

（3）切换文件夹按钮：切换工程中显示的文件的样式，使用对象文件夹或不使用对象文件夹。一般以对象文件夹形式将各类文件分类显示，对每个对象的显示从左往右分别由“图标+对象的 Name 属性值 + 存盘文件名”组成，如图 1-11 中窗体文件夹的第一行，其图标表示该对象为一窗体对象，Name 属性为 Formex1，存盘文件名为 Formex1.frm。

使用“工程”菜单或工程资源管理器的右击菜单可以添加各种 Visual Basic 文件，工程资源管理器中一般包含工程文件、窗体文件、标准模块文件、类模块文件和其他类型文件（如用户控件文件和属性页文件等）。

4. 属性窗口

在进行 Visual Basic 应用程序的界面设计时，需要进行窗体和控件的属性设置，而属性窗口可以设置 Visual Basic 对象的属性，包括字体、颜色、大小等。在属性窗口中列出了所选对象的属性及属性值，用户可以在设计时改变属性值，若同时选中多个对象，则属性窗口中会列出这些对象的公共属性。

若屏幕上属性窗口不可见，可以通过“视图”菜单→“属性窗口”（F4），或标准工具栏上的按钮打开，属性窗口如图 1-12 所示。

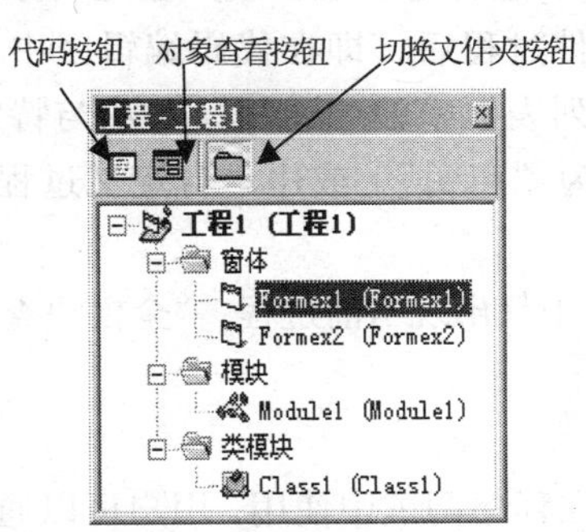

图 1-11 工程资源管理器窗口

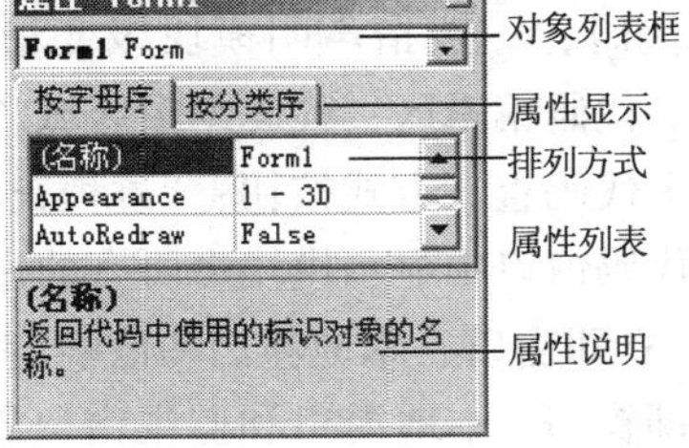

图 1-12 “属性”窗口

属性窗口由以下 4 部分组成。

（1）对象列表框：列表中包含所选窗体的所有对象，用户可以通过鼠标选择当前需要属性设置的对象，由 Name 值和类型构成，若选中多个，则以第一对象显示。

（2）属性显示排列方式：属性有“按字母序”和“按分类序”两种排列方式。

（3）属性列表：不同的对象有不同的属性组，左边为所选对象的属性，右边是对应的属性值。

（4）属性说明：解释对应属性的功能。

提示 在属性列表中属性值的表示有直接文本输入、选择编号或逻辑值、对话框设置 3 种形式。对于直接文本输入型属性用户将鼠标移入输入区域，直接进行输入、修改等编辑；对于选择编号或逻辑值类型的属性，用户可以通过鼠标选择列表框箭头进行选择，也可以使用键盘输入对应的编号或 True/False；对于对话框设置类型的属性，单击后面的 ... 按钮打开对话框进行设置，按“确定”按钮完成对该属性的设置。

---

5. 窗体布局窗口

窗体布局窗口（见图 1-13）用于指定在程序运行时窗体在屏幕上的初始位置，用户通过鼠标拖动就可改变窗体位置，并能直接观察到效果。

6. 代码窗口

代码窗口（见图 1-14）用于编辑代码，工程中的每个窗体或模块都有独立的代码窗口。

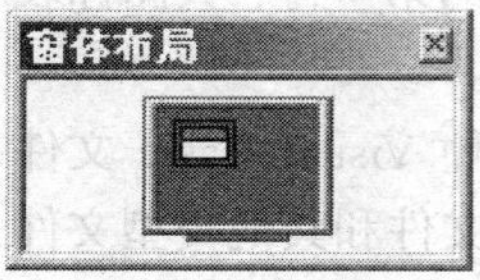

图 1-13 “窗体布局”窗口

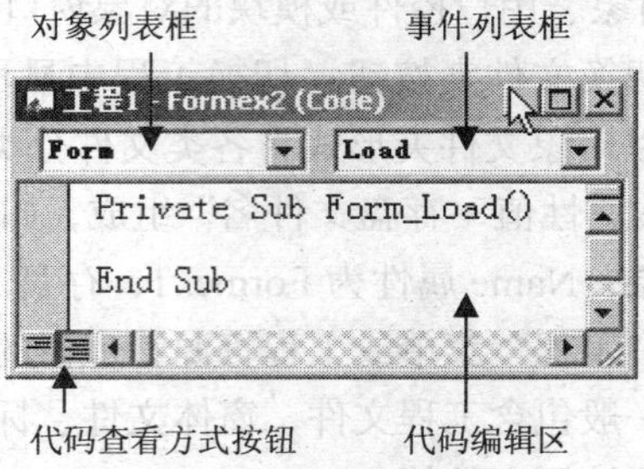

图 1-14 代码窗口

通过 3 种方法可以打开代码窗口。

（1）通过双击窗体上的对象。

（2）单击工程资源管理窗口中“查看代码”按钮。

（3）单击“视图”菜单，选择“代码”窗口。

代码窗口由以下几部分组成。

（1）对象列表框和事件列表框：显示所选对象的名称和事件过程名。用户选定对象后，在过程列表中列出该对象的所有事件过程。选择对象和事件过程后，即在代码编辑区中自动构造出该事件过程模板，用户只需在其中添加代码。对象列表框中的“通用”表示与特定对象无关的代码，一般指声明模块级变量（在过程列表框中为“声明”）或用户自定义过程。

（2）代码编辑区：代码编辑区域。

（3）代码查看方式按钮：“过程查看”按钮使代码窗口中只出现当前过程，“全模块查看”按钮则在代码窗口中显示模块中所有的过程。

7. 立即窗口、本地窗口和监视窗口

立即窗口、本地窗口和监视窗口属于辅助窗口，主要在程序调试中使用，用户可以通过“视图”菜单显示和隐藏这些窗口，如图 1-15 所示。这 3 个辅助窗口的使用方法请参见附录 A。

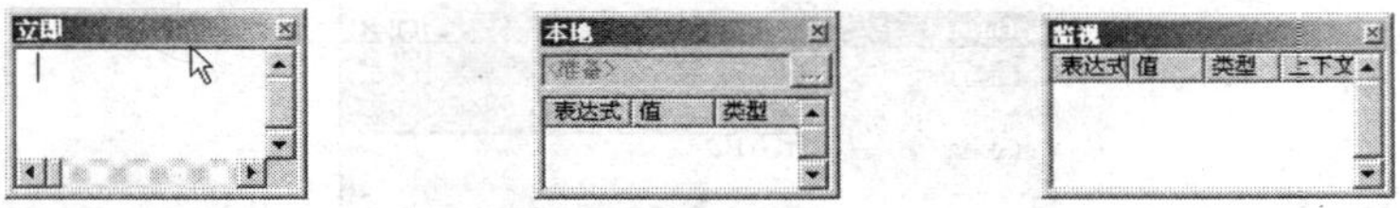

（a）“立即”窗口　　（b）“本地”窗口　　（c）“监视”窗口

图 1-15　其他窗口

1.3.5　环境定制

用户通过“工具”菜单中的“选项”对话框可以设置 Visual Basic 集成环境的样式，如图 1-16 所示。

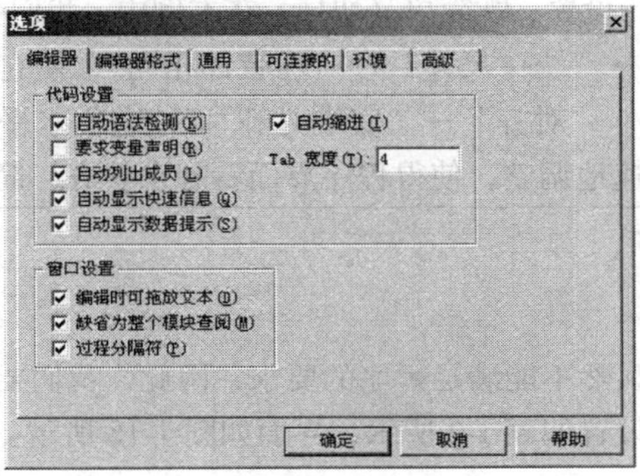

图 1-16　“选项”窗口

1.4　Visual Basic 应用程序设计步骤

Visual Basic 的可视化编程要经历几个基本步骤，即创建工程→界面设计→属性设置→代码编辑→文件保存→程序运行和调试。

下面举例详细说明应用程序的设计步骤。

例 1-1　新建窗体，在窗体上添加 3 个标签、2 个文本框和 2 个命令按钮。2 个命令按钮上的文字显示分别为“显示内容”、“结束程序”。程序运行时，鼠标单击“显示内容”按钮，第一个文本框中显示“程序设计基础——Visual Basic 教程”，第二个文本框中显示“Visual Basic 6.0”；鼠标单击“结束程序”按钮，则结束程序运行。

1.4.1　创建工程

启动 Visual Basic 6.0 后，在“新建工程”对话框中选择“标准 EXE”文件，单击“确定”按钮。此时，工程资源管理器窗口中显示已创建了一个工程，默认名字为“工程 1”，并创建了一个窗体，默认名称为“Form1”。

1.4.2　界面设计

新建窗体后，利用工具箱可以在窗体上依次添加控件对象。选择工具箱中的标签，通过双击或鼠标拖动将其对象拖放在窗体的合适位置；用同样的方法创建文本框和将命令按钮的对象放置在适当的位置，如图 1-17 所示。

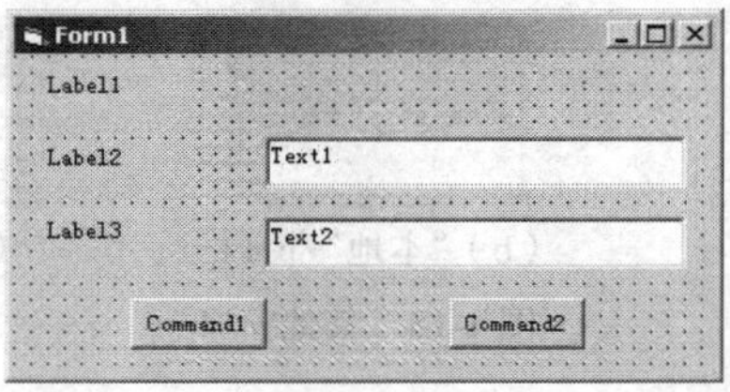

图 1-17　初始程序界面图

提示

在界面设计中，为了获得协调的外观，我们经常使用“格式”菜单调整多个控件对象的位置和尺寸。虽然利用网格也能达到这个效果，但实践证明在适当的时候灵活地利用“格式”菜单进行设置，既简单又快捷。在本例中，我们可以同时选中两个命令按钮，利用“格式”菜单→“统一尺寸”→“两者都相同”，使它们拥有相同的宽度和高度；利用“格式”菜单→“对齐”→“底端对齐”，使它们水平对齐。窗体上的其他控件对象也可照此方法快速地调整，使得程序界面看起来整齐、简洁、大方。

1.4.3　属性设置

控件对象的默认属性值显然不能满足程序的要求，因此，我们要对每一个控件对象通过属性窗口设置属性。各对象属性设置如表 1-2 所示，界面如图 1-18 所示。

表 1-2　对象属性设置

对　象	属　性	值	对　象	属　性	值
命令按钮 1	Name	CmdShow	标签 1	Name	LblPrompt
	Caption	显示内容		Caption	（清空）
命令按钮 2	Name	CmdEnd		AutoSize	True
	Caption	结束程序	标签 2	Name	Lblbook
文本框 1	Name	Txtbook		Caption	使用的 VB 教材：
	Text	（清空）	标签 3	Name	Lblsoftware
文本框 2	Name	Txtsoftware		Caption	使用的 VB 版本：
	Text	（清空）	窗体	Caption	欢迎学习 VB

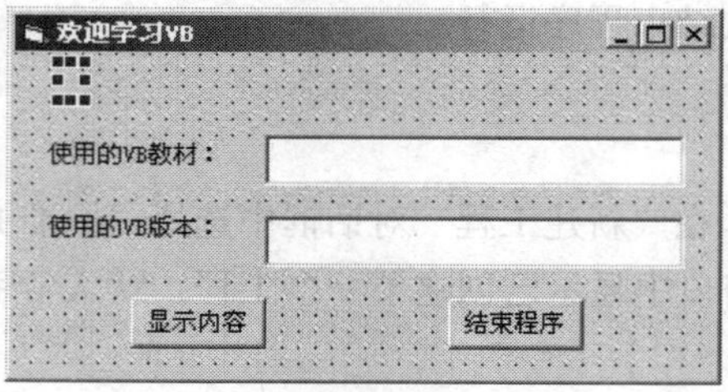

图 1-18　属性设置后的程序界面

1.4.4　代码编辑

应用程序进行到现在仅仅只做了一个空壳，当程序运行，我们单击任何命令按钮，并没有事情发生，这是因为我们还没有进行最重要的一个步骤——代码编辑。

根据题目要求，我们要在代码窗口中对每个命令按钮的单击事件编程。以“显示内容”命令按钮为例，双击窗体进入代码窗口，在“对象”列表框中选择命令按钮对象 CmdShow，在事件列表框中选择事件 Click，则在代码编辑区生成事件过程框架如下：

```
Private Sub CmdShow_Click()                              '在头尾中间的空行处将代码填写完整

End Sub
```

本题程序代码如下：

```
Private Sub Form_Load ()                                  '窗体的载入事件过程
    LblPrompt.Caption = "请单击命令按钮，实现相应操作："   '更改标签的 Caption 属性值
End Sub
Private Sub CmdShow_Click()                               '“显示内容”命令按钮的单击事件过程
    Txtbook.Text = "程序设计基础——Visual Basic 教程"     '更改文本框的 Text 属性值
    Txtsoftware.Text = "Visual Basic 6.0"
End Sub
Private Sub CmdEnd_Click()                                '“结束程序”命令按钮的单击事件过程
    End                                                   '结束语句
End Sub
```

1.4.5　文件保存

在运行和调试程序前最好先保存文件。单击“文件”菜单→“保存工程”或单击工具栏上的“保存工程”按钮，若是第一次进行保存操作，则先弹出“文件另存为”对话框，确定窗体文件的存放路径和文件名，按“保存”按钮即可，如图 1-19 所示。若有多个窗体文件，则需要一个一个保存。最后弹出“工程另存为”对话框，确定工程文件的存放路径和文件名，单击“保存”按钮，如图 1-20 所示。

图 1-19　窗体文件保存对话框

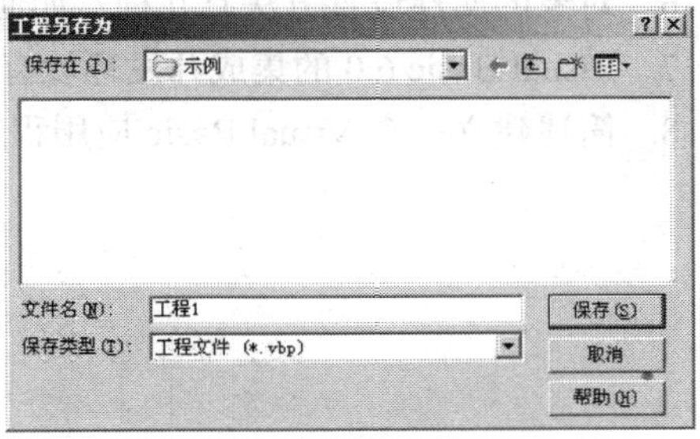

图 1-20　工程文件保存对话框

程序在运行时会发生各种错误，需要不断调试和修改，相应地，文件也需要多次保存。再次选择“保存工程”或“保存 Form1”菜单，保存对话框不再出现，以原路径和文件名进行更新；若选择另存为，则需要重新保存窗体和工程。

1.4.6　程序运行

程序运行可以通过以下 3 种方式进行。

（1）“运行”菜单→“启动”。

（2）单击工具栏上的“启动”按钮 ▶。

（3）按 F5 功能键。

本例程序运行后单击“显示内容”按钮，界面如图 1-21 所示。

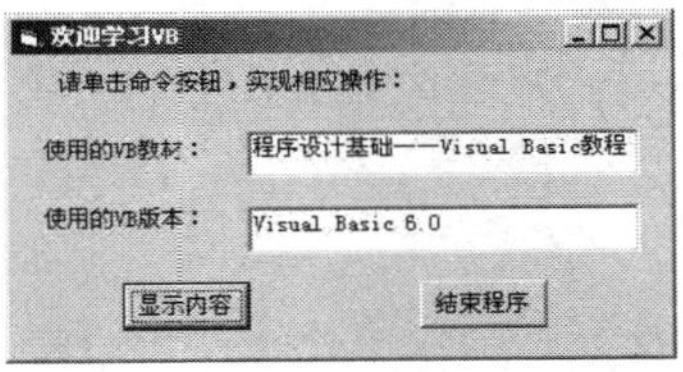

图 1-21　例 1-2 运行界面

若应用程序要脱离 Visual Basic 环境在操作系统中直接运行，

则需要生成可执行文件。方法为“文件”菜单→“生成….exe”，在弹出的“生成工程”对话框中，选择可执行文件存放的路径和文件名。这样，即使计算机上没有安装 Visual Basic 环境，应用程序也可以照常运行。

本章小结

通过本章的学习，大家应该掌握面向对象程序设计的相关概念，了解 Visual Basic 语言的发展和特点以及安装步骤，熟悉 Visual Basic 6.0 的集成开发环境，并能使用 Visual Basic 6.0 开发简单的应用程序。

思考练习题

1. 什么是对象、属性、方法和事件？
2. 根据以下描述，请说出各对象的属性、方法和事件分别是什么。

（1）绿色透明的玻璃杯摔在地上碎了。

（2）白色的足球被踢进球门。

3. 什么是事件驱动？
4. Visual Basic 6.0 有哪些特点？
5. 常用的 Visual Basic 6.0 的启动和退出的方式有哪些？
6. 对象的属性设置方法有几种？如何设置？
7. Visual Basic 6.0 的集成开发环境有哪几种工作模式？
8. 简述建立一个 Visual Basic 应用程序的步骤。

第 2 章 窗体

学习重点

- 窗体的常用属性、方法和事件。
- MDI 窗体。

在 Visual Basic 中，窗体用于创建应用程序的用户界面或对话框，是最重要的对象，是各种控件对象不可缺少的载体。每个工程至少有一个窗体。

2.1 窗体的属性

2.1.1 对象的基本属性

无论是窗体还是控件，有一些属性是大部分对象共有的（见表 2-1），有一些属性则是自己特有的。

表 2-1 对象的基本属性

属性名	功能说明	属性名	功能说明
Name	对象名称	Left	对象到直接容器左边框的距离
ForeColor	对象中文本或图形的前景色	Top	对象到直接容器上边框的距离
BackColor	对象中文本或图形的背景色	Width	对象的宽度
BackStyle	背景样式	Height	对象的高度
BorderStyle	边框样式	Enabled	对象是否有效
Font	对象中文本的字体格式	Visible	对象是否可见

下面详细介绍这些属性。

（1）Name 属性：该属性在属性窗口中可设置，但在程序运行时不能用代码修改，主要用来识别和访问不同的对象。因此，在同一工程中，窗体对象不能同名；在同一窗体中，控件对象不能同名。每个对象都有默认名称，默认名称大多为其类名后加序号，如 Form1、Text2 等。也可以自行命名对象名，命名规则是必须以一个字母或汉字开头，可包含字母、数字、汉字和下划线，但不能包含空格和西文标点符号，长度不得超过 40 个字符。

（2）ForeColor 属性/ BackColor 属性：这组属性分别用来设置对象上文本或图形的前景色和背景色。在属性窗口中设置时，会弹出系统默认颜色或调色板（见图 2-1），每种颜色对应一个十六进制值。此外，Visual Basic 提供了一些颜色常量和颜色函数，方便用户设置出需要的颜色。

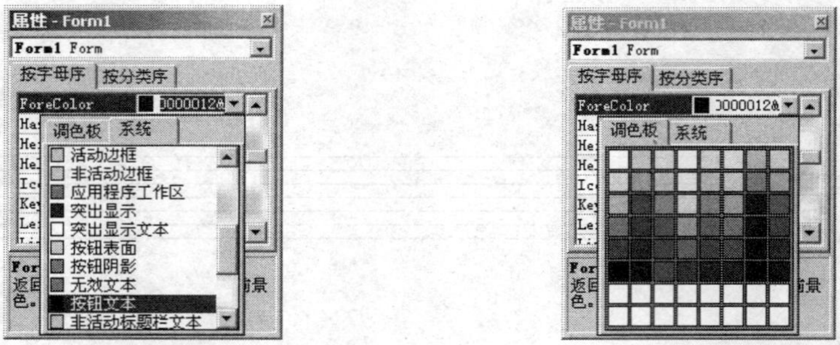

（a）系统默认颜色　　　　（b）调色板

图 2-1　ForeColor 属性设置

① 颜色常量：Visual Basic 提供了 8 种颜色常量来设置 8 种基本色，对应关系如表 2-2 所示。

表 2-2　　颜色常量

颜 色 常 量	对 应 颜 色	颜 色 常 量	对 应 颜 色
VbBlack	黑色	VbMagenta	洋红
VbBlue	蓝色	VbRed	红色
VbCyan	青色	VbWhite	白色
VbGreen	绿色	VbYellow	黄色

例如，要将文本框 Text1 的字体颜色设置为红色，代码如下。

```
Text1.ForeColor= VbRed
```

② QBColor 函数：用来表示对应颜色值的 RGB 颜色码，格式如下：

```
QBColor（颜色）
```

格式说明：颜色参数取值在 0～15 之间，表示一共有 16 种颜色，如表 2-3 所示。

表 2-3　　颜色参数的取值

颜色参数	颜　色	颜色参数	颜　色	颜色参数	颜　色	颜色参数	颜　色
0	黑色	4	红色	8	灰色	12	亮红色
1	蓝色	5	洋红色	9	亮蓝色	13	亮洋红色
2	绿色	6	黄色	10	亮绿色	14	亮黄色
3	青色	7	白色	11	亮青色	15	亮白色

例如，要将标签 Label1 的字体颜色设置为黄色，代码如下。

```
Label1.ForeColor=QBColor(6)
```

③ RGB 函数：经常用于在运行时指定颜色值，格式如下。

```
RGB(r,g,b)
```

格式说明：r，g，b 三个参数分别表示红、绿、蓝三种颜色，取值在 0～255 之间。如果超过 255，也被看作 255。每种颜色都是由三种颜色调和而成。

例如，要将窗体的背景色设置为绿色，代码如下。

```
Form1.BackColor=RGB(0,255,0)
```

④ 十六进制值：在属性窗口中设置 BackColor 或 ForeColor 属性时得到的是一个 8 位的十六进制值，如&H0000FFFF&，因此，在代码中也可直接用这样的十六进制值设置或更改颜色。对于系统颜色来说，其高位字节为 80，剩下的数字则指的是某一特定的系统颜色，例如：&H80000002&；对

于 RGB 颜色来说，其高位字节为 00，低六位 BBGGRR 分别对应 RGB 函数的 b、g、r 参数；例如，&H0000FFFF&的低六位为 00FFFF，所以该十六进制值等价于 RGB(255,255,0)。利用 Hex(RGB(255, 255, 0))函数可以直接获得该十六进制值。

（3）BackStyle 属性/BorderStyle 属性：BackStyle 属性用于设置背景样式，有如下两种取值。

① 当属性值为 0 时，表示透明显示。

② 当属性值为 1（默认值）时，表示不透明显示。只有当背景不透明时，BackColor 属性才能有效设置。

BorderStyle 属性用于设置边框样式，有如下两种取值。

① 当属性值为 0 时，表示对象无边框。

② 当属性值为 1 时，表示有单线边框。

不同的对象，该属性还有其他取值。

（4）Font 属性：该属性用来设置在对象上显示的文本的字体样式。在属性窗口中设置时，会弹出字体对话框（见图 2-2）。在程序代码中设置时，该对话框中各设置项分别对应以下名称。Font 属性是合集，其成员可写成如下形式。

① FontName 属性：表示字体类型。

② FontSize 属性：表示字体大小。

③ FontBold 属性：表示粗体。

④ FontItalic 属性：表示斜体。

⑤ FontUnderLine 属性：表示加下划线。

⑥ FontStrikethru 属性：表示加删除线。

（5）Left 属性/Top 属性/Width 属性/Height 属性：每个对象被创建时都有位置坐标和大小属性。Left 属性和 Top 属性分别表示对象左上角在直接容器中的坐标，即该对象在直接容器中的左边距和上边距；Width 属性和 Height 属性分别表示对象的宽度和高度。窗体本身的 Height 属性值包括了标题栏和水平边框宽度，Width 属性值包括了垂直边框宽度，实际可用宽度和高度可由 ScaleWidth 属性和 ScaleHeight 属性决定。这组属性值的单位都是 twip，1 twip = 1/20 磅，如图 2-3 所示。

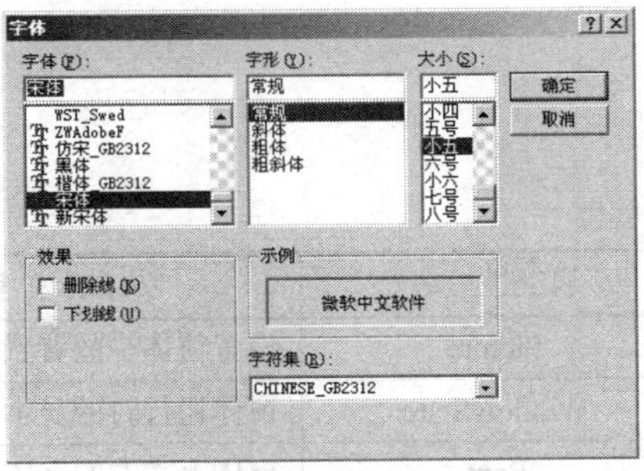

图 2-2　Font 属性设置对话框

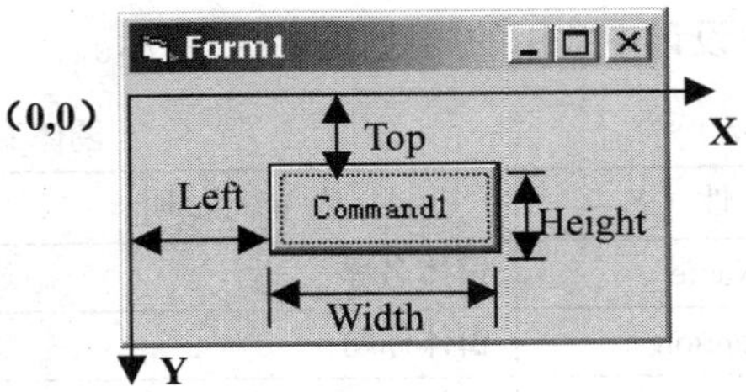

图 2-3　容器坐标示意图

在 Visual Basic 中，每个对象都定位在存放它的容器内（可以是窗体或图片框等），每个容器都有一个默认坐标系统：坐标原点设在容器的左上角，横向向右为 X 轴正方向，纵向向下为 Y 轴的正方向。

构成一个坐标系需要的 3 个要素中，除了前面介绍的坐标原点和坐标轴方向以外，还有坐标轴度量单位。坐标轴的度量单位由对象的 ScaleMode 属性来决定（有 8 种形式），表 2-4 所示为取不同属性值的设置说明。

表 2-4　　ScaleMode 属性值及其说明

取　值	功 能 说 明	取　值	功 能 说 明
0	用户定义	4	字符
1	Twip（缇），默认值	5	英寸
2	磅	6	毫米
3	像素	7	厘米

容器还可以自定义坐标系统，在 Visual Basic 中可以通过 ScaleTop、ScaleLeft、ScaleWidth、ScaleHeight 4 个属性的直接设置或者通过 Scale 方法间接改变这 4 个属性来实现。

ScaleTop 属性和 ScaleLeft 属性用于指定容器对象的左上角坐标，默认值为（0,0）。若这两个属性值改变后，坐标系的新的坐标原点也就确定了，对象右下角的坐标为（ScaleLeft + ScaleWidth，ScaleTop + ScaleHeight）。根据左上角和右下角坐标的大小将自动确定坐标轴的正向。

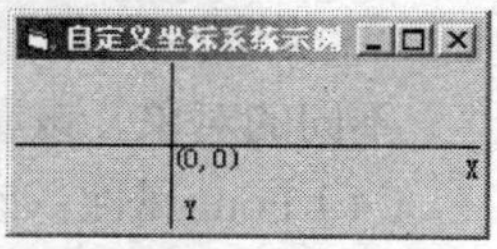

图 2-4　运行界面

例如，4 个属性分别设置如下的值，则坐标系如图 2-4 所示。

```
Form1.ScaleLeft = -10 :  Form1.ScaleTop = -10
Form1.ScaleWidth = 30 :  Form1.ScaleHeight = 20
```

（6）Enabled 属性/Visible 属性：大部分控件对象的 Enabled 属性决定是否响应用户或系统事件，有以下两种取值。

① 取值为 True（默认值），则能有效响应。

② 取值为 False，则禁止响应。

一般从对象的外观上能反映该属性的值，若为无效时，呈灰色显示。注意，并不是所有的控件对象都有该属性，直线和形状控件就属例外。

Visible 属性决定对象在程序运行时是否可见，有以下两种取值。

① 取值为 True（默认值），表示显示。

② 取值为 False，表示隐藏，但对象仍然存在。

注意，别把 Enabled 属性和 Visible 属性混为一谈。

2.1.2　窗体的常用属性

窗体设计中常用的属性如表 2-5 所示。

表 2-5　　窗体的常用属性

属　性　名	功 能 说 明	属　性　名	功 能 说 明
Name	窗体名称	Picture	设置窗体中的背景图片
Caption	窗体标题	WindowState	窗体运行时的显示状态
MinButton	窗体是否显示最小化按钮	Font	窗体上文本的字体格式
MaxButton	窗体是否显示最大化按钮	CurrentX	当前位置的横坐标
BorderStyle	窗体边框风格	CurrentY	当前位置的纵坐标

下面详细介绍这些属性。

（1）Name 属性：工程创建后，可以新建多个窗体，默认名称为 FormN（*N* 为 1，2，…）。在代码中使用赋值语句“[对象名.]属性名 = 表达式”修改窗体属性值时，对象名可以是窗体的 Name 属性值，也可以使用关键字 Me 或者缺省。

（2）Caption 属性：窗体标题是出现在窗体标题栏的文本内容，仅在外观上起到提示和标志的作用，默认值为窗体 Name 属性的默认值。在程序运行时，可以通过代码修改该属性值。

注意

Caption 属性和 Name 属性是不同的，不要混淆概念。

（3）MaxButton 属性/MinButton 属性：这两个属性有如下两种取值。

① 取值为 True（默认值），表示窗体右上角有最大/最小化按钮；

② 取值为 False，表示窗体右上角没有最大/最小化按钮。

（4）BorderStyle 属性：该属性用来设置窗体外观，且只能在属性窗口设置。当 BorderStyle 设置为除 2 以外的值时，系统将 MaxButton 和 MinButton 属性设置为 False，有如下 6 种取值。

① 0-None 表示窗体无外框无标题栏，无法移动及改变大小。

② 1-Fixed Single 表示窗体为单线外框有标题栏，可移动，但不可改变大小。

③ 2-Sizable（默认值）表示窗体为双线外框，可移动，可改变大小。

④ 3-Fixed Dialog 表示窗体为双线外框，可移动，但不可改变大小。

⑤ 4- Fixed Tool Windows 表示有标题栏但标题栏字体缩小，无控制菜单，不可改变大小。

⑥ 5-Sizable ToolWindows 表示与取值 4 同，但可改变大小。

（5）Picture 属性：我们可以通过 Picture 属性给窗体设置背景图片。当然，要显示的图片应以文件的形式保存在磁盘上，通过确定其路径和文件名找到该文件。若用代码实现，要借助 LoadPicture 函数，格式如下。

① 加载背景图片的语句格式如下：

```
[对象名.] Picture = LoadPicture("文件名")      '文件名可包含文件路径
```

如 Form1.Picture = LoadPicture ("c:\Graphics\Water lilies.jpg")，该语句执行后，界面如图 2-5 所示。

② 清空背景图片的语句格式如下：

```
Form1.Picture = LoadPicture( )
```

图 2-5 Picture 属性示例

Visual Basic 6.0 支持的图形文件格式有位图（Bitmap，文件扩展名为.bmp 或.dib）、图标（Icon，文件扩展名为.ico 或.cur）、图元（Metafile，文件扩展名为.wmf 或.emf）、JPEG（Joint PhotoGraphics Expert Group，文件扩展名为.jpg）和 GIF（Graphics Interchange Format，文件扩展名为.gif）。

（6）WindowState 属性：窗体运行时的尺寸状态，有以下 3 种取值。

① 0（默认值）表示有窗口边界的正常窗口状态。

② 1 表示以图标方式显示的最小化状态。

③ 2 表示无边框充满整个屏幕的最大化状态。

（7）Font 属性：若同一窗体中大多数控件对象上出现的文本都是相同的字体格式，可以在新建这些控件对象之前，先设置窗体的 Font 属性。这样做的好处是 Font 属性只要设置一次即可。

（8）CurrentX 属性/CurrentY 属性：这组属性在设计时不可用，只能在代码中设置，经常和 Print 方法结合使用。在默认坐标系中，首次使用 Print 方法，CurrentX 属性和 CurrentY 属性的默认值都是 0，因此，输出位置在容器的左上角。改变这两个属性的值，即改变了当前坐标，可以使文本输出在指定的位置。该属性值以 twip 为单位。

2.2 窗体的方法

窗体的常用方法如表 2-6 所示。

表 2-6　窗体的常用方法

方法名	功能说明	方法名	功能说明
Print	输出打印	Move	移动窗体
Line	画直线、矩形	Scale	自定义坐标系统
Circle	画圆、椭圆、扇形、圆弧	Paintpicture	区域复制
Pset	画点	TextWidth	获得打印文本字符串的宽度
Cls	清屏	TextHeight	获得打印文本字符串的高度
Show	显示窗体	Refresh	刷新窗体
Hide	隐藏窗体	PrintForm	打印窗体

下面详细介绍其中 12 种方法的使用。

（1）Print 方法：窗体最重要的一个方法，功能是在窗体上输出数据和文本。除了窗体对象外，图片框、Debug、打印机（Printer）都有 Print 方法。调用格式如下：

```
[对象名.]Print  [输出列表][{; | ,}]
```

格式说明如下。

① 若缺省对象名，表示将文本输出到当前窗体上。

② 若 Print 后无参数，则表示输出回车换行。

③ 英文标点“;”（分号）分隔符：相邻两个输出项之间的分隔符，指定分隔符后的下一个输出项以紧凑格式紧跟着上一个输出项输出，中间没有空格。

④ 英文标点“,”（逗号）分隔符：相邻两个输出项之间的分隔符，指定分隔符后的下一个输出项以标准格式在下一个打印区的起始位置输出（每隔 14 列开始一个打印区，每列的宽度是所有字符的平均宽度）。

⑤ 对于数值型的输出项表达式，输出的数值前面加一个符号位（正数为空格），后面自动加一个空格。

⑥ 在输出列表中经常会使用定位函数 Spc(n)和 Tab(n)。

- Spc(n)：指定在下一个输出项前插入 *n* 个空格。
- Tab([n])：指定下一个输出项显示在第 *n* 列上。若无参数，表示将输出定位在下一个打印区的起始位置。

使用 Print 方法输出文本时，文本总是出现在当前坐标（CurrentX，CurrentY）处，输出后，CurrentX 属性和 CurrentY 属性会根据实际情况再作变动。

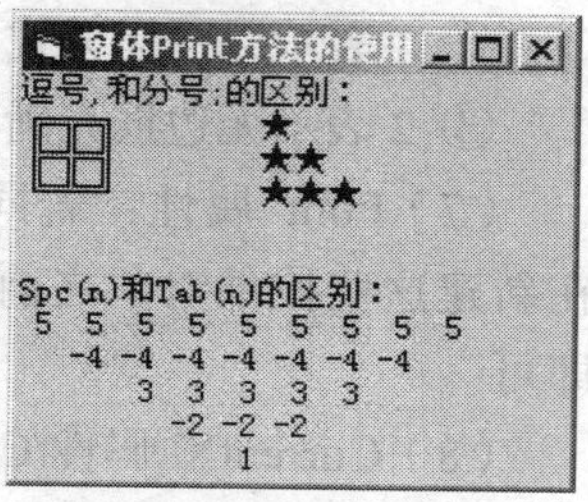

图 2-6　例 2-1 运行结果

例 2-1　Print 方法的格式输出，运行结果如图 2-6 所示。

程序代码如下：

```
Private Sub Form_Click()
    Print "逗号,和分号;的区别:"
```

```
    Print "┌"; "┬"; "┐", "★"
    Print "├"; "┼"; "┤", "★"; "★"
    Print "└"; "┴"; "┘", "★"; "★"; "★"
    Print                                        '回车换行
    Print                                        '回车换行
    Print "Spc(n)和Tab(n)的区别："
    Print Tab(1); 5; 5; 5; 5; 5; 5; 5; 5; 5   '从第 1 列开始输出，每个数值占 3 列
    Print Spc(3); -4; -4; -4; -4; -4; -4; -4 '从第 4 列开始输出
    Print Tab(7); 3; 3; 3; 3; 3                 '从第 7 列开始输出
    Print Spc(9); -2; -2; -2                    '从第 10 列开始输出
    Print Tab(13); 1                            '从第 13 列开始输出
End Sub
```

（2）Line 方法：可以在窗体或图片框中绘制直线和矩形。调用格式如下：

```
[对象名.] Line [[Step] (x1,y1)] -[Step] (x2,y2) [,颜色][,B[F]]
```

格式说明如下。

① （x1,y1）参数用于指定线段的起点，若省略，则表明起点为当前点（CurrentX,CurrentY）；（x2,y2）参数用于指定线段的终点。

② 使用 Step 参数，表示起点或终点坐标是相对当前点（CurrentX，CurrentY）的，不使用该参数，表示起点或终点坐标是相对原点的。

③ 颜色参数用于指定绘制图形的颜色，若省略，则使用对象当前的 ForeColor 属性指定的颜色。

④ 使用 B 参数表示绘制矩形，（x1，y1）参数和（x2，y2）参数指定矩形的左上角和右下角坐标。

⑤ 只有使用了 B 参数，F 参数才能使用，表明用指定颜色填充矩形；若省略，以对象当前的 FillColor 和 FillStyle 属性值来填充矩形（FillColor 和 FillStyle 属性介绍详见 2.5.2 小节）。

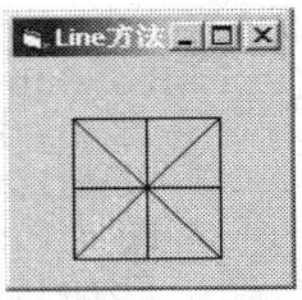

图 2-7　例 2-2 运行界面

例 2-2　用 Line 方法画一个米字格，运行界面如图 2-7 所示。

程序代码如下：

```
Private Sub Form_Click()
    Line (400, 400)-(1400, 1400), , B '画外框
    Line (400, 900)-(1400, 900)       '画横线
    Line (900, 400)-(900, 1400)       '画竖线
    Line (400, 400)-(1400, 1400)      '画斜线（左上到右下）
    Line (400, 1400)-(1400, 400)      '画斜线（左下到右上）
End Sub
```

（3）Circle 方法：可以在窗体或图片框中绘制圆、椭圆等。调用格式如下：

```
[对象名.] Circle [Step](x,y),半径[,颜色][,起始角][,终止角][,长短轴比率]
```

格式说明：Step 参数和颜色参数与 Line 方法相同，其余参数说明如下。

①（x,y）参数用于指定圆心坐标。

② 绘制圆弧和扇形时需要设置起始角参数和终止角参数。当起始角、终止角取值在 0～2π 时为圆弧；出现负值时为扇形，负号表示画圆心到圆弧的半径。

③ 椭圆需通过长短轴比率参数来控制，默认为 1，即画圆。

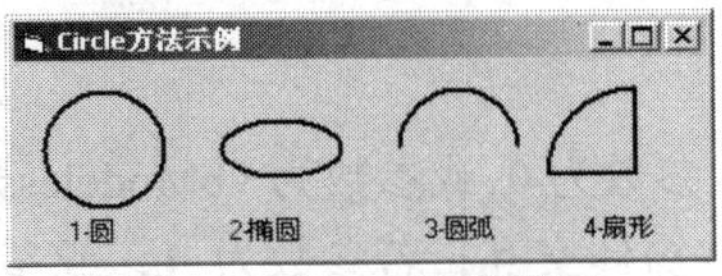

图 2-8　例 2-3 运行界面

例 2-3　Circle 方法示例，界面如图 2-8 所示。

程序代码如下：

```
Private Sub Form_Click()
    DrawWidth = 2                              '线宽为 2
```

```
    Circle (600, 600), 400                              '1-圆
    Circle (1800, 600), 400, , , , 0.5                  '2-椭圆
    Circle (3000, 600), 400, , 0, 3.14                  '3-圆弧
    Circle (4200, 800), 600, , -3.14 / 2, -3.14         '4-扇形
End Sub
```

（4）Pset 方法：可以在窗体或图片框中绘制点。调用格式如下：

```
[对象名.] Pset [Step](x,y) [,颜色]
```

格式说明：(x,y)参数为画点的坐标，其他参数与 Line 方法相同。

例 2-4 用 Pset 方法画阿基米德螺线，运行界面如图 2-9 所示。

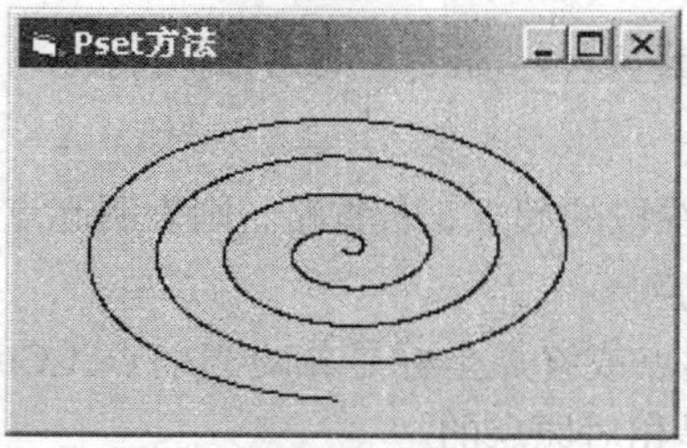

图 2-9 阿基米德螺线

程序代码如下：

```
Const pi As Single = 3.14                    '定义常量 pi 为π值
Private Sub Form_Click()
     Dim a As Single, x As Single, y As Single
     Form1.ScaleLeft = -50 : Form1.ScaleTop = -50
     Form1.ScaleWidth = 100
     Form1.ScaleHeight = 100                    '重设坐标系
     For a = 0 To 8 * pi Step 0.01
    'a 从 0 开始在[0,8π]范围内以步长 0.01 参与循环
       x = a * Sin(a) : y = a * Cos(a) : PSet (x, y)
    Next a
End Sub
```

（5）Cls 方法：清除运行时在窗体或图片框中用 Print 或绘图方法显示的文本或图形。调用格式如下：

```
[对象名.] Cls
```

格式说明：对象可以是窗体或图片框，若缺省，表示当前窗体。该方法无参数。调用 Cls 方法后，在默认坐标系中 CurrentX 和 CurrentY 属性会恢复到原点（0，0）。

（6）Show 方法/Hide 方法：Show 和 Hide 方法调用格式如下：

```
[窗体名.] Show [Style]
[窗体名.] Hide
```

格式说明如下。

① 窗体名缺省，表示显示或隐藏当前窗体。

② Hide 方法无参数，Show 方法可有参数也可无参数。若 Style 参数为 0，或参数为 vbModeless 以及默认时，表示窗体是无模式的，用户可以和应用程序中的其他窗体交互；若参数为 1，或参数为 vbModel 时，表示窗体是有模式的，用户不能同时与应用程序的其他窗体交互。

（7）Move 方法：窗体和大多数控件对象都有 Move 方法，并且在移动的同时还可以改变对象的大小。调用格式如下：

```
[对象名.]Move Left,[Top],[Width],[Height]
```

格式说明：Left、Top、Width 和 Height 四个参数分别可以设置对象移动后其左上顶点的位置坐标，以及改变大小后的宽度和高度。除了 Left 参数是必选的，其他参数都是可选的。

例 2-5　利用 Move 方法改变窗体位置和尺寸大小，运行结果如图 2-10 所示。

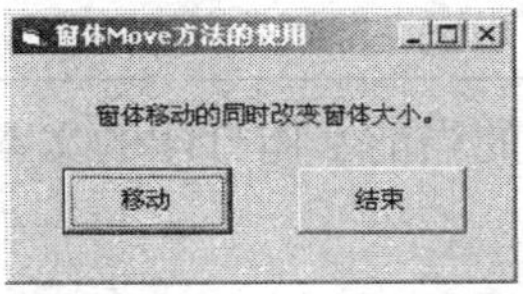

单击“移动”按钮前界面

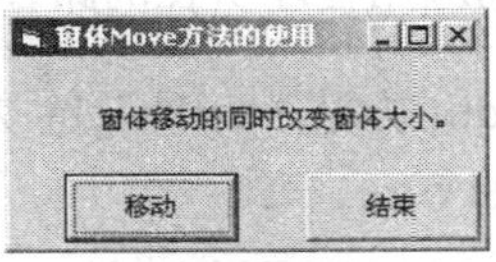

（b）单击“移动”按钮后界面

图 2-10　例 2-5 运行界面

程序代码如下：

```
Private Sub CmdMove_Click()     '窗体移至（2000,2000），并且宽度和高度分别减少 300
    Form1.Move 2000, 2000, Form1.Width - 300, Form1.Height - 300
End Sub
```

（8）Scale 方法：容器自定义坐标系统可以通过 Scale 方法间接改变 ScaleTop、ScaleLeft、ScaleWidth、ScaleHeight 这四个属性值。调用格式如下：

```
[对象名.]Scale [(x1,y1)-(x2,y2)]
```

格式说明：(x1,y1)表示对象左上角坐标，（x2,y2）表示对象右下角坐标，Visual Basic 根据这两组坐标参数计算出 ScaleLeft、ScaleTop、ScaleWidth 和 ScaleHeight 四个属性的值。若参数默认时，则采用默认的坐标系。

例如，Form1.Scale (-10，-10) - (20，-10)　　　　'其坐标系统界面显示参考图 2-4

（9）Paintpicture 方法：该方法能将窗体的矩形区域的像素复制到另一个对象上。调用格式如下：

```
[对象名.] PaintPicture 传送源 ,x1,y1,w1,h1,x2,y2,w2,h2 [,组合模式]
```

格式说明如下。

① 传送源参数可以是图片框或窗体，也可以是窗体的 Picture 属性。

②（x1，y1）是目标区域某顶点坐标；（x2，y2）是要复制的矩形区域的某顶点坐标。

③ w1，h1 参数是目标区域的宽和高；w2，h2 参数是要复制的矩形区域的宽与高。

④ 组合模式参数表示对传送像素和现有像素进行逻辑与、逻辑或和逻辑非等操作。若省略，则将现有的像素替换成传送的像素。

⑤ 若要实现图片的水平翻转，则（x2，y2）为复制区域的右上角坐标，要传送的矩形区域宽 w2 为负值；若要实现图片的垂直翻转，则（x2，y2）为复制区域的左下角坐标，要传送的矩形区域高 h2 为负值。

例 2-6　使用 Paintpicture 方法实现图片的水平和垂直翻转，运行界面如图 2-11 所示。

程序代码如下。

```
Dim w As Integer, h As Integer
Private Sub Form_Load()
    Picture1.Picture = LoadPicture(App. Path + "\汽车.jpg")
    w = Picture1.Width
    h = Picture1.Height
End Sub
Private Sub Command1_Click()                              '图片缩小一半并水平翻转
    Picture2.PaintPicture Picture1, 0, 0, w / 2, h / 2, w, 0, -w, h
```

```
End Sub
Private Sub Command2_Click()                                   '图片缩小一半并垂直翻转
    Picture3.PaintPicture Picture1, 0, 0, w / 2, h / 2, 0, h, w, -h
End Sub
```

说明 加载图片使用 LoadPicture 函数，详见 2.1.2 窗体的 Picture 属性介绍；App.Path 用来获取当前应用程序所在的路径。

（10）TextWidth 方法/TextHeight 方法：返回按窗体的当前字体打印的文本字符串的宽度和高度。调用格式如下：

```
TextWidth(s)和 TextHeight(s)
```

格式说明：参数 s 是一个字符串，该组方法返回 s 的宽度和高度，若 s 含有嵌入的回车返回符，则 TextWidth 方法将返回最长行的宽度。

例 2-7 TextWidth、TextHeight 方法示例，运行界面如图 2-12 所示。

图 2-11 水平垂直翻转后的界面

图 2-12 例 2-7 运行界面

程序代码如下。

```
Private Sub Form_ Click()
    Dim w As Integer, h As Integer, t As String
    FontSize = 12 : t = "物联网" : Print t;            '设置字体大小并输出字符串
    w = TextWidth(t) : h = TextHeight(t)              '计算输出字符串的宽度和高度
    Line (CurrentX, CurrentY)-(CurrentX + w, CurrentY + h),vbBlue,BF  '画矩形并填充蓝色
    CurrentX = 0 : CurrentY = h                       '重新设置输出位置
    Line (CurrentX, CurrentY)-(CurrentX + w, CurrentY + h),vbBlue,BF  '画矩形并填充蓝色
    CurrentY = h : Print t;                           '重新设置输出位置并输出字符串
End Sub
```

2.3 窗体的事件

2.3.1 常用事件

窗体事件的编程使用比较频繁，表 2-7 所示为常用的窗体事件。

表 2-7 窗体的常用事件

简单划分	事件名	功能说明
启动	Initialize	初始化事件
	Load	载入事件
卸载	QueryUnload	卸载前触发
	Unload	卸载时触发
鼠标左键操作	Click	单击事件
	DblClick	双击事件

续表

简单划分	事件名	功能说明
鼠标事件	MouseMove	鼠标移动的时候连续发生
	MouseDown	鼠标左键或者右键按下的时候发生
	MouseUP	鼠标左键或者右键释放的时候发生
活动状态	Activate	激活事件
	Deactivate	失去激活事件
焦点	GotFocus	获得焦点事件
	LostFocus	失去焦点事件
其他	Resize	改变窗体大小事件

下面详细介绍这些事件。

（1）Initialize 事件/Load 事件：窗体启动时，窗体的 Initialize 事件比 Load 事件先激发。Initialize 事件是窗体进行初始化的时候触发的；Load 事件是把窗体从磁盘或从磁盘缓冲区读入内存时触发的。

（2）QueryUnload 事件/Unload 事件：QueryUnload 事件在 Unload 事件之前发生。QueryUnload 事件在关闭窗体或应用程序前发生；Unload 事件是在窗体从屏幕上删除时发生。当哪个窗体被重新加载时，它的所有控件的内容均被重新初始化。当使用控制菜单中的关闭命令或 Unload 语句关闭该窗体时，此事件被触发。

（3）Activate 事件/Deactivate 事件：窗体变为活动窗口触发 Activate 事件；窗体失去激活状态触发 Deactivate 事件。

（4）GotFocus 事件/LostFocus 事件：GotFocus 事件在窗体获得焦点时触发，触发次序在 Activate 事件后。LostFocus 事件在窗体失去焦点时触发，而后触发该窗体的 Deactivate 事件。

提示

注意每个窗体事件被触发的时机以及触发次序。

（5）Click 事件/DblClick 事件：当用户在窗体上单击、双击鼠标左键时触发的事件。鼠标键按下的位置必须是窗体内无其他控件的空白处，才能触发窗体的该组事件，否则触发的是其他控件的单击、双击事件。

注意

“双击”实际上触发两个事件，第 1 次按鼠标键时触发 Click 事件，第 2 次按鼠标键时就会触发 DblClick 事件。若两次单击操作时间间隔比较长，则只是触发了两次 Click 事件。

例 2-8 创建工程，新建窗体 1 和窗体 2 两个窗体。在窗体 2 上添加两个命令按钮对象。各对象的具体属性设置如表 2-8 所示。

表 2-8 对象的属性设置

对象	属性	属性值	对象	属性	属性值
窗体 1	Name	Form1	命令按钮 1	Name	Cmd1
	Caption	窗体事件的触发 1		Caption	卸载 Form1
窗体 2	Name	Form2	命令按钮 2	Name	Cmd2
	Caption	窗体事件的触发 2		Caption	卸载 Form2

具体操作步骤如下。

① 启动窗体 1 观察各事件的触发顺序。

② 单击窗体 1，显示窗体 2。

③ 单击窗体 2 的“卸载 Form1”按钮，可以卸载窗体 1；单击“卸载 Form2”按钮，可以卸载窗体 2。

窗体 1 中编写的代码如下：

```
Private Sub Form_Initialize()
    MsgBox "1:窗体的 Initialize 事件被触发"
End Sub
Private Sub Form_Load()
    MsgBox "2:窗体的 Load 事件被触发"
End Sub
Private Sub Form_Activate()
    Print "3:窗体的 Activate 事件被触发"
End Sub
Private Sub Form_GotFocus()
    Print "4:窗体的 GotFocus 事件被触发"
End Sub
Private Sub Form_QueryUnload(Cancel As  Integer, UnloadMode As Integer)
    Print "7:窗体的 QueryUnload 事被触发"
End Sub
Private Sub Form_Click()
    Form2.Show
End Sub
Private Sub Form_LostFocus()
Print "5:窗体的 LostFocus 事件被触发"
End Sub
Private Sub Form_Deactivate()
MsgBox "6:窗体的 Deactivate 事件被触发"
End Sub
Private Sub Form_Unload(Cancel As Integer)
MsgBox "8:窗体的 Unload 事件被触发"
End Sub
```

窗体 2 中编写的代码如下：

```
Private Sub Cmd1_Click()
    Unload Form1
End Sub
Private Sub Cmd2_Click()
    Unload Form2
End Sub
```

程序运行，弹出第一个对话框（见图 2-13（a）），窗体 1 的 Initialize 事件首先触发。单击对话框上的“确定”按钮关闭该对话框，随即弹出第二个对话框（见图 2-13（b）），窗体 1 的 Load 事件随后触发。关闭第二个对话框后，屏幕上显示窗体 1，从窗体上的输出文本可知该窗体的 Activate 事件和 GotFocus 事件先后被触发，如图 2-13（c）所示。

（a）运行时首次出现的对话框

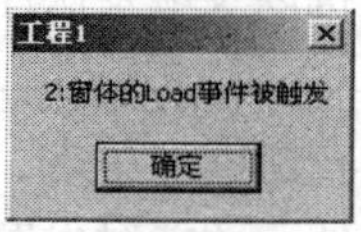

（b）第二个出现的对话框

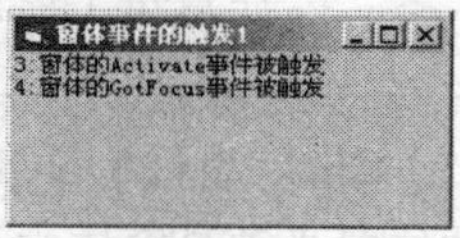

（c）关闭第二个对话框后的窗体 1 界面

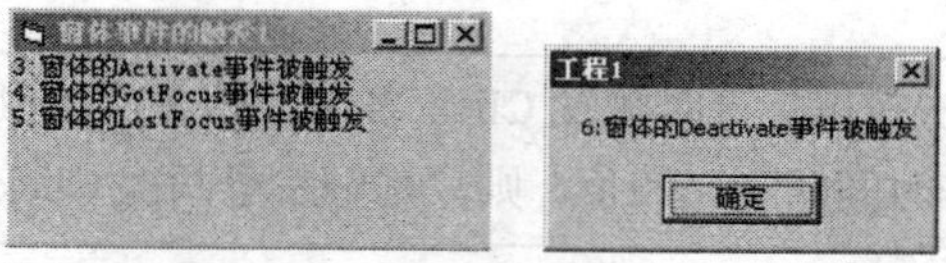

（d）单击窗体 1 后的窗体 1 界面和出现的对话框

（e）对话框关闭后被激活的窗体 2 界面

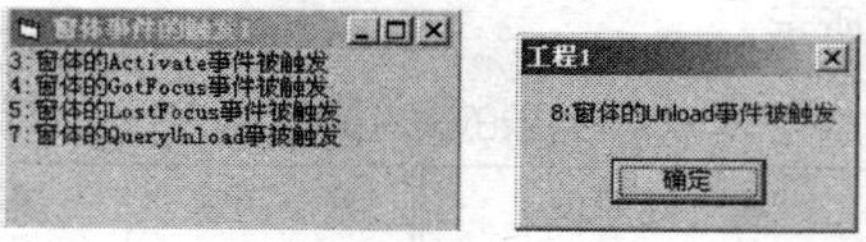

（f）单击“卸载 Form1”后的窗体 1 界面和出现的对话框

图 2-13　例 2-8 运行界面

当单击窗体 1，激活其 Click 事件后，窗体 2 显示但处于非激活状态，窗体 1 同样失去激活状态，并弹出对话框，如图 2-13（d）所示，表明窗体 1 的 LostFocus 事件和 Deactivate 事件先后被触发。关闭对话框，窗体 2 激活，如图 2-13（e）所示。

用户单击窗体 2 上的“卸载 Form1”按钮后，窗体 1 的输出文本发生变化并弹出对话框，如图 2-13（f）所示，由此可知窗体 1 的 QueryUnload 事件比 Unload 事件先触发，继续单击窗体 2 上的“卸载 Form2”按钮后，窗体 2 被卸载，整个 Visual Basic 应用程序被终止运行。

（6）MouseDown 事件/MouseUp 事件/MouseMove 事件：这 3 种是我们常说的鼠标事件，即由鼠标操作触发的事件。它是 Visual Basic 中最常用的事件。大多数的用户界面元素都可以用鼠标操作，所以编写鼠标事件过程是 Visual Basic 编程中的首要任务。

这 3 种事件过程的形式如下：

```
Private Sub 对象名_MouseDown(Button As Integer,Shift As Integer,X As Single,Y As Single)
    [程序代码]
End Sub
Private Sub 对象名_MouseUp(Button As Integer,Shift As Integer,X As Single,Y As Single)
    [程序代码]
End Sub
Private Sub 对象名_MouseMove(Button As Integer,Shift As Integer,X As Single,Y As Single)
    [程序代码]
End Sub
```

格式说明如下。

① 与 Click 事件和 DblClick 事件过程不同，在这 3 个事件过程中，含有 Button、Shift、X、Y 四个参数。X 和 Y 参数是鼠标当前位置，Shift 参数同键盘事件中的说明。

② Button 参数用来判断用户按下的是鼠标的哪个键，该参数是一个 16 位整数，其低 3 位如图 2-14 所示，最低位 L 表示左键，R 表示鼠标右键，M 表示鼠标中间键。当按下某个键时，相应的位被置 1，否则为 0。

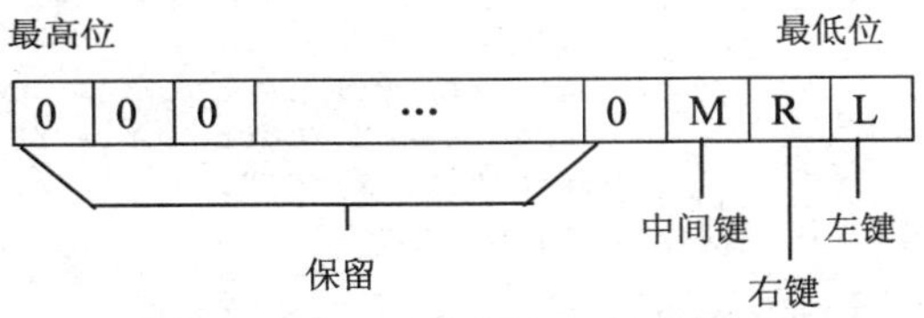

图 2-14　Button 参数的二进制示意图

Button 参数的取值及含义如表 2-9 所示。

表 2-9　Button 参数的取值及含义

十 进 制	二 进 制	常　量	含　义
0	000		未按任何键
1	001	VbLeftButton	左键被按下（默认）
2	010	VbRightButton	右键被按下
3	011	VbLeftButton + VbRightButton	左、右键同时被按下
4	100	VbMiddleButton	中间键被按下
5	101	VbLeftButton + VbMiddleButton	左、中键同时被按下
6	110	VbRightButton + VbMiddleButton	右、中键同时被按下
7	111	VbLeftButton + VbRightButton + VbMiddleButton	左、中、右三键同时被按下

提示　有些鼠标只有两个键，或者虽然有 3 个键但是鼠标驱动程序不能识别中间键，在这种情况下，表 2-9 中的后 4 个参数值不能使用。

例 2-9　利用鼠标事件编写一个画圆的程序。

要求

程序运行，不需先用鼠标左键在窗体上单击，鼠标按下位置作为圆心坐标；然后用鼠标右键单击窗体，鼠标按下位置作为圆上一点，以这两点长度为半径绘制一个圆形；若再次用鼠标右键单击，则重新画圆。运行界面如图 2-15 所示。

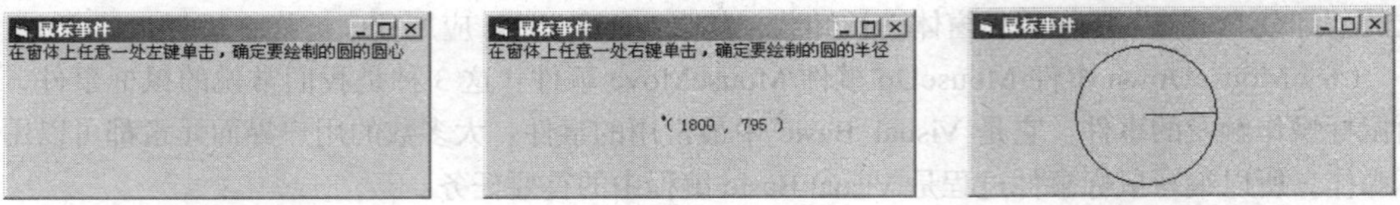

（a）初始界面　　（b）左键单击后界面　　（c）右键单击后界面

图 2-15　例 2-9 运行界面

分析：矩形绘制使用 Circle 方法，线形设置使用绘图属性 DrawStyle。

程序代码如下：

```
Dim xr As Single, yr As Single, r As Single, flag As Boolean
Private Sub Form_Activate()
    Print "在窗体上任意一处左键单击，确定要绘制的圆的圆心"    '在窗体上输出文字提示
End Sub
Private Sub Form_MouseDown(Button As Integer, Shift As Integer, X As Single, Y As Single)
    Cls                                                    '清屏
    If Button = 1 Then
        Print "在窗体上任意一处右键单击，确定要绘制的圆的半径"  '在窗体上输出文字提示
        xr = X: yr = Y                                     '圆心定位
        DrawWidth = 3                                      '设置点宽度
        PSet (xr, yr)                                      '画圆心
        CurrentX = X: CurrentY = Y                         '设置打印输出位置
        Print "("; X; ","; Y; ")"                          '输出圆心坐标
        flag = True                                        'flag 为 True 表示已经左键单击确
                                                           定圆心
    Else
       If flag = False Then                                '如还没有左键单击确定圆心则弹出警
                                                           告提示
           MsgBox "请先单击左键确定圆心！"
           Print "在窗体上任意一处左键单击，确定要绘制的圆的圆心"
    Else
       CurrentX = X: CurrentY = Y                     '确定圆上一点
       r = Sqr((X - xr) * (X - xr) + (Y - yr) * (Y - yr))   '计算圆心
       Line (xr, yr)-(X, Y)                           '画半径
       Circle (xr, yr), r                             '画圆
    End If
  End If
End Sub
```

2.3.2　常用语句

1. Load 语句

要将窗体或其他控件对象载入内存，但不显示它，则可以使用装载语句。

语句格式：Load 对象名

2. Unload 语句

卸载语句将使该对象的所有属性重新恢复为设计状态时设定的初始值，并且还将引发对象的

卸载事件。卸载和隐藏是不同的：程序在调用 Hide 方法时只是将该对象暂时隐藏，而并没有从内存卸载。如果程序中只有唯一的窗体，则当该窗体被卸载时将终止程序的运行。

语句格式：Unload 对象名

格式说明：对象名可以是 Me，表示卸载当前窗体。

3. End 语句

在运行的应用程序窗口中，用户可使用控制菜单中的"关闭"命令或"关闭"按钮来关闭窗口，并结束程序的运行。如果希望由程序来控制其结束，在程序代码中可使用结束语句。执行该语句将终止应用程序的运行，并从内存卸载所有窗体。

语句格式：End

2.4 MDI 窗体的种类

2.4.1 多重窗体

多重窗体其实是普通窗体的集合，每个窗体之间是相互独立的，可以有各自的界面和程序代码，而且它们可以相互调用。多重窗体一般用于复杂的应用程序。

在多重窗体应用程序中，有多个并列的窗体，需要指定程序运行时首先启动哪个窗体，即指定启动对象。默认情况下以第一个创建的窗体为启动对象（即启动窗体）。

我们可以通过设置改变启动对象，若工程名为"工程1"，则设置方法为单击"工程"菜单→打开"工程1 属性"对话框→在"启动对象"下拉列表框中重新选择(见图2-16)。启动对象除了可以是窗体外，还可以是 Sub Main 子过程，但此子过程必须放在标准模块中。

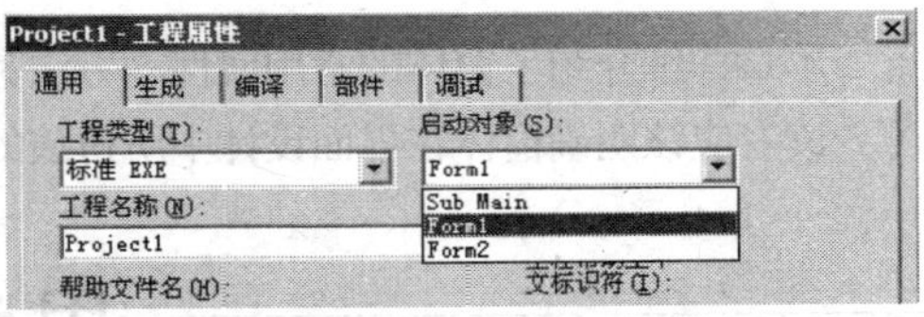

图 2-16　"工程属性"对话框

2.4.2 MDI 窗体

Visual Basic 应用程序界面主要有单文档界面（SDI）和多文档界面（MDI）两种。Windows 系统中的记事本（WordPad）应用程序界面就是典型的单文档界面。在记事本中，只能打开一个文档，如想打开另一个文档，必须先关上已打开的文档。而 Office 中的 Word、Excel 应用程序界面就是多文档界面。

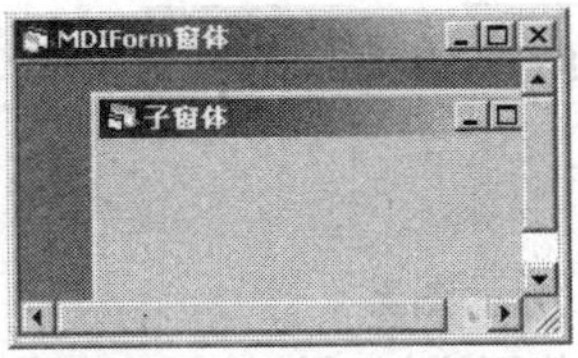

图 2-17　MDI 窗体和子窗体

多文档界面允许用户在单个容器窗体(父窗体)中包含多个文档(子窗体)。父窗体就是 MDI 窗体，它类似于具有一个限制条件的普通窗体，为子窗体提供工作空间；子窗体就是文档窗体，所有子窗体具有相同的功能，但子窗体不能是有模式的，如图2-17所示。

创建 MDI 应用程序步骤如下。

（1）创建 MDI 窗体。单击"工程"菜单→选取"添加 MDI 窗体"。

一个应用程序只能有一个 MDI 窗体。如果工程已经有了一个 MDI 窗体，则该"工程"菜单上的"添加 MDI 窗体"命令就被禁止使用。

（2）创建子窗体。先新建一个新的普通窗体（或者打开一个存在的普通窗体），然后把它的 MDIChild 属性设为 True。

MDIChild 属性在运行时是只读的。在设计时将该属性设置为 True，则普通窗体就更改为子窗体，它像普通窗体一样显示，仅在运行时才被显示在父窗体内部。不管 BorderStyle、ControlBox、MinButton 和 MaxButton 属性的设置值如何，子窗体都有可调整大小的边框、控制菜单框以及最小化和最大化按钮。

在 Visual Basic 的“工程资源管理器”窗口中，MDI 窗体与子窗体的图标与普通窗体的图标都是不同的，如图 2-18 所示。

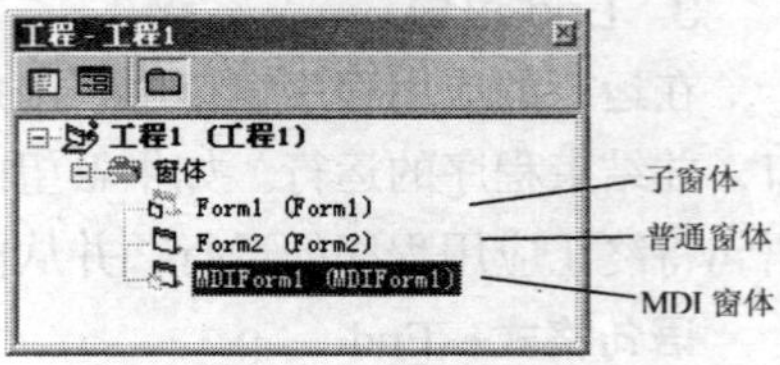

图 2-18 “工程属性”对话框

在运行时，MDI 窗体及其所有的子窗体都有如下特性。

① 所有子窗体即使被移动或改变大小，都只能在 MDI 窗体区域内显示。

② 通过设定 AutoShowChildren 属性，子窗体可以在窗体加载时自动显示。

③ 子窗体最小化时，它的图标将显示在 MDI 窗体上而不是在任务栏中。MDI 窗体最小化时，MDI 窗体及其所有子窗体将由一个图标来代表。

④ 子窗体最大化时，它的标题会与 MDI 窗体的标题组合在一起并显示于 MDI 窗体的标题栏上。

⑤ MDI 窗体和子窗体都可以有各自的菜单，当有菜单的子窗体为活动窗体时，它的菜单将自动取代 MDI 窗体的菜单。

本章小结

本章详细介绍了窗体的常用属性、方法和事件，以及多重窗体和 MDI 窗体的知识。通过本章的学习，读者应该明确窗体在界面设计中所扮演的角色，能将窗体的知识熟练地运用到具体的应用程序中。

思考练习题

一、基本题

1. MDI 窗体及其子窗体应该如何创建？
2. 窗体的 Name 属性和 Caption 属性有何区别？
3. 鼠标事件包括哪些事件？
4. 在鼠标事件中的 Button 参数值为 1、2 时，分别代表鼠标的________键和________键。
5. 假设 D 盘下有一个图形文件 flower.jpg，要在程序代码中将此文件加载到窗体中，则相应的语句为________。

二、操作题

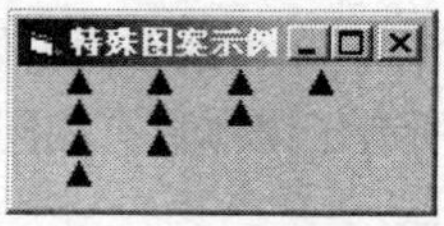

图 2-19 操作题 1 运行结果

1. 运行后在窗体上单击，输出如图 2-19 所示图案。

2. 用 Circle 方法、Line 方法和 Pset 方法画一个静态的手表表面，若再增加时钟控件可制作出秒针走动的动画效果。

第3章 基本控件

学习重点

- 各类控件的常用属性、方法和事件。
- Visual Basic 应用程序界面的设计。

应用程序界面的设计是指编程人员通过简便的操作，在窗体上安排需要的控件、菜单等对象，完成各自特定的任务。本章主要介绍一些常用标准控件的用法，包括标签、文本框、命令按钮、单选按钮、复选框、列表框、组合框和滚动条等。

3.1 文本控件

Visual Basic 中的控件分标准控件（即内部控件）和 ActiveX 控件两类。在 Visual Basic 的集成开发环境中，工具箱中出现的是标准控件，共 20 个。在本章及后面的章节中，我们将陆续介绍这些常用的控件。其中，标签和文本框统称为文本控件。

3.1.1 标签

标签A（Label）主要用于在窗体上标注和显示提示信息。标签在程序运行时不能输入但标签内容可以通过属性设置来更改。它的默认名称为 LabelN（*N* 为 1，2，3，…）。

1. 常用属性

标签的常用属性大部分与窗体和其他控件相同，具体如表 3-1 所示。

表 3-1 标签的常用属性

属性名	功能说明	属性名	功能说明
Name	标签名称	Alignment	标题内容的对齐方式
Caption	标签标题	AutoSize	根据标题内容自动调节大小
BackStyle	标签的背景风格	WordWrap	标题内容的显示方式
BorderStyle	标签的边框风格		

下面详细介绍 Caption 属性、Alignment 属性、AutoSize 属性和 WordWrap 属性。

（1）Caption 属性　是标签的重要属性，用于显示文本信息。

（2）Alignment 属性　用来指定标签上显示文本的位置，其属性取值和含义如下。

① 0 是默认值，表示标题内容左对齐。

② 1 表示标题内容右对齐。

③ 2 表示标题内容居中对齐。

（3）AutoSize 属性　用来设置标签框的自动调节大小功能，其属性取值和含义如下。

① True 表示自动调节大小。

② False 为默认值。表示当标签内容长度超出标签框长度时，超出部分不显示。

（4）WordWrap 属性用来设置标签的标题属性值的显示方式，其属性取值和含义如下。

① True 表示标签将在垂直方向变化大小以与标题文本相适应，水平方向的大小不改变。

② False 为默认值。表示标签不会改变垂直方向上的大小以适应文本的需要，而水平方向上的大小则取决于 AutoSize 属性的设置情况。

注意　如使 WordWrap 属性生效，则 AutoSize 属性应设置为 True。

此外，标签属性设置经常会涉及字体属性和颜色属性，可以使显示的文本内容更清晰更美观。

例 3-1　举例说明 AutoSize 属性和 WordWrap 属性的功能。在界面中画 4 个标签，尺寸大小相同，表 3-2 列出了主要对象的属性设置，运行后界面如图 3-1 所示。

表 3-2　主要对象的属性设置

对　象	属　性	属 性 值
标签 1	Name	Label1
	Caption	1：AutoSize 属性为 False，WordWrap 属性为 False
	AutoSize	False
	WordWrap	False
标签 2	Name	Label2
	Caption	2：AutoSize 属性为 True，WordWrap 属性为 False
	AutoSize	True
	WordWrap	False
标签 3	Name	Label3
	Caption	3：AutoSize 属性为 False，WordWrap 属性为 True
	AutoSize	False
	WordWrap	True
标签 4	Name	Label4
	Caption	4：AutoSize 属性为 True，WordWrap 属性为 True
	AutoSize	True
	WordWrap	True

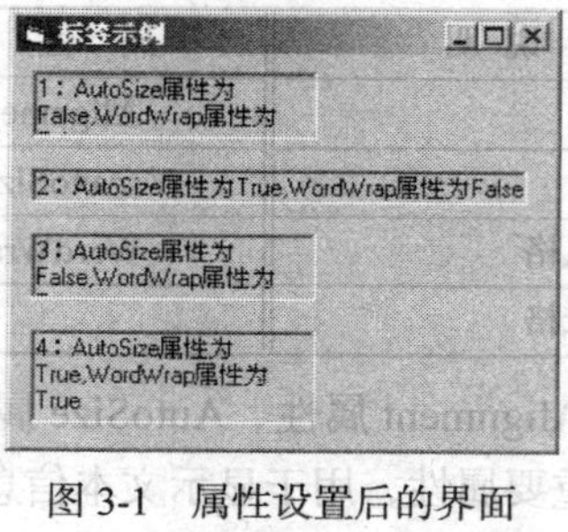

图 3-1　属性设置后的界面

2. 方法和事件

标签有 Refresh（刷新）、Move（移动）等方法，还有 Click（单击）、DblClick（双击）等触

发事件，但这些方法和事件不经常使用。

3.1.2　文本框

文本框 ab| （TextBox）是一个小型的文本编辑器，用户可以编辑文本信息，常用于账户和密码的输入框（见图 3-2）。其默认名称为 TextN（*N* 为 1，2，3，…）。

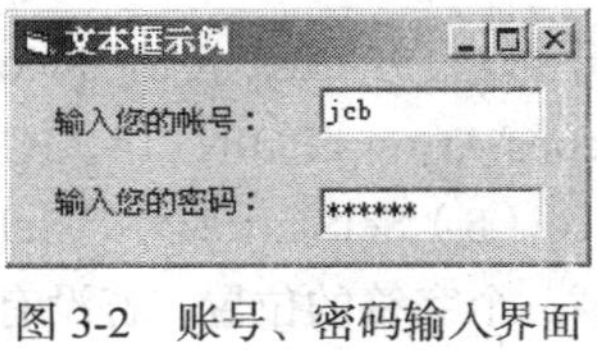

图 3-2　账号、密码输入界面

1．常用属性

标签中介绍的一些常用属性也用于文本框，包括字体属性、颜色属性、边框样式等，另外还有一些常用属性如表 3-3 所示。

表 3-3　文本框的常用属性

属性名	功能说明	属性名	功能说明
Name	文本框名称	ScrollBars	文本框是否有滚动条
Text	文本框中显示的内容	MousePointer	鼠标指针类型
Locked	文本框是否锁定	MouseIcon	鼠标图标
PasswordChar	密码显示	SelText	选中文本的内容
MaxLength	文本框中可输入的最大字符数	SelStart	选中文本的起始位置
MultiLine	文本框是否多行显示	SelLength	选中文本的字符长度

下面详细介绍文本框的部分重要属性。

（1）Text 属性是最重要的一个属性，用户在文本框输入、编辑和显示的文本内容就保存在该属性中。

（2）Locked 属性用来指定文本框是否可以被编辑，其属性取值和含义如下。

① True 表示文本框内容是只读的、类似于标签，经常用于创建只读文本框。

② False 为默认值，表示文本框内容可读写。

（3）PasswordChar 属性用于口令输入。默认值是空字符串，当用户在属性窗口中将本属性设置为某个字符，则运行时用户输入的每个字符均以该字符显示。该属性经常被设置为*（星号），用于密码显示。

（4）MaxLength 属性用来设置文本框中允许输入的最大字符数，其默认值为 0，表示在文本框能容纳的字符数之内没有限制，文本框能容纳的字符个数是 64K，若超过这个范围，则应用其他控件来代替文本框，如 RichTextBox 控件。

（5）MultiLine 属性用来设置文本框中的文本是否多行显示，其属性取值和含义如下。

① True 表示可输入和显示多行文本。

② False 为默认值，表示只能输入单行文本。

（6）ScrollBars 属性用来设置文本框中是否显示滚动条。本属性只有在 MultiLine 属性为 True 时才有效。其属性取值和含义如下。

① 0 为默认值，表示无滚动条。

② 1 表示有水平滚动条。

③ 2 表示有垂直滚动条。

④ 3 表示既有水平滚动条又有垂直滚动条。

（7）MousePointer 属性/MouseIcon 属性。MousePointer 属性可以设置在运行状态鼠标经过文本框时的指针类型，共有 16 种指针类型可以选择。其中当属性值为“99-Custom”时，可以由用户通过设置 MouseIcon 属性自定义鼠标指针，支持扩展名为.ico 或.icr 的文件。如图 3-3（a）所示，图中文本框的 MousePointer 属性设为 5-Size，图 3-3（b）图中文本框的 MousePointer 属性设为 99-Custom, MouseIcon 属性为"Graphics\Icons\Arrows\POINT14，ICO"。

（a）指针类型

（b）自定义

图 3-3　鼠标指针设置

（8）SelStart 属性、SelLength 属性和 SelText 属性。SelStart 属性用于获得和设置所选文本的第一个字符的位置，若没有文本被选中，则指出插入点的位置；SelLength 属性用于获得和设置所选文本的长度；SelText 属性用于获得当前所选的文本内容。

在运行状态，用户可以拖动鼠标在文本框中选中一段文本，选中的文本呈反相显示，该组属性就返回所选文本的相关信息，以备用户操作处理，但它们不能在属性窗口中设置，而只能在程序代码中使用。

2. 方法

文本框的最常用方法是 SetFocus 方法，它能使文本框获得焦点，表现为光标在里面闪动，便于用户进行键盘输入。Refresh 方法是进行文本框刷新。

3. 事件

文本框也有 Click 和 DblClick 等事件，但并不常用，常用事件如表 3-4 所示。

表 3-4　文本框的常用事件

方 法 名	功 能 说 明
KeyPress	按下键盘上某个 ASCII 字符按键时触发
KeyDown	按下键盘上的任意按键时触发
KeyUp	松开键盘上的任意按键时触发
Change	文本框的 Text 属性，即文本的内容发生变化时触发
GotFocus	文本框得到焦点时触发
LostFocus	文本框失去焦点时触发

其中，Change 事件是文本框应用中最常见的事件；KeyPress 事件、KeyDown 事件、KeyUp 事件属于键盘事件。键盘是计算机不可缺少的组成部分，所以键盘事件也是一类很重要的事件。

说明　窗体也可以响应键盘事件，只有在空窗体或窗体上的控件都无效时才发生，或者将窗体上的 KeyPreview 属性设置为 True，窗体也会先于每个控件接受这些键盘事件。

键盘事件过程的一般格式如下：

```
Private Sub 对象名_ KeyPress（KeyAscii As Integer）
    [程序代码]
End Sub
Private Sub 对象名_KeyDown(KeyCode As Integer,Shift As Integer)
    [程序代码]
End Sub
Private Sub 对象名_KeyUp(KeyCode As Integer,Shift As Integer)
    [程序代码]
End Sub
```

格式说明如下。

① 若为窗体的键盘事件，则对象名处应改为"Form"。

② KeyPress 事件过程的参数只有一个，就是 KeyAscii 参数，它是一个整数，用来返回用户

所按键的 ASCII 码。利用该参数可以判断出用户按的是哪一个键。

③ KeyDown 和 KeyUp 事件过程的参数相同。其中 KeyCode 参数是一个键的扫描码，Shift 参数是事件发生时反映 Shift 键、Ctrl 键和 Alt 键的按键状态的一个整数。

下面将详细介绍每个事件。

（1）KeyPress 事件

当用户按下键盘上与 ASCII 字符对应的某个键时，将触发拥有焦点的那个控件的 KeyPress 事件。KeyAscii 参数将获得所按键的 ASCII 码值。该事件可用于文本框、组合框、复选框等控件。

ASCII 字符集包括标准键盘的字母、数字和标点符号，也包括大多数控制键。但 KeyPress 事件只识别 Enter、Tab 和 Backspace（空格）键。对于其他的功能键，如 F1、F2 功能键，Delete 等编辑键以及一些定位键则无法响应。

编程人员应该了解以下几个常用字符的 ASCII 码值：大写字母 A、小写字母 a、数字字符 0、Enter 键（参见附录 B）。此外，其他字符的 ASCII 码值可以使用 Asc (c)函数获得，其中 c 为需要获知 ASCII 码值的字符；与之功能相反的函数是 Chr(x)，可以获得 ASCII 码值为参数 x 的字符。如 Asc（"f"）的函数返回值为 102，而 Chr(102)的函数返回值为“f”。

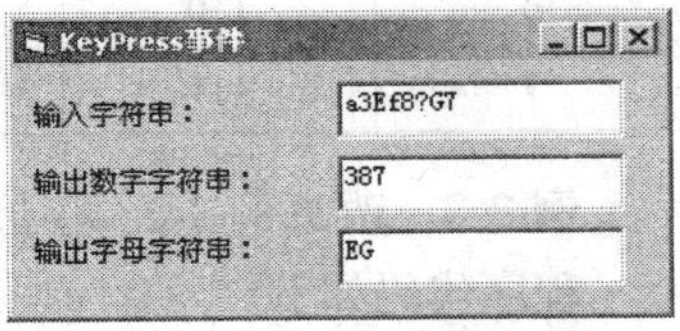

图 3-4　例 3-2 运行界面

例 3-2　如图 3-4 所示，在第 1 个文本框中输入任意一串字符串。每输入一个字符判断其类别，若为数字字符则同步显示在第 2 个文本框中；若为大写字母字符则显示在在第 3 个文本框中；其他字符不处理。

程序代码如下：

```
Private Sub TxtInput_KeyPress(KeyAscii As Integer)
     Dim ch As String * 1                        'c 为定长字符型变量，长度为 1
     ch = Chr(KeyAscii)                          'ch 得到所按键对应的字符
     If ch >= "0" And ch <= "9" Then             '类别为数字字符
        Txtdigit.Text = Txtdigit.Text + ch       '第二个文本框中显示
     ElseIf ch >= "A" And ch <= "Z" Then         '类别为大写字母字符
        Txtalpha.Text = Txtalpha.Text + ch       '第三个文本框中显示
     End If
End Sub
```

（2）KeyDown 事件和 KeyUp 事件

KeyDown 事件和 KeyUp 事件是对键盘击键的最低级的响应，它报告了键盘本身的物理状态。当用户按下键盘上的任意一个键时，会引发 KeyDown 事件，当用户松开键盘上的任意一个键时，会引发 KeyUp 事件。与 KeyPress 事件相比，KeyDown 和 KeyUp 事件返回的是键盘的直接状态，而不是字符的 ASCII 码值。

① KeyCode 参数　KeyCode 表示按下的物理键，大写字母和小写字母使用同一个键，它们的 KeyCode 值相同，为大写字母的 ASCII 码值。例如，当按下字母键“B”和字母“b”时，由于是键盘上的同一个键，所以 KeyCode 参数都是 66，而对 KeyPress 事件来说，这两个字符对应的 ASCII 码是不一样的（“B”是 66，“b”是 98）。另外大键盘上的数字键与数字键盘上相同数字的键不是同一个键，它们的 KeyCode 是不一样的。对于有上档字符和下档字符的键，其 KeyCode 为下档字符的 ASCII 码值。

② Shift 参数　Shift 参数是转换键，表示在该事件发生时响应的 3 个转换键的状态，即 Shift 键、Ctrl 键和 Alt 键的状态，用来判断大小写字母以及检测多种鼠标状态。

Shift 参数是一个 16 位整数，用其低三位分别表示 Shift 键、Ctrl 键和 Alt 键的状态，当某个键被按下时，使得对应的一个二进制位被置为 1。图 3-5 给出了 Shift 键、Ctrl 键和 Alt 键对应二进制数的位置。

这 3 个键可单个检查也可作为组合来检查，Shift 参数取值和含义如表 3-5 所示。

表 3-5　　Shift 参数值

十 进 制	二 进 制	常　　量	含　　义
0	000		未按任何键
1	001	VbShiftMask	Shift 键被按下
2	010	VbCtrlMask	Ctrl 键被按下
3	011	VbShiftMask + VbCtrlMask	Shift 键、Ctrl 键同时被按下
4	100	VbAltMask	Alt 键被按下
5	101	VbShiftMask + VbAltMask	Shift 键、Alt 键同时被按下
6	110	VbCtrlMask + VbAltMask	Ctrl 键、Alt 键同时被按下
7	111	VbShiftMask + VbCtrlMask + VbAltMask	Shift 键、Ctrl 键、Alt 键同时被按下

例 3-3　改进例 3-2：字母不分大小写一律以大写字母显示在第 3 个文本框中，其他不变。

程序代码如下：

```
Private Sub TxtInput_KeyDown(KeyCode As Integer, Shift As Integer)
    Dim ch As String * 1
    ch = Chr(KeyCode)
    If ch >= "0" And ch <= "9" Then
        Txtdigit.Text = Txtdigit.Text + ch
    ElseIf ch >= "A" And ch <= "Z" Then
        Txtalpha.Text = Txtalpha.Text + ch
    End If
End Sub
```

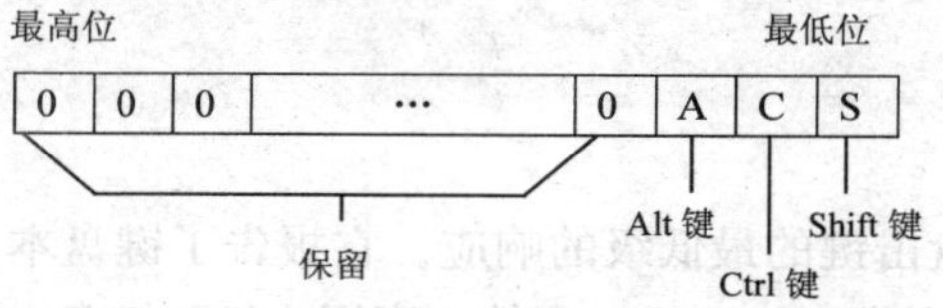

图 3-5　Shift 参数的二进制示意图

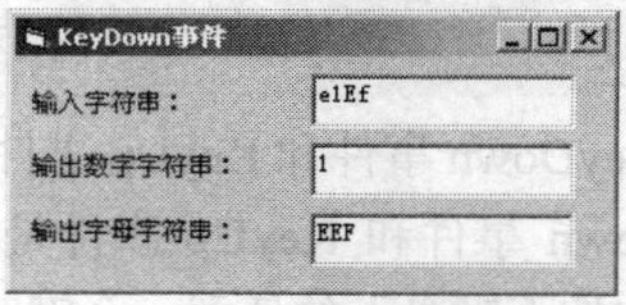

图 3-6　例 3-3 运行界面

3.2　按 钮 控 件

按钮控件 ▭（CommandButton）就是命令按钮。大部分 Visual Basic 应用程序界面中都使用命令按钮，用户可以通过鼠标单击按钮来执行操作，它是用户和程序交互最常用的方法。单击时，命令按钮不仅能执行相应的操作，而且看起来就像是被按下和松开一样，因此有时称其为下压按钮。命令按钮的默认名称为 CommandN（*N* 为 1，2，3，…）。

1. 常用属性

命令按钮的常用属性如表 3-6 所示。

表 3-6 命令按钮的常用属性

属性名	功能说明	属性名	功能说明
Name	命令按钮名称	Style	设置命令按钮样式
Caption	命令按钮标题	Picture	图形按钮的图片设置
Default	设置默认按钮	DownPicture	图形按钮被按下时的图片设置
Cancel	设置取消按钮	DisablePicture	图形按钮无效时的图片设置
Enabled	命令按钮有效/无效	MousePointer	鼠标移到对象上的指针形状
ToolTipText	提示文本	MouseIcon	MousePointer为99时设置自定义图标

下面详细介绍表中部分重要的属性。

（1）Caption 属性可以设置命令按钮的标题（即在命令按钮上的文字），默认值和 Name 属性值相同。一般命令按钮的 Caption 属性值设置为能反映该按钮功能的简要文本说明。

用户可以在 Caption 属性设置中创建命令按钮的访问键方式，只需在 Caption 属性值中要设置的访问键字符前加“&”字符，窗体上即显示为该字符带下划线。运行时，只需同时按下 Alt 键和该字符键，即可触发命令按钮的单击事件。若不创建访问键，而要在标题中包含“&”字符，则应设置连续的两个该字符，这样就只显示一个“&”字符，而不显示下划线。如命令按钮的标题设为“&Quit”，如图 3-7 所示。

图 3-7 命令按钮快捷键设置

（2）Default 属性和 Cancel 属性。Default 属性能把窗体中的某一按钮设定为默认按钮。属性值有以下两种：

① True 表示此按钮为默认按钮。此时，窗体上的其他按钮被自动设置为 False。运行时，即使窗体上焦点不在该按钮上，只要用户按 Enter 键，就等同于单击该按钮。在很多情况下，窗体的“确定”按钮被设置为默认按钮。

② False 表示默认值。

Cancel 属性能把窗体中的某一按钮设定为取消按钮。属性值有以下两种：

① True 表示此按钮为取消按钮。运行时，不管窗体上焦点在何处，只要用户按 Esc 键即等同于单击本按钮。

② False 表示默认值。

（3）Enabled 属性用来设置命令按钮的状态，属性值有以下两种：

① True 表示默认值。命令按钮为有效状态，运行时可接受单击等操作。

② False 表示命令按钮为无效状态，标题为灰色字体，不能接受任何操作。

通常设置该属性可以限制用户的某些操作。

图 3-8 ToolTipText 属性示例

（4）ToolTipText 属性用来设置鼠标在命令按钮上停留时显示的文本，起提示作用，如图 3-8 所示。

（5）Style 属性、Picture 属性、DownPicture 属性和 DisablePicture 属性。Style 属性用来设置命令按钮的风格样式，属性值可以为 0 或 1。

① 0 表示默认值，代表标准样式，命令按钮只显示文本，即显示其 Caption 属性值。它不支持背景颜色 BackColor。

② 1 代表图形样式，命令按钮不仅可显示文本，还可通过 Picture 属性设置显示图片，图片格式可以为.bmp 或.ico 形式。同时也能设置 BackColor 属性。后面介绍的单选按钮和复选框也具有该特点。

DownPicture 属性用于设置命令按钮被单击并处于按下状态时显示的图片。若该属性没设置，则命令按钮始终显示 Picture 属性设置的图片。

DisablePicture 属性用于设置命令按钮禁用时显示的图片。当 Style 属性值为 1，Enabled 属性值为 False 时，该属性才生效。

此外，命令按钮还有 Value 属性，但不常用。在运行时，若将命令按钮的 Value 属性值由默认的 False 设置为 True，则会触发命令按钮的单击事件。

2. 方法

SetFocus 方法可以设置焦点。设置为焦点的按钮在其表面有一个虚边框。

3. 事件

Click 事件（单击事件）是命令按钮最基本、最常用的事件之一。在大多数应用程序界面中，常常利用命令按钮的单击事件来完成相应的操作。

在程序运行时，命令按钮的单击事件可以通过多种方法来触发。

（1）直接通过鼠标单击。

（2）用 Tab 键或 SetFocus 方法将焦点转移到按钮上，然后按空格键或 Enter 键。

（3）使用按钮的快捷键方式（Alt+带有下划线的字母）。

（4）命令按钮的 Default 属性为 True 的情况下按 Enter 键；命令按钮的 Cancel 属性为 True 的情况下按 Esc 键。

（5）用代码设置命令按钮的 Value 属性为 True。

例 3-4 如图 3-9 所示，在界面上添加 3 个命令按钮和 2 个标签，用于判断按钮上的图片属于计算机的哪种外部设备。对象的属性设置如表 3-7 所示。

表 3-7 对象的属性设置

对象	属性	属性值	对象	属性	属性值
窗体	Name	Form1	命令按钮 1	Name	CmdMouse
	Caption	命令按钮的使用		Style	1-Graphical
标签 1	Name	Picture1		Caption	（清空）
	Caption	计算机除了主机箱还要有必要的输入输出设备	命令按钮 2	Name	CmdPrinter
标签 2	Name	Picture1		Style	1-Graphical
	Caption	（清空）		Caption	（清空）
	AutoSize	True	命令按钮 3	Name	CmdHPhone
				Style	1-Graphical
				Caption	（清空）

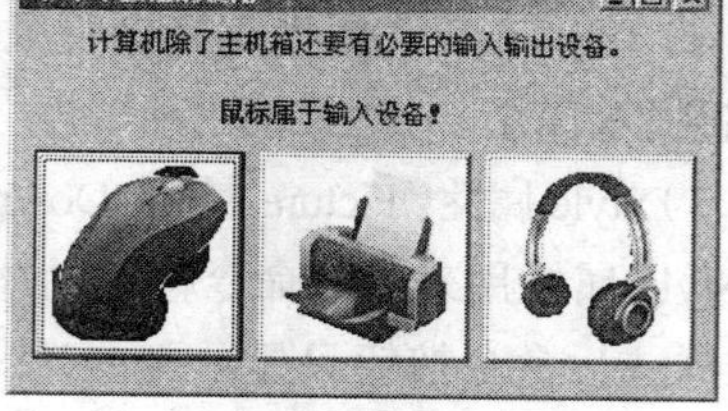

图 3-9 例 3-4 界面

要求 3 个命令按钮上的图片在窗体的 Load 事件中用 LoadPicture 函数加载（详见 2.1.2 小节），当单击这 3 个命令按钮后，标签 2 将显示相应信息，表明该按钮上的图片所属的设备类型。

程序代码如下：

```
Private Sub Form_Load()                    ' App.Path 用来获取当前应用程序所在的路径
     CmdMouse.Picture = LoadPicture(App.Path + "\Mouse.jpg")
     CmdPrinter.Picture = LoadPicture(App.Path + "\Printer.jpg")
     CmdHPhone.Picture = LoadPicture(App.Path + "\Headphones.jpg")
End Sub
Private Sub CmdHPhone_Click()
     Label2.Caption = "耳机属于输出设备！"
End Sub
```

说明　CmdMouse_Click()和 CmdPrinter_Click()事件过程中的代码和 CmdHPhone_Click()中的代码基本相同，只需将赋值语句右侧的字符串 "耳机属于输出设备！"分别替换为"鼠标属于输入设备！"和"打印机属于输出设备！"即可。

3.3 选择控件

在很多应用程序中，为了更好地体现交互性和便利性，经常需要用户对一些受限的内容或固定输入的内容进行选择操作，为此，Visual Basic 提供了单选按钮、复选框、列表框和组合框等常用控件在各自适合的场合中实现这一功能。

3.3.1 单选按钮、复选框和框架

1. 单选按钮

单选按钮（OptionButton）又称选项按钮，用来显示一个可以打开或关闭的选项，一般成组出现，用户每次只能在一组单选按钮中选择其一。其默认名称为 OptionN（*N* 为 1，2，3，…）。

（1）常用属性　单选按钮的常用属性如表 3-8 所示。

表 3-8　单选按钮的常用属性

属 性 名	功 能 说 明	属 性 名	功 能 说 明
Name	单选按钮名称	Style	设置单选按钮样式
Caption	单选按钮标题	Picture	图形按钮的图片设置
Alignment	标题对齐方式	DownPicture	图形按钮被按下时的图片设置
Value	单选按钮状态	DisablePicture	图形按钮无效时的图片设置
Enabled	单选按钮有效/无效		

表中部分属性的使用同命令按钮。下面详细介绍 Alignment 和 Value 属性。

① Alignment 属性用来设置单选按钮标题的对齐方式。它的取值可以是 0 或 1。当值为 0 时，为默认值，标题在控件对象的右侧；当值为 1 时，标题在控件对象的左侧（见图 3-10）。

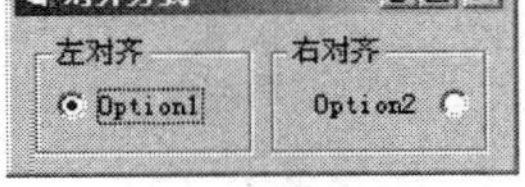

图 3-10　对齐方式

② Value 属性用来表示单选按钮的状态。它的取值包括 True 或 False。当值为 True，表明该按钮处于选中状态，按钮的圆圈中有点；当值为 False，则表明没被选中，按钮的圆圈中没有点。在运行中，可以通过鼠标单击来改变单选按钮状态。

（2）方法　SetFocus 方法是单选按钮的最常用方法，调用该方法可以使单选按钮被选中，即改变其 Value 属性为 True。

（3）事件　单选按钮的最基本事件是 Click 事件，也可以不作编程，因为在单击单选按钮时，按钮状态会自动改变。

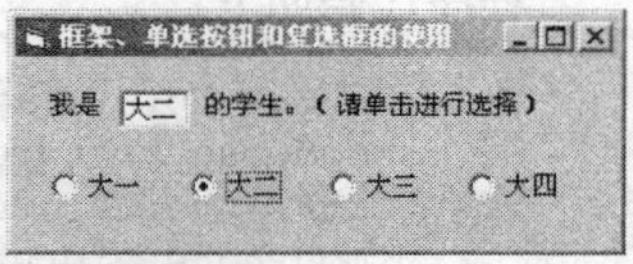

图 3-11　例 3-5 运行效果

例 3-5　如图 3-11 所示，在界面上添加 4 个单选按钮，当单击某个单选按钮，就在文本框中显示相应的信息。

程序代码如下：

```
Private Sub Option1_Click()
    Text1.Text = Option1.Caption
End Sub
Private Sub Option2_Click()
    Text1.Text = Option2.Caption
End Sub
Private Sub Option3_Click()
    Text1.Text = Option3.Caption
End Sub
Private Sub Option4_Click()
    Text1.Text = Option4.Caption
End Sub
```

2. 复选框

复选框（CheckBox）也称检查框，主要用于选择某一功能的两种状态。它和单选按钮功能很相似，区别在于：单选按钮每组中只能选中一个，而复选框可以选中任意多个（包括零个，即不选）。复选框的默认名称为 CheckN（*N* 为 1，2，3，…）。

（1）常用属性　复选框的常用属性和单选按钮的常用属性大致相同，如 Caption 属性、Enabled 属性、Alignment 属性、Value 属性、Style 属性、Picture 属性、DownPicture 属性和 DisablePicture 属性。其中，复选框的 Value 属性和单选按钮的 Value 属性虽然功能一样，但取值却是明显不同。复选框的 Value 属性可以取 0、1 和 2，分别表示该复选框未选中、选中和变灰（暂时不能访问）3 种状态，如图 3-12 所示。

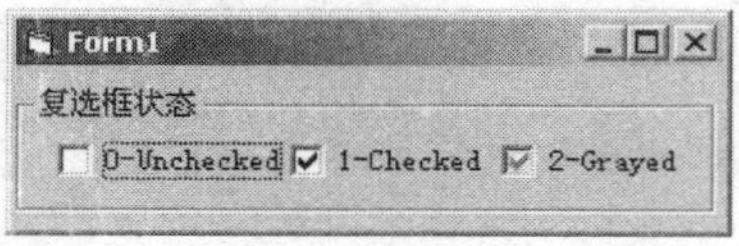

图 3-12　复选框的 Value 属性

（2）方法　复选框也可以使用 SetFocus 方法改变其状态，即改变 Value 属性值。

（3）事件　复选框的基本事件是 Click 事件。

图 3-13　例 3-6 运行界面

例 3-6　编写一个简单的字体设置程序，运行界面如图 3-13 所示。要求，当鼠标选中复选框或取消选中状态时，文本框中的文本内容都能同步变化。

说明　从左到右 4 个复选框分别为 CheckB、CheckI、CheckU 和 CheckS。

程序代码如下：

```
Private Sub CheckB_Click()          '粗体
    If CheckB.Value = 1 Then
        Text1.FontBold = True
    Else
        Text1.FontBold = False
    End If
End Sub
Private Sub CheckI_Click()          '斜体
    If CheckI.Value = 1 Then
        Text1.FontItalic = True
    Else
        Text1.FontItalic = False
    End If
End Sub
Private Sub CheckU_Click()          '加下划线
    If CheckU.Value = 1 Then
        Text1.FontUnderline = True
    Else
        Text1.FontUnderline = False
    End If
End Sub
Private Sub CheckS_Click()          '加删除线
    If CheckS.Value = 1 Then
        Text1.FontStrikethru = True
    Else
        Text1.FontStrikethru = False
    End If
End Sub
```

3. 框架

框架（Frame）是个容器控件，常用于将其他控件对象按功能分组，既实现了界面上功能的分割，又保证了界面的整齐美观，默认名称为 FrameN（*N* 为 1，2，3，…）。

注意　在界面上添加框架及框架中其他控件对象时，可以遵循如下先后次序：先在窗体上添加框架对象，然后在框架区域中用鼠标拖动方法创建其内部控件对象。假如在操作过程中没有遵循这样的顺序，那么创建出来的控件对象并不是框架内部的对象，用户可以通过一定的方法将其更正为框架内部对象：先选中本应是框架内部的控件对象，进行剪切操作，然后选中框架对象，进行粘贴操作。这样，框架及其内部控件对象就能成为一个整体，随框架容器一起移动、显示、隐藏和屏蔽。

（1）常用属性　框架的常用属性如表 3-9 所示。

表 3-9　框架的常用属性

属　性　名	功 能 说 明	属　性　名	功 能 说 明
Name	框架名称	Visible	显示/隐藏
Caption	框架标题	Enabled	有效/无效

① Caption 属性　框架的标题名称，位于框架的左上角。若为空，则形成封闭矩形框。

② Visible 属性　决定对象是否可见，默认值为 True。当该属性值为 False 时，框架及其内部控件对象全不可见。

③ Enabled 属性　默认值为 True，保证框架及其内部控件对象都是“活动”的。当该属性值被设置为 False 时，框架标题变灰色，其内部控件对象全被屏蔽。

（2）事件　框架的基本事件有 Click 事件和 DblClick 事件，但不常用。

框架通常和单选按钮或复选框结合使用。若将一组单选按钮直接放在窗体中，则窗体中的单选按钮只能选其一；若将该组单选按钮分别放在两个框架中，则每个框架中的单选按钮组都能选其一，所以框架可以实现界面上功能的分割。

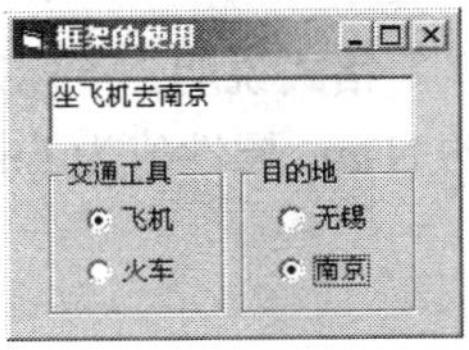

图 3-14　框架的分割

例 3-7　利用框架和单选按钮选择相应选项并显示在文本框中，界面如图 3-14 所示。

程序代码如下：

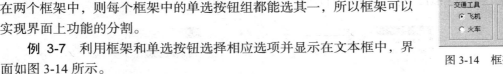

```
Private Sub Form_Click()
      Dim st As String
      st = "坐"
      If Option1.Value = True Then                  '若选择“飞机”作为交通工具
            st = st & Option1.Caption
      Else                                          '若选择“火车”作为交通工具
            st = st & Option2.Caption
      End If
      st = st & "去"
      If Option3.Value = True Then                  '若选择“无锡”作为目的地
           st = st & Option3.Caption
      Else                                          '若选择“南京”作为目的地
           st = st & Option4.Caption
      End If
      Text1.Text = st                               '将组合的字符串放在文本框中显示
End Sub
```

3.3.2　列表框和组合框

列表框和组合框控件都可以表示一个列表清单，供用户选择，可选择一个或多个。这两个控件功能相似，当然也有不同之处：列表框只能让用户在提供的选择列表中选择；而组合框则是将文本框和列表框组合为一个控制窗口，既具有文本框的功能——可以由用户直接输入，又具有列表框的功能——在列表项中选择。

1．列表框

列表框（ListBox）用来显示项目列表，用户通过单击某一项选择自己所需要的项目。列表框可单列显示，也可多列显示，当项目数超出列表框可显示数目时，控件将自动增加滚动条。列表框的默认名称为 ListN（*N* 为 1，2，3，…）。

（1）常用属性　列表框和组合框有部分相同的常用属性，如表 3-10 所示。

表 3-10　　　　列表框和组合框的公共属性

属 性 名	功 能 说 明	属 性 名	功 能 说 明
Name	对象名称	ListIndex	被选中项索引号
List	列表项内容	Text	被选中项内容
ListCount	列表项数目	Sorted	排序方式

① List 属性　该属性是一个数组，利用列表项的下标（即索引号）来保存和设置每个列表项内容。在设计阶段可以使用属性窗口直接输入，每输入一个项内容，按 Ctrl+Enter 组合键实现换行，接着进行下一项输入，当输入最后一项时，按 Enter 键关闭编辑区域（见图 3-15）。

在代码编辑器中，可以使用下面的语句格式：

```
strv1=[对象名.]List(下标)          '保存列表项值
[对象名.]List(下标)=strv2          '设置列表项值
```

格式说明：下标是列表项所处的位置编号，从 0 开始，并依次往下递增。图 3-16 中的列表框的 Name 属性值为 List1，则 List1.List(1)为列表框的第二项内容“南京”。

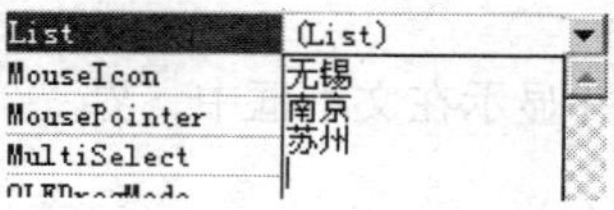

图 3-15　列表框的 List 属性设置

图 3-16　列表框

② ListCount 属性　运行态属性，返回当前列表框中列表项的数目。

③ ListIndex 属性　运行态属性，返回最后一次被选中的列表项的索引号。若未选中任何项目，其值为-1。列表框中所有项的索引号依次为 0，1，2，…，List1.ListCount-1。而表达式 List1.List（ListIndex）可以获得最后一次被选中的列表项的内容。

ListIndex 属性是一个非常重要的属性。因为在具体应用中，事先并不知道用户将要选择哪一项，只有根据 ListIndex 属性返回的值，才能让程序针对用户的选择作出适当的反应。

④ Text 属性　运行态属性，返回最后被选中的列表项的内容。

⑤ Sorted 属性　决定列表框中所有项的排序方式。取值为 True，按各列表项的 ASCII 代码值排序；取值为 False（默认值），就按加入顺序显示。

列表框除了上面介绍的一些公共属性外，也有自己特有的属性，如表 3-11 所示。

表 3-11　列表框的特有属性

属性名	功能说明	属性名	功能说明
Columns	列表框列数	Selected	列表项是否被选中
MultiSelect	单项/多项选择	Style	列表框样式
SelCount	多项选择时选中项的数目		

⑥ Columns 属性　该属性只能在设计阶段设置，用来确定列表框的列数。当 Columns 属性值值为 0（默认值）时，所有项目呈单列显示；当 Columns 属性值为 1 或者大于 1 时，项目呈多列显示（见图 3-17）。

⑦ MultiSelect 属性和 SelCount 属性　MultiSelect 属性决定用户是否可以一次选择多个列表项，该属性只能在设计阶段设置。其属性值可以取 0、1 和 2。当值为 0（默认值）时，禁止多选；当值为 1 时，可通过鼠标单击或按空格键选定或取消多个列表项；当值为 2 时，可通过 Shift 或 Ctrl 与鼠标或按空格键配合进行扩展选择。

SelCount 属性使用前先将 MultiSelect 属性设置为 1 或 2，表示获得列表框中多项选择时所选项的数目。该属性通常与 Selected 一起使用，以处理选中的列表项。

⑧ Selected 属性　运行态属性，用来判断列表框中的各项是否被选中。同 List 属性一样，该属性也是一个数组，通过下标即索引号来判断某一项是否被选中。若值为 True 表示选中，值为 False 表示未选中。一般在多项选择时被使用。

Selected 属性使用格式如下：

```
[对象名.]Selected(下标)
```

⑨ Style 属性　设置外观样式。值为 0（默认值）是标准形式；值为 1 表示复选框形式（见图 3-18）。

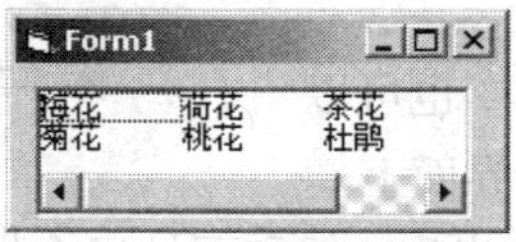

图 3-17　多列显示的列表框

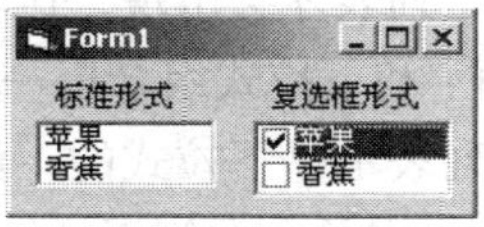

图 3-18　列表框的样式

（2）方法　列表框经常使用下面介绍的方法，实现对本对象中列表项的操作。

① AddItem 方法　用来向列表框中增加项目，调用格式如下：

```
[对象名.] AddItem 列表项内容 [,插入位置下标]
```

格式说明：该方法有 2 个参数，第 1 个参数指定插入项的内容，第 2 个参数指定插入项的位置。其中，第 2 个参数可选，默认值为列表末尾。若第 2 个参数给定，则插入项插入到指定位置，原位置及后面所有项依次后移一位。

AddItem 方法每次只能向列表中添加一个列表项。在有些程序的 Form_Load 事件过程中经常使用该方法来初始化列表项。

② RemoveItem 方法　用于删除指定位置的列表项。调用格式如下：

```
[对象名. ]RemoveItem 删除项下标
```

格式说明：该方法每次只能删除一个列表项。若要删除全部列表项，可利用循环实现，或者使用 Clear 方法一次完成。

③ Clear 方法　删除或清空列表框和组合框中所有的列表项。调用格式如下：

```
[对象名. ]Clear
```

（3）主要事件　列表框的基本事件是 Click 事件和 DblClick 事件。

例 3-8　在列表框中通过鼠标双击操作选择博士报考选拔方式，如图 3-19 所示。

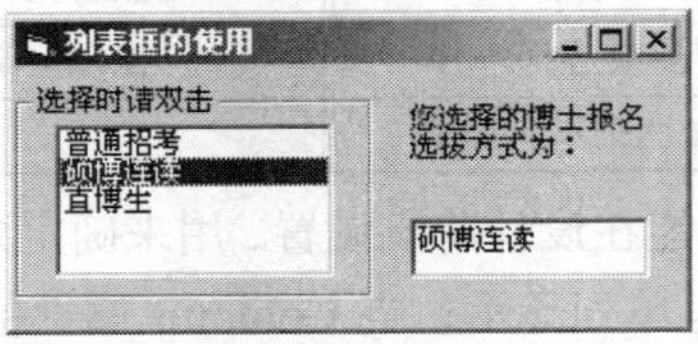

图 3-19　例 3-8 运行界面

程序代码如下：

```
Private Sub Form_Load()          '列表框中内容的初始化
    List1.AddItem "普通招考" : List1.AddItem "硕博连读" :  List1.AddItem "直博生"
End Sub
Private Sub List1_DblClick()
    Text1.Text = List1.Text    '将选中项内容显示在文本框中
End Sub
```

2. 组合框

组合框（ComboBox）是文本框和列表框的统一，既可通过键盘输入内容，又可以在已有列表项中选择，具有很好的交互性。默认名称为 ComboN（*N* 为 1，2，…）。

（1）常用属性　组合框除了表 3-10 介绍的公共属性外，最重要的是 Syle 属性。列表框也具有该属性，但两者的取值及含义是不同的。组合框中该属性可以取 0（默认值）、1 和 2，分别表示如下 3 种样式，如图 3-20 所示。

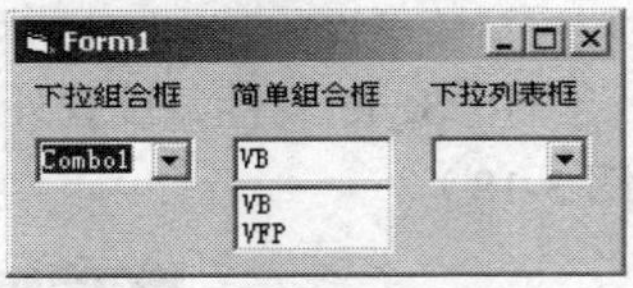

图 3-20　组合框的样式

① 下拉组合框：可以输入文本，也可以在列表中选择，当单击右侧下拉箭头时，列表才会出现，比较节省界面空间。

② 简单组合框：和下拉式组合框一样可以输入文本，也可以在列表中选择，但列表不是下拉式的，而是一直显示在界面上。

③ 下拉列表框：当单击右侧下拉箭头时，列表才会出现，但和下拉组合框不同的是，不能输入文本只能进行列表选择。

由于组合框结合了文本框的功能，所以 Text 属性也是组合框的重要属性，用来保存或设置文本框中的内容。

（2）方法　列表框中介绍的方法同样适合组合框。

（3）事件　组合框响应的事件（见表 3-12）依赖于它的 Style 属性值。当 Style 为 0 或 1 时，能进行文本输入，因此可以接收 Change、KeyPress 事件。当 Style 为 0 或 2 时，可以进行单击组合框中下拉箭头操作，因而能够接收 Click、DropDown 事件。只有当 Style 为 1 时，才能接收 DblClick 事件。

表 3-12　组合框的事件

事件名	功能说明	事件名	功能说明
Click	单击事件	KeyPress	按键事件
DblClick	双击事件	DropDown	下拉箭头单击事件
Change	改变事件		

例 3-9　利用组合框和文本框确定老师所属学院，界面如图 3-21 所示。

要求如下：

程序运行时：在文本框中输入老师姓名，在组合框中输入或选择老师所属学院；单击“确定”命令按钮可以将输入信息用消息框（MsgBox）显示出来；单击“取消”命令按钮，可以结束程序运行。

说明　结束程序运行用 End 语句实现，程序代码中不再给出。

程序代码如下：

```
Private Sub Form_Load()                                    '在组合框中添加项
    Combo1.AddItem "物联网工程学院" : Combo1.AddItem "理学院"
    Combo1.AddItem "人文学院"
End Sub
Private Sub Command1_Click()
    MsgBox Text1.Text & "老师在" & Combo1.List(Combo1.ListIndex)    '弹出消息框
End Sub
```

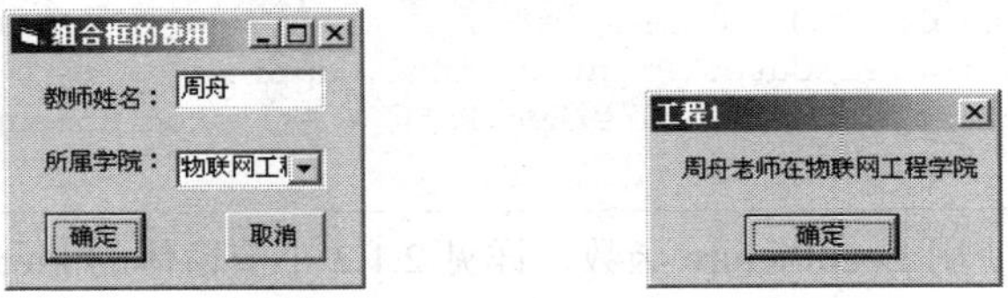

（a）运行界面　　　　（b）弹出的对话框

图 3-21　例 3-9 运行效果

3.4　图 形 控 件

Visual Basic 提供的图形控件包括图片框、图像框控件和直线、形状控件 4 种。其中，图片框、图像框控件都可以用来加载图片，而直线、形状控件则是来美化界面的。

3.4.1　图片框和图像框

1. 图片框

图片框（PictureBox）可显示图形，也可绘制图形、显示文本。它是一个容器控件，可以像窗体一样添加其他控件对象，其默认名称为 PictureN（*N* 为 1，2，3，…）。

（1）常用属性　图片框的常用属性如表 3-13 所示。

表 3-13　图片框的常用属性

属 性 名	功 能 说 明	属 性 名	功 能 说 明
Name	图片框名称	Font	字体
Picture	加载图形	CurrentX	当前位置的横坐标
Autosize	自动调节图片框大小	CurrentY	当前位置的纵坐标

对于图片框来说，最重要的属性就是 Picture 属性和 AutoSize 属性。Picture 属性可以在属性窗口或代码中设置用来显示图形；AutoSize 属性为 True 时用来调整图片框大小以适应图形的大小，如图 3-22 所示。

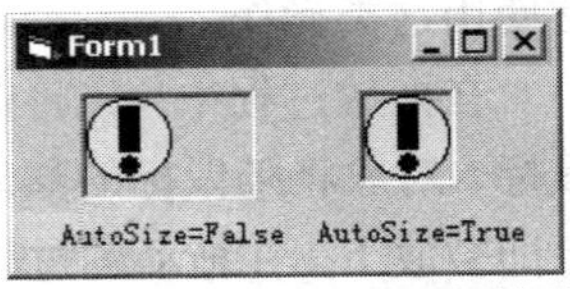

图 3-22　AutoSize 设置的效果

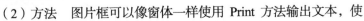

（2）方法　图片框可以像窗体一样使用 Print 方法输出文本，使

用绘图方法绘制图形，使用 Cls 方法清除文本和图形。

（3）事件　图片框能接受 Click 事件和 DblClick 事件。

例 3-10　编写一个加载图片的程序。在 1 个图片框中再放置 1 个图片框、1 个框架，框架中放置 2 个单选按钮。当单击任何一个单选按钮时，里层图片框中的图片会发生相应变化，并输出相应信息。该程序运行界面如图 3-23 所示。

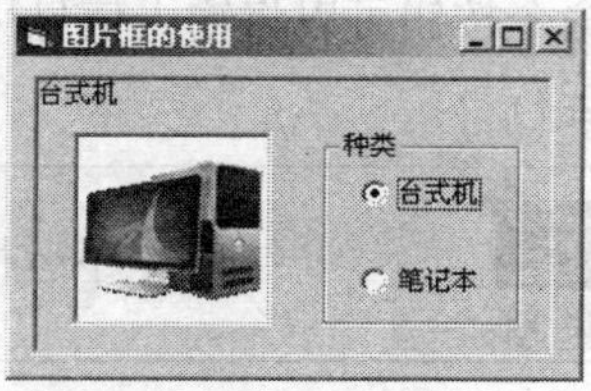

图 3-23　例 3-10 运行界面

分析：图片框是一个容器控件，因此，在图片框中可以安放其他控件对象，还可以像窗体一样调用 Print 方法和 Cls 方法等。

程序代码如下：

```
Private Sub Option1_Click()
    PicOuter.Cls :   PicOuter.Print Option1.Caption          '图片框中先清屏，再输出选项按钮的标题
    PicInner.Picture=LoadPicture(App.Path + "\Computer.jpg") '在里层图片框中加载图片
End Sub
Private Sub Option2_Click()
    PicOuter.Cls :    PicOuter.Print Option2.Caption
    PicInner.Picture = LoadPicture(App.Path + "\laptop computer.jpg")
End Sub
```

说明　加载图片使用 LoadPicture 函数，详见 2.1.2 小节窗体的 Picture 属性介绍；App.Path 用来获取当前应用程序所在的路径。

2. 图像框

图像框（Image）的使用和图片框相比较为简单，它只能用来显示图形。但图像框占用内存少，显示图形速度快。它的默认名称为 ImageN（*N* 为 1，2，3，…）。

图像框的常用属性如表 3-14 所示。

表 3-14　图像框的常用属性

属　性　名	功 能 说 明
Name	图像框名称
Picture	加载图形
Stretch	自动缩放图形

和图片框一样，Picture 属性是用于显示图形的。图像框没有 Autosize 属性但有 Stretch 属性。当 Stretch 属性取值为 False 时，图像框可自动调节大小以适应加载的图形；若取值为 True 时，加载的图形会自动缩放以适应图像框的大小。当然，图形在缩放时，若高度、宽度比和原来的值不相同时，图形会失真，见图 3-24。读者要注意图像框的 Stretch 属性和图片框的 AutoSize 属性的区别。

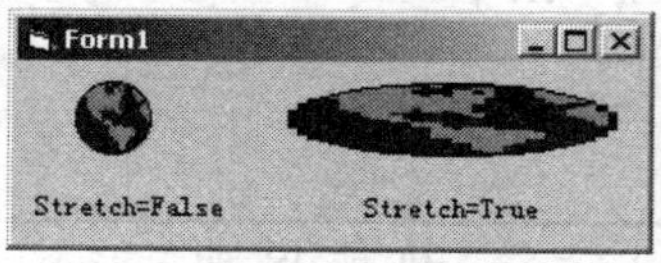

图 3-24　Stretch 设置的效果

3. 拖放

拖放就是用鼠标将屏幕上的一个对象从一个地方拖拉到另一个地方，在图片框和图像框中经常使用这类操作。

在拖放过程中，先将鼠标移动到一个控件对象上（称为源对象），按下鼠标键不要松开，移动鼠标，对象将随鼠标的移动而在背景对象上拖动，到达目标位置（称为目标对象），松开鼠标，对象即被放下。在拖动的过程中，被拖动的对象呈现灰色。在实际编程中可用 Drag 方法连同某些属性及事件来启用拖放控件的操作。

与拖放有关的属性、方法和事件如表 3-15 所示。

表 3-15　　拖放属性、方法和事件

类　别	名　称	功能说明
属性	DragMode	自动拖动控件/手工拖动控件
	DragIcon	指定拖动控件时显示的图标
方法	Drag	启动/停止手工拖动
事件	DragDrop	识别何时将控件拖动到对象上
	DragOver	识别何时在控件上拖动对象

说明　不仅图片框、图像框，其他控件（剔除菜单、时钟控件、直线和形状控件、通用对话框）也支持拖放属性和方法。窗体能识别拖放事件，但不支持拖放属性和方法。

（1）属性

① DragMode 属性　该属性用来设置源对象的拖放模式，即自动拖放或手动拖放。属性默认值为 0，表示手动拖放。若要对一个控件执行自动拖放操作，必须将它的 DragMode 属性设置为 1。该属性可以在属性窗口中设置，也可以在程序代码中设置。

② DragIcon 属性　在拖动一个对象的过程中，并不是移动对象本身，而是移动代表对象的图标。DragIcon 属性可以在属性窗口中设置，利用鼠标选择在拖动时作为控件图标的图标文件（*.ico 或*.cur），也可以在代码编辑器中利用 LoadPicture 函数来加载图标文件。

（2）方法

与拖放有关的常用方法有 Move 方法和 Drag 方法，Move 方法在窗体方法中已作介绍，下面主要介绍 Drag 方法。Drag 方法的格式如下：

```
[对象名.]Drag n
```

格式说明如下。

不管控件的 DragMode 属性如何设置，都可以用 Drag 方法来人为地启动或停止一个拖放过程。*n* 可以取值为 0、1 或 2。

① 取值为 0 表示取消指定控件的拖放。

② 取值为 1 表示当 Drag 方法出现在控件的事件过程中，允许拖放指定的控件。

③ 取值为 2 表示结束控件的拖动，并发出一个 DragDrop 事件。

（3）事件

与拖放有关的事件包括 DragDrop 事件和 DragOver 事件。

DragDrop 事件是在一个完整的拖放动作（即将一个控件拖动到目标对象上，并释放鼠标按钮）完成，或在使用 Drag 方法并将其动作参数设置为 2 时触发的。

DragOver 事件是当拖放操作正在进行时发生的，用于图标的移动。鼠标指针的位置决定接收此事件的目标对象。

DragDrop 事件和 DragOver 事件过程的一般格式如下：

```
Private Sub 对象名_DragDrop(Source As Control, X As Single, Y As Single)
     [程序代码]
End Sub
Private Sub 对象名_DragOver(Source As Control, X As Single, Y As Single, State As Integer)
     [程序代码]
End Sub
```

格式说明如下。

① DragDrop 事件中有 3 个参数。其中 Source 参数是一个对象变量，类型为 Control，该参数含有被拖动对象的属性；参数 X、Y 是松开鼠标键放下对象时鼠标所在的坐标位置。

② DragOver 事件中有 4 个参数。其中 Source 参数的含义同前；X、Y 是拖动时鼠标的坐标位置；State 参数是一个整型值，表示控件的转变状态，可以有 3 种取值。

a. 取值为 0 表示鼠标光标正在进入目标对象的区域。

b. 取值为 1 表示鼠标光标正在退出目标对象的区域。

c. 取值为 2 表示鼠标光标正位于目标对象的区域内。

因此，DragOver 事件可以对鼠标在进入、离开目标对象或在其中停顿等时进行监控。

（4）自动拖放

要实现控件对象的自动拖放功能，只需将 DragMode 属性设置为“1-Automatic”。

例 3-11 编程实现自动拖放。

要求

两个图片框中分别显示两张图片，拖动左边图片到右侧图片框，拖动时更改图片文件，当鼠标键在右侧图片框释放，交换两个图片框中的图片，如图 3-25 所示。

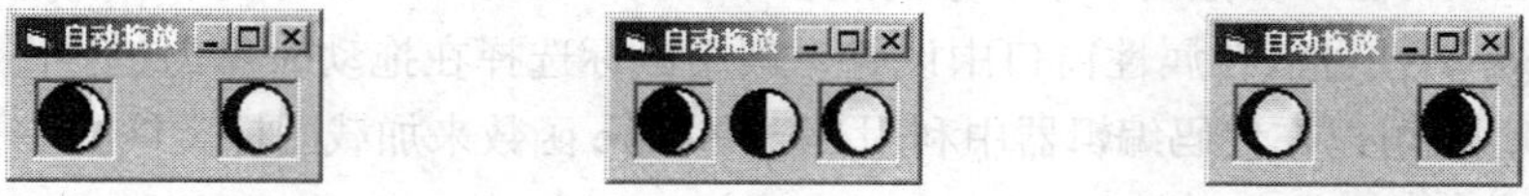

（a）拖放前界面　　（b）拖放时界面　　（c）拖放后界面

图 3-25　自动拖动运行界面

程序代码如下：

```
Private Sub Form_Load()
     Picture1.Picture = LoadPicture(App.Path + "\MOON02.ico")
     Picture2.Picture = LoadPicture(App.Path + "\MOON04.ico")
     Picture1.DragIcon = LoadPicture(App.Path + "\MOON03.ico")
End Sub
Private Sub Picture2_DragDrop(Source As Control, X As Single, Y As Single)
     Picture1.Picture = LoadPicture(App.Path + "\MOON04.ico")
     Picture2.Picture = LoadPicture(App.Path + "\MOON02.ico")
End Sub
```

说明

加载图片使用 LoadPicture 函数，详见 2.1.2 小节窗体的 Picture 属性介绍；App.Path 用来获取当前应用程序所在的路径。

（5）手动拖放

手动拖放只需保持对象的 DragMode 属性的默认值“0-Manual”不作改变，用户可以调用 Drag 方法自行决定何时拖拉、停止。通常，将 Drag 方法和 MouseDown、MouseUp 鼠标事件结合使用来实现手动拖放。

例 3-12 编程实现手动拖放。

要求

在窗体上添加 3 个标签，2 个形状控件和 4 个图像框对象，按照类别把图片拖动到相应的位置，运行界面如图 3-26 所示。

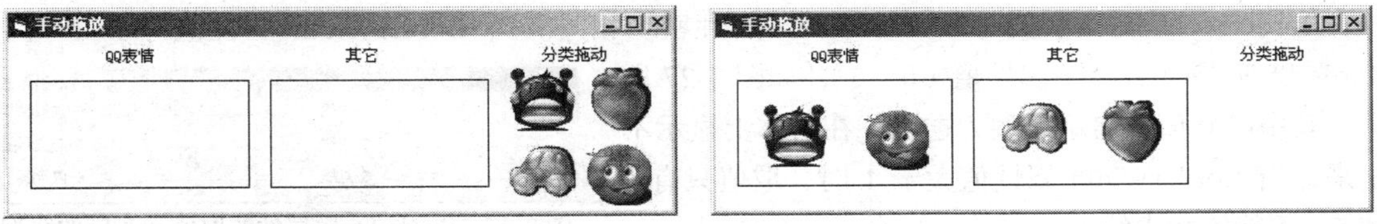

（a）初始界面　　　　　　　　　　（b）拖动后界面

图 3-26　手动拖动运行界面

分析：当鼠标在图像框上按下，启动手动拖放；当鼠标键释放图像框，结束手动拖放。

程序代码如下：

```
Dim no As Integer     '模块级变量 no 用来区别拖动的图像框
Private Sub Form_DragDrop(Source As Control, X As Single, Y As Single)
    If no = 1 Then Image1.Move X, Y            '根据 no 变量的值选择移动对象
    If no = 2 Then Image2.Move X, Y
    If no = 3 Then Image3.Move X, Y
    If no = 4 Then Image4.Move X, Y
End Sub
Private Sub Image1_MouseDown(Button As Integer, Shift As Integer, X As Single,_ Y As
Single)
    no = 1
    Image1.Drag 1                          '手动拖放启动和拖动图标
    Image1.DragIcon = LoadPicture(App.Path + "\DRAG2PG.ICO")
End Sub
Private Sub Image1_MouseUp(Button As Integer, Shift As Integer, X As Single, Y As Single)
    Image1.Drag 2                          '手动拖放结束
End Sub
```

说明

Image2_MouseDown()、Image3_MouseDown()、Image4_MouseDown()事件过程中的代码和 Image1_MouseDown()中的类似，只需将 no = 1 更改为 2、3、4，并把对象名 Image1 全部替换为 Image2、Image3、Image4。Image2_MouseUp()、Image3_MouseUp()、Image4_MouseUp()类似 Image1_MouseUp()，也是将对象名 Image1 全部替换为 Image2、Image3、Image4。加载图片使用 LoadPicture 函数，详见 2.1.2 小节窗体的 Picture 属性介绍；App.Path 用来获取当前应用程序所在的路径。

3.4.2　直线和形状控件

绘图控件包括直线控件和形状控件两种，仅适用于在窗体和图片框内绘制图形，增加界面美观，但绘出的图形不支持任何事件。

1．直线控件

直线控件（Line）顾名思义可以用来画直线。利用鼠标的拖动，在起点和终点之间画出一条直线。表 3-16 列出了直线控件的一些常用属性。

表 3-16　　　　直线控件的常用属性

属 性 名	含　义	属 性 名	含　义
Name	直线名称	BorderWidth	直线的宽度
BorderColor	直线的颜色	X1、Y1	直线的起点坐标
BorderStyle	直线的线型	X2、Y2	直线的终点坐标

当直线控件对象创建后，绘制的直线就在（X1，Y1）和（X2，Y2）坐标之间。

BorderStyle 属性取值与 BorderWidth 属性密切相关。当 BorderWidth 属性值等于 1 时，BorderStyle 属性有 7 个属性值（0～6），如图 3-27 所示，其中的 0 值，表示线型为透明，在窗体上显示不出来；当 BorderWidth 属性值大于 1 时，取值只有 0 和 6，不能绘制虚线。

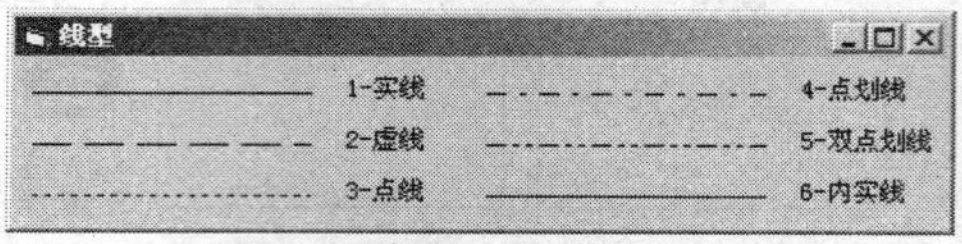

图 3-27　BorderStyle 属性的取值和对应的线型

2. 形状控件

形状控件（Shape）可以用来绘制矩形、椭圆等图形，还可填充各种底纹图案。它的默认名称为 ShapeN（*N* 为 1，2，3，…）。表 3-17 列出了形状控件的常用属性。

表 3-17　　形状控件的常用属性

属　性　名	功 能 说 明	属　性　名	功 能 说 明
Name	形状对象名称	BorderColor	图形边框色
Shape	图形种类	BorderWidth	图形边框宽度
BackStyle	图形背景样式	FillColor	图形的填充色
BackColor	图形背景色	FillStyle	图形底纹图案

（1）Shape 属性　Shape 属性是形状控件最重要的属性，用于确定显示的几何形状。Shape 属性可以取值 0～5，分别代表矩形、正方形、椭圆、圆、圆角矩形和圆角正方形，如图 3-28 所示。

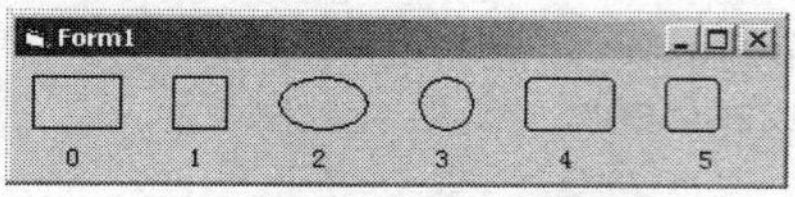

图 3-28　Shape 控件的形状

（2）BackStyle 属性和 BackColor 属性　当 BackStyle 属性值为 0（默认值）时，表示图形区域内透明；属性值为 1 时，图形区域内不透明，可以使用 BackColor 属性设置填充颜色。

（3）FillColor 属性和 FillStyle 属性　FillColor 属性设置与 FillStyle 属性值有关，仅当 FillStyle 属性值为非 0 时，才能设置填充颜色。FillStyle 属性取值范围为 0～7，分别表示 8 种底纹图案，如图 3-29 所示。

例 3-13　在窗体上用形状控件和直线控件绘制几何图形，如图 3-30 所示。

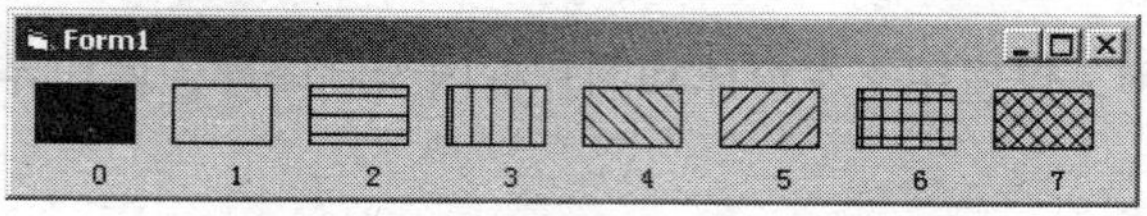

图 3-29　Shape 控件的底纹图案

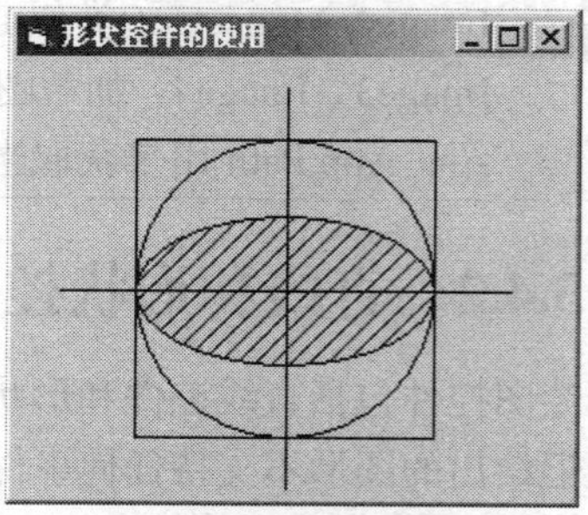

图 3-30　例 3-13 运行界面

程序代码如下：

```
Private Sub Form_Load()
    With Line1                          'With 后的对象名为缺省对象名
        .X1 = 300 : .Y1 = 1560 : .X2 = 3300 : .Y2 = .Y1
    End With
    With Line2
        .X1 = 1800 : .Y1 = 200: .X2 = .X1: .Y2 = 2900
    End With
    With Shape1                         '绘制矩形
        .Left = 800 : .Top = 560 :  .Width = 2000 .Height = 2000
    End With
```

```
        With Shape2                    '绘制圆
            .Left = 800 : .Top = 560 : .Width = 2000 : .Height = 2000 : .Shape = 3
        End With
        With Shape3                    '绘制椭圆，并填充图案
           .Left = 800 : .Top = 1060 : .Width = 2000 : .Height = 1000 : .Shape = 2 : .FillStyle=5
        End With
    End Sub
```

3.5　滚　动　条

滚动条是 Windows 应用程序中界面上的常见元素之一，能方便用户浏览长列表或大量信息。Visual Basic 提供了水平（HScrollBar）和垂直（VScrollBar）两种滚动条控件，它们不同于文本框、列表框和组合框中的滚动条，会随着信息量的超出而自动显示，一般都与其他对象配合使用。水平滚动条和垂直滚动条除了方向不同，其功能和操作完全相同。它们的默认名称分别为 HScrollN 和 VScrollN（*N* 为 1，2，3，…）。

1. 常用属性

滚动条的常用属性如表 3-18 所示。

表 3-18　滚动条的常用属性

属 性 名	功 能 说 明	属 性 名	功 能 说 明
Name	滚动条名称	SmallChange	滑块滚动的小增量值
Max	滚动条的最大值	LargeChange	滑块滚动的大增量值
Min	滚动条的最小值	Value	当前滑块的位置

（1）Max 属性和 Min 属性　这一对属性用来确定滚动条的变化范围。Visual Basic 规定的值的范围为−32 768～32 767。对于水平滚动条而言，最小值时滑块在最左端，最大值时滑块在最右端；对于垂直滚动条，最小值时滑块在最顶端，最大值时滑块在最底端。

（2）SmallChange 属性和 LargeChange 属性　该组属性用于设置滑块滚动的增量值。单击滚动条两端箭头确定移动增量可设置 SmallChange 属性，单击滚动条空白处确定移动增量可设置 LargeChange 属性。

（3）Value 属性　用于设置或返回当前滑块的位置，该值为一整数。

2. 事件

滚动条控件利用 Change 事件和 Scroll 事件监视滚动条的移动。

（1）Change 事件　该事件在滚动后发生，当滑块位置发生变化，即当 Value 属性值发生变化时，触发该事件。

（2）Scroll 事件　该事件在拖动滚动滑块时发生，在单击两端箭头或滚动条空白处时不发生。当拖动操作结束，滑块位置变化，再产生 Change 事件。

例 3-14　编程实现利用滚动条的移动改变标签背景色，运行界面如图 3-31 所示。

要求　利用 QBColor(x)函数改变颜色值，*x* 的取值为 0～15 的整型值。

（a）初始界面　　（b）单击滚动条后界面

图 3-31　例 3-14 运行界面

程序代码如下：

```
Private Sub HScroll1_Change()
    Label1.BackColor = QBColor(HScroll1.Value)
    s= "滚动滑块当前值为" & HScroll1.Value
    Label1.Caption=s
End Sub

Private Sub Form_Load() '设置标签初始值
    Label1.Caption = "请观察标签背景色"
    Label1.FontSize = 12
    Label1.FontBold = True
End Sub
```

3.6 时钟控件

时钟控件（Timer）也称计时器。它独立于用户，能响应时间的变化。利用该控件的属性和代码设置，可以有规律地实现在固定时间间隔后完成某种规定的操作。它的默认名称为 TimerN（*N* 为 1，2，3，…）。

时钟控件只在设计时出现在窗体上，运行时是不可见的，所以它的位置和大小无关紧要。该控件经常用来检查系统内部时钟，此过程是在后台进行，对用户来说是不可见的。只要掌握它的关键属性，就可以灵活运用它来实现一系列有趣的功能。

1. 常用属性

（1）Enabled 属性　时钟控件 Enabled 属性和其他控件的 Enabled 属性不同，对于其他控件而言，是决定是否响应用户触发的事件，而对于时钟控件来说，是决定是否有效工作的。用户可以通过代码修改该属性，从而实现启动或暂停时钟控件。

（2）Interval 属性　时钟控件最重要的属性就是 Interval 属性，该属性指定触发两次 Timer 事件之间的时间间隔，其单位为毫秒（ms），合法的属性值的范围为 0～65 535。其中，当 Interval 属性取值为 0（默认值）时，时钟控件无效。若需设定时间间隔为 1s，则 Interval 属性值必须设置为 1 000。

2. 主要事件

时钟控件只有 Timer 事件。该事件是周期性的。当时钟控件的 Enabled 属性值为 True 时，每隔 Interval 的时间间隔后便触发一次 Timer 事件。在实际应用中，常常利用该事件，实现某些简单的动画或有规律的重复性操作，如系统时间的显示等。

例 3-15　利用时钟控件设置动画效果：红灯停绿灯行。

要求　界面中利用时钟控件让汽车开动；当到达指定位置时红绿灯交替，汽车停止；红灯持续 5 秒，倒计时结束汽车继续开动；当汽车移出窗体让汽车重新出现在左侧；如此周而复始。运行界面如图 3-32 所示。

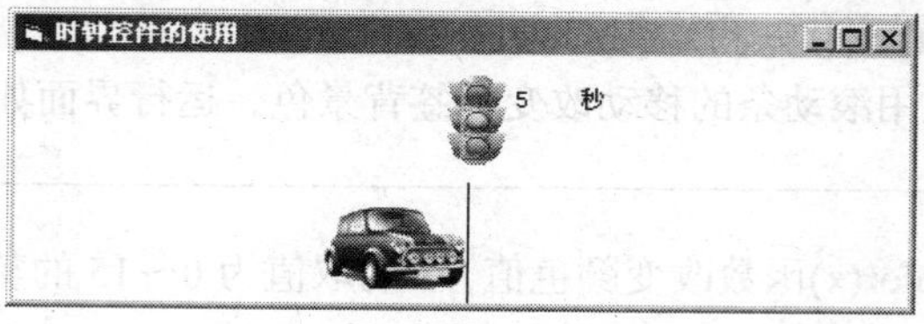

图 3-32　例 3-15 程序界面

分析：本例需要 2 个时钟控件，一个控制汽车移动，Interval 属性设为 10，一个控制红灯倒计时，Interval 属性设为 1 000。

程序代码如下：

```
Private Sub Form_Load()
    Timer1.Enabled = True: Timer2.Enabled = False   '初始时控制图像框移动的时钟控件有效
    Line1.Visible = False: Label1.Visible = False  : Label2.Visible = False
End Sub
Private Sub Timer1_Timer()
    Dim x As Integer, w As Integer
    x = Imagecar.Left  :  w = Imagecar.Width
    If x >= Form1.Width Then                        '图像框移出窗体右边界则重新出现的左侧
         Imagecar.Left = 0
    ElseIf x + w = Line1.X1 Then                  '图像框到达指定位置（垂直直线 Line1 处）停止
         Line1.Visible = True: Timer1.Enabled = False:Timer2.Enabled = True
         Label1.Caption = "5" :  Label2.Visible = True            '5 秒倒计时用标签显示
         Imagelamp.Picture = LoadPicture(App.Path + "\red.jpg")  '显示红灯图片
    Else
         Imagecar.Left = Imagecar.Left + 10                   '图像框移动
    End If
End Sub
Private Sub Timer2_Timer()
    Label1.Caption = Val(Label1.Caption) - 1
    If Label1.Caption = "0" Then                          '5 秒倒计时结束
          Timer2.Enabled = False: Timer1.Enabled = True     '两个时钟控件有效状态替换
          Line1.Visible = False                             '直线隐藏
          Label1.Visible = False : Label2.Visible = False   '倒计时标签隐藏
          Imagecar.Left = Imagecar.Left + 10                '图片框改变位置
          Imagelamp.Picture = LoadPicture(App.Path + "\green.jpg")   '换绿灯显示
    End If
End Sub
```

说明　加载图片使用 LoadPicture 函数，详见 2.1.2 小节窗体的 Picture 属性介绍；App.Path 用来获取当前应用程序所在的路径。

3.7　焦　　点

在可视化程序设计中，焦点是个很重要的概念。TabIndex 和 TabStop 属性、SetFocus 方法，以及 GotFocus 和 LostFocus 事件都是与焦点相关的。

焦点是接收用户鼠标和键盘输入的一种能力。窗体和大多数控件一般都能获得焦点，而不能接收焦点的控件有标签、框架、图像框、直线、形状控件、时钟控件和菜单等。不同的对象获得焦点的表现形式不太相同，如文本框获得焦点表现为光标在文本框内闪动；复选框获得焦点则在它的 Caption 值周围出现虚线框；对于窗体来说，只有当窗体上没有能聚焦的控件时，该窗体才能接收焦点。另外，焦点只能移到可见的窗体和控件上，所以，只有当对象的 Enabeld 和 Visible 属性均为 True 时，它才能接收焦点。

当对象得到焦点时，会触发 GotFocus 事件；而当对象失去焦点时，会触发 LostFocus 事件。窗体和大多数控件都支持这些事件。

对象获得焦点的方法有很多种，最常规的是通过单击操作来获得。若要通过代码设置来改变焦点，则需要调用对象的 SetFocus 方法。若对象上有访问键，则可利用快捷键选择该对象。此外，TabIndex 属性、TabStop 属性的设置确定了窗体上对象的 Tab 键顺序，在程序运行时，用户可以通过单击 Tab 键使能接收焦点的对象轮流获得焦点。

下面详细介绍 TabIndex 属性和 TabStop 属性。

1. TabIndex 属性

由于控件对象在创建时，自动设置的 TabIndex 属性值已经决定了 Tab 键顺序，默认为添加对象的次序，也可以通过属性窗口重新给定，初始值从 0 开始，不能接收焦点的控件中标签和框架也有该属性。若要改变此顺序，只要重新设置该属性值即可。

2. TabStop 属性

若要使 Tab 键操作时跳过某对象，即不能用 Tab 键使该对象获得焦点，只要将该对象的 TabStop 属性改为 False 就行了。

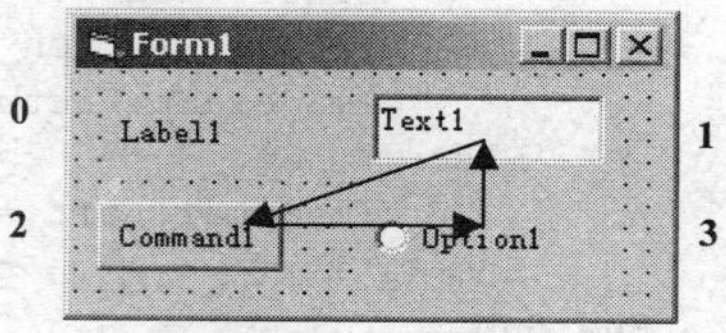

图 3-33　焦点次序示意图

如图 3-33 所示，若窗体中对象的创建次序为标签、文本框、命令按钮和单选按钮，则这些对象的 TabIndex 属性值分别为 0、1、2 和 3。程序运行时，利用 Tab 键能使文本框、命令按钮和单选按钮轮流具有焦点。若将命令按钮的 TabStop 属性设为 False，则焦点在文本框和单选按钮间来回切换。

3.8　综合使用控件实例

例 3-16　模拟实现“菜单编辑器”的各命令按钮的功能，窗体中有 1 个标签、1 个文本框、7 个命令按钮、1 个框架和 1 个列表框对象，列表框中构造菜单框架结构，界面如图 3-34 所示。

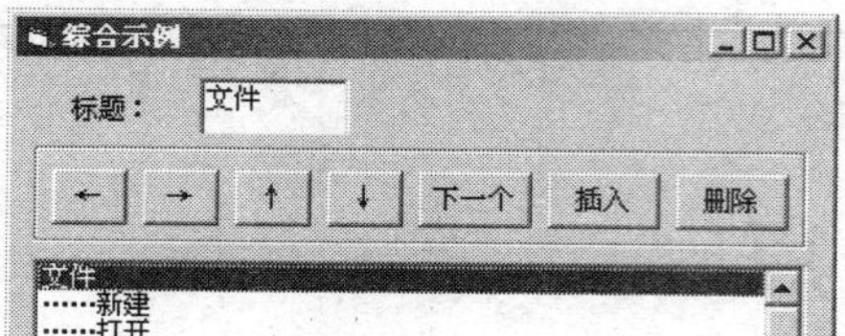

图 3-34　例 3-16 运行界面

要求如下。

（1）在文本框中输入的标题，在列表框的当前项中同步显示。

（2）单击“下一个”命令按钮，若当前项为最后一项，则在列表框中增加一空行；否则只使蓝色条后移一行。

（3）单击“插入”命令按钮，在当前项增加一空行，原当前项至最后一项全部后移一行。

（4）单击“删除”命令按钮，若选中的是最后一项，只是将原内容清空但不删除；否则删除当前选中项。

（5）“←”、“→”、“↑”、“↓”命令按钮分别实现左移、右移、上移和下移。左移：去除左侧一个“……”；右移：在左侧增加一个“……”；“上移”：将当前项与其上一项互换；“下移”：将当前项与其下一项互换。

1. 属性设置

界面对象属性设置如表 3-19 所示。

表 3-19　　对象的属性设置

对　　象	属　　性	属 性 值	对　　象	属　　性	属 性 值
文本框	Name	Text1	命令按钮 2	Name	CmdRight
	Text	（清空）		Caption	→
列表框	Name	List1	命令按钮 3	Name	CmdUp
	List	（清空）		Caption	↑
框架	Name	Frames	命令按钮 4	Name	CmdDown
	Caption	（清空）		Caption	↓
标签	Name	Label1	命令按钮 5	Name	CmdNext
	Caption	标题:		Caption	下一个
窗体	Name	Form1	命令按钮 6	Name	CmdInsert
	Caption	综合示例		Caption	插入
命令按钮 1	Name	CmdLeft	命令按钮 7	Name	CmdDelete
	Caption	←		Caption	删除

提示　可以将 Text1、CmdLeft、CmdRight、CmdUp、CmdDown、CmdNext、CmdInsert、CmdDelete、List1 几个对象的 TabIndex 属性设置为 0、1、2、3、4、5、6、7、8，能使用户操作更方便快捷。

2. 程序代码

```
Private Sub Form_Load()
    List1.AddItem ""                                  '添加空行
    List1.Selected(0) = True                          '选中该空行
End Sub
Private Sub List1_Click()
    Text1.Text = List1.List(List1.ListIndex)          '将选中项内容在文本框中显示
End Sub
Private Sub Text1_Change()
    List1.List(List1.ListIndex) = Text1.Text          '列表框中当前项同步显示文本框中的内容
End Sub
Private Sub CmdLeft_Click()                           '左移
    Dim s As String
    s = List1.List(List1.ListIndex)                   '选中项的内容赋给变量 s
    s = Mid(s, Len("......") + 1)                     '去除该项内容左侧的一组省略号
  List1.List(List1.ListIndex) = s                     '在原来位置显示更改后的内容
End Sub
Private Sub CmdRight_Click()                          '右移
     Dim s As String
     s = List1.List(List1.ListIndex)                  '选中项的内容赋给变量 s
     List1.List(List1.ListIndex) = "......" & s       '在该项内容左侧增加一组省略号
End Sub
Private Sub CmdUp_Click()                             '上移
    Dim s As String, i As Integer
    i = List1.ListIndex                               '选中项的索引号赋给变量 i
    s = List1.List(i - 1)                             '选中项上一行内容赋给变量 s
    List1.List(i - 1) = List1.List(i)                 '选中项内容上移
    List1.List(i) = s                                 '原上一项的内容下移
List1.Selected(i - 1) = True                          '蓝色条同步上移
End Sub
Private Sub CmdDown_Click()                           '下移
```

```
        Dim s As String, i As String
        i = List1.ListIndex                              '选中项的索引号赋给变量 i
        s = List1.List(i + 1)                            '选中项下一行内容赋给变量 s
        List1.List(i + 1) = List1.List(i)                '选中项内容下移
        List1.List(i) = s                                '原下一项的内容上移
        List1.Selected(i + 1) = True                     '蓝色条同步下移
    End Sub
    Private Sub CmdNext_Click()                          '下一个
        Dim i As Integer
        i = List1.ListIndex + 1                          '选中项下一行索引号赋给变量 i
        If List1.List(i) = "" Then                       '下一项无内容
            List1.AddItem ""                             '添加一项空行
            List1.Selected(i) = True                     '选中该项
            Text1.Text = ""                              '文本框清空
        Else                                             '下一项有内容
           Text1.Text = List1.List(i + 1)                '在文本框中显示该项内容
           List1.Selected(i) = True                      '选中该项
        End If
        Text1.SetFocus                                   '文本框获得焦点
    End Sub
    Private Sub CmdInsert_Click()                        '插入
        List1.AddItem "", List1.ListIndex                '在被选中项的上面插入一空行
        List1.Selected(List1.ListIndex - 1) = True       '选中该空行
    End Sub
    Private Sub CmdDelete_Click()                        '删除
        Dim i As Integer
        i = List1.ListIndex
        If i <> -1 Then                                  '若有选中项
            If i=List1.ListCount - 1 Then                '如果选中项是最后一项
                List1.List(i) = ""                       '清空该项
                i = i - 1                                '改变 i 的值保证蓝色条能上移
            Else:  List1.RemoveItem List1.ListIndex      '如果选中项不是最后一项直接删除
            End If
            List1.Selected(i) = True                     '选中该项
        End If
    End Sub
```

本章小结

在程序的界面设计中需要创建各类控件对象，本章详细介绍了基本控件的常用属性、方法和事件。通过本章的学习，读者应该明确各控件的功能，在适当的场合选用合适的控件，熟练地对控件对象进行属性设置和方法调用，能进行简单的事件过程编写。界面设计是一个重要的内容，关系到应用程序的“门面”，用户要不断学习，利用现有的工具设计出美观实用的应用程序。

思考练习题

一、基本题

1. Visual Basic 6.0 的工具箱中有哪些基本控件？各自的功能是什么？
2. 当拖动滚动条时，将触发它的________事件。

3. 单选按钮和复选框的 Value 属性的值分别是什么？各表示什么状态？

4. 图片框和图像框的共同点和不同点是什么？

5. 时钟控件的重要属性和重要事件分别是什么？

6. TabIndex 属性和 TabStop 属性有何用途？

7. 要使标签按照其内容长度自动调节大小的属性是________。

8. 在按下回车键时执行某个命令按钮的 Click 事件，应把该按钮的________属性设置为 True。

9. 键盘事件中 KeyAscii 参数和 KeyCode 参数有何区别？

10. 自动拖放和手动拖放有何不同，各自如何实现？

二、操作题

1. 在窗体上画一个名为 T1 的文本框和一个名为 C1 的命令按钮，按钮标题为“修改窗体标题”，当单击该按钮时，把窗体的标题更改为文本框中输入的内容。

2. 在窗体上画一个名为 Img1 的图像框，宽度和高度均设为 1 500，通过属性窗口任意载入一个图像文件，再画 3 个命令按钮，Name 属性分别为 Cmd1，Cmd2，Cmd3，标题分别为“放大两倍”、“缩小一半”、“清除”，按标题含义编程实现每个命令按钮的功能。

3. 模拟出题。在 1 个标签中显示题目内容，4 个单选按钮代表 4 个答案，利用鼠标从中选中一个正确答案，单击“确定”按钮后，将用户选中的答案编号显示在文本框中，运行界面如图 3-35 所示。

4. 综合利用各种基本控件设计一个运动员参赛报名表，运行界面如图 3-36 所示。

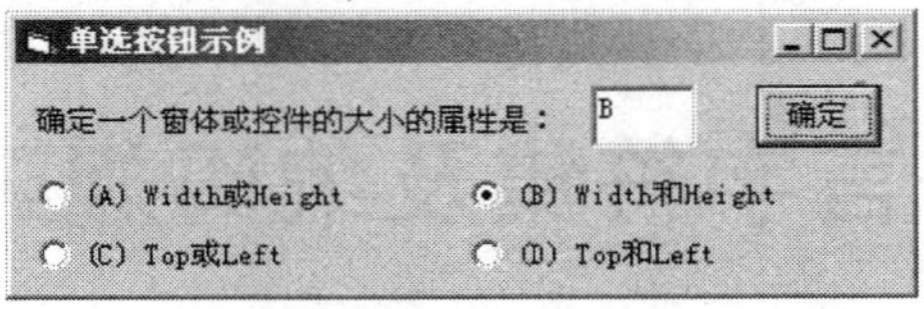

图 3-35　操作题 3 运行界面

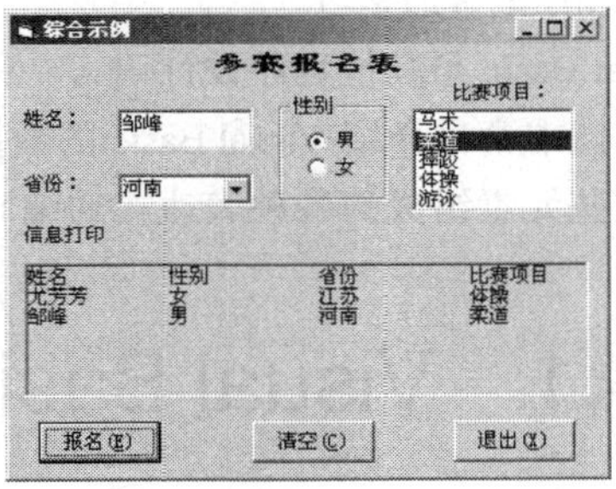

图 3-36　操作题 4 运行界面

5. 利用鼠标事件和拖放在窗体上画矩形。要求：在窗体上任一位置按下鼠标左键确定矩形左上角顶点坐标，按住鼠标键拖动至某位置松开鼠标左键，松开的位置确定为矩形的右下角顶点坐标，然后画矩形，并用蓝色填充。

第4章 Visual Basic程序设计基础

学习重点

- 学习各种常用数据类型，掌握其表示以及各类数据在内存中的存放形式，了解自定义数据类型。
- 理解常量和变量的概念、掌握其定义和使用。
- 掌握各类运算符、表达式和常用内部函数的功能和使用方法。

通过前几章的学习，读者对Visual Basic的可视化编程设计有了一定的了解，可以看到，要建立一个简单的Visual Basic应用程序是比较容易的，但是要编写稍微复杂的程序，就会觉得力不从心、手头掌握的东西太少。因此，要想编写真正有意义且实用的程序，必须从Visual Basic语言的基本功能开始，循序渐进地学习。

Visual Basic与其他程序设计语言一样，对用于编程的数据类型、基本语句、函数和过程等进行了规定。本章将介绍Visual Basic的数据类型、各种不同类型的常量与变量、内部函数、运算符以及由这些元素组成的各种表达式的编码规则等语言基础知识。

4.1 Visual Basic语言字符集及编码规则

4.1.1 Visual Basic语言字符集

Visual Basic字符集是指使用Visual Basic语言编写程序时所能使用的符号的集合；Visual Basic程序不允许使用其字符集以外的其他符号，否则，Visual Basic系统会给出错误的提示信息。

Visual Basic语言字符集由字母、数字和专用字符三大类、共计89个字符组成。其中包含大小写英文字母共52个，数字字符0～9及标点、运算符等27个专用字符。

4.1.2 编码规则

编码规则

在Visual Basic代码窗口中编写程序代码，为提高编程的效率，必须先了解Visual Basic的编码规则。

（1）Visual Basic代码不区分字母的大小写，自动将系统关键字的首字母设为大写。

（2）Visual Basic代码中的标点必须使用半角西文标点，如逗号、分号、双引号等。

（3）Visual Basic程序中的语句是执行具体操作的指令，每条语句以回车键结束。在一般情况下，输入程序时要求按行书写，一行上书写一条语句，一句一行。

（4）Visual Basic 代码允许使用复合语句行，即在同一行上允许书写多条语句，但各语句间必须用冒号“:”隔开；但是，一条语句行的长度最多不能超过 1 023 个字符，且在一行的实际文本之前最多只能有 256 个前导空格。

（5）Visual Basic 代码允许一条较长的语句分多行书写，但必须在续行的行末加入续行符“ _ ”（一个空格加一条下划线），以此来表明该行与下一行属于同一个语句行。但是，一个逻辑行最多只能允许有 25 个后续行。

示例代码如下。

```
Private Sub Form_Load()
    Picture1.BorderStyle = 0                            ' 一行书写一条语句
    Image1.Stretch = True: Picture1.AutoSize = True     ' 一行书写两条语句
    Image1.Picture = _
    LoadPicture("C:\WINNT\Coffee Bean.bmp")             ' 一条语句分写在上下两行
    Picture1.Picture = LoadPicture( _
    "C:\WINNT\Coffee Bean.bmp")                         ' 一条语句分写在上下两行
End Sub
```

注意

不是在语句行的任何位置都可以使用续行符进行换行，还是有一定限制的。

（6）Visual Basic 代码中要声明和命名许多标识符（变量、符号常量、数据类型、过程等），命名时必须遵循以下规则。

- 必须以字母或汉字开头，由字母、汉字、数字或下划线组成。
- 字符必须并排书写，不能出现上下标形式。
- 长度小于等于 255 个字符。
- 不可以是系统关键字。
- 不可以包含空格、西文标点符号和类型说明符%、&、!、#、@、$。
- 在作用域范围内必须唯一。

注意

虽然 Visual Basic 中可以使用汉字进行标识符命名，但是为了书写方便，一般不使用汉字。

（7）Visual Basic 代码中可使用注释增加程序的可读性。Visual Basic 中提供了两种格式的注释语句。

格式 1：Rem 注释内容

格式 2：' 注释内容

说明

注释语句是非执行语句，仅对相应位置上的代码起到注释作用。

格式 1 中的关键字 Rem 和注释内容之间必须用空格隔开；注释内容中可以包含任意字符（西文、中文等）；格式 1 必须以单独注释语句形式出现。

格式 2 在使用时较格式 1 更加灵活，既可以以单独注释语句形式出现，也可直接出现在某行语句后面进行注释；但是续行符后面不能加注释。

示例代码如下：

```
Private Sub Timer1_Timer()   ' 利用时间控件的 Timer 事件，显示当前系统时间
    'Rem 函数 Now 返回系统时间，利用标签显示系统时间
    Label1.Caption = Now
    ' 利用 Int 和 Rnd 函数产生 0~255 之间的随机整数，从而保证每次颜色是随机变化
    r = Int(Rnd * 256) : g = Int(Rnd * 256) : b = Int(Rnd * 256)
    Label1.ForeColor = RGB(r, g, b)' 利用 RGB 函数返回一个颜色值，作为标签字体颜色
End Sub
```

（8）Visual Basic 程序允许使用行号与标号，但是行号与标号不是必需的。标号是以字母开头而以冒号结束的字符串，一般用在程序转向语句中。注意，对于结构化程序设计，应尽量避免使用转向语句。

示例代码如下。

```
Private Sub Form_Resize()
     If Form1.WindowState = 0 Then
           GoTo Line1    ' 跳转到标号 Line1 处
     ElseIf Form1.WindowState = 1 Then
          GoTo Line2     ' 跳转到标号 Line2 处
     End If
Line1:                   ' 标号 Line1
     MyString = "WindowState Is Normal"
     GoTo LastLine       ' 跳转到标号 LastLine 处
Line2:                   ' 标号 Line2
     MyString = "WindowState Is Minimized"
LastLine:                ' 标号 LastLine
     Debug.Print MyString   ' 在立即窗口打印输出目前窗体的显示状态
End Sub
```

注意

Visual Basic 系统的代码编辑窗口中通常用不同的颜色表达系统对代码的识别情况。

- 绿色——注释语句。
- 红色——语法错误代码，必须立即改正。
- 黑色——自定义名称、运算符等。
- 蓝色——系统关键字。
- 黄色光带——当前执行语句（一般在出错后调试时出现）。
- 褐色光带——断点位置。

4.2 数 据 类 型

数据是程序必要的组成部分，也是程序处理的对象。在“高级语言”中，广泛使用“数据类型”这一概念来反映数据在计算机中的存储方式，体现数据结构的特点。Visual Basic 提供了系统定义的基本数据类型，并允许用户根据需要定义自己的数据类型。本章介绍 Visual Basic6.0 中包含的基本数据类型，其他高级数据类型将在第 7 章中介绍。

Visual Basic 6.0 中定义了 11 种基本数据类型，如表 4-1 所示。不同类型的数据取值的范围、所适用的运算不同，在内存中所分配的存储单元数目也不同，因此正确地区分和使用不同的数据类型，不仅可满足处理问题表示数据的要求，而且可使程序运行时占用较少的内存，确保程序运行的正确性和可靠性。

表 4-1　　基本数据类型

数据类型		关键字	类型说明符	前缀	所占字节数	取值范围
字节型		Byte	无	byt	1	0～（2^8–1），即 0～255
整型		Integer	%	int	2	-2^{15}～（2^{15}–1），即–32 768～+32 767
长整型		Long	&	log	4	-2^{31}～（2^{31}–1），即–2 147 483 648～2 147 483 647
单精度型		Single	!	sng	4	负数：–3.402 823E38～–1.401 298E-45 正数：1.401 298E-45～3.402 823E38
双精度型		Double	#	dbl	8	负数：–4.940 656 458 412 47E-324 ～–1.797 6931 348 623 2E308 正数：1.797 693 134 862 32E308 ～4.940 656 458 412 47E-324
货币型		Currency	@	cur	8	–922 337 203 685 477.580 8 ～922 337 203 685 477.580 7
字符串型	变长	String	$	str	10+串长度	0～2^{31} 约 20 亿个字符
	定长				串长度	1～2^{16} 约 65 535 个字符
逻辑型		Boolean	无	bln	2	True 和 False
日期型		Date	无	dtm	8	100 年 1 月 1 日～9999 年 12 月 31 日
对象型		Object	无	obj	4	任何对象引用
变体型		Variant	无	vnt	≥16	

4.2.1　数值数据类型 Byte、Integer、Long、Single、Double、Currency

1. Integer 和 Long

Integer 和 Long 型用于保存带有符号的整数，整数运算速度快、精确，但表示数的范围小。数据在内存中是以补码形式存放的，整数的字节最高位是符号位。

在 Visual Basic 中整数的表示形式：±n[%] 或 ±n[&]。

其中：当表示 Integer 型整数时，±n 是[–32 768，+32 767]范围内的整数，%是整型的类型说明符，可省略；当表示 Long 型整数时，±n 是[–2 147 483 648, 2 147 483 647]范围内的整数，&是长整型的类型说明符。

例如：356、+356、–356、356%是 Integer 型的合法常量形式，35 689、–1 246 978、356&为 Long 型的合法常量形式。

2. Single、Double

Single 和 Double 型用于保存浮点实数（带有小数部分的数值），浮点实数表示数的范围大，但有误差，且运算速度慢。在 Visual Basic 中规定单精度浮点数精度为 7 位，双精度浮点数精度为 15～16 位。

单精度型和双精度型常量有两种表示形式：小数形式和指数形式。指数形式由符号、指数和尾数 3 部分组成；单精度浮点数和双精度浮点数的指数分别用“E”（或“e”）和“D”（或“d”）来表示，含义为“乘以 10 的幂次”。

单精度型的合法表达形式：±n!、±nE±m、±n.nE±m。

双精度型的合法表达形式：±n.n、±n#、±nD±m、±n.nD±m。

其中，n、m 是无符号整数。

例如：–2.15!、0.123!、0.346 25E+3、2.34E8、123.4E-3 表示合法的单精度数，–346.25、

1 234 567.89、90.3#、3D10、1.2D-6、0.346 25E+3#表示合法的双精度数。

- 单精度型和双精度型常量的小数形式若超出有效位数，进行小数部分的截取；若整数部分超出有效位数，则自动转为指数形式。如在代码中输入：3 333.143 746 77!，系统即将其调整成 3 333.144!，故要注意由于有效位数的限定使运算精度降低、误差变大的问题。
- 当幂为正数时，正号可以省略。即 2.34E8 等价于 2.34E+8，3D10 等价于 3D+10。
- 同一个实数可以有多种表示形式。如：−346.25 可以表示为−3.462 5E+2、−34.625D+1、−3 462.5D−1 等，但在代码调整后都以同一种格式显示，若未超出有效位数则用小数形式，若整数部分超出有效位数则以 E 作为标准的指数形式。
- Visual Basic 系统默认情况的直接实型常数都是双精度类型，即−346.25 与−346.25#是等价的双精度类型常数。

3. Currency

货币数据类型是为货币运算而设置的，是定点实数或整数，精确到小数点后 4 位和小数点前 15 位。

货币类型数据表示形式是在数字后加@符号，例如：−346.25@、2 346@、0.123 4@都是合法的货币数据形式。

4. Byte

字节类型实际上是一种数值类型，用于表示 8 位的无符号整数，以 1 个字节的无符号二进制数存储。该类型的变量通常用于访问二进制文件、图形和声音文件等。有些 API 调用也是用 Byte 参数，适用于整数的运算符均适用于 Byte 型数据。在进行单目减法运算时，必须先将该类型数据转换为符号整数。

另外，对于所有的数值型数据，Visual Basic 规定了在数值型常数后加类型说明符可以改变数据的类型，从而改变数据在内存中的存储空间大小，但要注意不要超出各类型数据的取值范围。因此 3 456%、3 456&、3 456!（或 0.345 6E+4）、3 456#、3 456@都表示与 3 456 同值的数据，但是它们各自的数据类型不同，所以在计算机内存中所占用的空间也不一样。

4.2.2 字符数据类型 String

字符串是字符序列，由西文字符、汉字和标点符号组成，在 Visual Basic 中字符串两端用双引号括起。如："456"、"Abc01"、"Visual Basic 程序设计"、"01/02/2008，PM-12:30:24"等。

说明：

（1）""是长度为 0（即不含任何字符）的字符串，称为空字符串（或空串）。

（2）"　　"是由若干个空格组成的字符串，称为空格字符串（或空格串）。

（3）若字符串中有双引号，可用连续的两个双引号""表示字符串中的一个双引号"。

例如："学习""Visual Basic""课程"表示字符串：学习"Visual Basic"课程。

（4）注意数字字符串与数值型数据的区别。

例如："455632"是数字字符串，而 455 632 是长整型数据。

Visual Basic 中字符串变量有定长和变长两种，在定义时是有区别的，详见 4.3.3 小节。

4.2.3 逻辑数据类型 Boolean

逻辑数据类型又称布尔类型，用于逻辑判断；该类型只有 True 和 False 两种取值，用于描述“真/假”、“对/错”、“是/否”、“开/关”等两种状态信息。如对象的 Enabled、Visible、FontBold 等属性值是取值为 True 或 False 的逻辑型数据。

4.2.4 日期数据类型 Date

日期型数据以 8 个字节的浮点数值表示，可以表示的范围为公元 100 年 1 月 1 日～9999 年 12 月 31 日的日期，以及范围为 0:00:00～23:59:59 的时间。

日期型数据有两种表示法：一种是两端用“#”括起来的日期时间字符表示，如：#3/8/2008#、#3-8-2008#、#March 8 2008#、#2008-3-8 20:20:20 PM#；另一种是用数值直接表示，数值的整数部分表示距离 1899 年 12 月 30 日的天数，小数部分表示时间，0 为午夜，0.5 为中午 12 点，负数代表的是 1899 年 12 月 31 日之前的日期和时间。

图 4-1 用户单击窗体后，在窗体上显示的结果

例如，有以下程序，运行结果如图 4-1 所示。

```
Private Sub Form_Click()
    Dim dtm1 As Date, dtm2 As Date
    dtm1 = #1/9/1900#
    '或用语句 dtm1 = 10 表示从 1899 年 12 月 30 日开始的第 10 天
    dtm2 = -2.5          ' 从 1899 年 12 月 31 日之前的 2 天中午
    Print dtm1, dtm2
End Sub
```

从以上代码可以看出，用#表示的日期在代码中被规范成“年-月-日”的格式，而日期型数据在输出时被规范成“年-月-日 时:分:秒”的格式。

4.2.5 对象数据类型 Object

对象型数据用来表示图形、OLE 对象或其他对象，以实现对对象的引用。

4.2.6 变体数据类型 Variant

变体数据类型是一种可变的数据类型，可以表示任何值，包括数值、字符串、日期/时间等。不加类型说明的变量，将被系统默认为变体型（Variant），使用 VarType 函数能检测变体型变量中保存的数据究竟是何类型。Variant 类型的变量还可以包含三个特殊值：Empty（未赋值）、Null（未知或缺少的值，常见于数据库）和 Error（出现错误时的值），读者可以使用 IsEmpty 函数来测试一个 Variant 变量是否被赋过值，使用 IsNull 函数来测试一个 Variant 变量是否具有 Null 值。

4.3 常量和变量

4.3.1 数据的存储

按照数据的存取特性，内存中的存储单元分为静态存储区和动态存储区。静态存储区中的存储单元一旦分配，要到应用程序结束时才释放空间；动态存储区中的单元则可以在应用程序执行中释放，数据可以被多次更新。

程序运行时，使用的各种类型数据都是存放在内存单元中，计算机就是通过内存单元名来访问其中的数据。

Visual Basic 中的各类数据都有常量和变量两种形式。常量是存放在静态存储区的常量区中的数值。常量区一旦放入数据，就不允许用户修改，即常量在程序执行期间，其值是不发生变化的，直到数据单元被释放；变量是存储单元的代号，对应于存放在动态存储区的单元或静态存储区的非常量区。程序执行过程中，变量被用于暂时存放程序中有用的数据，变量的内容可以允许多次更新（存入新的数据）。

4.3.2 常量

根据表示形式，常量分为直接常量和符号常量。

1. 直接常量（字面常量）

直接常量又称字面常量，其特点是直接能从字面形式上判断其类型和大小，如 4.2 节所介绍的，123 为 Integer 类型常量，230.0 为 Double 型常量，"asdf"和"230.0"为字符串常量等。也可以在常量值后加类型说明符（%、&、!、#、@）来说明常数的数据类型，如 123&为长整型常量。

Visual Basic 中的整型常量，默认是用十进制表示，同时也可采用八进制、十六进制表示。在数值前加&O 表示八进制整型常数，如&O567，&O777 等；在数值前加&H 表示十六进制整型常数，如&H189，&HFFFF 等。Visual Basic 中的颜色数据常用十六进制整数表示，如&H0000FF00 表示绿色。

2. 符号常量

日常学习时经常会遇到一些常数值被反复使用，也会用到一些较难记住的数据。如在数学表示中，我们约定用符号 π 来表示圆周率 3.141 592 653 5，从而给数学公式的表达与计算带来很大便利。在计算机语言中，也沿用此方法来解决问题，使用符号常量（一个有意义的名字）来代表值不变的常数。Visual Basic 中的符号常量分为用户自定义符号常量和系统符号常量。

（1）用户自定义符号常量

在 Visual Basic 中，允许用户用 Const 语句定义符号常量，代替指定的值，其格式如下：

```
[Private | Public] Const 常量名[ As 类型名] = 表达式[, 常量名 2 = 表达式 2]……
```

示例代码如下：

```
Const PI As Double = 3.1415926535         ' 声明 PI 为双精度符号常量，值为 3.1415926535
Const NATIONALDAY As Date=#10/1/1949#    ' 声明 NATIONALDAY 为日期常量，值为 1949 年 10 月 1 日
```

格式说明如下。

① Public 选项只能用在标准模块通用部分，用于说明可在整个应用程序中使用的符号常量，而 Private 选项则用在模块的通用部分（但不能在过程中使用），用于说明在模块范围内使用的符号常量，缺省情况为 Private。

② 常量名的命名遵循 Visual Basic 标识符的命名规则，符号常量名通常使用大写字母。

③ As 类型名：说明该符号常量的数据类型，若缺省该项，则由等号右侧表达式值的数据类型决定。上面的示例代码等价于：

```
Const PI = 3.1415926535
Const NATIONALDAY = #10/1/1949#
```

④ 也可以在常量名后加类型说明符来定义该常量的类型。示例如下。

```
Const PI# = 3.1415926535   ' 声明 PI 为双精度符号常量，值为 3.1415926535
```

⑤ 表达式由运算符、常量（直接常量和已定义的符号常量）组成，但必须具有一个确定的值，且绝对不允许使用变量和函数。

如：

```
Const ADDRESS = "江南大学物联网工程学院", ADDRESSER = "QY", POSTALCODE = "214061"
Const LINKMAN = POSTALCODE & ADDRESS & ADDRESSER
```

⑥ 符号常量一旦声明，在之后的代码中只能引用，不能再次定义或赋值。

（2）系统符号常量

Visual Basic 系统本身提供了一些符号常量（存放于系统的对象库中），以方便数据的引用和程序的阅读，如 vbOK、vbRed、vbYes 等，用户可以在“对象浏览器”（见图 4-2）中查看。此外，Visual Basic for Applications（VBA）、ActiveX 控件、Microsoft Excel 和 Microsoft Project 等提供对象库的应用程序也提供了符号常量，这些符号常量可与应用程序的对象、方法和属性一起使用。

图 4-2 对象浏览器

为避免不同对象中同名变量的混淆，Visual Basic 规定使用 2 个小写字母前缀，用于区分引用哪个对象库中符号常量。

vb：表示引用 VB 和 VBA 中的符号常量；

xl：表示引用 Excel 中的符号常量；

db：表示引用 Data Access Object 中的符号常量。

在使用时既可以使用系统符号常量，也可以直接使用系统符号常量对应的数值。如：

```
Form1.BackColor = vbRed
Form1.BackColor = 255
Form1.BackColor = &HFF
```

以上三条语句执行时都将窗体的背景色更新为红色，显然使用系统符号常量 vbRed，程序代码的可读性更强。

4.3.3 变量

在程序运行过程中，内存单元中数据值可以被改变的量称为变量。每个变量必须有一个名字和相应的数据类型，程序通过名字来引用该变量，而数据类型则决定了该变量的存储方式和在内存中占据存储单元的大小。

变量名实际上是一个符号地址，程序编译连接时，由系统给每一个变量分配一个内存地址，并在该地址的存储单元中存放变量的值。程序中从变量中取值，实际上是通过变量名找到相应的内存地址，然后再从其存储单元中取数据。区分变量名和变量值这两个概念是很重要的，见图 4-3。

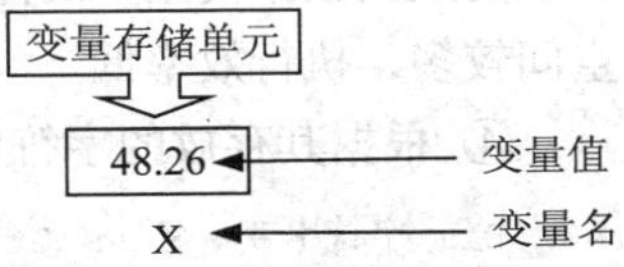

图 4-3 变量的表示

在 Visual Basic 中，变量有两种形式：对象的属性变量和内存变量。

- 属性变量

在创建一个对象时，Visual Basic 系统会自动为它创建一组属性变量，并为每一个属性变量设置其默认值。这类变量可供程序员直接使用，如引用其值或赋予新值。

- 内存变量

内存变量就是下面通常所讲的变量，它是用户根据需要所声明的。

1. 变量的声明（显式声明）

与符号常量一样，变量必须“先声明，后使用”。声明变量就是定义变量名和变量的数据类型，从而使系统决定为它分配多少存储单元存放数据。

（1）在定义变量时指定其数据类型

格式：Declare 变量名 [As 类型名]

说明如下。

① Declare 可以是 Dim、Public、Private、Static 中的任意关键字。

- Dim 用于在模块的通用部分定义模块级变量以及在过程中定义过程级变量；
- Private 用于在模块的通用部分定义模块级变量；
- Public 用于在模块的通用部分定义全局变量；
- Static 用于过程中定义过程级静态变量。

如

```
Public a As Integer        ' 定义一个 Integer 型全局变量 a
Private b As Single        ' 定义一个 Single 型模块级变量 b
Dim d                      ' 定义一个变体型变量 d，等价于 Dim d As Variant
Static day As Date         ' 定义一个 Date 型静态变量 day
```

关于上述几种不同方法定义的变量之区别，在第 8 章中将再作详细的阐述；其中最常用的是 Dim 定义的格式。

提示　仅在某个过程中使用的变量，就在该过程中用 Dim 声明定义；若要在多个过程中使用公共变量，则必须在模块的通用部分用 Dim、Public、Private 声明定义此变量。

② 变量名的命名需遵循 Visual Basic 标识符的命名规则。变量名尽量避免和系统函数、系统符号常量同名，且变量的命名应尽量有意义，便于阅读理解，做到“顾名思义”。可在变量名前加一个缩写的前缀来表明该变量的数据类型。

如 Sum、Ave_Score、PersonId、Mark 等都是合法的变量名；7Stars、Car&Tax、Exam<1>、Address+PostCode 都是非法变量名。

又如 intSum、sngAveScore、strPersonId 等是加前缀的合法变量名，它们分别是整型、单精度类型、字符串型。

③ As 类型名：类型名既可以是基本数据类型和用户定义的类型，也可以省略，但省略后的变量为默认数据类型（缺省情况下为变体型），如上述代码中的变量 d 的声明；但变体型占用内存空间较多，执行效率低。

④ 根据其存放的字符串长度是否固定，字符串类型的变量有两种定义方法。

```
Dim 字符串变量名 As String               ' 定义变长字符串变量
Dim 字符串变量名 As String * 字符数      ' 定义定长字符串变量
```

定长字符串变量的长度，完全由*号后面的字符数决定。若赋予定长字符串变量的字符数少于指定的字符数，则尾部用空格补足；若字符数超过指定的字符数，Visual Basic 系统会自动截去尾部超出部分的字符。

示例如下。

```
Dim strExpress1 As String    ' 定义变长字符串变量 strExpress1
Dim strStuId As String * 8   ' 定义定长字符串变量 strStuId 可存放 8 个字符
```

⑤ 一条声明语句可将多个声明组合起来，在这种格式下，即使几个变量的类型一致，也必须分别用“As 类型名”声明各自的类型。示例如下。

```
Dim i As Long, j As Double
Private a, b, c As Integer      ' 这里 a 和 b 为 Variant 型，c 为 Integer 型
```

若将上述 a, b, c 三个变量都声明为 Integer 型，则应这样改写变量声明语句：

```
Private a As Integer, b As Integer, c As Integer
```

（2）用类型说明符定义变量

可以采用如下简单格式来定义具有类型说明符的数据类型：

```
Declare 变量名[类型说明符]
```

其中：

① Declare 可以是 Dim、Public、Private、Static 中的任意关键字。

② 基本类型的类型说明符（%、&、!、#、@）。

③ 变量名与类型说明符之间不允许有空格。示例如下。

```
Dim x&, y#, z!          ' 定义长整型变量 x,双精度变量 y,单精度变量 z
```

2. 变量的默认声明（隐式声明）

除用上述显式声明方式定义变量外，Visual Basic 系统也允许用户不做声明而直接使用变量，但是这样的变量是过程级的，只能在过程中使用。

例如，以下左侧事件过程中的变量 a 未经声明定义，其作用等价于右侧事件过程。

```
Private Sub Form_Click()
    a=Val(Text1.Text)   'a 未声明
    Print a
End Sub
```

```
Private Sub Form_Click()
    Dim a As Variant
    a=Val(Text1.Text)
    Print a
End Sub
```

3. 变量的强制显式声明——Option Explicit 语句

Visual Baisc 允许用户不显式声明变量而直接使用，这的确给初学者带来了方便，但却同时也会给程序带来不易察觉的麻烦和错误。例如，用户不小心将变量 FrmColor 在输入时拼写成 FormColor，系统就会将变量 FormColor 当成新的变量处理；程序运行没有出现错误提示，但却得不到正确的结果。为了避免出现以上情况，Visual Basic 系统提供了强制用户对变量进行显式声明的措施：在模块代码窗口的通用部分开头直接输入 Option Explicit 语句，或者执行“工具”菜单的“选项”命令，在打开的“选项”对话框的“编辑器”选项卡中选中“要求变量声明”复选框（如图 4-4 所示）。这样设置后，每次建立新文件时，Visual Basic 系统就会自动生成语句 Option Explicit，并加载到模块的声明部分，如图 4-5 代码窗口所示。

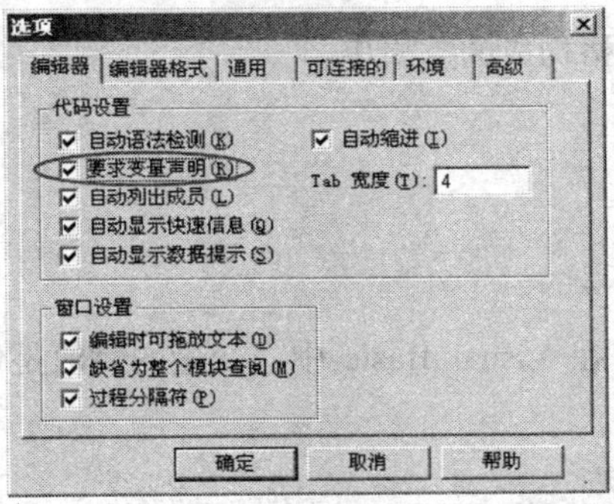

图 4-4 “选项”对话框中设置变量声明要求

通过上述方法对变量进行强制显式声明后，Visual Basic 系统运行程序时，会先对变量进行检测，只要发现程序中使用未经显式声明的变量，就会自动显示一个“变量未定义”错误警告信息框。总之，为了安全起见，建议初学者应养成“先声明变量，后使用变量”的良好编程习惯，这样不仅可以提高编写程序的效率，而且可使程序易于调试。

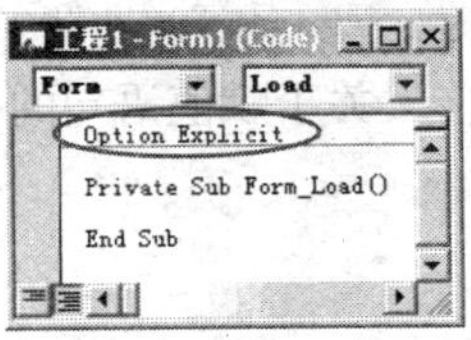

图 4-5 代码窗口

4. 变量默认数据类型的设置

如果在声明变量中没有说明数据类型，变量将被默认为 Variant 数据类型。Visual Basic 系统允许用户在声明变量前，对变量的默认数据类型进行自行设置或修改。

格式：

```
DefType 字母范围
```

说明如下。

（1）DefType 语句必须放在模块声明部分的开头，用于设置指定字母范围开头的变量的默认数据类型。

（2）Def 是系统关键字，Type 是任何基本数据类型标志：Byte、Int、Lng、Sng、Dbl、Cur、Str、Bool、Date、Obj、Var。注意：在 Def 和类型标志之间不能有空格。

（3）字母范围采用“字母-字母”的形式表示，其中字母为 A～Z 中的任何一个（大小写均可）；语句中说明的字母可以作为该类型的变量名，而且以该字母开头的变量名也是那种类型的变量。

（4）DefType 语句不允许重复定义。示例如下。

```
DefSng C-F   ' 该语句定义后，C~F 以及凡是用 C~F 开头命名的变量默认类型是单精度型
Dim a As Integer, b, c As Double, d, f
' 定义 a 为整型变量，b 为变体型变量，c 为双精度型变量，d 和 f 均为单精度型变量
```

又如，若要将模块中的变量的默认类型全部设置为单精度型，可以在模块的通用部分按如下方法定义：

```
DefSng A-Z
Dim a As Integer, b, c As Double, d, f
' 定义 a 为整型变量， c 为双精度型变量，b、d 和 f 均为单精度型变量
```

5. 变量的默认值

使用声明语句定义一个变量后，Visual Basic 系统会自动给变量赋予一个默认的初始值。

（1）数值类型变量的初值为 0。

（2）变长字符串型变量的初值为空串（""）。

（3）定长字符串型变量（设长度为 n）的初值为 n 个空格构成的空格串。

（4）布尔类型变量的初值为 False。

（5）日期类型变量的初值为#1899-12-30 0:00:00#。

（6）变体类型变量的初值为 Empty。

6. 变量的赋值

给变量赋值实际就是将数据放入指定变量的内存空间。在 Visual Basic 中，变量的赋值是借助赋值语句实现的。如有以下赋值语句及功能：

```
Dim x As Integer, y As Double
x = 67     ' 将右侧常量 67 赋给左侧的整型变量 x，即 x 对应存储单元中的值为 67
y = x      ' 将右侧整型变量 x 的值 67 转换为双精度型 67.0 赋给左侧的变量 y
```

使用赋值语句给对象的属性赋值，还可改变对象的显示效果。如有以下语句及功能：

```
Form1.Width=2000              ' 将窗体 Form1 的宽度调整成 2000
Text1.Text="Hello World!"  ' 文本框 Text1 中的文字更改为 Hello World!
```

关于赋值语句的格式及说明详见 5.1 节。

4.4 运算符和表达式

前面我们对如何表示数据进行了详细阐述，但是碰到具体问题时，不光是要表示待处理的数据，而且还要运用有效的方案处理数据、解决问题。例如：已知三边，求三角形的面积。与数学中一样，计算机语言中对数据的加工处理称为运算（即操作）；被运算的对象，即数据，称为操作

数（或运算量）；用运算符或操作符来描述最基本的运算形式。因此合理地运用运算符描述对哪些数据、以何种顺序、进行什么样的操作，是本节学习的关键。

Visual Basic 与其他语言一样，定义了丰富的运算符：算术运算符、字符串运算符、关系运算符、逻辑运算符，下面将逐一介绍这些运算符及其对应的表达式。

4.4.1　算术运算符和算术、日期表达式

1. 算术运算符

Visual Basic 中包含了表 4-2 所示的 8 种基本的算术运算符。

表 4-2　　　Visual Basic 中的算术运算符

算术运算符	含　义	优 先 级	示　例	结　果
^	幂	1	5 ^ 3	125
–	取相反数	2	–8	–8
*	乘	3	5 * 8	40
/	除		8/5	1.6
\	整除	4	8\5	1
Mod	取余数	5	8 Mod 5	3
+	加	6	5 + 8	13
–	减		5 – 8	–3

说明如下。

（1）幂运算——用于计算乘方和方根。

例如：

```
5 ^ 2          ' 5 的平方              125 ^ (1 / 3)        ' 125 的立方根
5 ^ -3         ' 5 的立方的倒数        25 ^ 0.5             ' 25 的平方根
```

注意　由于幂运算的运算优先级最高，所以当指数部分是一个表达式时，必须加上括号；否则，表达式 125 ^ 1/3，将先完成 125 ^ 1 运算，后进行除 3 运算。

（2）整除和取余运算

整除（\）是整数之间的除法运算，其运算结果是商的整数部分（即普通除运算结果的整数部分），所以又称其为商取整除法。

例如：

```
8 \ 5                  ' 8 整除 5，结果为 1，即普通除运算结果 1.6 的整数部分
```

取余（Mod）运算是整数之间的取余运算，运算结果是第一个操作数整除第 2 个操作数所得的余数部分（即：结果 = 被除数 – 除数 × 整除结果）。注意：取余运算结果的正负号始终与第一个操作数的相同。

例如：

```
8 Mod 5          '结果为 3                8 Mod - 5          '结果为 3
- 8 Mod 5        '结果为- 3             - 8 Mod - 5          '结果为- 3
```

以下问题要特别注意。

（1）算术运算符规定参与运算的数据必须是数值型，算术运算的结果也是数值型；若操作数

是数字字符串或逻辑型，则将按自动转换的原则转换成数值类型后参与运算。

例如：

```
2 * "3.14" * 3          ' 数值字符串"3.14"转换为 3.14 参与算术运算，结果是 18.84
"3D2" + 20 - 5          ' 数值字符串"3D2"转换为 300.0 参与算术运算，结果是 315.0
False + 10 - True       ' 逻辑值 False 转换为 0、True 转换为-1 参与算术运算，结果是 11
```

（2）除负号-（取相反数）为单目运算符外，其余的算术运算符均为双目运算符。

（3）在算术运算中，若运算符两端操作数的数据类型相同，其结果也将是与之相同的数据类型；若数据类型不相同，则 Visual Basic 将根据其精度大小（数值型数据精度从小到大的排序为 Integer<Long<Single<Double<Currency），将精度低的数据转换成精度高的数据类型后进行运算，运算结果的数据类型以精度高的数据类型为准。但以下几种特殊情况除外。

① 当 Long 型数据与 Single 型数据运算时，结果为 Double 型数据；当 Single（或 Double）型数据与 Currency 型数据乘运算时结果为 Double 型数据。

② 除法和幂运算的结果通常是 Double 型，与操作数类型无关。但当 Single（或 Integer）型数据与 Single 型数据运算时结果为 Single 型数据。

③ 整除（\）和取余（Mod）运算时，若操作数为实数，则先进行四舍六入五成双的取整，然后进行整除或取余，结果为整型或长整型。

例如：

```
256 + 890           ' 加号两侧操作数均为 Integer 型，运算结果也是 Integer 型
483 * 12.3!         ' 乘号左侧操作数为 Integer 型，右侧为 Single 型，运算结果以精度高的 Single 型为准
4 ^ 3               ' 幂运算的结果是 Double 型
8.5 \ 5.56          ' 先将两个操作数进行四舍六入五成双的取整，分别得到 8 和 6，整除结果是 1
8.5 Mod 5.56        ' 同上先将操作数 8.5 和 5.56 进行取整，分别得到 8 和 6，取余结果是 2
```

这里要注意 Visual Basic 中的四舍五入。通常意义上的四舍五入都是以 5 为界，进位时大于等于 5 则向前一位进一，小于 5 则不进位。实际上，Visual Basic 中采用国际上公认的比较合理的“四舍六入五成双”的原则进行进位，主要体现在要判断的数字逢 5（且 5 后无其他数字）时，看前一位，遵循“奇进偶不进”的原则。如 1.25 保留一位小数，因为 2 是偶数，所以结果是 1.2。

2. 算术表达式

由算术运算符、圆括号、函数、常量和变量组成的式子称为算术表达式，算术表达式的结果是数值型。示例如下。

```
0.5 * g * t ^ 2 + v0 * t                    (x% Mod 10 ) * 10 + x% \ 10
```

由于算术表达式的值是具有类型的，因此也存在着值的溢出（超出该类型数据的取值范围）现象，运算时要注意。示例如下。

```
235 + 32760   ' 出错"溢出"
```

因为上述表达式中两个数据都是 Integer 型，则表达式的值也是 Integer 型，但由于表达式的计算结果 32 995 超出了 Integer 型数据的允许范围，从而使表达式出现了溢出错误。此处只能通过改变数据类型解决问题，如 235 + 32 760&或 235& + 32 760。因此，要特别强调，在合理选择数据类型描述数据时，不仅要从描述数据目前的值考虑，还要从它参与的运算角度、运算结果等方面综合考虑。

3. 日期型表达式

日期型数据是一种特殊的数值型数据，它们之间只能进行加（+）、减（-）算术运算。日期型表达式由“+”“-”算术运算符、算术表达式、日期型数据和函数组成。一般有以下三种情况。

（1）两个日期型数据进行减法运算，其结果是一个数值型数据（两个日期相差的天数）。示例如下。

```
#05/09/2008# - #05/01/2008#          ' 表达式值为 8
```

（2）一个日期型数据与一个数值型数据进行加法运算，结果是一个日期型数据。示例如下。

```
#05/01/2008# + 8          ' 表达式值为日期型数据#05/09/2008#
```

（3）一个日期型数据与一个数值型数据进行减法运算，结果是一个日期型数据。示例如下。

```
#05/09/2008# - 8          ' 表达式值为日期型数据#05/01/2008#
```

4.4.2　字符串运算符和字符串表达式

Visual Basic 中提供了两个字符串的连接符（见表 4-3）。

表 4-3　　　　Visual Basic 中的字符串运算符

字符串运算符	含　义
&	连接两个字符串
+	

说明

“&”和“+”都是双目运算符，用于将两个字符串首尾相连，连接后仍为字符串类型。它们的优先级相同，但低于算术运算符。由字符串运算符和操作数组成的式子称为字符串表达式，例如：

```
"江南大学" & "物联网工程学院"          ' 连接结果为"江南大学物联网工程学院"
"江南大学" + "物联网工程学院"          ' 连接结果为"江南大学物联网工程学院"
"字符串变量 a 中存放的内容是" & a
' 若 a 中的内容为"VB"，则连接结果为"字符串变量 a 中存放的内容是 VB"
```

注意以下问题。

（1）使用运算符“&”时，其两端的操作数与“&”之间必须用一个空格分隔。这是因为“&”还是长整型数据的类型定义符，若操作数与之连接在一起，Visual Basic 系统会优先把“&”作为长整型数据类型符处理，继而将产生语法错误。

（2）“+”与“&”运算符在使用时的区别如下。

① “&”作为连接运算符，只适用于字符串操作数，因此在连接运算前，系统先将两边非字符串类型数据自动转换成字符串型数据，然后再进行连接操作。

② 当运算符“+”两边都是字符串类型数据时，才能进行字符串的连接操作；否则系统将把运算符“+”当成算术运算符，并进行求和运算。若其中一个操作数是数值型或逻辑型，而另一个操作数是数字字符串或逻辑型，系统将自动把数字字符串与逻辑型一起转换为数值型，然后再进行算术求和运算。若系统无法强行完成操作数的数值型转化，会产生“类型不匹配”的错误提示信息。示例代码如下。

```
"VB" & 6                  ' 连接结果为："VB6"
125.6 & 25                ' 连接结果为："125.625"
True & 125.6              ' 连接结果为："True125.6"
"VB" + "6"                ' 连接结果为："VB6"
"VB" + 6                  ' 出错"类型不匹配"
"125.6" + "25"            ' 连接结果为："125.625"
125.6 + 25                ' 求和结果为：150.6
"125.6" + 25              ' 求和结果为：150.6
125.6 + "25"              ' 求和结果为：150.6
"True" + "125.6"          ' 连接结果为："True125.6"
True + 125.6              ' 求和结果为：124.6
```

```
True + "125.6"          ' 求和结果为：124.6
"True" + 125.6          ' 出错"类型不匹配"
```

又如：

```
Dim I As Integer, J As String, K As String, L As Integer
J = "Program": I = 12: K = "12": L = 24
Print I + K             ' 结果为24
Print J + K             ' 结果为"program12"
Print J + I             ' 出错：类型不匹配
Print I + L & J         ' 先进行I与L的求和运算，然后与J完成字符连接运算，结果为"36Program"
Print I + L & K + L     ' 先进行I与L、K与L的求和运算，然后完成字符连接运算，结果为"3636"
Print I + L & J +L      ' J与L进行求和运算时出错：类型不匹配
```

4.4.3 关系运算符和关系表达式

关系运算符又称比较运算符，用于对两个操作数的值进行比较，其运算的结果为逻辑值 True 或 False。把两个算术表达式用关系运算符连接组成的式子称为关系表达式，用于比较两个操作数之间的关系，其运算的结果是逻辑值：若关系成立，结果为 True，否则为 False。Visual Basic 提供了表 4-4 所示的 8 种关系运算符，且都是双目运算符。

表 4-4　Visual Basic 中的关系运算符

关系运算符	含　义	优先级	示　例	运算结果
=	等于	运算优先级相同	24 = 3 * 8	True
<>或><	不等于		"VISUAL" <> "visual"	True
>	大于		"ABCDEF" > "BCD"	False
>=	大于等于		"VB6.0 教程">="VB 教程 5.0 "	False
<	小于		False < True	False
<=	小于等于		#10/1/2008# <= #1/10/2008#	False
Like	字符串匹配		"VB6.0 教程" Like "??6.0*"	True
Is	对象引用比较			

关系运算遵循以下规则。

（1）所有关系运算符的优先级相同，但低于算术和字符串运算符。

（2）当关系运算符两边的操作数为数值型时，按数值大小比较。

（3）当关系运算符两边的操作数为字符型时，将依据“逐个比较、遇大则大、长大短小、完全相同、才是相等”的原则，按字符的 ASCII 码值（见附录 C）从左至右进行判断，即从两个字符串左边的第一个字符开始依次比较同一位置字符的 ASCII 码值，直到出现第一对 ASCII 码不相等的字符时确定比较结果，将以 ASCII 码值较大字符所在的字符串为大。若两字符串相等则意味着不仅它们的每个字符均相等，且字符串长度也相同。汉字字符大于西文字符。如有以下表达式及结果。

```
"abc" > "ABC"           ' 结果为:True
"a" > "ab"              ' 结果为:False
"287" <= "286"          ' 结果为:False
"bc" >= "大小"          ' 结果为:False
```

（4）日期型数据以日期的早晚为依据进行比较，晚日期大于早日期。

（5）数值型数据与可转换为数值型数据是按数值的大小进行比较。注意，数值型数据不能与无法转换为数值型的数据进行比较。示例代码如下。

```
77 > "6.0"          ' "6.0"转换为 6.0，按数值比较，结果为 True
-3 < False          ' False 转换为 0，按数值比较，结果为 True
77 <> "ABC"         ' 由于"ABC"无法转换为数值，无法比较，系统出错"类型不匹配"
```

（6）数学中的 a≤x≤b 表示 x 处于[a，b]区间内。但在 Visual Basic 中，表达式 a<= x <=b 的含义为：先判断 a 是否小于等于 x，然后再将判断的逻辑结果与 b 进行比较。显然与数学中的表示含义不同，若要准确表示，应使用下一节介绍的逻辑与运算（And）描述：a<= x And x<=b。

（7）Like 运算符用来比较字符串表达式和 SQL 表达式中的样式，与通配符“?”、“*”、“#”、[字符列表]、[!字符列表]结合使用，主要用于数据库模糊查询。说明如下。

① “?”表示任何单一字符。

② “*”表示零个或多个字符。

③ “#”表示任何一个数字（0～9）。

④ [字符列表]表示字符列表中的任何单一字符。

⑤ [!字符列表]表示不在字符列表中的任何单一字符。

示例代码如下。

```
表达式"abc" Like "a*"的值为 True。
表达式"a2a" Like "a#a"的值为 True。
表达式"aM5b" Like "a[L-P]#[!c-e]"的值为 True。
```

（8）Is 运算符用来比较两个对象的引用变量，主要用于对象操作，本书不做介绍。此外，Is 运算符还在 Select Case 条件分支语句中使用，详见第 5 章。

4.4.4　逻辑运算符和逻辑表达式

逻辑运算又称为布尔运算，用逻辑运算符将两个或多个关系表达式连接起来的式子称为逻辑表达式，逻辑表达式的结果一般为逻辑值 True 或 False。Visual Basic 中提供了表 4-5 所示的 6 种逻辑运算符。

表 4-5　Visual Basic 中的逻辑运算符

逻辑运算符	含　义	优 先 级	运 算 规 则
Not	非（取反）	1	非真为假，非假为真
And	与	2	全真为真，有假为假
Or	或	3	有真为真，全假为假
Xor	异或	4	相异为真，相同为假
Eqv	同或（等价）	5	相同为真，相异为假
Imp	蕴含（推导）	6	真 Imp 假为假，其余为真

对于这 6 种逻辑运算符，根据运算规则，表 4-6 给出对应的真值表。

表 4-6　逻辑运算真值表

X	Y	Not X	X And Y	X Or Y	X Xor Y	X Eqv Y	X Imp Y
True	True	False	True	True	False	True	True
True	False	False	False	True	True	False	False
False	True	True	False	True	True	False	True
False	False	True	False	False	False	True	True

说明如下。

（1）逻辑运算符除 Not 运算是单目运算外，其余都是双目运算。

（2）逻辑运算符两侧的操作数是逻辑型数据（True 或 False），运算结果也是逻辑型值。

（3）逻辑运算符的运算优先级低于前述的算术、字符、关系运算符。

例如，若 a = 6，r = 1，x = 5，b = True，下述逻辑表达式的运算情况为：

① x < 2 Or b

先进行 x < 2 关系表达式的计算，然后再进行逻辑 Or 运算，运算结果为 True。

② a >= 2 * 3.141 59 * r And x <> 5 Or Not b

先进行 2 * 3.141 59 * r 算术表达式的计算，然后再进行关系运算，最后再进行 Not、And、Or 逻辑运算，运算结果为 False。

（4）Not、And 和 Or 是 Visual Basic 中最常用的逻辑运算符，常用于条件语句和循环语句，用来构造比较复杂的表达式进行逻辑判断。

例如，学校推选三好学生，必须同时满足德育（D）、智育（Z）、体育（T）名次均在班级前三名。要全部满足以上条件，必须使用 And 连接这些条件：

```
D <= 3 And Z <= 3 And T <= 3  ' 此处分别用 D、Z、T 表示德育、智育、体育的名次
```

如果用 Or 运算，表达式 D <= 3 Or Z <= 3 Or T <= 3 则表示学校推选三好学生，只需满足德育、智育和体育其中之一的名次在班级前三名，显然不符合描述要求。

又如，整型变量 x 是 5 和 7 的倍数。

```
x Mod 5 = 0 And x Mod 7 = 0  ' 由于 5 与 7 互质，可直接描述为关系表达式 x Mod 35 = 0
```

（5）逻辑运算符某侧的操作数若是数值型数据，则逻辑运算符两侧的数据都将被转换为数值型数据，并以数值的二进制补码形式进行逐位逻辑运算，运算结果为数值型。

例如，Not 9 = Not 0000000000001001 = 1111111111110110 = −10。

又如，13 And 71，运算过程如下：

```
      0000 0000 0000 1101          13
And   0000 0000 0100 0111    And   71
---------------------------  ---------
      0000 0000 0000 0101           5
```

所以，逻辑表达式 13 And 71 的值为 5。

又如，−13 Or 71，运算过程如下：

```
      1111 1111 1111 0011         −13
Or    0000 0000 0100 0111    Or    71
---------------------------  ---------
      1111 1111 1111 0111          −9
```

所以，逻辑表达式−13 And 71 的值为−9。

注意，使用逻辑运算符对数值进行运算，经常用于以下场合：

① And 运算符常用于屏蔽某些位。如在键盘事件中判定是否按了 Shift、Ctrl、Alt 等键，也可以用于分离颜色码。

② Or 运算符常用于把某些位设置为 1。

③ 对一个数据连续两次进行 Xor 操作，可恢复原值。如在动画设计时，用 Xor 模式可恢复原来的背景。

4.4.5　表达式的构造与计算

1. 表达式的组成

由运算符、圆括号、常量、变量和函数按一定的规则组成的一个有意义的式子就是表达式。例如：b ^ 2 – 4 * a * c >= 0、x>y And y>z 等。

2. 表达式的书写规则

（1）表达式中的所有运算符和操作数必须并排书写，不允许出现上下标和数学中的分数线。

（2）在一般情况下，两个运算符不允许直接相连，应当用括号隔开。

（3）要注意运算符的优先级。为保持运算顺序，Visual Basic 只允许使用圆括号()，不能使用方括号[]或花括号{}；若需要多层括号时，则括号必须成对出现。

（4）Visual Basic 中乘号（*）不能省略，也不能用“·”代替。

（5）幂运算符表示自乘。

例如，表 4-7 中记录了一些数学式对应的 Visual Basic 表达式。

表 4-7　　数学式对应的 Visual Basic 表达式

数　学　式	Visual Basic 表达式
$X_1 + X_2^2 - Y^3$	X1 + X2 * X2 – Y ^ 3
$\frac{a+b}{a-b}$	(a + b) / (a - b)
$\sqrt{p(p-a)(p-b)(p-b)}$	(p * (p - a) * (p - b) * (p - c)) ^ (1/2)
$b \neq c$	b <> c
$x > y > 0$	x > y And y >0

3. 表达式的计算

（1）表达式值的类型。每个表达式通过运算都将得到一个结果，运算结果的类型由数据和运算符共同决定。

（2）优先级。一个表达式可能含有多种运算符，计算机按运算符的优先级顺序对表达式求值。

① 同类运算符的优先级。前面介绍各种运算符时，指出了同类运算符的运算优先级，优先级为 1 的运算比优先级 2 的优先级高，依此类推；相同优先级的，按从左至右的出现顺序执行运算。在运算时，将严格遵守优先顺序执行运算。

② 不同类运算符的优先级。不同类运算符的运算优先顺序为：算术运算→字符运算→关系运算→逻辑运算。

例如：对描述满足闰年（LeapYear）条件的表达式：能被 4 整除但不能被 100 整除的年份；或能被 400 整除的年份。

```
LeapYear Mod 4 =0 And LeapYear Mod 100 <> 0 Or LeapYear Mod 400 =0
```

Visual Basic 系统先执行 LeapYear Mod 4、LeapYear Mod 100、LeapYear Mod 400 的取余算术运算，然后进行判等关系运算，最后依次完成 And、Or 逻辑运算。

说明如下。

使用圆括号可以改变优先顺序、使表达式更清晰。系统总是先执行括号内表达式的值；对于多重括号，则按由内而外的顺序执行。

例如：某校硕士研究生入学考试合格的标准是：总分（Total）大于 290 分、两门公共课程均大于 40 分，或者总分大于 290 分、两门专业课得 100 分也可以破格录取。

```
Total>290 And (Mark1>40 And Mark2>40 And Mark3>40 Or Mark1=100 Or Mark2=100 Or Mark3=100)
```

思考：上述表达式中的括号能不能省略？若省略，该表达式表示的含义会是什么？

为了使表达式的含义更清晰，在本例中，还可以适当添加括号来增强表达式的可读性：

```
Total>290 And ((Mark1>40 And Mark2>40 And Mark3>40)Or(Mark1=100 Or Mark2=100 Or Mark3=100))
```

4.5 常用内部函数

为了方便用户进行一些常用的操作或运算，Visual Basic 还提供了大量的内部函数供用户使用，这些函数按功能可以分为：数学函数、转换函数、字符串函数、日期函数等。下面将介绍这些常用函数的功能和使用方法，读者还可以通过 Visual Basic 的"帮助"菜单获取它们的具体使用方法。

与数学中类似，程序中在使用一个函数时，也只要给出准确的函数名以及必要的参数。使用函数又称为调用函数。函数调用的格式如下。

有参函数的调用格式：**函数名(参数列表)**

无参函数的调用格式：**函数名**

说明如下。

（1）调用函数时，首先应准确拼写函数名，其次要求函数的实际参数与函数定义格式中的参数在个数、数据类型、含义和取值范围保持一致。

（2）Visual Basic 中，当调用函数的目的是获取函数值，函数不能单独以语句形式出现，只能出现在表达式中。

（3）凡是函数名后跟类型说明符（%、&、!、#、@），表示函数返回值的类型；调用函数时，类型说明符可省略不写。注意函数返回值的类型以及函数的运用场合。

（4）函数的运算优先级高于算术运算符。

4.5.1 数学函数

Visual Basic 提供了常用的数学函数，含义与数学中的基本一致，具体如表 4-8 所示。

表 4-8 常用数学函数

函 数 名	功 能	示 例	返 回 值
Sin(x)	求 x 的正弦值	Sin(0)	0
Cos(x)	求 x 的余弦值	Cos(0)	1
Tan(x)	求 x 的正切值	Tan(0)	0
Atn(x)	求 x 的反正切值，返回弧度值	Atn(0)	0
Abs(x)	求 x 的绝对值	Abs(-10.75)	10.75
Sgn(x)	求 x 的符号，正数返回 1，负数返回−1，0 返回 0	Sgn(-99)	−1
Sqr(x)	求 x 的平方根	Sqr(9)	3
Exp(x)	求 e^x	Exp(4)	54.598 150 033 144 2
Log(x)	求以 e 为底的对数	Log(100)	4.605 170 185 988 09

说明如下。

（1）三角函数的参数 x 的单位均为弧度，如果已知角度 x，则需按 $x \times 3.1415926/180$ 的方法将 x 换算成弧度，然后求其三角函数。

（2）Exp 与 Log 互为反函数。

（3）Visual Basic 中没有提供的函数，可以用数学方法求得。

如 Visual Basic 中没有余切函数，x 弧度的余切值可以表示为 1/Tan(x)或 Cos(x)/Sin(x)。

Visual Basic 中没有对数函数 $\text{Log}_x y$，必须采用换底公式 Log(y)/Log(x)表示。

（4）使用数学函数应符合数学规定，如，Sqr(x)中参数 x 不能是负数；

要特别注意 Visual Basic 表达式和数学式的区别，示例如下。

① 数学式 $\dfrac{-b+\sqrt{b^2-4ac}}{2a}$ 对应的 Visual Basic 表达式如下：

```
(-b + Sqr(b * b - 4 * a * c)) / (2 * a)
```

② 数学式 $\lg(e^{xy}+\sin(30°)-|\arctan(z)|+\tan^3 x)$ 对应的 Visual Basic 表达式如下：

```
Log(Exp(x * y) + sin(30* 3.1415926 / 180) - Abs(Atn(z)) + Tan(x) ^ 3) / Log(10)
```

③ 已知直角坐标中任意一点（x，y），表示该点在第一或第三象限条件判断表达式如下：

```
x * y > 0  或  sgn(x * y)=1  或  sgn(x)=sgn(y) and x <> 0
```

例 4-1　求角度为 30 度的各个三角函数值。运行结果见图 4-6。

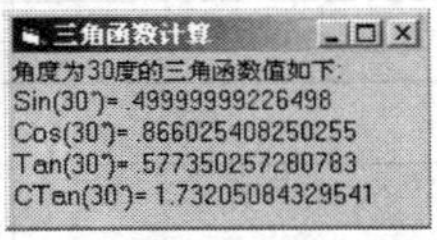

图 4-6　例 4-1 的运行界面

程序代码：

```
Option Explicit
Const PI = 3.1415926         '符号常量 PI 表示圆周率
Private Sub Form_Click()
    Dim x As Double
    x = 30 * PI / 180       '将角度 30 转化为弧度
    Print "角度为 30 度的三角函数值如下:"
    Print "Sin(30°)= " & Sin(x)      '调用相应函数输出结果
    Print "Cos(30°)= " & Cos(x)
    Print "Tan(30°)= " & Tan(x)
    Print "CTan(30°)= " & 1/Tan(x)
End Sub
```

说明　对于整数部分为 0 的纯小数，Visual Basic 中不显示其整数 0，仅显示输出小数点和小数位。若要显示整数部分的 0，需要用格式化输出函数 Format，详见 4.5.9 小节。

4.5.2　转换函数

Visual Basic 提供了对各种类型数据进行转换的函数，包括表 4-9 所示的类型转换和数值转换。

表 4-9　　常用转换函数

函数名	功能	示例	返回值
Asc(x)	求字符 x 的 ASCII 码值	Asc("b")	98
Chr(x)	求 ASCII 码值为 x 的字符	Chr(98)	"b"
Str(x)	将数值 x 转换成字符串	Str(1 122.33)	" 1 122.33"
Val(x)	将以数字开头的字符串转换成数值	Val("87.5")	87.5
Int(x)	取小于等于 x 的最大整数	Int(−3.5)	−4
Fix(x)	取数值 x 的整数部分（小数舍去）	Fix(−3.8)	−3
Round(x,[n])	将数值 x 四舍五入保留 n 位小数， 当 n 默认或为 0，表示将数值 x 四舍五入取整	Round(−3.869, 2) Round(−3.8)	−3.87 −4
CStr(x)	将 x 转换成字符串型数据	CStr(1 122.33)	"1 122.33"
CInt(x)	将 x 转换成整型数据	CInt(−3.8)	−4
CLng(x)	将 x 转换成长整型数据		
CBool(x)	将 x 转换成逻辑型数据		
CByte(x)	将 x 转换成字节型数据		
CDate(x)	将 x 转换成日期型数据		
CCur(x)	将 x 转换成货币型数据		
CDbl(x)	将 x 转换成双精度型数据		
CSng(x)	将 x 转换成单精度型数据		
CVar(x)	将 x 转换成变体型数据		
Hex(x)	求 x 对应的十六进制字符串	Hex(108)	"6C"
Oct(x)	求 x 对应的八进制字符串	Oct(108)	"154"

说明如下。

（1）Asc 与 Chr 函数。Asc 与 Chr 为一对互反函数。需要注意的是：当参数 x 由多个字符组成，则 Asc(x)仅返回参数 x 中第一个字符的 Ascii 码值。例如：函数 Asc("Basic")将返回"B"的 Ascii 码值 66。

Visual Basic 常常使用 **Chr(Asc(x) + Δd)**形式返回 Ascii 码值与 x 首字符相差 Δd 的字母字符。例如：Chr(Asc("B") + 1)表示返回字符"B"的下一个字母字符"C"。

另外，也经常通过使用 Chr 函数得到常用的控制字符。例如：Chr(8)表示退格符，Chr(10)表示换行符，Chr(13)表示回车符，Chr(13) + Chr(10) 表示回车换行符。

通过 Asc 函数和 Chr 函数的灵活使用，用于判断某字母字符 ch 是一个大写字母字符的逻辑表达式有如下几种。

```
① ch >= "A"  And ch <= "Z"
② ch >= Chr(65)  And ch <= Chr(90)
③ Asc(ch) >= 65  And Asc(ch) <= 90
```

（2）Str、CStr 和 Val 函数。Str(x)能将数值型数据 x 转换为字符串，转换后的字符串的第一个字符是符号位（正数用空格表示）。CStr(x)函数也能将数据 x 转换为字符串，但转换后的字符串不保留正数的符号位。例如：

```
Str(-123.56)      ' 函数值为字符串"-123.56"
Str(123.56)       ' 函数值为字符串" 123.56"，第一个字符为空格（正数的符号位）
CStr(123.56)      ' 函数值为字符串"123.56"，不保留正数的符号位
```

Val(x)函数的功能是将数字字符串转换为对应的数值，在遇到第一个数值类型规定字符外的字符时，转换停止，并返回停止转换前合法的数值字符串所对应的数值，即若需转换的字符串的第一个字符不是数字，则返回结果 0。例如：

```
Val("-123.5AB67")        ' 函数值为-123.5
Val("ABC123.567")        ' 函数值为 0
Val("123.567D2")         ' 函数值为 12356.7
```

（3）Fix、Int、Round、CInt、Clng 取整函数。Fix(x)是截尾取整函数，即去掉数值小数部分后的数，Int(x)函数则仅取不大于 x 的最大整数。因此，当 $x >= 0$ 时两者功能相同，而 $x < 0$ 时，Int(x)总是小于等于 Fix(x)。

Round(x)、CInt(x)和 Clng(x)为“四舍六入五成双”的取整函数，即当小数部分 < 0.5，将舍去小数部分取整；当小数部分 > 0.5，则向整数部分进 1 取整；而当小数部分 = 0.5，则按个位的奇偶性判断是否进位。与 Round 函数不同，CInt 和 Clng 函数还起到将数据的类型分别转换为 Integer 和 Long 的作用。例如：

```
Fix(2.5)          ' 函数值为 2          Fix(-2.5)          ' 函数值为-2
Int(2.5)          ' 函数值为 2          Int(-2.5)          ' 函数值为-3
Round(2.5)        ' 函数值为 2          Round(-2.5)        ' 函数值为-2
Clng(2.5)         ' 函数值为 2          Clng(-2.5)         ' 函数值为-2
CInt(2.57)        ' 函数值为 3          Clng(-2.57)        ' 函数值为-3
```

类似于 Round(x, n)，函数 Int(x)也能实现数学上要求的保留数据 x 指定的 n 位小数，计算公式是：Int(x * 10 ^ n + 0.5)/ (10 ^ n)。

（4）类型转换函数 CStr(x)至 CVar(x)等必须在系统可转换的基础上进行，否则出错。

例 4-2　根据用户输入的一个带有小数的实数，要求拆分显示该数的整数部分和小数部分。程序界面如图 4-7 所示，其中文本框从上到下分别命名为：TxtNum、TxtInt、TxtDec。

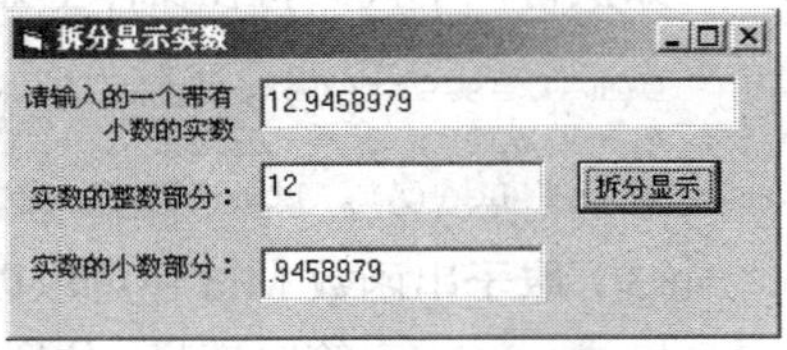

图 4-7　例 4-2 的运行界面

```
Private Sub CmdDisPlay_Click()
    Dim Num As Double
    Num = Val(TxtNum.Text)                    '获取用户在文本框中输入的实数
    TxtInt.Text = Cstr(Fix(Num))              '获取实数的整数部分，并在文本框中显示结果
    TxtDec.Text = Cstr(Num -Fix(Num))         '将该实数减去其整数部分得到小数部分
End Sub
```

4.5.3　字符串函数

为方便对字符型数据的处理，Visual Basic 提供了丰富的字符串处理函数，如表 4-10 所示。

表 4-10　常用字符串处理函数

函数名	功能	示例	返回值
Len(x)	求字符串 x 中字符的个数	Len("VB6.0 教程")	7
Left(x, n)	从字符串 x 左边起连续取 n 个字符	Left("VB6.0 教程", 3)	"VB6"
Right(x, n)	从字符串 x 右边起连续取 n 个字符	Right("VB6.0 教程", 3)	"0 教程"
Mid(x, n1[, n2])	从字符串 x 左边第 $n1$ 个字符开始连续取其中的 $n2$ 个字符组成字符串，$n2$ 缺省表示取子串到字符串 x 的最后一个字符为止	Mid("VB6.0 教程", 3, 4) Mid("VB6.0 教程", 3)	"6.0 教" "6.0 教程"

续表

函数名	功能	示例	返回值
InStr([n,] x1, x2[, m])	在字符串 x1 中第 n 个字符开始查找字符串 x2，若有则返回所在的位置，否则返回 0，缺省 n 表示从头开始查找	InStr("abABaAB", "AB") InStr(5, "abABaAB", "AB") InStr("abABaAB", "abc")	3 6 0
Lcase(x)	将字符串中的大写字母转换成小写字母	Lcase("AbC123")	"abc123"
Ucase(x)	将字符串中的小写字母转换成大写字母	Ucase("abc123")	"ABC123"
Trim(x)	去掉 x 两边的空白字符（包括空格、Tab 等）	Trim(" VB 6 ")	"VB 6"
LTrim(x)	去掉 x 左边的空白字符（包括空格、Tab 等）	LTrim(" VB 6 ")	"VB 6 "
RTrim(x)	去掉 x 右边的空白字符（包括空格、Tab 等）	RTrim(" VB 6 ")	" VB 6"
String(n,x)	返回由 n 个字符串 x 首字符组成的字符串	String(3,"aBC")	"aaa"
Space(n)	返回由 n 个空格组成的字符串	Space(4)	" "

说明如下。

（1）Visual Basic 中字符串长度是以字符为单位的，即每个西文字符和每个汉字都作为一个字符，占两个字节；若要以字节方式进行字符串处理，则可在某些字符串函数名后加 B。例如：Len 函数用于求字符串的字符数，而 LenB 函数用于求字符串的字节数，因此 LenB("VB6.0 教程")的返回值为 9。

（2）若 Len 函数参数是非字符串型数据，则得到是该数据所占存储空间的字节数。

如执行以下代码将在窗体上显示：2　　8　　5　　3

```
Dim A As Integer, B As Double, c As String * 5, D As String
A = 32000: B = 16.5: c = "VB": D = "VB6"
Print Len(A), Len(B), Len(c), Len(D)
```

（3）取子串函数 Mid 还可以以替换字符串的语句形式出现。

格式：Mid(字符串变量, 位置[, L]) = 子字符串

该语句表示把“字符串变量”指定“位置”开始的字符用“子字符串”替换。如含有参数 L，则替换内容是“子字符串”左部的 L 个字符。示例代码如下。

```
Private Sub Form_Click()
    Dim S As String
    S = "abABaAB"
    Mid(S, 2) = "1234"           ' 本语句执行后 S 中的字符串是"a1234AB"
    Print S                      ' 窗体上显示"a1234AB"
    S = "abABaAB"
    Mid(S, 2) = "123456789"      ' 本语句执行后 S 中的字符串是"a123456"
    Print S                      ' 窗体上显示"a123456"
    S = "abABaAB"
    Mid(S, 2, 2) = "1234"        ' 本语句执行后 S 中的字符串是"a12BaAB"
    Print S                      ' 窗体上显示"a12BaAB"
End Sub
```

（4）字符串匹配函数 Instr([n,] x1, x2[, m])的返回值是长整型数，其第 3 个字符串参数 x2 的长度必须小于 65 535 个字符，函数的最后一个参数 m 是可选的整型数，用于指定字符串的比较方式：取值为 0，表示进行二进制比较，区分字母的大小写；取值为 1，表示在比较时忽略大小写；取值为 2，表示基于数据库中包含的信息进行比较（仅用于 Microsoft Access）；默认情况下为 0，即区分字母的大小写。

例如，表达式 InStr(1, "abABaAB", "AB", 1) 的值是 1。

另外也可通过以下 Option Compare 语句限定比较方式：

```
Option Compare Binary                  ' 取值为 0
Option Compare Text                    ' 取值为 1
Option Compare DataBase                ' 取值为 2
```

（5）String 函数的第 2 个参数，既可以是字符串，也可以是某个字符的 ASCII 码值。当为某个字符的 ASCII 码值时，String 函数返回 ASCII 码对应的 n 个字符。

例如，表达式 String(5, 48)的值是"00000"，其中 48 是字符"0"的 ASCII 码值。

例 4-3　输入一个 0～1 000 之间的整数 *x*，判断是否同构。若某数平方数的最后几位与该数相等，则该数是同构数，如 5 ^ 2 = 25，5 是同构数。

```
Private Sub Cmdjudge_Click()
    Dim x As Integer
    x = Txtx.Text       '获取用户在文本框中输入的整数
    If Right(Cstr(x^2),Len(Cstr(x))) = Cstr(x) Then
    '根据是否是同构数的条件判断，在标签中显示判断结论
        LblResult = x & "是同构数"
    Else
       LblResult = x & "不是同构数"
    EndIf
End Sub
```

思考：能否用 x^2 Mod 10 ^ Len(Cstr(x)) = x 作为同构数的判断条件呢？

4.5.4　判断函数

判断函数也叫测试函数，主要针对给定的数据进行检测并返回其类型标识。常用的判断函数如表 4-11 所示。

表 4-11　常用判断函数

函数名	功能	示例	返回值
TypeName(x)	返回测试数据 *x* 的类型	TypeName(2.3)	Double
IsNumeric(x)	返回 *x* 是否是数值类型数据的结论，True 表示是，False 表示否	IsNumeric(45)	True
IsDate(x)	返回 *x* 是否是日期类型数据的结论，True 表示是，False 表示否	IsDate(“5/9/2010”)	True
IsObject(x)	返回 *x* 是否是对象数据的结论，True 表示是，False 表示否	IsObject(10)	False
IsEmpty(x)	返回 *x* 是否有值的结论，True 表示是，False 表示否	IsEmpty(a)	取决于 a 是否具有值

说明如下。

（1）IsNumeric()函数对数值和数字字符串的测试结果为真。

（2）IsDate()函数对日期和日期字符串的测试结果为真。

（3）IsEmpty()函数只有对变体型变量测试且未被初始化时其值为真。

4.5.5　日期函数

为获取当前系统时间日期的信息，Visual Basic 提供了日期操作函数，常用的如表 4-12 所示。

表 4-12　常用日期函数

函数名	功能	示例	返回值
Date	返回系统日期	Date	#2008-3-10#
Time	返回系统时间	Time	#1:50:25 AM#

续表

函　数　名	功　　能	示　　例	返　回　值
Now	返回系统日期和时间	Now	#2010-1-10 1:50:25 AM#
Year(x)	返回日期时间 *x* 中的年份	Year(#3/10/2008#)	2008
Month(x)	返回日期时间 *x* 中的月份（1～12）	Month(#3/10/2008#)	3
Day(x)	返回日期时间 *x* 中的日期（1～31）	Day(#3/10/2008#)	10
Hour(x)	返回日期时间 *x* 中的小时（0～24）	Hour(#1:50:25 AM#)	1
Minute(x)	返回日期时间 *x* 中的分钟（0～59）	Minute(#1:50:25 AM#)	50
Second(x)	返回日期时间 *x* 中的秒（0～59）	Second(#1:50:25 AM#)	25
Weekday(x [, n])	返回该日期 *x* 是一周的第几天(1～7)，*n* 决定星期几是一周的开始	Weekday(#3/10/2008#) Weekday(#3/10/2008#, vbMonday)	2 1
DateValue(x)	将代表日期的字符串 *x* 转换为日期时间型数据	DateValue("February 12, 1969")	#1969-2-12#
TimeValue(x)	将代表时间的字符串 *x* 转换为日期时间型数据	TimeValue("08:45:20")	#08:45:20#
DateDiff(i, x, y)	返回 *x* 与 *y* 两个日期时间差	DateDiff("d",#1/10/2008#,#8/10/2008#)	213

说明　日期时间差函数 DateDiff 的第 1 个参数表示日期时间间隔形式，取值如表 4-13 所示。

表 4-13　　　　日期时间间隔形式

间隔形式	意义	间隔形式	意义	间隔形式	意义	间隔形式	意义
yyyy	年	q	季	m	月	ww	星期
y	一年的天数	w	一周的天数	d	日		
h	时	n	分	s	秒		

例 4-4　模拟显示打电话的通话时间，如图 4-8 所示。

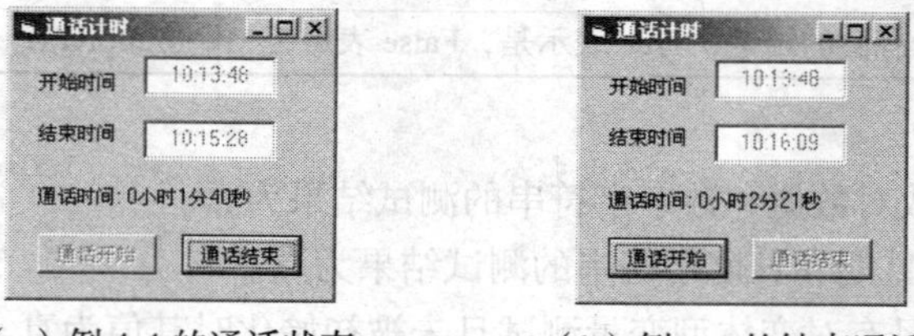

（a）例 4-4 的通话状态　　（b）例 4-4 的结束通话

图 4-8　模拟显示打电话的通话时间

分析：用计时器控件的 Timer 事件，每隔一段时间，动态刷新显示当前时间和通话时间。当前时间可以通过 Time 函数获取，通话时间可用 DateDiff 函数获取。

```
Dim StartTime As Date                    '定义变量 StartTime 记录通话起始时间
Private Sub CmdStart_Click()             ' “通话开始”命令按钮的单击事件
    StartTime=Time
    TxtStartTime.Text=Str(Time())  Private sub cmdstart_Click()
    TxtEndTime.Text=""                   '"通话结束"命令按钮的单击事件
```

```
    LblTime.Caption=""
    CmdStart.Enabled=False
    CmdEnd.Enabled=True
    Timer1.Interval=500
    Timer1.Enabled=True
    Timer1.Enabled=False
    CmdEnd.Enabled=False
    Cmdstart.Enabled=True
    End Sub
End Sub
Private Sub Timer1_Timer()  '利用计时器控件的 Timer 事件动态实时显示当前通话时间
    Dim H As Integer, M As Integer, S As Integer, Total As Long
    Total=DateDiff("s", StartTime, Time)
    TxtEndTime.Text = Str(Time())
    S=Total Mod 60
    M=Total \ 60 Mod 60
    H=Total \ 3600  LblTime="通话时间:" &Format(H, "0") & "小时" & Format(M, "0") & "
分" & Format(S, "0") & "秒"
End Sub
```

4.5.6　随机 Rnd 函数与 Randomize 语句

1. 随机函数 Rnd

随机数函数 Rnd 的功能是返回一个[0, 1）间的双精度数。若要产生一个[a, b]区间的随机整数，可以采用公式：**Int(Rnd * (b – a + 1) + a)**。

以下是几个具体的例子。

（1）产生六位随机正整数：Int(Rnd * (999999 – 100000 + 1) + 100000)。

（2）产生[0.002, 0.5]之间随机数，最小数据间隔为 0.001：

```
Int(Rnd * (500 - 2 + 1) + 2) / 1000    ' 先生成[2,500]的随机整数，然后除以 1000
```

（3）产生一个“C”到“L”范围内的大写字符：

```
Chr(Int(Rnd*(ASC("L")-ASC("C")+1)+ Asc("C")))
```

2. Randomize 语句

系统产生的随机数是由种子来决定的，默认情况下，每次运行同一个应用程序，Visual Basic 都提供相同的种子，即 Rnd 将产生相同的随机数序列。通过 Randomize 语句改变种子，可以使每次产生不同的随机数序列。

```
Randomize [number]' 该语句的作用是初始化 VB 的随机函数发生器（为其赋初值）
```

其中，number 为新种子值，若省略，则使用系统计时器返回的值作为新的种子值。

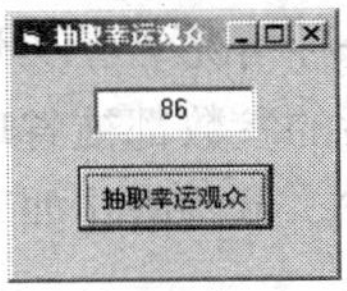

图 4-9　例 4-5 的运行界面

例 4-5　在如图 4-9 所示界面中，单击“抽取幸运观众”按钮，在文本框中显示抽取观众结果，观众编号范围在 1～200 之间。

```
Private Sub Command1_Click()   '"抽取幸运观众"命令按钮的单击事件
    Randomize      ' 每次执行应用程序时产生不同的随机数列
    ' 随机产生 1~200 之间的观众编号，显示在文本框中
    Text1.Text = Int(Rnd * 200 + 1)
End Sub
```

4.5.7　输入框——InputBox 函数

为了方便用户在程序执行过程中键入信息，Visual Basic 提供了用户输入框，通过调用 InputBox 函数弹出。

1. InputBox 函数

InputBox 函数格式如下：

```
Varname=InputBox(prompt[,title] [,default] [,xpos] [,ypos] [,helpfile, context])
```

功能：程序执行以上格式语句时，弹出一个供用户输入信息的对话框，等待用户输入正文或按下按钮，并返回文本框内容。

说明如下。

（1）Varname 是变量名，用于存放 InputBox 函数的返回值，即用户输入的内容。

（2）prompt 是作为消息文字出现在输入框上的字符串表达式，不可以省略。prompt 的最大长度大约是 1 024 个字符，由所用字符的宽度决定。如果 prompt 包含多个行，则可在各行之间用回车符 Chr(13)、换行符 Chr(10)、回车换行符的组合 Chr(13) & Chr(10)或常量 VbCrLf 来分隔。

（3）title 是显示在输入框标题栏中的字符串表达式。如果省略 title，则把应用程序名放入标题栏中。

（4）default 是输入框弹出时就显示在文本框中的默认字符串表达式，在没有其他输入时作为默认值。如果省略 default，则文本框为空。

（5）xpos 是表示 x 坐标的数值表达式，和 ypos 成对出现，指定对话框的左边与屏幕左边的水平距离。如果省略 xpos，则对话框会在水平方向居中。

（6）ypos 是表示 y 坐标的数值表达式，和 xpos 成对出现，指定对话框的上边与屏幕上边的距离。如果省略 ypos，则对话框被放置在屏幕垂直方向距下边大约 1/3 的位置。

（7）helpfile 是表示帮助文件的字符串表达式，若识别到帮助文件，则使用该文件为对话框提供上下文相关的帮助。helpfile 和 context 一定会一起出现，即如果已提供 helpfile，则也必须提供 context。使用 helpfile 和 context 将会使输入框增加一个“帮助”按钮，用户可以按 F1 来查看与 context 相应的帮助主题。

（8）context 是表示某个帮助主题的帮助上下文编号的数值表达式。

图 4-10 弹出式输入框

如以下语句将产生如图 4-10 所示的输入框。

```
s = InputBox("请输入你的姓名", "测试")
```

在 InputBox 函数的使用中如果要省略某些位置参数，原则上都必须加入相应的逗号分界符，有一种情况下可以不加逗号，就是省略其后所有可省略的参数。如上面示范语句中，从第二项 title 往后的参数都被省略时，后面的逗号也可以省略不写，但只要后面还有参数，则中间的逗号就不能省。示例语句如下。

```
s = InputBox("请输入你的姓名", , , ,Height / 2)
```

其中 Height/2 是 ypos 参数，中间的 title、default 和 xpos 都被省略了。

2. InputBox 函数的返回值

InputBox 函数格式中的 Varname 用来存放 InputBox 函数的返回值，该返回值是一个 String 型数据。

由 InputBox 函数产生的输入框一般有“确定”和“取消”两个按钮，如果用户单击“确定”按钮或按下回车键，则 InputBox 函数返回文本框中的内容。如果用户单击“取消”按钮或按下 Esc 键，则此函数返回一个长度为零的字符串 ("")。

3. InputBox 函数举例

例 4-6 用户在运行时输入列表框的各个单词项。

分析：本题若要实现如图 4-11 所示界面功能，除了要熟悉列表框的添加方法外，只要按图 4-11（b）所示界面写出正确的 InputBox 函数即可。

（a）例 4-6 主界面　　　（b）例 4-6 中的弹出式输入框

图 4-11　例 4-6 界面

程序代码如下：

```
Private Sub Command1_Click()
    Dim s As String, message As String
    message = "请输入列表项内容" & vbCrLf & "要求输入一个英文单词"
    s = InputBox(message, "输入数据")
    List1.AddItem s                         '添加到列表框中
End Sub
```

本段代码在功能上还存在一定的缺陷，当用户输入时按了“取消”按钮或未输入就按“确定”按钮的时候，列表框中会被添加进一些空项。要解决这类问题，需要使用判断语句对变量 s 的值进行筛选，读者学习过第 5 章内容后可以自行完善此程序。

4.5.8　消息框——MsgBox 函数

Visual Basic 提供了专门用于显示信息的消息框，在程序中使用 MsgBox 函数调用后弹出。

1. MsgBox 函数

MsgBox 函数格式如下。

```
Varname=MsgBox(prompt[, buttons] [, title] [, helpfile, context])
```

功能：执行以上格式语句后，弹出一个带提示信息的对话框，等待用户单击按钮，并返回一个 Integer 型数值存放在变量 Varname 中，告诉系统用户单击了哪一个按钮。

说明如下。

（1）prompt 是显示在消息框中的消息，prompt 的最大长度大约为 1 024 个字符。用法同 InputBox 函数中的 prompt。

（2）buttons 表示按钮值的总和，是一个数值表达式，用于指定显示按钮的数目及形式、使用的图标样式、默认按钮是什么以及消息框的强制回应等。如果省略，则 buttons 的默认值为 0。

（3）title 同 InputBox 函数中的 title。

（4）helpfile 同 InputBox 函数中的 helpfile。

（5）context 同 InputBox 函数中的 context。

图 4-12　MsgBox 消息框

如执行以下语句将弹出如图 4-12 所示消息框。

```
x = MsgBox("确实要删除该文件吗?", vbOKCancel + vbQuestion + vbDefaultButton2,"确认删除")
```

同样，当省略中间某些参数时，必须添加相应的逗号分界符。

MsgBox 函数中的 buttons 参数由 5 个部分组成，如表 4-14～表 4-18 所示。

表 4-14　　buttons 参数的组成之一——按钮的类型与数目

常　数	值	描　述
vbOKOnly	0	只显示“确定”按钮
vbOKCancel	1	显示“确定”及“取消”按钮
vbAbortRetryIgnore	2	显示“终止”、“重试”及“忽略”按钮
vbYesNoCancel	3	显示“是”、“否”及“取消”按钮
vbYesNo	4	显示“是”及“否”按钮
vbRetryCancel	5	显示“重试”及“取消”按钮

表 4-15　　buttons 参数的组成之二——图标的样式

常　数	值	描　述
vbCritical	16	显示 Critical Message 图标
vbQuestion	32	显示 Warning Query 图标
vbExclamation	48	显示 Warning Message 图标
vbInformation	64	显示 Information Message 图标

表 4-16　　buttons 参数的组成之三——默认按钮

常　数	值	描　述
vbDefaultButton1	0	第 1 个按钮是默认值
vbDefaultButton2	256	第 2 个按钮是默认值
vbDefaultButton3	512	第 3 个按钮是默认值
vbDefaultButton4	768	第 4 个按钮是默认值

表 4-17　　buttons 参数的组成之四——强制返回模式

常　数	值	描　述
vbApplicationModal	0	应用程序强制返回；应用程序一直被挂起，直到用户对消息框作出响应才继续
vbSystemModal	4 096	系统强制返回；全部应用程序都被挂起，直到用户对消息框作出响应才继续

表 4-18　　buttons 参数的组成之五——其他格式

常　数	值	描　述
vbMsgBoxHelpButton	16 384	将 Help 按钮添加到消息框
vbMsgBoxSetForeground	65 536	指定消息框窗口作为前景窗口
vbMsgBoxRight	524 288	文本为右对齐
vbMsgBoxRtlReading	1 048 576	指定文本应为在希伯来和阿拉伯语系统中的从右到左显示

buttons 参数值是由这些数值相加生成的，且除第五组外每组只能取一个值使用。这些常数都是 Visual Basic for Applications（VBA）指定的，可以在程序代码中直接使用这些常数名称，等价于使用对应的实际数值。

如图 4-12 所示的消息框也可以用下面的语句来实现。

```
x = MsgBox("确实要删除该文件吗?", 1 + 32 + 256, "确认删除")
或者 x = MsgBox("确实要删除该文件吗?", vbOKCancel + 32 + 256, "确认删除")
或者 x = MsgBox("确实要删除该文件吗?", vbOKCancel + vbQuestion + 256, "确认删除")
或者 x = MsgBox("确实要删除该文件吗?", 1 + vbQuestion + 256, "确认删除")
```

2. MsgBox 函数的返回值

MsgBox 函数格式中的 Varname 变量用来存放 MsgBox 函数的返回值，MsgBox 函数的返回值是用来表示用户单击了消息框上的哪个按钮，可能的返回值如表 4-19 所示。

表 4-19　　MsgBox 函数的返回值

常　数	值	描　述
vbOK	1	“确定”按钮
vbCancel	2	“取消”按钮
vbAbort	3	“终止”按钮
vbRetry	4	“重试”按钮
vbIgnore	5	“忽略”按钮
vbYes	6	“是”按钮
vbNo	7	“否”按钮

3. MsgBox 函数的另一种调用格式

根据 Visual Basic 中函数调用格式，对 MsgBox 函数的调用还有一种忽略返回值的独立语句调用格式，格式如下：

```
MsgBox  prompt[, buttons] [, title] [, helpfile, context]
```

示例代码如下。

```
If MsgBox("确实要删除该文件吗? ", 1+32+256, "确认删除")=vbOK Then
    Kill file1                                    '删除文件
    MsgBox"删除文件成功", vbInformation,"提示"       '忽略返回值独立语句形式调用 MsgBox
End If
```

通常这种格式用于无须判断用户单击的是哪个按钮、仅仅发布一个信息的场合，这也是 MsgBox 的一种语句调用格式。

4. MsgBox 函数举例

例 4-7　如图 4-13 所示，在窗体上有 5 个动物图片，用户拖动某图片到目标框中时，将图片在目标框显示，并弹出消息框告知用户该动物的名称。

（a）初始界面

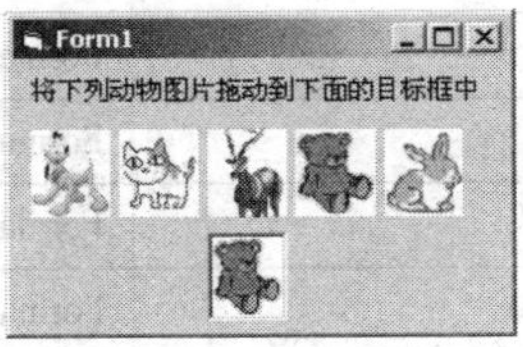

（b）用户拖动后窗体界面

（c）用户拖动后出现的消息框

图 4-13　例 4-7 执行效果

分析：由于题中明确要求用户要拖动图片，因此我们需要考虑在目标框对象的 DragDrop 事件中编程。首先，我们在设计窗体界面时，5 个动物图片和 1 个目标框都设计成 Image 对象，因为 Image 对象可以自由缩放图片，设置各个 Image 对象的 Stretch 属性为 True 可使图片大小一致；

然后，将 5 个动物图片所在的 Image 对象的 Name（名称）属性设置为各个图片中动物的名称，如 dog、cat、deer、bear、rabbit，并在属性窗口中设置 5 个 Image 对象的 Picture 属性；最后将 5 个动物 Image 的 DragMode 属性设置为“1-Automatic”，并在目标框 Image1 的 DragDrop 事件中编写代码。代码如下。

```
Private Sub image1_DragDrop(Source As Control, X As Single, Y As Single)
    Image1.Picture = Source.Picture
    MsgBox "你拖动的动物是: " & Source.Name, vbInformation, "提示"
End Sub
```

这里参数 Source 即为拖动到 Image1 上的对象，由于本题中可拖动的对象都是 Image 类型，故可以使用 Source 的 Picture 属性。

4.5.9 格式输出 Format 函数

Visual Basic 在数据的显示格式上比较灵活，对于数值、日期和字符串类型的数据均可使用 Format 函数使其按指定的格式输出。Format 函数的格式如下。

```
Format(表达式[, 格式字符串])
```

说明如下。

（1）表达式是需要格式转化的数值、日期和字符串类型表达式。

（2）格式字符串表示指定的输出格式，需用双引号括起；格式字符串是由格式符构成的，表 4-20 仅列举了常用的数值格式符，日期和字符串格式符请通过 Visual Basic 的“帮助”查阅；格式字符串缺省时，针对数值表达式的 Format 函数功能与 Cstr 函数相同。

（3）该函数返回值的类型是字符串类型。

表 4-20　　常用数值格式符

格式符	作　用	举　例
0	按规定的位数输出，实际数值位数小于符号位数时，数字的前后补足 0	Format(1234.567,"00000.0000")结果是"01234.5670" Format(1234.567,"000.00")结果是"1234.57"
#	按规定的位数输出，实际数值位数小于符号位数时，数字的前后不补 0	Format(1234.567,"#####.####") 结果是"1234.567" Format(1234.567,"###.##") 结果是"1234.57"
.	加小数点	Format(1234,"###.00")结果是"1234.00"
,	千分位(可放置在小数点左侧任意位置)	Format(1234.567,"##,#0.00")结果是"1,234.57"
%	数值乘以 100，加百分号	Format(1234.567,"###.##%")结果是"123456.7%"
$	在数值前加$	Format(1234.567,"$###.##") 结果是"$1234.57"
+	在数值前加 +	Format(-1234.567,"+###.##") 结果是"-+1234.57"
-	在数值前加 –	Format(1234.567,"-###.##") 结果是"-1234.57"
E+	用指数表示	Format(0.1234,"0.00E+00")结果是"1.23E-01"
E-	与 E+相似，但不显示正数的符号位	Format(1234.567,".00E-00")结果是".12E04"

说明　使用符号“0”与“#”时请注意：当数值的实际整数位数大于格式中整数位数时，按实际位数输出；当数值的实际小数位数大于格式中小数位数时，按数学中的四舍五入方式输出。

例如：用 Format 函数控制小数输出显示例 4-1 中的输出结果时保留 4 位小数，部分代码如下，运行效果如图 4-14。

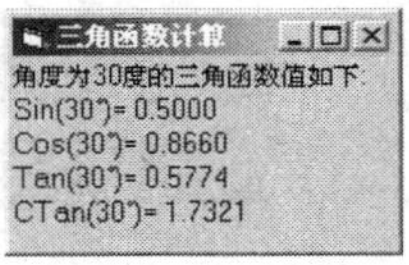

图 4-14　例 4-1 用 Format 函数改编后的运行界面

```
    Print "Sin(30°)= " & Format(Sin(x), "0.0000")
    Print "Cos(30°)= " & Format(Cos(x), "0.0000")
    Print "Tan(30°)= " & Format(Tan(x), "0.0000")
    Print "CTan(30°)= " & Format(1/Tan(x), "0.0000")
```

4.5.10　Shell 函数

Shell 函数格式如下。

```
Shell(命令字符串[, 窗口类型])
```

功能：调用 Dos 或 Windows 程序下的可执行程序（扩展名为.com、.exe、.bat、.pif 的文件）。

说明：

（1）命令字符串中应包含可执行程序完整的路径和文件名；

（2）窗口类型表示执行可执行程序的窗口大小，有 6 种取值，具体如表 4-21 所示。

表 4-21　“窗口类型”取值

符号常量	数值	含义
vbHide	0	窗口被隐藏，焦点移到隐式窗口
vbNormalFocus	1	窗口具有焦点，并还原到原来的大小和位置
vbMinimizedFocus	2	窗口会以一个具有焦点的图标来显示
VbMaximizedFocus	3	窗口是一个具有焦点的最大化窗口
vbNormalNoFocus	4	窗口被还原到最近使用的大小和位置，而当前活动的窗口仍然保持活动
vbMinimizedNoFocus	6	窗口以一个图标来显示，而当前活动的窗口仍然保持活动

（3）函数返回一整型数值，为一任务标识 ID，用于程序判断是否正确执行应用程序。

（4）Shell 函数是以异步方式来执行其他程序的，即 Shell 启动的程序可能还没有执行完，就已经开始执行 Shell 函数之后的语句。

例 4-8　如图 4-15 所示，建立个人常用软件库，方便用户使用常用软件。

```
Option Explicit
Private Sub CmdCal_Click()        ' “计算器”命令按钮的单击事件
  Dim x As Double
  x = Shell("C:\WINNT\System32\calc.exe", vbMaximizedFocus)    ' 执行Windows 的“计算器”程序
End Sub
Private Sub CmdMedia_Click()      ' “媒体播放机”命令按钮的单击事件
  Dim x As Double
  x = Shell("C:\WINNT\System32\mplay32.exe", vbMaximizedFocus)
                                  ' 执行Windows 的“媒体播放机”程序
End Sub
Private Sub CmdNote_Click()       ' “记事本”命令按钮的单击事件
  Dim x As Double
```

```
  x = Shell("C:\WINNT\System32\notepad.exe", vbMaximizedFocus)
                                              ' 执行 Windows 的“记事本”程序
End Sub
Private Sub CmdPbrush_Click()     ' “画图”命令按钮的单击事件
  Dim x As Double
  x = Shell("C:\WINNT\System32\mspaint.exe", vbMaximizedFocus) ' 执行 Windows 的“画图”程序
End Sub
```

图 4-15　例 4-8 的运行界面

4.6 应用举例

例 4-9　如图 4-16 要求逆序输出用户输入的三位整数。例如，用户输入 361，应逆序输出 163。

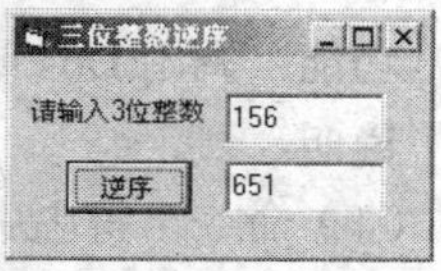

图 4-16　例 4-9 的运行界面

分析：逆序输出整数，就是将原整数 X 的每一位上的数字，重新改变所在位置后输出。其中的关键在于如何获取整数 X 每一位上的数字。

方案一：通过算术运算实现。

个位数字 = X Mod 10　　十位数字 = X \ 10 Mod 10　　百位数字 = X \100

此时逆序后的数据 = 个位数字 × 100 + 十位数字 × 10 + 百位数字

```
Option Explicit
Private Sub Form_Load()
     TxtNum.MaxLength = 3          '设置文本框的 MaxLength 属性，限制用户输入>3 位的整数
End Sub
Private Sub CmdReverse_Click()
     Dim X As Integer, indiv As Integer, ten As Integer, hundred As Integer
     X = Val(TxtNum.Text)          '从文本框中取得待逆序的数据
     indiv = X Mod 10              '通过取余方法获取个位上的数字
     ten = X \ 10 Mod 10           '通过整除和取余方法获取十位上的数字
     hundred = X \ 100             '通过整除方法获取百位上的数字
     TxtRNum.Text = CStr(indiv * 100 + ten * 10 + hundred)  '通过文本框输出逆序结果
End Sub
```

方案二：先将 X 转换成字符串形式，再通过取子串 Mid 函数来实现。

个位数字字符 = Mid(X, 3, 1) 十位数字字符 = Mid(X, 2, 1) 百位数字字符 = Mid(X, 1, 1)

逆序完成后得到的数据为：用字符串连接符“&”逆序连接每一位上的数字字符。

```
Private Sub CmdReverse_Click()
      Dim X As String * 3  ' 此处数据 X 主要参与的是字符串运算，因此定义其为字符串型
      Dim indiv As String * 1, ten As String * 1, hundred As String * 1
      X = TxtNum.Text          ' 从文本框中取得待逆序的数据
      indiv = Mid(TxtNum.Text, 3, 1)      '通过取子串 Mid 函数取得个位上的数字字符
      ten = Mid(TxtNum.Text, 2, 1)        '通过取子串 Mid 函数取得十位上的数字字符
      hundred = Mid(TxtNum.Text, 1, 1)    '通过取子串 Mid 函数取得百位上的数字字符
      TxtRNum.Text=indiv & ten & hundred  '将每一位上的数字字符逆序连接输出
End Sub
```

例 4-10　如图 4-17（a）中，需要对用户输入的一个数字实现加密显示，加密要求如图 4-17（b）所示，即要求数字循环左移 2 位。如 6 加密得到 4，2 加密得到 0，0 加密得到 8。

（a）例 4-10 的运行界面

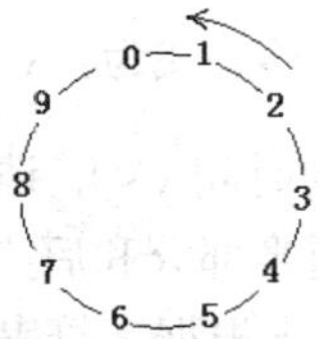

（b）例 4-10 的加密方法

图 4-17　数字的加密

分析：我们常借助于 Mod 运算符来解决这类问题。

密文数字 m =（明文数字 n + 循环偏移量 Δd + 10）Mod 10

根据题目要求，此处循环偏移量 Δd = −2，所以该题的密文数字 m =（明文数字 n -2 + 10）Mod 10。

```
Option Explicit
Private Sub CmdEncrypt_Click()    '"加密"命令按钮的单击事件
     Dim n As Integer, m As Integer
     n = Val(TxtNum)      '从文本框 TxtNum 中获取用户输入的数字
     m = (n - 2 + 10) Mod 10     '数字加密
     TxtCryptograph = CStr(m)    '通过文本框 TxtCryptograph 显示加密结果
End Sub
```

思考：若要实现字母的循环移动加密，该如何改写上述代码呢？

本章小结

数据类型、常量、变量、运算符、函数和表达式是 Visual Basic 程序设计语言的基础。在声明变量时尽量将类型名一并定义，明确变量的数据类型，从而使 Visual Basic 在访问数据时既节省空间又提高效率。

在编写程序时，不仅要从描述数据目前的值考虑，还要从它参与的运算角度以及运算结果等方面综合考虑，合理选择数据类型来描述数据。因此，掌握好不同数据类型、运算符和函数的功能、所适用的场合和使用注意点，对 Visual Basic 程序编写非常重要。

另外，在描述 Visual Basic 表达式时，要特别注意 Visual Basic 算术表达式与数学式的区别，以及逻辑条件表达式的构造；Visual Basic 函数的调用通常只能出现在表达式中，目的是使用函数求得一个值。

思考练习题

1. 在窗体上设计一个文本框供用户输入整数数值，设计两个按钮分别使文本框中的数值加一和减一。

2. 动态循环显示 Shape 形状。提示：利用时间控件和随机函数实现，形状控件的 Shape 属性的有效取值在[0, 5]区间。

3. 根据输入的行驶里程数（单位：千米）和总耗油量（单位：加仑），计算每加仑汽油跑出的里程数和每千米的耗油量。要求保留 2 位小数显示结果。

4. 自由落体位移公式为：$s=\frac{1}{2}gt^2+v_0t$，其中 v_0 是初始速度（m/s），g 为重力加速度 9.8m/s^2，t 为自由落体经过的时间（s），请根据输入的 v_0 和 t，计算位移量 s，要求保留 4 位小数显示结果。

5. 将字符串前半部分和后半部分对称交换位置。如原字符串是：abcd123，则交换后的串是：123dabc。提示：首先根据字符串的长度将字符串分为前、中、后三个部分，使用字符串函数进行截取三部分字符串，并将其重新排列。

6. 编程模拟实现 Delete 键的功能，即设计一个按钮和文本框，点击按钮时删除光标后面的一个字符。

7. 在程序中设定考试的开始和结束时间，实现剩余时间（控制到小时、分钟、秒）的显示。提示：使用计时器控件，每秒动态刷新显示剩余时间，剩余时间可通过 DateDiff 函数获取。

第 5 章 基本控制语句

学习重点

- 赋值语句。
- 条件语句（If 语句、Select 语句）。
- 循环语句（For…Next 语句、Do…Loop 语句、While…Wend 语句、GoTo 语句）。
- 语句的嵌套使用。

5.1 赋值语句

赋值语句是最基本的顺序执行语句，一般格式如下：

```
[Let] varname = 表达式
```

说明如下。

（1）Let 是关键字，显式使用 Let 也是一种格式，但通常都省略该关键字。

（2）varname 是变量或属性的名称，变量应遵循标准变量命名约定。

（3）表达式是赋给变量或属性的值，包括常量（直接常量和已定义的符号常量）、变量、对象属性、函数形式以及它们与运算符的组合形式。

赋值语句的作用是将表达式的值赋给等号左边的变量或属性。

例如，以下代码中使用显式的 Let 语句将表达式的值赋给变量。

```
Dim MyStr As String
Let MyStr = "Hello World"
Let Form1.FontSize = 25
```

以下代码使用没有 Let 的赋值语句，程序功能和上面的程序完全一致。

```
Dim MyStr As String
MyStr = "Hello World"
Form1.FontSize = 25
```

给变量或属性赋值时，应注意以下问题。

（1）等号左侧只能是变量或对象的属性名，且只能给运行时可修改的对象属性赋值，试图用赋值语句修改只读属性的值是错误的，如以下代码是错误的。

```
Form1.Name = "MyForm"
```

（2）给变量赋值的语句兼有计算和赋值双重功能，即先完成赋值号右侧表达式的计算，然后将计算好的表达式的值赋给左侧的变量；请注意操作的顺序和方向性。

示例代码如下：

```
    Dim a As Double
    a = 12.4 + 56.12
    ' 先完成右侧表达式 12.4 + 56.12 的计算，后将计算结果 68.52 赋给左侧的双精度变量 a，即 a 对应存储单元中的值为 68.52
```

（3）在某一个时刻，变量的内存单元只能存放一个数据。采用赋值语句修改数据时应注意，变量总是按语句执行次序，只存放最近一次赋值的数据，因此在修改数据时要避免将有用的数据覆盖掉。

（4）赋值操作是具有方向性的，赋值语句中最左侧的赋值号"="左右两侧的内容绝对不能颠倒。

如有语句：

```
    x = 67        ' 将右侧常量 67 赋给左侧的整型变量 x，即 x 对应存储单元中的值为 67
```

若交换赋值号两侧的内容后语句变成：

```
    67 = x        '出错
```

由于 Visual Basic 不允许给常量和表达式赋值，以上语句出现语法错误。

如果赋值号两侧都是变量，如以下两条语句，交换两侧变量虽没有语法错误，但语句表达的含义截然相反。

```
    y = x        ' 将右侧变量 x 的值赋给左侧的变量 y
    x = y        ' 将右侧变量 y 的值赋给左侧的变量 x
```

（5）注意区分赋值号和关系运算符中的判等号。在 Visual Basic 中，系统会根据等号所处的位置来进行区分：若赋值语句中出现多个等号，通常最左边的是赋值号，其余的均为判等号；出现在关系表达式中的是判等号，否则是赋值号；判等号所在的表达式不能单独以语句的形式出现，只能作为语句的一个部分存在，而赋值号则是以赋值语句形式出现；赋值号两边的数据是不能随意相互交换的，否则可能出现运行错误或发生逻辑错误；而判等号两边的数据可以相互交换，且不会改变含义和结果。

示例代码如下：

```
    Dim x As Integer, y As Boolean, z As Boolean
    x = 15             ' 此处=为赋值，使 x 的值为 15
    y = False          ' 此处=为赋值，使 y 的值为 False
    z = x = 5 Or y     ' 此处后者=为判等，判断 x 是否等于 5，然后将判等结果与 y 进行或运算，最后将运算结果赋给左边的变量 z
    Print  z =y    '此处=为判等，将 z 与 y 的判等结果显示在窗体上
```

因此，不能采用数学的表达方式，用连续等号给多个不同的变量赋相同的值。

示例代码如下：

```
    Dim a As Integer, b As Integer, c As Integer
    ' 语句执行前，三个变量的值为默认值 0
    a = b = c = 10     ' 语句执行完，b、c 的值不变，仍为 0，而 a 的值为 0
```

以上语句执行完，a、b、c 的值都为 0。之所以出现如此结果，是因为赋值语句最左边第一个等号是赋值号，后两个"="是判等号，并非赋值号，即 b = c = 10 为关系表达式；Visual Basic 系统实际在执行该语句时，将先完成两次判等比较，再将比较结果赋给左侧的变量 a（即先进行 b = c 的判等比较，将结果 True 转换为-1，再与 10 进行判等比较，最后将结果 False 转换为 0 赋值给 a）。

若要实现给多个变量赋相同的值，必须分别用多条赋值语句来实现：

```
    a = 10 : b = 10 : c = 10
```

（6）赋值号两边的数据类型要求一致。

赋值语句中赋值号左侧变量或属性都是有类型的，赋给它们的值也应该是同类型数据，如果右侧表达式的值类型和左侧变量或属性类型不一致时，系统将最大限度的进行自动转换，把右侧表达式的值转换成与左侧变量或属性相同类型后再进行赋值，若自动转换失败，系统将提示错误信息。

一般地，Visual Basic 赋值语句中表达式或数值的数据类型自动转换原则汇总如下。

① Integer 型的数据可以直接转换为 Long 型数据。

② 当 Long 型数据未超出 Integer 型数据取值范围时可以转换为 Integer 型数据。

③ 数值型数据可以转换成 Boolean 型数据，转换原则：非 0 转换为 True，0 转换为 False。

④ Boolean 型数据可以转换成数值型数据，转换原则：True 转换为-1，False 转换为 0。

⑤ Single 或 Double 型数据在未超出 Integer 或 Long 型数据取值范围时，可以转换成 Integer 或 Long 型数据，转换后的数值是按四舍六入五成双的原则取得的整数，如 I 为整型变量，赋值语句 I = 1.567 8 将使 I 获得的值为 2。

⑥ Integer 或 Long 型数据可以直接转换成 Single 或 Double 型数据。

⑦ 数值型数据可以转换成 Date 型数据，数值将作为距离 1 899-12-31 的天数，计算出该数值表示的日期。设 Dt 为 Date 型变量，赋值语句 Dt = 1 234 将使 Dt 获得的值为#5/18/1 903#。

⑧ Date 型数据可以转换成数值型数据，取值为距离 1899 年 12 月 30 日的天数。设 I 为 Long 型变量，赋值语句 I = #1/1/1 970#将使 I 获得的值为 25 569，即 1970 年 1 月 1 日距离 1899 年 12 月 30 日 25 569 天。

⑨ 数值型或 Date 型数据可以转换成 String 型数据，在数值前加符号位构成数值字符串，正数符号为一个空格；日期按“年__月__日”格式构成日期字符串。设 Str 为 String 型变量，赋值语句 Str = 1234 将使 Str 获得的值为“1234”，赋值语句 Str = #1/1/1970#将使 Str 获得的值为“1970-1-1”。

⑩ 当 String 型数据中只包含表示数值的数字字符时，可以转换成数值型数据，进而可以转换成 Date 型数据。设 I 为 Integer 型变量，Dt 为 Date 型变量，赋值语句 I = “1234” 将使 I 获得的值为 1234，赋值语句 Dt = “1234” 将使 Dt 获得的值为#5/18/1903#。

⑪ 当 String 型数据中只包含表示日期的字符时，可以转换成 Date 型数据。设 Dt 为 Date 型变量，赋值语句 Dt = "1/1/1970"，Dt = "1970-1-1"，Dt = "1970 年 1 月 1 日"都将使 Dt 获得的值为#1/1/1970#。

⑫ 可以将任意其他类型的数据直接转换成 Variant 类型数据。

⑬ 任何除 Null 之外的 Variant 型数据都可以转换成字符串数据，但只有当 Variant 的值可以解释为某个数时才能转换成数值数据，可以使用 IsNumeric 函数来确认 Variant 是否可以转换为一个数值。

由于系统的自动转换有可能不成功，所以，一般在代码中不能确定转换成功时，通常使用转换函数进行转换。

如有定义：Dim x As Single，使用语句 x=Text1.Text 来获取文本框 Text1 中输入的数值时，等号右侧的字符串类型的数据将由系统自动转换成 Single 型再赋值给 x，但如果用户输入了非数字字符串如“My”或“My168”，则自动转换失败，系统出现“类型不匹配”的错误，直接导致程序停止。而语句 x=Val(Text1.Text)的使用可以解决这里的类型转换问题。

5.2 选择结构语句

实际生活中，我们经常遇到需要分情况解决的问题。如在确定“我要去做什么？”这个问题上，如果我吃过饭了，那么我去散步，否则我去吃饭，于是是否吃过饭是该问题决定性的条件。这类情况在程序的执行顺序上体现为选择结构，即当某条件满足时才执行某些语句，当条件不成立时执行其他语句或不执行任何语句。在程序的运行中也经常遇到这样的情况，根据不同的用户选择或不同的运行结果对后续部分程序有选择地运行。

Visual Basic 中提供了专门的选择控制语句，常用的包括 If 语句和 Select Case 语句。本节主要介绍这两种语句格式及它们的应用。

5.2.1 If 语句

使用 If 语句可以实现双分支结构或多分支结构。If 语句也有几种常用格式，以下章节中对它们分别进行介绍。

1. If…Then…结构

格式 1　块形式：

```
If <条件表达式> Then
    语句体
End If
```

格式 2　单行形式：

```
If <条件表达式> Then  语句体
```

说明如下。

（1）条件表达式一般是关系表达式、逻辑表达式，也可以是算术表达式。若是算术表达式，则将表达式的值按非零或零对应转换成 True 或 False。

（2）如图 5-1 所示（说明：流程图的表示见本书第 6.2.3 小节），当条件表达式的值为 True 时执行语句体中的语句，否则就跳过语句体继续执行后面的语句。

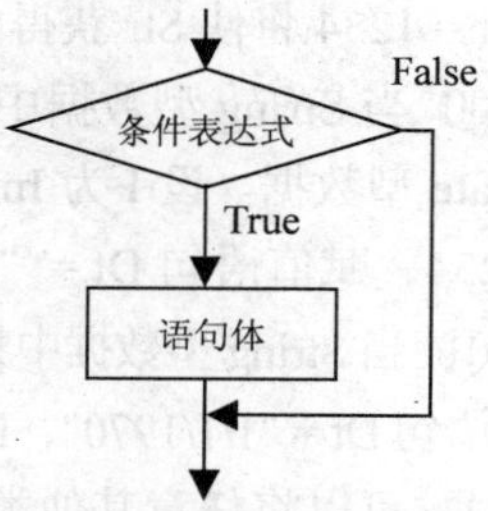

图 5-1　If…Then 结构流程图

（3）语句体可以是一条或多条语句，当采用单行形式时，所有的语句必须和 IF 写在一行，多行语句之间用冒号隔开。

（4）块形式中 Then 关键字后需换行，每个 If 必须和一个 End If 匹配；单行形式中所有代码写在同一行上，且 If 不能有 End If 与之匹配。

如有以下代码：

```
Private Sub CmdExit_Click()
    If MsgBox("确定要关闭本窗体吗？", vbYesNo) = vbYes Then Unload Me
End Sub
```

以上按钮 CmdExit 的功能是弹出消息框由用户确认是否真的要关闭窗体，若用户点击“是”按钮，则关闭窗体，若点击“否”按钮则什么也不做，回到窗体界面。

例 5-1　电子闹钟设计。如图 5-2（a）所示，主要利用文本框、按钮、计时器控件实现闹钟功能。

分析：闹钟功能主要是在文本框中输入时间，打开闹钟开关，使系统时间到达闹钟时间时发出提示音，因此本功能的实现主要是判断系统时间和设定时间的关系。这里，Timer 控件的 Interval 属性被设置为 1 000。

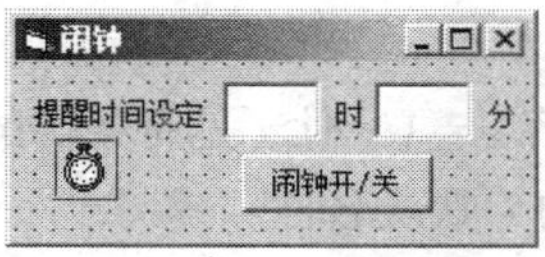

（a）例 5-1 设计界面

（b）例 5-1 执行界面

图 5-2　电子闹钟设计

程序代码如下：

```
Private Sub Command1_Click()
 Timer1.Enabled = Not Timer1.Enabled  'Not 运算使 Timer1.Enabled 属性在 True 和 False 之间切换
End Sub
Private Sub Timer1_Timer()
  If Hour(Time) = Val(Text1.Text) And Minute(Time) = Val(Text2.Text) Then Beep '到达时间后发声
End Sub
```

其中，Time、Hour、Minute 和 Beep 是系统函数，分别表示求取系统时间、求某日期/时间数据的小时数、求某日期/时间数据的分钟数、发出系统声音。这里，If 语句的条件表达式是 Hour(Time) = Val(Text1.Text) And Minute(Time) = Val(Text2.Text)，表示系统时间和设定时间的小时数和分钟数均相等。因为 Then 子句中只有一条语句，故使用了单行形式来实现，当然也等价于如下的块形式：

```
If Hour(Time) = Val(Text1.Text) And Minute(Time) = Val(Text2.Text) Then
        Beep
End If
```

2. If…Then…Else…结构

该格式属于双分支结构的典型结构。

格式 1　块形式：

```
If <条件表达式> Then
    语句体 1
Else
    语句体 2
End If
```

格式 2　单行形式：

```
If <条件表达式> Then  语句体 1  Else 语句体 2
```

说明如下。

（1）如图 5-3 流程图所示，当条件表达式为 True 时程序执行语句体 1，否则为 False 时执行语句体 2。

（2）当使用块形式时，在 Then、Else 关键字后需换行，且用 End If 结束该 If 语句；当使用单行形式时所有语句应和 IF 写在一行上，且不能由 End If 结束。

（3）Else 和 End If 都不能单独存在，必须和 If 成对出现。

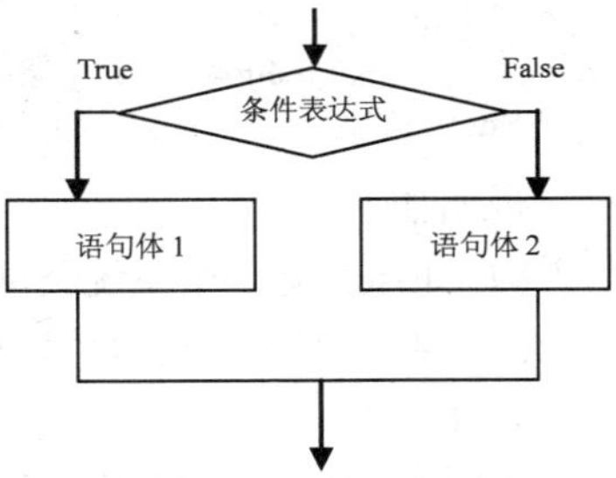

图 5-3　If…Then…Else…结构流程

如例 5-1 中的语句 Timer1.Enabled = Not Timer1.Enabled 也可写成以下形式：

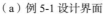

```
    If Timer1.Enabled = True Then
        Timer1.Enabled = False
    Else
        Timer1.Enabled = True
    End If
```

例 5-2　已知实数 *x*，求求 x 的倒数 *y*。

分析：数学上，零是不能作为分母的，因而在求解 $y = 1/x$ 时 x 是有条件的，即 x 不等于零。参考界面如图 5-4 所示，其中各控件的 Name 属性值均为默认名称。

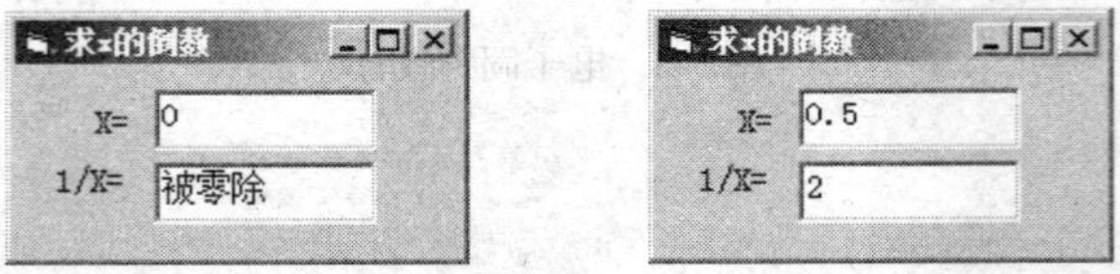

（a）x = 0　　　　（b）x ≠ 0

图 5-4　例 5-2 参考界面

程序代码如下：

```
Private Sub Form_Click()
    Dim x As Single
    x = Val(Text1.Text)
    If x = 0 Then                    'x 等于零
       Text2.Text = "被零除"
    Else                             'x 不等于零
       Text2.Text = 1 / x
    End If
End Sub
```

同样，这里我们采用块形式的格式描述，也等价于以下单行形式。

```
If x = 0 Then Text2.Text = "被零除" Else Text2.Text = 1 / x
```

对于有多行语句的 If…Then…Else…结构，建议读者使用块形式来书写，可使程序更清晰。

3. If…Then…ElseIf…结构

使用 If…Then…ElseIf…格式可以实现多分支结构，即两种或两种以上情况。

格式如下：

```
If  <表达式 1>  Then
         语句体 1
ElseIf  <表达式 2>  Then
         语句体 2
    ……
[Else
         语句体 n+1]
End  If
```

说明如下：

（1）ElseIf 是一个系统关键字，中间无空格，它和 Else If 是不一样的。

（2）在 If 块中，可以放置任意多个 ElseIf 子句，但是都必须在 Else 子句之前。

功能：

如图 5-5 所示，当程序运行到一个 If 块时，“表达式 1”将被测试。如果“表达式 1”为 True，则在 Then 之后的语句会被执行。如果“表达式 1”为 False，则“表达式 2”被计算并加以测试，依此类推。如果找到某个为 True 的条件表达式时，则其紧接在相关的 Then 之后的语句将会被执行；如果没有一个 ElseIf 条件式为 True，则程序会执行 Else 部分的语句；在执行完 Then 或 Else 之后的语句后，程序会跳转到 End If 之后的语句继续执行。

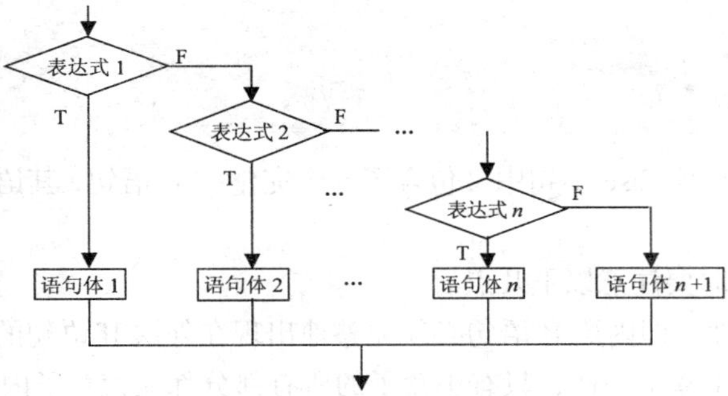

图 5-5 If…Then…ElseIf…结构流程图

例 5-3 旅客乘车旅行，可免费携带 30 千克行李，超过 30 千克的部分每千克需支付托运费 10 元，超过 50 千克部分则每千克需支付 20 元托运费。请编程根据每位旅客行李的重量计算其应付的行李托运费，参考界面如图 5-6 所示。

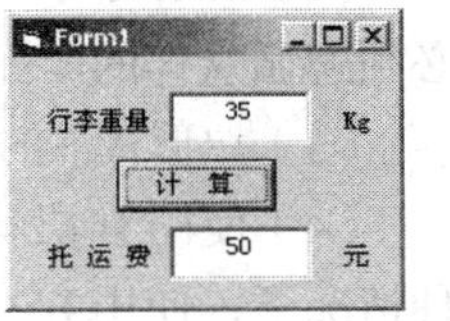

图 5-6 例 5-3 执行界面

分析：根据题意，设旅客的行李重量为 x 千克，需要支付的托运费为 y 元，则对应的函数关系表示如下。

$$y=\begin{cases}0 & x<30\\(x-30)\times 10 & 30\leqslant x\leqslant 50\\(x-50)\times 20+20\times 10 & x>50\end{cases}$$

此分段函数用程序代码表示如下。

```
Private Sub Command1_Click()
     Dim x As Single, y As Single
     x = Val(Text1.Text)
     If x < 30 Then                              ' 相当于数学条件式 x<30
          y = 0
     ElseIf x <= 50 Then                         ' 相当于数学条件式 30≤x≤50
          y = (x - 30) * 10
     Else                                        ' 相当于数学条件式 x>50
          y = (x - 50) * 20 + 20 * 10
     End If
     Text2.Text = y
End Sub
```

以上代码中语句“ElseIf x <= 50 Then”也可以写成“ElseIf x>=30 And x <= 50 Then”，但由于 ElseIf 和 Else 都包含了对上一层条件的否定，因此不必将这样的否定显式地表示出来。

4. If 语句的嵌套

If 语句的嵌套指在 If 或 Else 后的语句体中又包含 If 语句。

例 5-3 中的代码可以进行如下改写：

```
Private Sub Command1_Click()
     Dim x As Single, y As Single
     x = Val(Text1.Text)
     If x < 30 Then                              ' 相当于数学条件式 x<30
          y = 0
     Else
          If x <= 50 Then                        ' 相当于数学条件式 30≤x≤50
               y = (x - 30) * 10
          Else                                        ' 相当于数学条件式 x>50
               y = (x - 50) * 20 + 20 * 10
```

```
            End If
        End If
        Text2.Text = y
    End Sub
```

其中，第 1 条 If 语句的 Else 子句中又包含了一个完整的 If 语句，其语句功能跟例 5-3 代码功能完全一致。

使用 If 语句的嵌套时要注意以下几点。

（1）If 语句的完整性，即内层 If 语句必须完整地出现在外层 If 语句的 Then 子句或 Else 子句中。这就像大盒子中装小盒子一样，只有小盒子的所有部分都在大盒子内部时，大盒子才有可能合上。

（2）Else 要与 If 匹配，因为 If 语句格式的多样，使得匹配时的情形有时较为复杂，总的来说，必须遵循这样的匹配原则，即 Else 始终与上面距离其最近的未被匹配过的 If 匹配。

（3）块形式下的 If 语句中，End If 与 If 也要匹配。块形式的 If 语句必须以一个 End If 语句结束。

（4）使用 If 语句的嵌套不一定会更好地体现程序的层次性，在本节的例子中就可看出，在这种情况下，使用 If…Then…ElseIf…格式较好。

If 语句中还可以嵌套循环结构，同样必须保证循环结构的层次完整性，具体示例参见 5.3 节。

经过嵌套的 If 语句可以解决较为复杂的问题，但对算法的要求会更高。在分析问题时，必须将问题中涉及的各种对象或情形的逻辑关系描述正确和完整，在此，不仅要避免语法错误，更要注意避免程序产生功能性错误。

提示 为了使程序结构更清晰易读，编程人员应该养成良好的代码书写习惯。使用 Tab 键将从属语句缩进，可以使程序中的语句结构更鲜明，也有利于读者对正确语句格式的把握和判断。

例 5-4 如图 5-7 所示，根据用户输入年龄和性别，输出不同的欢迎信息。其中小于 14 岁的男性为 boy，大于 14 岁的男性为 guy，其中小于 14 岁的女性为 girl，大于 14 岁的女性为 miss。

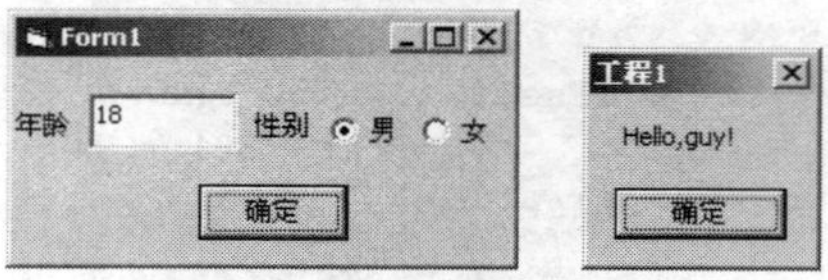

图 5-7　例 5-4 运行界面

分析：首先根据性别分为两种情况，然后在这两种情况中分别讨论年龄情况。程序代码如下。

```
Private Sub Command1_Click()
    If Op_male.Value = True Then
        If Val(Txt_age.Text) < 14 Then              '小于 14 岁的男性
            MsgBox "Hello,boy!"
        Else                                        '大于或等于 14 岁的男性
            MsgBox "Hello,guy!"
        End If
        Else
        If Val(Txt_age.Text) < 14 Then              '小于 14 岁的女性
            MsgBox "Hello,girl!"
    Else                                            '大于或等于 14 岁的女性
            MsgBox "Hello,miss!"
        End If
   End If
End Sub
```

本题还可以先根据年龄分类，再进行性别讨论，读者可以参考以上代码自行实现。

5.2.2　与 If 语句有关的函数

1. IIf 函数

在 Visual Basic 中，还提供了一个 IIf 函数来执行简单的条件判断，格式如下：

```
IIf(条件表达式，条件为 True 时的表达式，条件为 False 时的表达式)
```

功能：根据条件表达式的值，确定函数返回后面两个表达式的其中一个的值。

IIf 函数实际上是 If…Then…Else 结构的一个简写，如有以下条件语句：

```
If  x>y  Then
    Max=x
Else
    Max=y
End If
```

使用 IIf 函数就可以表示为 Max = IIf (x > y , x , y)，还可以将 IIf 函数的返回值直接应用于表达式中，示例代码如下：

```
Dim x As Integer
…
Print  x & IIf(x > 0, "大于 0", "小于或小于 0")
```

若 x 的值为 10，执行该语句将在窗体上输出“10 大于 0”。

在 IIf 函数的使用中，还应注意以下几点。

（1）IIf 函数格式中的 3 个参数均不可以省略。

（2）后两个参数还可以是使用 IIf 函数确定的值。

如可以用以下语句判断 x 的符号：

```
s = IIf(x > 0, 1, IIf(x = 0, 0, -1))
```

又如，例 5-3 代码中的 If…Then…ElseIf 语句可改写为以下格式：

```
y = IIf(x < 30, 0, IIf(x <= 50, (x - 30) * 10, (x - 50) * 20 + 20 * 10))
```

（3）虽然函数只返回一个值，但在执行时程序会把后面两个表达式的值都计算出来。因此要注意到这个副作用，例如，如果条件为 False 时的表达式产生一个被零除错误，那么程序就会发生错误，即使条件表达式为 True。

2. Switch 函数

Switch 函数格式如下：

```
Switch(表达式 1,值 1[, 表达式 2,值 2 …[, 表达式 n,值 n]])
```

功能：计算一组条件表达式列表的值，然后返回与条件表达式列表中最先为 True 的表达式所对应的 Variant 型数值或表达式。示例代码如下。

```
lblstatus.Caption=Switch(grade>=90,"A",grade>=80,"B",grade<80,"C")
```

Switch 与 If…Then…ElseIf…语句类似，都能进行多分支选择。

如例 5-3 代码中的 If…Then…ElseIf…语句可改写为以下格式：

```
y = Switch(x < 30, 0, x <= 50, (x - 30) * 10, x >= 50, (x - 50) * 20 + 20 * 10)
```

由于 Switch 语句的各表达式是从前向后判断的，在后面的表达式能成立的前提是在它之前的表达式都为 False，因此第 2 个条件表达式写成 x<=50 也等价于 x>=30 And x<=50。

使用 Switch 函数时要注意以下几点。

（1）条件表达式和值必须成对出现。程序由左至右计算各表达式，而数值则会在第一个相关的表达式为 True 时返回。如果其中有部分不成对，则会产生一个运行时错误。

（2）在以下两种情况下，Switch 函数将返回一个 Null 值：一是没有一个表达式为 True；二是第一个为 True 的表达式，其相对应的值为 Null。

（3）程序会计算所有的表达式，因此必须避免表达式出错。

5.2.3 Select Case 语句

If 语句一般用于单分支或双分支的情况中，在遇到多分支时，可以采用复合 If 语句或 If…Then…ElseIf…语句完成，但往往代码可读性不强，VB 中提供了 Select Case 语句，可在多个语句块中有选择地执行其中一个。Select Case 语句的能力与 If…Then…ElseIf…语句类似，但对多重选择的情况，Select Case 语句使代码更加易读。

格式：

```
Select Case  <测试表达式>
    Case 表达式列表 1
          <语句块 1>
    Case 表达式列表 2
          <语句块 2>
          …
    [Case Else
          <语句块 n+1>]
End Select
```

功能：根据“测试表达式”的值，从多个语句块中选择一个符合条件的执行。如图 5-8 所示，Select Case 语句流程图与 If…Then…ElseIf…结构流程图基本一致，只是在进行分支前增加了计算测试表达式值的步骤。

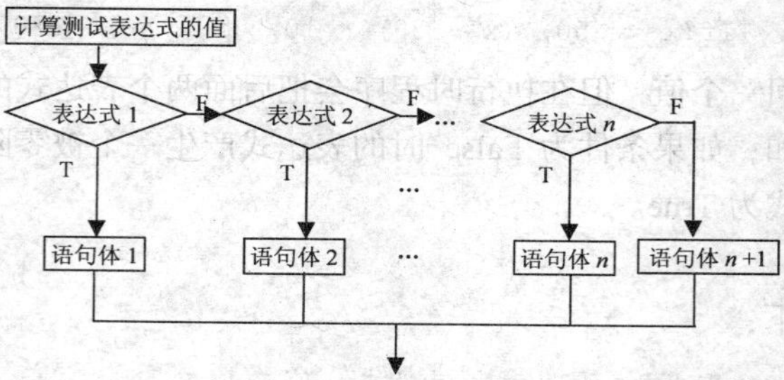

图 5-8　Select Case 结构流程图

说明如下。

（1）测试表达式可以是数值或字符串表达式。

（2）表达式列表一般可以是以下几种形式之一。

① 一个常量或常量表达式。

② 多个常量或常量表达式，用逗号隔开，逗号相当于“或”，只要测试表达式等于其中的某个值就是匹配，如 Case　1，3，5，7。

③ 表达式 1　To 表达式 2，表示从“表达式 1”到“表达式 2”中所有的值，其中“表达式 1”的值必须小于“表达式 2”的值。如 Case　1 To 5。

④ Is 关系运算表达式，可以使用的关系运算符为>、>=、<、<=、<>、=，如 Case　Is<10。其中 Is 指代测试表达式的值。

不可以使用逻辑运算符表示多个范围，如 Case　Is>0 And Is<10 是错误的。

⑤ 前面四种情况的组合，如 Case　Is>10,2,4,6,Is <0。

（3）执行时，先求测试表达式的值，然后逐个判断与哪个 Case 子句的“表达式列表”匹配，找到则执行该 Case 后的语句块，找不到则执行 Case Else 后的语句块，然后结束 Select Case 语句，程序转到 End Select 语句的后一条继续执行。若有多个匹配的表达式，则只执行第一个与之匹配的。

例 5-5　简单运算器。

分析：本题中运算符是由组合框提供给用户选择，共有 +、−、×、÷ 四个选项。对运算符进行判断后分别得出不同的运算结果，其中对除法运算还应避免除数为零。

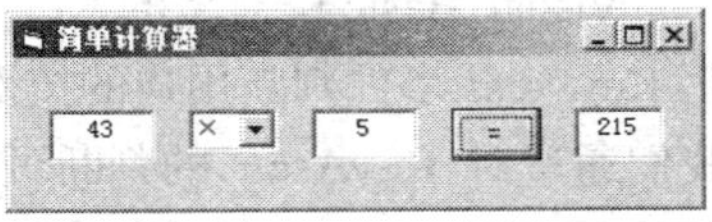

图 5-9　例 5-5 参考界面

参考界面如图 5-9 所示，三个文本框依次命名为 TxtX、TxtY、Txtresult，组合框命名为 Cmbop，则等号按钮 Cmdresult 的 Click 事件过程如下：

```
Private Sub Cmdresult_Click()
    Select Case Cmbop.Text
        Case "+"                                          '加法运算
            Txtresult.Text = Val(TxtX.Text) + Val(TxtY.Text)
        Case "-"                                          '减法运算
            Txtresult.Text = Val(TxtX.Text) - Val(TxtY.Text)
        Case "×"                                          '乘法运算
            Txtresult.Text = Val(TxtX.Text) * Val(TxtY.Text)
        Case "÷"                                          '除法运算
            If Val(TxtY.Text) <> 0 Then
                Txtresult.Text = Val(TxtX.Text) / Val(TxtY.Text)
            Else                                          '排除除数为 0 的情况
                MsgBox "被 0 除"
                TxtY.Text = ""
                TxtY.SetFocus
            End If
    End Select
End Sub
```

Select Case 语句可以替换为 If…Then…ElseIf…语句，但不是所有的 If…Then…ElseIf…语句都可以替换成 Select Case 语句。因为 Select Case 结构每次仅在开始处计算条件表达式的值，而 If…Then…ElseIf…结构为每个 ElseIf 语句计算不同的条件表达式，所以只有在 If 语句和每一个 ElseIf 语句计算相同条件表达式时，才能用 Select Case 结构替换 If…Then…ElseIf…结构。

如例 5-3 代码中的 If…Then…ElseIf…语句可改写为以下格式：

```
Select Case x
    Case Is < 30
        y = 0
    Case 30 To 50
        y = (x - 30) * 10
    Case Is > 50
        y = (x - 50) * 20 + 20 * 10
End Select
```

其中 Is 关键字结合关系运算符的使用可以表示一个开放的取值区间，而关键字 To 的使用可以表示一个封闭的取值区间。值得注意的是，如果在以上代码中 Case 子句写成：Case x<30 则不

能表示将测试表达式 x 的值和 30 比较，而表示将 x 的值和 x<30 的结果去比较，即 x 和 True 或 False 比较大小，故在 Case 后的条件表达式中一般不直接出现要判断的测试表达式或变量。

5.2.4 选择语句的应用

1. 用户输入时按键的判断

用户输入时按键的判断往往有两种方法：一是在输入时判断，使用文本框的 Key 事件；二是在全部输入完成后再对每个字符进行判断，使用循环结构依次获取字符串中的字符。本节我们仅讨论第 1 种方法。

Visual Basic 中对象的 Key 事件，包含 KeyPress、KeyDown、KeyUp 三个事件。通常我们使用 KeyPress 事件判断用户的按键情况，KeyAscii 是它的重要参数，表示用户按键的 ASCII 码值。我们通过对 KeyAscii 的判断可以获知用户的按键，并对不同的按键进行区分处理；在 KeyPress 事件中更改 KeyAscii 的值还可以更改文本框中的显示，如语句 KeyAscii=0 将使用户的输入清除，即不显示在文本框中。

例 5-6 在文本框中输入一个字符串，要求只能出现字母。

我们在文本框的 KeyPress 事件中编写，直接过滤掉不合法的字符：

```
    Private Sub Text1_KeyPress(KeyAscii As Integer)
        If (KeyAscii < Asc("a") Or KeyAscii > Asc("z")) And (KeyAscii < Asc("A")  _
Or KeyAscii > Asc("Z")) Then KeyAscii = 0                '不合法的字符不显示
    End Sub
```

代码中 If 语句的条件表达式较为复杂，它表示的含义是用户按键既不是小写字母，又不是大写字母。通常，我们比较常用的是判断输入字符是字母的表达式：

```
    KeyAscii >= Asc("a") And KeyAscii <= Asc("z") Or KeyAscii >= Asc("A") And KeyAscii > Asc("Z")
```

2. 信息的有效性验证

选择语句通常用于判断上，对结果的正确性及数据的有效性判断在实际应用中经常出现。此类问题的解决过程中，将问题分析透彻，组织好语句的逻辑结构非常重要。

例 5-7 在文本框中输入用户的身份证号码，如图 5-10（a）所示，据此计算出此人的生日。

（a）主界面　（b）判断合法的信息　（c）总位数不足时的提示信息　（d）判断日期不合法的信息

图 5-10 例 5-7 的执行界面

分析：一般地，我们认为身份证号码应至少符合以下条件。（1）总位数是 18 位；（2）从第 7 位开始的 4 位表示出生年份；（3）从第 11 位开始的两位表示出生月份；（4）从第 13 位开始的两位表示出生日期。通过在属性窗口中设置文本框的 MaxLength 属性值为 18 来控制总位数。

程序代码如下：

```
    Private Sub Text1_KeyPress(KeyAscii As Integer)
        If KeyAscii < Asc("0") Or KeyAscii > Asc("9") Then KeyAscii = 0   '过滤非数字字符
    End Sub
    Private Sub Command1_Click()
        Dim y As Integer, m As Integer, d As Integer
        Dim d_limit As Integer
```

```
    If Len(Text1.Text) < 18 Then                        '输入位数小于 18 位时
        MsgBox "必须要输入 18 位数字！"
    Else
        y = Mid(Text1.Text, 7, 4)                       '获取 4 位年份
       If y >= 1900 And y <= Year(Date) Then            '出生年份在[1900,当年]内
           m = Mid(Text1.Text, 11, 2)                   '获取 2 位月份
           If m >= 1 And m <= 12 Then                   '月份在[1,12]内
               d = Mid(Text1.Text, 13, 2)               '获取 2 位日期
               Select Case m                            '根据月份得到每月的日期上限
                   Case 1, 3, 5, 7, 8, 10, 12
                     d_limit = 31
                   Case 2                     '2 月较特殊，需根据是否是闰年确定日期上限
                    If y Mod 4=0 And y Mod 100<>0 Or y Mod 400=0 Then '闰年的判断
                         d_limit = 29
                    Else
                         d_limit = 28
                    End If
                  Case Else
                    d_limit = 30
               End Select
               If d >= 1 And d <= d_limit Then          '日期在[1,日期上限]内
                   MsgBox "此身份证号码合法！" & vbCrLf & "您的生日是" _
                   & y & "年" & m & "月" & d & "日。"
                   Exit Sub                              '直接结束本事件过程的调用
               End If
           End If
       End If
     MsgBox "此身份证号码中日期输入不合法！" & vbCrLf & "请确认您的输入！"
                                                        '日期不合法时的提示信息
    End If
End Sub
```

本例中对年、月、日的判断符合一般常识，其中闰年的判断条件是：年份能被 4 整除但不能被 100 整除，如果能被 100 整除必须能被 400 整除。从前向后对四个条件进行判断，一旦遇到哪个条件不符合即结束所在的 If 语句可得出对应的输入不正确的提示信息。以上代码中最后判断日期合法时，输出合法提示后采用了 Exit Sub 语句直接结束此事件过程，这样只有不正确输入时才会执行最后的 MsgBox 语句。这种代码的处理方法避免了给上面的每个 If 都匹配一个 Else 来输出相同的提示信息，从而简化了程序代码。

3. 单选钮和复选框的应用

由于单选钮和复选框的状态不唯一，需要通过判断才知道其选中状态，因此在这两个控件的应用中，选择语句出现的频率较高。

单选钮体现出多选一的局面，在同一组单选钮中只有一个按钮的 Value 属性值为 1，通常使用 If…Then…ElseIf…的语句格式进行判断。而复选框体现的是多项选择，同一组复选框中可以同时有多个被选中，也可以只选中一个，也可以一个都不选中，通常我们对各个复选框进行独立判断。

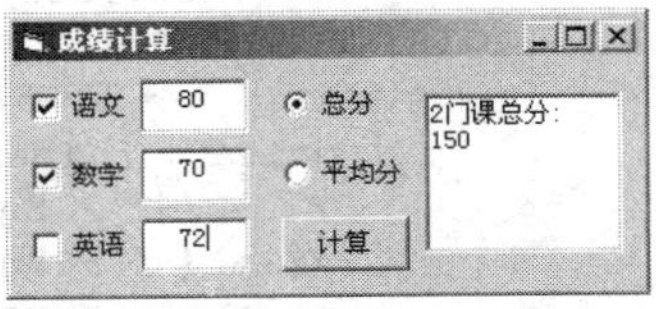

图 5-11　例 5-8 参考界面

例 5-8　如图 5-11 所示，根据用户选择，求若干门课程的总分或平均分。

分析：用户选择哪些课程我们无法确切地知晓，只能对所有可能的情况都进行对应的处理。使用复选框对每门课程进行选择，若仅有选中和不选中两个状态，则三门课程共有 8 种被选情况。显然，若使用 If…Then…ElseIf 结构会使代码较为复杂，因此还是对各门课程进行独立判断，若被选中则计入总分。另外，计算平均分时必须计算总分和课程数，因此，在判断中还必须统计课

程数。最后的结果放在文本框中分行显示，需将文本框的 MultiLine 属性设置为 True。

界面上各控件使用类别缩写和英文名称，参考代码如下：

```
Private Sub cmdCal_Click()
    Dim sum As Integer, n As Integer
    If chkChinese.Value = 1 Then sum = sum + Val(txtChinese.Text): n = n + 1
    If chkMath.Value = 1 Then sum = sum + Val(txtMath.Text): n = n + 1
    If chkEnglish.Value = 1 Then sum = sum + Val(txtEnglish.Text): n = n + 1
    If optTotal.Value Then                                  '如果选择了“总分”按钮
        txtResult.Text = n & "门课总分:" & vbCrLf & sum
    Else                                                    '如果选择了“平均分”按钮
       If n <> 0 Then txtResult.Text = n & "门课平均分:" & vbCrLf & sum / n
    End If
End Sub
```

代码中的 vbCrLf 是表示回车换行的系统常量，其中变量 sum 用于存放总分，变量 n 用于存放被选中的课程数，平均分由 sum/n 计算得到。从代码中可以看到，对所选课程的判断使用了三条并列的 If 语句实现，而使用了 If…Then…Else 双分支结构对计算数据的类别进行判断，程序结构简洁清晰。

4. 其他应用举例

例 5-9 求一元二次方程 $ax^2+bx+c=0$ 的根。

分析：根据数学中一元二次方程的求根公式，令 $\Delta = b^2-4ac$。

当 $\Delta>0$ 时，方程有两个不相等的实根，$x_1=\dfrac{-b+\sqrt{b^2-4ac}}{2a}$，$x_2=\dfrac{-b-\sqrt{b^2-4ac}}{2a}$；

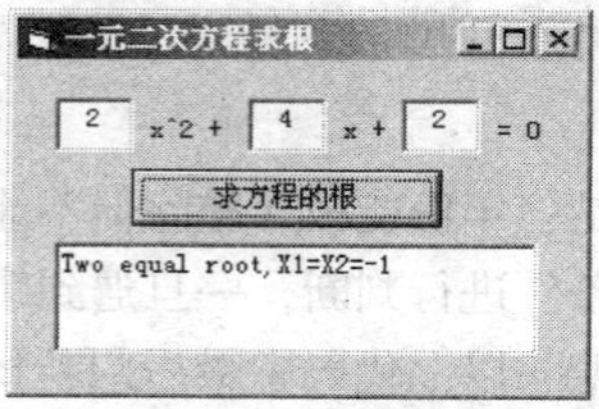

图 5-12　例 5-9 参考界面

当 $\Delta=0$ 时，方程有两个相等的实根，$x_1=x_2=-\dfrac{b}{2a}$；

当 $\Delta<0$ 时，方程有两个不相等的虚根，$x_1=\dfrac{-b+i\sqrt{4ac-b^2}}{2a}$，$x_2=\dfrac{-b-i\sqrt{4ac-b^2}}{2a}$。

参考界面如图 5-12 所示，方程式中的文本框分别用来提供用户输入式中的系数 a、b、c。

命令按钮 cmdroot 的 Click 事件过程如下：

```
Private Sub cmdroot_Click()
    Dim a As Double, b As Double, c As Double
    Dim delta As Double
    Dim x1 As Double, x2 As Double
    a = Val(txta.Text)
    b = Val(txtb.Text)
    c = Val(txtc.Text)
    If  a <> 0  Then
      delta = b * b - 4 * a * c                                   '求Δ
      If delta > 0 Then                                           'Δ>0,有两个不等的实根
         x1 = (-b + Sqr(delta)) / (2 * a)                         '第一个根
         x2 = (-b - Sqr(delta)) / (2 * a)                         '第二个根
         txtroot .Text= "X1=" & x1 & Chr(13) & Chr(10) & "X2=" & x2
      ElseIf delta = 0 Then                                       'Δ=0,有两个相等的实根
         x1 = -b / (2 * a)
         txtroot .Text= "Two equal root,X1=X2=" & x1
      Else                                                        'Δ<0,有两个不等的复根
         x1 = -b / (2 * a)                                        '根的实部
         x2 = Sqr(-delta) / (2 * a)                               '根的虚部
         txtroot .Text= "X1=" & x1 & "+" & x2 & "i" & Chr(13) & Chr(10) & "X2=" & x1
& "-" & x2 & "i"
```

```
        End If
      End If
  End Sub
```

本例中对复根的输出只能从显示效果上构造出和数学表示一致的格式。

例 5-10　编程实现输入一个整数，判断其能否被 3、5、7 整除，并输出以下信息之一：（1）能被 3、5、7 整除；（2）能被其中两个数（要指出哪两个）整除；（3）能被其中一个数（要指出哪一个）整除；（4）不能被 3、5、7 任一个整除。

分析：本题看似简单，实际上要将 4 种情形描述完整还是要进行仔细分析。

若该整数存放在变量 x 中，有很多读者就会立刻联想到以下解决方案：

```
If x Mod 3 = 0 And x Mod 5 = 0 And x Mod 7 = 0 Then MsgBox "能被 3, 5, 7 整除"
If x Mod 3 = 0 And x Mod 5 = 0 And x Mod 7 <> 0 Then MsgBox "能被 3, 5 整除"
If x Mod 3 = 0 And x Mod 7 = 0 And x Mod 5 <> 0 Then MsgBox "能被 3, 7 整除"
If x Mod 5 = 0 And x Mod 7 = 0 And x Mod 3 <> 0 Then MsgBox "能被 5, 7 整除"
If x Mod 3 = 0 Then MsgBox "能被 3 整除"
If x Mod 5 = 0 Then MsgBox "能被 5 整除"
If x Mod 7 = 0 Then MsgBox "能被 7 整除"
```

运行时，若 $x=15$，则会弹出 3 次消息框，依次显示：能被 3，5 整除，能被 5 整除，能被 3 整除；若 $x=13$，则没有显示结果。显然，这都是不符合题目要求的。出现这些问题的原因是 7 个 If 语句依次执行，对于 $x=15$，在第 2、5、6 个 If 语句的条件中都成立，就出现了重复输出。为了使输入一个数只有一个输出结果，我们可以采用 Else 结构，将程序进行调整后如下：

```
If x Mod 3 = 0 And x Mod 5 = 0 And x Mod 7 = 0 Then
    MsgBox "能被 3, 5, 7 整除"
ElseIf x Mod 3 = 0 And x Mod 5 = 0 And x Mod 7 <> 0 Then
    MsgBox "能被 3, 5 整除"
ElseIf x Mod 3 = 0 And x Mod 7 = 0 And x Mod 5 <> 0 Then
    MsgBox "能被 3, 7 整除"
ElseIf x Mod 5 = 0 And x Mod 7 = 0 And x Mod 3 <> 0 Then
    MsgBox "能被 5, 7 整除"
ElseIf x Mod 3 = 0 Then
    MsgBox "能被 3 整除"
ElseIf x Mod 5 = 0 Then
    MsgBox "能被 5 整除"
ElseIf x Mod 7 = 0 Then
    MsgBox "能被 7 整除"
Else
    MsgBox "不能被 3、5、7 任一数整除"
End If
```

当然，在这种代码表示中，还必须注意各个条件表达式的顺序问题，这里我们考虑问题时，先考虑了能被 3 个数整除的情况，然后是能被 2 个数整除的情况，再是能被 1 个数整除的情况，最后才是不能被任意数整除的情况。如果我们先考虑被 1 个数整除，那么被 2 个数、3 个数整除的情况就被 Else 屏蔽掉了，同样也是错误的。

5.3　循环结构语句

实际问题中，我们经常需要重复进行某些相同或相近的操作，比如，我们的生活在一天又一天地进行，每天我们都重复进行着吃饭、学习、工作或睡觉等动作。在程序代码中会遇到需要重复执行的代码段，通过使用循环结构语句，让程序自动重复执行，即在设定条件满足时进行一定次数的循环，结束循环后继续执行后续代码。

Visual Basic 中提供了专门的循环结构语句，如 For…Next 语句、Do…Loop 语句、While…Wend 语句等，本章主要介绍这些语句的格式及相关知识。

5.3.1 For…Next 语句

For…Next 语句（也称步长循环语句）是 Visual Basic 中使用最便捷、最易掌握的循环语句。For…Next 语句常用于在循环开始前能确定循环执行次数的情况。

For…Next 语句格式如下：

```
For 循环变量=初值 To 终值 [Step 步长]
    [语句块]
    [Exit For]
    [语句块]
Next 循环变量
```

功能：以指定次数来重复执行一组语句。

例 5-11 在窗体上输出数值 1～10，示例代码如下。

```
Private Sub Form_Click()
    Dim i As Integer
    For i = 1 To 10 Step 1
        Print i;
   Next i
End Sub
```

图 5-13 例 5-11 执行结果界面

执行以上代码将在窗体上输出结果，如图 5-13 所示。

从上述代码可以看出，使用循环可以大大减少重复代码，使程序结构更鲜明。

关于 For…Next 语句，说明如下。

（1）循环变量又称为“循环控制变量”、“控制变量”或“循环计数器”，是用做循环计数器的数值变量。这个变量必须为数值型变量，不能是逻辑型或字符串型数据。在上述代码中整型变量 i 是循环变量。

（2）初值、终值和步长也必须是数值表达式。步长可以是正数或负数，仅当步长为 1 时，“Step 步长”可以省略。当步长是正数或零时，要求循环变量的初值小于或等于终值；当步长是负数时，要求循环变量的初值大于或等于终值。若不符合以上情况时，不能进入循环体执行语句块。在上述代码中循环变量 i 的初值是 1，终值是 10，步长是 1。

（3）For 和 Next 中间的语句段称为循环体。在上述代码中循环体仅由一条语句构成。可以在循环体中任何位置放置任意个 Exit For 语句，用于随时退出循环。Exit For 通常在条件判断之后使用，如 If…Then 语句之后，并将程序跳转到紧接在 Next 之后的语句后继续执行。如将例 5-11 代码中循环体中的语句后增加一条语句：If i > 5 Then Exit For ，则程序的输出就变为：

1 2 3 4 5

（4）For…Next 循环结构语句对应的流程图如图 5-14 所示。

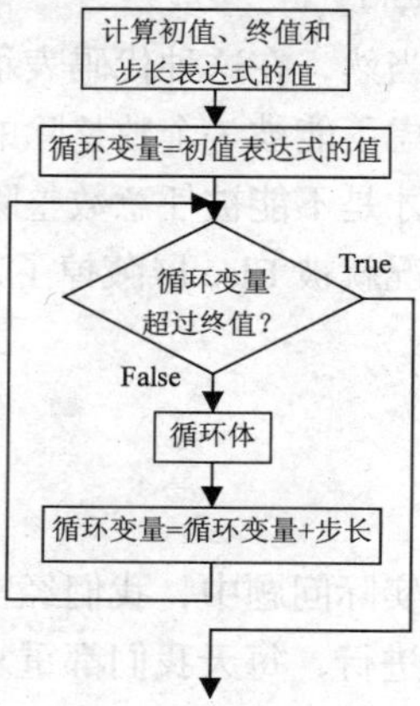

图 5-14 For…Next 语句程序流程图

For…Next 语句执行过程如下。

① 首先计算初值、终值和步长表达式的值，并将它们都转换成与循环变量相同的类型。

② 将计算好的初值表达式的值赋给循环变量，作为循环变量的初值，注意循环变量仅被赋一次初值。

③ 进行判别：循环开始时，当步长大于 0 时，要求初值小于终值；当步长小于 0 时，要求初值大于终值，否则不能进入循环。循环进行中，判断循环变量的值是否超过终值，即当步长>0（步长为正数）时，判别循环变量>终值否；当步长<0（步长为负数）时，判别循环变量<终值否。如果未超过，则进入执行循环体；如果超过了，则正常退出结束循环，去执行 Next 语句的下一语句。

④ 执行 Next 语句，使循环变量增加一个步长，即相当于执行赋值语句：循环变量=循环变量 + 步长；返回步骤③继续进行判别。

例 5-11 代码中循环变量的初值是 1，以后每次执行到 For 语句时判断 i<=10 是否成立，成立则执行循环体中的语句，即输出变量 i 当前的值，否则结束循环，每次执行到 Next 语句时将循环变量 i 的值自增 1，再转跳到 For 语句进行判别。因此，循环变量 i 的值从 1 一直变化到 10，并将这些值输出。最后一次执行过 Next 语句后，变量 i 的值是 11，因为超出终值而结束循环。

从以上执行步骤中可以看出，一般地，若循环体中不出现类似于 Exit For 和 Exit Sub 之类的强制跳转语句时，结束 For 循环时循环变量的值肯定超过了终值。

（5）循环次数的一般计算公式如下：

循环次数 = Int（Abs（终值-初值）/步长）+1

注意，如果循环变量的值在循环体内被重新赋值，则会影响和改变循环次数。

示例代码如下

```
For i=1 to 100
     i=i+1
Next i
```

以上循环体中 i 的值自增了 1，而语句 Next i 还将使 i 的值增加 1，因此在进入后一次循环时 i 的值比前一次进入循环时共增加了 2，因此循环也就执行了 50 次。

（6）初值、终值和步长值仅在步骤①中计算，在循环体内对这三个值所涉及的变量进行值的更改，都不会改变循环进行中的初值、终值和步长值，当然也不会影响循环次数。

例如，以下 3 段代码中的循环执行次数相等，均为 Int（(20-1）/2）+ 1 = 10 次。

代码 1

```
For I=1 to 20 step 2
    c=c+1
      Next I
```

代码 2

```
c=20
For I=1 to c step 2
     c=c+1
        Next I
```

代码 3

```
d=2
For I=1 to 20 step d
     d=d+1
        Next I
```

代码 2 中，虽然变量 c 的值在循环体内改变，但循环控制变量 I 的终值依旧为 20；同样在代码 3 中，步长也保持不变。注意，虽然循环的终值或步长未变，但变量 c 和 d 的值按照循环体中的语句进行着值的更新，如代码 2 中，循环过后变量 c 的值是 30，代码 3 中的变量 d 最终的值是 12。

（7）格式中 Next 后面的循环变量有时被省略，但不推荐这样使用。如果省略，则由系统自己去识别该 Next 对应的循环变量，并对它进行相应的步长运算。如以下代码也是正确的。

```
For i=1 To 10 Step 1
     Print i ;
 Next                                    ' 省略循环变量
```

例 5-12　求 $n!$，使用公式 $n! = 1 \times 2 \times 3 \times \cdots \times n$。

分析：*n* 由用户键盘输入，使用 For…Next 语句实现，程序代码如下。

```
Private Sub Form_Click()
    Dim i As Integer, n As Integer, s As Double
    n = Val(InputBox("请输入 n 的值"))
    s = 1                   '给 s 赋初值 1
    For i = 1 To n
        s = s * i              's 的值乘以 i 后再赋值给 s
    Next i
    Print n; "!="; s           '输出结果
End Sub
```

其中用户输入的 *n* 作为循环变量 i 的终值，"Step 步长" 省略，语句 Next i 使 *i* 每次都增加 1。而变量 *s* 的初始值是 1，在此基础上将每一个 *i* 累乘在其上，循环结束时 *s* 中存放着最后的结果。本题若用户输入 *n* 的值是 10，则输出结果是：10! = 3 628 800。

例 5-13 输出 1 ~ 200 间所有能被 3 整除的奇数，要求每行输出 10 个数。

分析：本题可以对 1～200 中的奇数逐一判断，将符合条件的数输出。通过对奇数 1，3，5，…的观察，我们不难发现它们是一个等差数列，差是 2。

```
Private Sub Form_Click()
    Dim x As Integer, n As Integer
    For x = 1 To 200 Step 2                          'x 取 1～200 间的奇数
        If x Mod 3 = 0 Then                          'x 是否能被 3 整除
            Print x;                                 '在窗体上输出 x，不换行
            n = n + 1                                '计数器加 1
            If n Mod 10 = 0 Then Print               '计数器 n 是 10 的倍数时换行
        End If
    Next x
    Print                                            '换行
End Sub
```

以上代码中使用变量 *x* 是循环变量，采用步长为 2 控制循环的进行，当 *x* 超过 200 时就停止循环；变量 *n* 用来记录符合条件的数值个数，通常称为计数器，对计数器 *n* 的值进行判断来决定是否要换行，即当 *n* 的值是 10 的倍数时输出换行。代码中 For 语句的循环体中又嵌套了一个 If 语句。

5.3.2 Do…Loop 语句

在循环结构中，循环次数不确定的情况是比较普遍的，这时我们采用更为典型的循环语句 Do...Loop 来实现。根据循环体执行条件的不同，Do…Loop 循环结构可分为当型循环和直到型循环两种不同结构，分别用不同的关键字表示。以下介绍这两种 Do…Loop 语句。

1. 当型循环

当型 Do…Loop 语句格式如下：

格式 1

```
Do [While 循环条件]
[语句块]
[Exit Do]
[语句块]
Loop
```

格式 2

```
Do
[语句块]
 [Exit Do]
[语句块]
Loop [While 循环条件]
```

功能：当循环条件为 True 时，重复执行语句块中的命令。

如执行以下 2 种代码都可以在窗体上输出 1　2　3　4　5　6　7　8　9　10。

代码 1：

```
Dim i As Integer
i=1
Do While i <= 10
   Print i;
   i=i + 1
Loop
```

代码 2：

```
Dim i As Integer
i=1
Do
   Print i;
   i=i + 1
Loop While i <= 10
```

关于当型 Do…Loop 循环语句，说明如下。

（1）"循环条件" 通常是一个关系或逻辑表达式，其值为 True 或 False。以上代码中循环条件是 i <= 10。

（2）Do 和 Loop 间的语句块是循环体，当循环条件为 True 时，重复执行循环体，当循环条件为 False 时，结束循环，转入 Loop 后的语句执行

（3）两种格式的当型 Do…Loop 语句对应的流程图如图 5-15 所示，两者的区别是：图 5-15（a）表示每一次进入循环，总是先判断循环条件是否为 True，然后再决定是否进入执行循环体语句；而图 5-15（b）先执行一次循环体语句，再判别循环条件是否为 True，以确定是否再次执行循环体。即图 5-15（a）的循环形式有可能一次也没执行循环体语句，而图 5-15（b）中不管循环条件是否为真，至少执行一次循环体语句。但若图 5-15（a）至少执行一次循环，其循环次数和对应的图 5-15（b）循环次数就完全相等了。

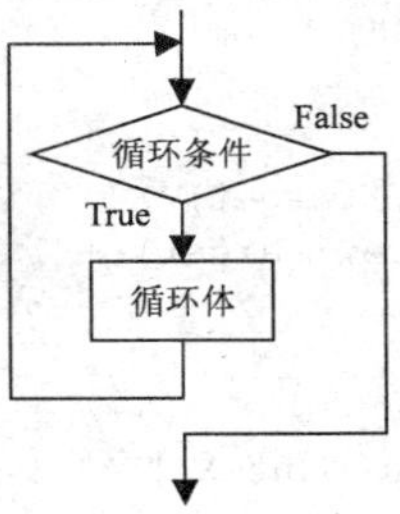

（a）Do While…Loop 结构流程图

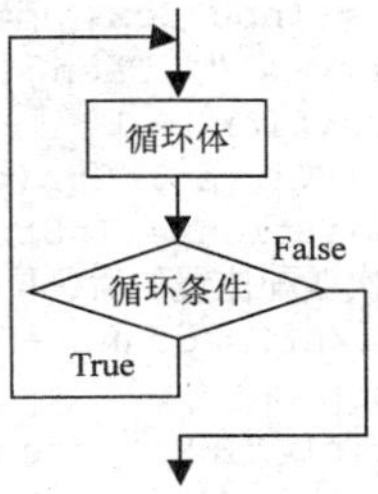

（b）Do…Loop While 结构流程图

图 5-15　当型 Do…Loop 循环流程图

（4）Do…Loop 语句中可以在任何位置放置任意个数的 Exit Do 语句，随时跳出 Do…Loop 循环。Exit Do 语句将控制权转移到紧接在 Loop 命令之后的语句。如果 Exit Do 使用在嵌套的 Do…Loop 语句中，则 Exit Do 会将控制权转移到 Exit Do 所在位置的外层循环。

Exit Do 只能用于 Do…Loop 语句中，通常用于条件判断之后，如以下代码中没有设置循环条件，而采用在循环体中有条件地跳出来设置循环终止条件。

```
Dim i As Integer
i=1
Do
   Print i;
   i=i + 1
   If i >10 Then Exit Do    '如果 i 大于 10 则结束循环
Loop
```

（5）为了使循环语句在有限的时间内执行完毕，在循环体中至少要有一条语句使得循环条件趋向于 False 或用 Exit Do 语句终止循环，否则程序将无休止地执行循环体，直至耗尽系统资源，我们称这种现象为"死循环"。

提示 当程序进入“死循环”或长时间执行某过程时，用户可以使用 Ctrl + Break 键强行中断程序的运行，将程序从运行状态改为设计状态，并释放程序运行中的临时资源。

（6）可以将 For…Next 语句改写成 Do…Loop 语句，但仅有已知循环次数的 Do…Loop 语句才可以改写成 For…Next 语句。在 For…Next 语句中，格式中包含了对循环变量的赋初值、设置循环进行的条件及循环变量按步长变化等操作，这些在 Do…Loop 语句中都需要编程人员一一考虑并用语句设置。如上述代码就是对例 5-11 中对应代码的改写。

例 5-14 统计某一目标字符串在另一源字符串中出现的次数。

分析：从源字符串的第一个位置开始，如果目标字符串在源字符串中，则获取所在位置信息，然后接着这个位置继续向后查找，直到目标字符串未出现在源字符串的剩余字符中，则 InStr 函数返回 0，不再执行循环。程序执行结果如图 5-16 所示，代码如下：

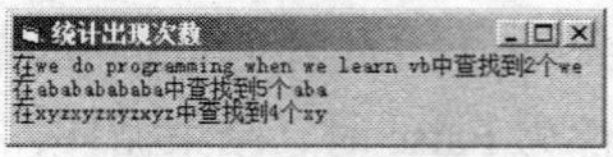

图 5-16 例 5-14 执行结果界面

```
Private Sub Form_Click()
    Dim source As String, target As String
    '变量 source 中存放源字符串，target 中存放目标字符串
    Dim position As Integer, count As Integer
    '变量 position 中存放找到的位置，count 是计数器
    source = InputBox("请输入源字符串")                         '输入源字符串
    If source <> "" Then
        target = InputBox("请输入需要查找的字符串")             '输入目标字符串
       If target <> "" Then
            position = 1
            Do While InStr(position, source, target)            '若还有匹配，则继续循环
            position = InStr(position, source, target) + 1
'设置开始位置是前一次匹配位置的后一位
            count = count + 1                                   '计数器加 1
            Loop
            Print "在" & source & "中查找到" & count & "个" & target   '输出结果
        Else
            Print "无查找内容！"
        End If
    End If
End Sub
```

以上代码中由于对输入字符串进行有效性判断，故采用了在 If 语句中嵌套 Do…Loop 语句的语句结构。

2. 直到型循环

直到型 Do…Loop 语句格式如下。

格式 1	格式 2
Do [Until 循环条件] [语句块] [Exit Do] [语句块] Loop	Do [语句块] [Exit Do] [语句块] Loop [Until 循环条件]

功能：当循环条件为 False 时，重复执行语句块中的命令；当循环条件为 True 时，结束循环。

如以下代码使用直到型 Do…Loop 语句实现例 5-11 的功能，即在窗体上输出 1 2 3 4 5 6 7 8 9 10。

代码 1

```
Dim i As Integer
i=1
Do Until i > 10
    Print i;
    i=i + 1
Loop
```

代码 2

```
Dim i As Integer
i=1
Do
    Print i;
    i=i + 1
Loop Until i > 10
```

说明如下。

（1）直到型 Do…Loop 语句也有两种形式，分别对应图 5-17 所示的流程图。

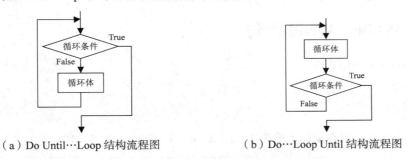

（a）Do Until…Loop 结构流程图　　（b）Do…Loop Until 结构流程图

图 5-17　直到型 Do…Loop 循环流程图

（2）直到型 Do…Loop 语句格式中的组成和当型 Do…Loop 语句格式基本一致，两者的区别是两者的循环条件正好相反。大部分当型 Do…Loop 语句都可以改写成直到型 Do…Loop 语句。如将例 5-14 中的 Do While InStr(position, source, target)改成：

Do Until InStr(position, source, target)=0 程序功能将完全一致。

例 5-15　随机产生 *n* 个随机整数，并求它们的平均值，*n* 由用户输入。

分析：用户在输入对话框中可以输入任意字符，为了确保输入数据的有效性，我们需要在接收数据前进行过滤，并提供给用户再次输入的机会。只有有效的数据才能进入后面的操作中，这样可以避免由于用户输入不当引起的错误。

```
Private Sub Form_Click()
    Dim n As Integer, x As Integer, i As Integer, sum As Integer
    n = Fix(Val(InputBox("请输入数据个数")))              '舍去取整
    Do Until n > 0
        If MsgBox("输入错误，需要重新输入吗？", vbYesNo) = vbYes Then
            n = Fix(Val(InputBox("请输入数据个数")))       'n 取输入数据代表的整数
        Else
            Exit Sub                            '结束本事件过程
        End If
    Loop
    sum = 0                                     '累加器 sum 清零
    For i = 1 To n
        x = Int(Rnd * 100) + 1                  '产生一个[1,100]内的随机整数
        sum = sum + x                           '累加求和
        Print x;                                '输出 x
        If i Mod 10 = 0 Then Print              '每行输出 10 个数据，循环变量 i 充当计数器的作用
    Next i
    Print
    Print n; "个数的平均值="; sum / n             '输出结果
End Sub
```

本题中，使用整型变量 *n* 接收用户输入的数据，可以过滤掉非数值字符串，而采用 Fix 函数进行取整可以将用户输入的实数类型数据转换为整数，如用户输入 5.5 则接收为 5。接着使用一个 Do…Loop 循环对负数进行过滤，并由用户选择是否继续输入。经过三层过滤后的变量 *n* 是一个正整数，符合数据个数的要求，在后面的程序中可以放心使用。

本题的后半部分代码实现的功能是求 *n* 个数的平均值。从本题中可以看出，对数据的过滤从变量类型的定义就开始了，因此，在编写代码前要对可能输入的数据进行分析，然后制定出具体的过滤方法。在实际问题中，也经常使用简单的条件判断来过滤数据，但采用循环进行数据过滤更能体现出算法良好的交互性，并保证问题输入数据的正确。

5.3.3 While…Wend 语句

While…Wend 语句格式如下：

```
While 循环条件
   循环体
Wend
```

如用以下代码也可以在窗体上输出 1　2　3　4　5　6　7　8　9　10。

```
Dim i As Integer
i=1
While i <= 10
      Print i;
      i=i + 1
Wend
```

说明 这种结构使用完全类似于当型 Do…Loop 循环语句的格式 1，表示当循环条件为 True 时，反复执行循环体，直到循环条件为 False 为止。

现在常用结构化与适应性更强的当型 Do…Loop 循环格式替换这种格式。

5.3.4 GoTo 语句

GoTo 语句格式如下：

```
GoTo 标签
```

其中标签无须定义，是在一行语句的开头用冒号和语句隔开的标识符。

说明如下。

（1）GoTo 语句是一个无条件转支语句，通常和分支语句配合使用，可以使程序流程转到指定位置，并从指定位置开始顺序执行其后的语句。

以下程序只输出用户输入的正整数。

```
Private Sub Form_Click()
  Dim x As Integer
  x=Val(InputBox("请输入一个正整数"))
  If x < 0 Then GoTo L1
  Print x
L1: End Sub
```

其中 L1 是标签。

（2）使用 GoTo 语句可以构造出一个具有循环功能的结构，如以下代码也将实现例 5-11 的功能。

```
    Dim i As Integer
    i=1
A:  Print i;
    i=i + 1
    If i <= 10 Then GoTo A
```

执行完以上程序段后，变量 i 的值是 11。

（3）在循环语句中使用 GoTo 语句，既可以从循环内部跳转到循环外部语句，也可以从循环外部语句跳转到循环内部语句，但要注意由此产生的循环执行过程的变化。如以下代码将以紧凑格式输出数值 1～11。

```
    Dim i As Integer
    For i=1 To 10
B:   Print i;
    Next i
    If i <= 11 Then GoTo B
```

当 For 循环结束后，i 的值是 11，继续执行 If 语句并跳转到标签 B 处代码执行，此时程序还需要执行从 B 处开始的 3 条语句，其中 Next i 语句使 i 的值变为 12。

但不恰当的 GoTo 语句将使程序陷入死循环，如以下语句。

```
C:      For i=1 To 9
          Print "*"
          If i > 5 Then GoTo C
          Next i
```

循环中，当 *i* 等于 6 时执行跳转语句，并因为跳过了 Next i 语句，而 *i* 的值保持为 6，这样 *i* 就永远也到达不了终值，程序陷入死循环。

（4）结构化程序设计中并不建议使用 GoTo 语句来控制程序流程，因为它会使程序流程复杂且不易控制。

5.3.5　循环嵌套

在程序代码中，结构的嵌套是比较常见的，例如，可以将循环语句嵌套在 If 语句等分支语句中，也可以将分支语句嵌套在循环语句中。循环嵌套是指在某个循环的循环体中又包含着另一个完整的循环。

在循环嵌套结构中，需要注意以下几点。

（1）嵌套的层数没有具体限制，但内层的小循环一定要完整地被包含在外层的大循环之内，而不得相互交叉。

以下两种结构中语句之间存在着交叉，是不正确的。

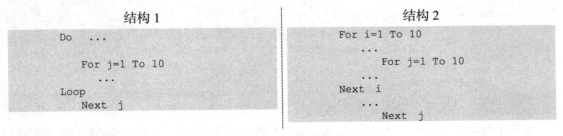

结构 1

```
Do   ...

   For j=1 To 10
     ...
Loop
   Next j
```

结构 2

```
For i=1 To 10
   ...
      For j=1 To 10
   ...
Next i
   ...
      Next j
```

（2）对有循环控制变量的循环进行嵌套时，要注意循环嵌套后对循环变量的值的改变是否影响循环次数等。

（3）循环嵌套的层次数不能太多，要考虑实际语句的执行次数。一般地，在内层循环体中的语句执行次数 = 每次内层循环次数 × 外层循环次数。

（4）若有多层 For…Next 语句嵌套，且各自的 Next 语句在连续位置上，则可将多条 Next 语句合并成一条语句，格式是：Next 内层循环变量，外层循环变量……

如以下代码是正确的。

```
For a=1 to 5
    For b=1 to 5
        For c=1 to 5
             …
Next c,b,a                    '等价于三条语句  Next c  :  Next b  : Next a
```

例 5-16 如有以下程序代码：

```
i=1
Do While i <= 10
  s=1
  For i=1 To i
    s=s * i
  Next i
  Print i; "!="; s
  i=i + 1
Loop
```

程序的本意是要分别输出 1～10 的阶乘，即在外层循环控制下，*i* 将取得从 1 到 10 的值，对循环体中的每一个 *i*，使用内层循环求它的阶乘后输出。但程序的输出如图 5-18(a)所示，除了输出的行数不符外，我们还发现每行上输出的值也不正确。

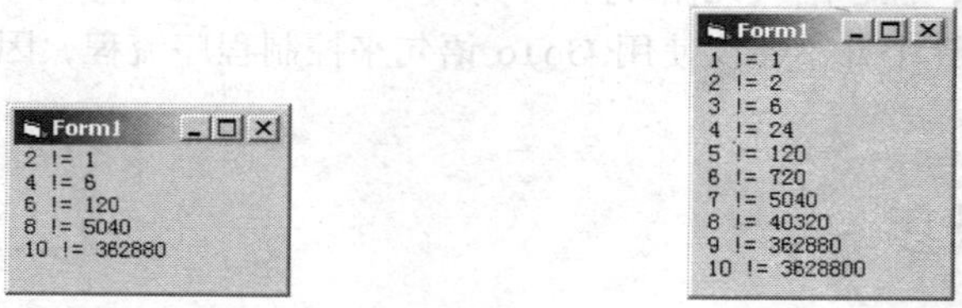

（a）修改代码前的执行结果　　（b）修改代码后的执行结果

图 5-18 例 5-16 执行结果界面

分析其原因发现，内层循环对变量 *i* 的变化影响了外层循环的正常执行。解决的方法是每一个循环使用一个唯一的循环控制变量（不同名）。将代码进行如下修改就能输出如图 5-18（b）所示的结果，其中内层 For…Next 语句的作用是求 *i* 的阶乘，变量 *s* 需要在每次计算阶乘前设置初值为 1。

```
Dim i As Integer,j As Integer,'更改此循环的循环变量 s As Double
i=1
Do While i <= 10
  s=1
  For j=1 To i
    s=s * j
  Next j
  Print i; "!="; s
  i=i + 1
Loop
```

使用了循环嵌套的程序显得更为复杂，编程人员更应理清思路，按照正确的程序流程实现程序的功能。

例 5-17 输出九九乘法表，如图 5-19 所示。

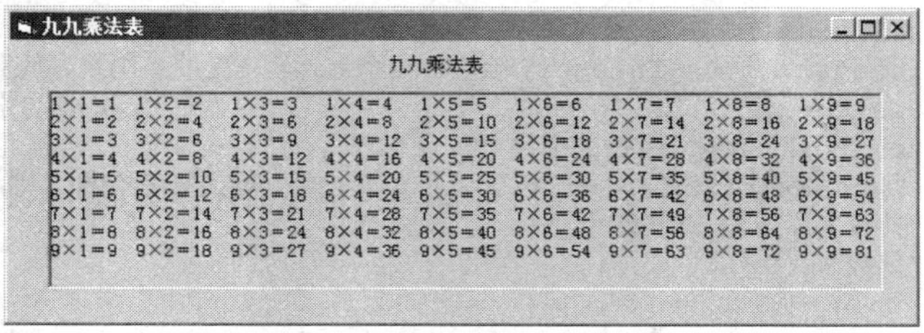

图 5-19 例 5-17 执行界面

分析：九九乘法表中共有 9 行，每行上有 9 个算式，每个算式的组成是有规律的。程序代码如下。

```
    Private Sub Form_Activate()
        Dim i As Integer, j As Integer
        For i=1 To 9
            For j=1 To 9
            Picture1.Print Tab(10 * (j - 1)); CStr(i); "×"; CStr(j); "="; CStr(i * j);
'每个算式占 10 列
            Next j
            Picture1.Print
        Next i
    End Sub
```

本例中，变量 i 用来控制行，而变量 j 用来控制每行上的算式个数，每个算式中 i 和 j 又充当了运算数据，一举两得。程序执行时，外层循环控制变量 i 从 1 变化到 9，对循环体中的每一个 i 即每一行都需要输出 9 个算式并换行，利用内层循环使 j 从 1 变化到 9，并在内层循环体中输出该行上第 j 个算式，内层循环结束后利用 Print 方法在图片框中换行，然后进入下一个 i 执行。以上代码中内层循环体中的语句被执行了 9 × 9 = 81 次，即输出了 81 个算式。

读者也可思考一下：如何输出只有下三角区域的九九乘法表？

5.3.6 循环语句的应用

循环语句的应用很广泛，对有规律的问题的处理中经常要用循环结构来解决，在第 6 章我们总结的常用算法中很多都要用循环语句实现。本节就循环语句在基本控件的数据处理上的应用作简单介绍。

1. 批量数据的输入和输出

有了循环语句，我们就可以方便地获取或显示批量数据。批量数据的输入（产生）一般不通过用户键盘输入的方法一个一个数据输入，通常我们会找出数据的规律，使用循环语句生成有规律的一批数据；而批量数据的输出也是利用循环语句实现的，常用的输出数据的对象有窗体（Form）、文本框（TextBox）、列表框（ListBox）、图片框（PictureBox）等。

在窗体和图片框中的输出一般采用它们的 Print 方法来实现，而在文本框中的输出只能通过修改它的 Text 属性实现，而列表框的输出是通过它的 AddItem 方法来实现。

例 5-18 随机生成 *n* 个两位正整数，将其中的奇数显示在文本框中，偶数显示在窗体上。

分析：数据个数 *n* 由用户通过输入框输入。文本框中可能会有很多数据，故将文本框的 MultiLine 属性设为 True，ScrollBars 属性设为 2-Vertical，并在代码中控制换行。若用户输入 100，则执行效果如图 5-20 所示，代码如下。

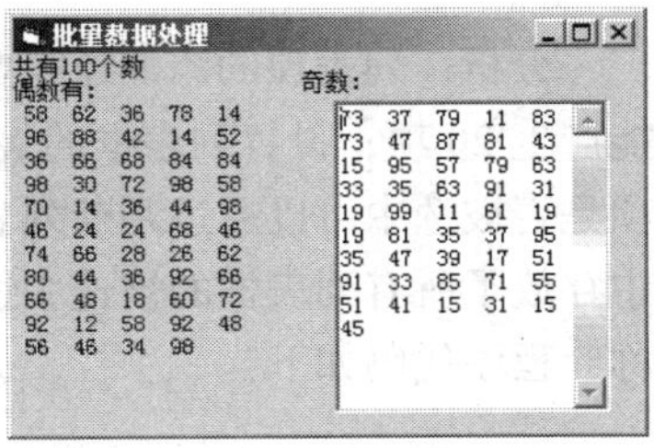

图 5-20 例 5-18 执行界面

```
Private Sub Form_Click()
     Dim n As Integer, i As Integer, x As Integer '变量n用来存放数据的个数
     Dim k1 As Integer, k2 As Integer              '变量k1和k2分别用来存放奇数和偶数的个数
     n = Val(InputBox("请输入数据的个数n"))
     If n <= 0 Then Exit Sub                      '输入n不合理，则结束本事件过程
     Me.Print "共有" & n & "个数"
     Me.Print "偶数有："
     For i = 1 To n
         x = Int(Rnd * 90 + 10)                   '生成一个两位随机数
         If x Mod 2 = 1 Then
            Text1.Text = Text1.Text & x & Space(2) '将x显示在文本框中，并用2个空格作间隔
            k1 = k1 + 1
            If k1 Mod 5 = 0 Then Text1.Text = Text1.Text & vbCrLf  '文本框中插入换行符
        Else
           Me.Print x;                             '在窗体上以紧凑格式输出x
           k2 = k2 + 1
           If k2 Mod 5 = 0 Then Me.Print          '窗体上换行
        End If
   Next i
End Sub
```

其中在文本框中输出数据时如果使用以下语句将使最终文本框中只显示最后一个奇数。

```
Text1.Text = x & Space(2)
```

文本框的多个数据的输出应采用在原有显示内容之后（或之前）连接上新的输出内容。

2. 循环在列表框/组合框中的应用

列表框和组合框中的列表项的添加有时是通过属性窗口中的 List 属性进行的，有时是通过代码中调用它们的 AddItem 方法进行的。当列表项的数量较多且有规律时，我们通常使用循环来处理。

例 5-19 在列表框中随机产生 20 个数，允许用户能同时选中多项，对用户选中的多个项实施一次性删除。运行界面如图 5-21 所示。

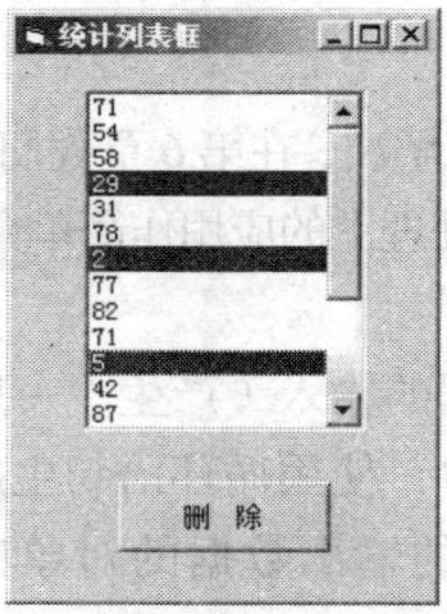

（a）用户选择界面

（b）确认信息界面

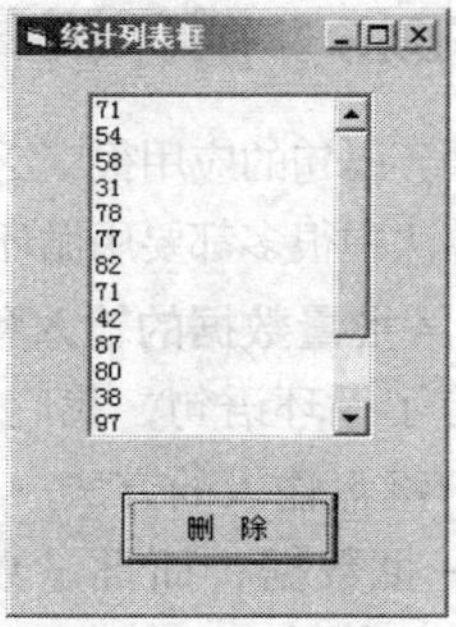

（c）删除后界面

图 5-21 例 5-19 执行界面

分析：列表项的添加还是要依靠 AddItem 方法来完成，若每次产生 1 个数，则循环 20 次就能产生 20 项；设置列表框的 MultiSelect 属性为 1-Simple 就能允许用户同时选中多项；某个列表项是否被选中可以通过判断列表框的 Selected 属性来实现，该属性是一个组合（数组）属性，其中存放了所有列表框的被选中情况；删除列表项由 RemoveItem 方法来实现。各控件使用默认名称，程序代码如下：

```
Private Sub Form_Load()
     Dim x As Integer, i As Integer
     For i = 1 To 20                              '将20个随机数添加到列表框List1中
```

```
        x = Int(Rnd * 100) + 1              '产生一个[1,100]的随机整数 x
        List1.AddItem x                     '将 x 添加到列表框中
    Next i
End Sub
Private Sub Command1_Click()                '功能：统计列表框中有哪些项被选中
    Dim i As Integer, s As String
    For i = 0 To List1.ListCount - 1        '列表框和组合框的 List 和 Select 属性下标均从 0 开始
        If List1.Selected(i) Then           '等价于 If List1.Selected(i) = True Then
            s = s & i + 1 & ","             '将序号存放在字符串 s 中，用逗号作间隔
        End If
    Next i
    If s <> "" Then
        s = Left(s, Len(s) - 1)             '去除 s 中最后多余的逗号
        t = MsgBox("你选中了第" & s & "项，要删除它们吗？", vbYesNo + vbQuestion, "确认")
        If t = vbYes Then                   '在消息框中选择了“是”按钮，以下进行删除
            For i=List1.ListCount - 1 To 0 Step -1        '从最后一项开始向前处理
                If List1.Selected(i) Then List1.RemoveItem I '若第 i 项被选中，则删除第 i 项
            Next i
        End If
    Else
        MsgBox "请选择列表项"
    End If
End Sub
```

值得注意的是，在列表框中删除某一个列表项后，在该项后面的所有项都会自动向前补一位，使剩下的列表项还是连续排列的。根据这个现象，假设我们从第 1 项开始判断并删除的话，那么循环的控制就不那么方便，因为要判断的列表项的位置会因为删除操作而改变步长 1 的增量，如删除完第 2 项后接着判断的还应是第 2 项，原因是现在的第 2 项实际是删除前的尚未判断到的第 3 项，而随着删除的进行，列表框的项数在发生变化，因此要求循环终值也要跟着变化，这对 For 语句来说很难做到。故在本题中我们采用从最后一项开始向前处理的方法，以确保删除某项后对在它前面未处理数据没有影响。感兴趣的读者不妨思考一下若从第一项开始向后的处理该如何实现？

类似地，可以用循环来对组合框的列表项进行处理，这里就不再赘述。

本章小结

在程序代码中，语句的执行基本是顺序执行的。赋值语句是使用频率最高的语句，应用于值的存储、属性值的设置和更改等，在表达式中也经常使用第 4 章中介绍的系统函数。在顺序语句中，有些语句的顺序是可以更改的，但有些语句的顺序是不可以更改的，要注意分析前后语句的逻辑关系。

选择结构是算法的基本结构之一，凡是需要进行分情况执行的时候都应该使用相关的选择结构语句。本章介绍了选择结构中的 If 语句和 Select Case 语句及相关函数。If 语句的格式较多，在实际应用中要注意区分；Select Case 语句可以简化条件的表示，使用该语句完成的功能都可以用 If 语句来实现；IIf 函数和 Switch 函数分别是 If 语句和 Select Case 语句的简单表示。

循环结构也是算法的基本结构之一，凡是在有规律地重复执行某些步骤的场合都可以使用循环结构实现。本章介绍了常用的几种循环语句，即 For…Next 语句、Do…Loop 语句和 While 语句，对循环的嵌套问题也进行了说明。算法的有限执行特征明确要求在有限次数的执行后程序能有效地结束，因此要设置正确的循环条件以避免程序进入死循环。

思考练习题

1. 计算机中的硬盘在使用前必须分区，即分成几个逻辑区，用来存放系统信息和数据信息。实际分区时，分区设置容量往往和显示容量有出入，为了使显示容量显示为整数，可以按以下公式设置分区时的容量。设显示容量为 G，单位是 GB，设置容量为 M，单位是 MB，则 $M = (G-1) \times 4 + 1\,024 \times G$，如想要 2GB 的分区，应设置为 2052MB。编写程序，输入分区显示容量，计算出设置容量。

2. 用户到银行取钱，大都希望钱币的张数越少越好，试编写一个程序，使工作人员根据用户的取款金额就能知道钱币的面值组合情况，如取款 2 999 元，工作人员需给出的钱币最佳面值组合是 29 张 100 元，1 张 50 元、2 张 20 元、1 张 5 元和 2 张 2 元。

3. 编写一个程序，输入数据 A 和 B，若 $A^2 + B^2$ 大于 100，则只输出百位以上的数字，否则输出该两数之平方和。

4. 编写一个程序，根据用户输入平面坐标值确定所在象限。

5. 编写一个程序，用户输入 0～9 中的任意数字，输出其对应的英文单词，如输入 3，则输出 three。

6. 编写一个程序，用户输入考试成绩，输出该学生的总评成绩。总评标准如下：60 分以下为不及格，60～69 为及格，70～79 为中等，80～89 为良好，90～100 为优秀。

7. 设计出题程序，题目为两位数的加法，加数由系统随机产生，要求每题的答题时间不超过 5 秒钟，并将倒计时显示在界面上。

8. 统计随机产生的 20 个两位正整数中偶数和奇数的个数及各自的总和。

9. 将 n 个随机正整数放到组合框中，在组合框的文本区域输入一个数值，若该数不在组合框中，则将其添加到组合框中；若在组合框中，则将其从组合框中删除。n 可由用户输入。

10. 在窗体上画出 $y = \sin(x)$ 的曲线图形。

第 6 章 程序设计算法基础

学习重点

- 算法的概念及基本特征。
- 算法的表示方法。
- 常用的算法设计方法。

6.1 算法的基本概念

6.1.1 算法

算法（Algorithm）是问题求解过程的精确描述，一个算法由有限条可完全机械地执行的、有确定结果的指令组成。指令正确地描述了要完成的任务和它们被执行的顺序。计算机按算法指令所描述的顺序执行，算法的指令能在有限的步骤内终止，或终止于给出问题的解，或终止于指出问题对此输入数据无解。

通常求解一个问题可能会有多种算法可供选择，首先，选择的主要标准是算法的正确性和可靠性，简单性和易理解性；其次是算法所需要的存储空间大小和执行速度等问题。

计算机算法可分为数值运算算法和非数值运算算法两大类别。数值运算的目的是求数值解。一般来说，用计算机解决一个具体问题时，大致需要经过下列几个步骤：首先要分析问题，从具体问题中抽象出一个适当的数学模型，然后设计一个解此数学模型的算法，最后编出程序，进行测试、调整直至得到最终解答。非数值运算比较广泛，最常见的是用于信息管理领域，如人事管理、图书检索、成绩排序等。数值运算算法依靠数学模型解决问题，因此比较成熟，通常会将常用的数值算法的程序专门写入编程语言环境中，以供程序设计人员调用，如三角函数等。而非数值运算的种类繁多，要求也不尽相同，难以用完全相同的算法来实现，因此只能通过掌握一些典型的非数值运算算法，在解决实际问题时，将典型算法和具体要求结合起来设计新的合适的算法。

例 6-1 古代有一个国王要奖赏他的臣子，问他要什么，臣子说我的要求不高，8×8 的棋盘上第一个格子放 1 个麦粒，第二个格子放 2 个麦粒，第三个格子放 2^2 个麦粒，……，第 64 个格子上放 2^{63} 个麦粒。国王以为国家富有，不以为有什么困难，其实不然。

我们都知道，求臣子要的麦粒总数的方法，采用等比数列求和公式来完成即可，$1+2+2^2+\cdots+2^{63}=18\ 446\ 744\ 073\ 709\ 951\ 615$，这是一个天文数字。

例 6-2 高校录取新生时，按招生计划人数和当年学生的高考总分划定分数线，然后进行投档。

采用计算机处理时，首先需要计算出报考该校的学生在省控线以上的人数，若人数等于或少于计划人数，则分数线即为省控线；若人数多于计划人数，则根据计划人数再确定一个校控线，将按分数从高到低排序，确定该校的录取学生名单。当然，这只是一个大致的步骤，还有其他的相关事宜也应纳入录取条件中。

从以上两个例子看，如果能直接从问题中抽象出具体数学模型，算法就非常简单，但对于非数值算法，解决问题的过程就相对比较复杂。

算法设计是一件非常困难的工作，经常采用的算法设计技术主要包括穷举搜索法、递推法、回溯法、分治法等。这里不可能列举所有的算法，仅介绍一些典型算法，读者要举一反三，熟练使用典型算法，学会如何从具体问题中抽象出一个算法。

6.1.2　算法的基本结构

一个算法的功能不仅取决于所选用的操作，而且还与各操作之间的执行顺序有关。算法中各操作之间的执行顺序称为算法的控制结构。

算法的控制结构搭建了算法的基本框架，它不仅决定了算法中各操作的执行顺序，而且也直接反映了算法的设计是否符合结构化原则。根据结构化程序设计的要求，算法包括顺序、选择、循环三种基本控制结构，详见 1.1.2 小节。

6.1.3　算法的基本特征

一个算法应具备以下 5 个基本特征。

（1）有穷性

一个算法必须总是（对任何合法的输入值）在执行有穷步后结束，且每一步都可在有穷时间内完成。因此，有穷的概念不是纯数学的，而是在实际上合理的，可接受的。

（2）确定性

算法中的每一条指令必须有确切的含义，读者理解时不会产生二义性。并且在任何条件下，算法只有唯一的一条执行路径，即对于相同的输入只能得出相同的输出。

（3）可行性

一个算法是可行的，即算法中描述的操作都是可以通过已经实现的基本运算执行有限次来实现的。

（4）输入

一个算法有零个或多个的输入，这些输入取自某些特定对象，如变量或对象属性。

（5）输出

一个算法有一个或多个的输出，这些输出是和输入有着某些特定关系的量。

6.1.4　算法设计的基本要求

在实际算法的设计过程中，一个优秀的算法应考虑达到以下目标。

1．正确性

算法应当满足具体问题的需求，这些需求至少应当包括对输入、输出和加工处理等的明确无歧义的描述，设计或选择的算法应当能正确地反映这种需求。

什么样的算法才称得上“正确”呢？通常我们将算法正确分为以下 4 个层次：（1）程序不含语法错误；（2）程序对于几组输入数据能够得出满足规格说明要求的结果；（3）程序对于精心选择的典型数据、苛刻而带有刁难性的输入数据能够得出满足规格说明要求的结果；（4）程序对于一切合法的输入数据都能产生满足规格说明要求的结果。

显然，要达到第（4）层的正确性是极为困难的，对于所有的输入数据进行逐一验证往往是不现实的。一般情况下，通常以达到第（3）层的正确性作为衡量一个程序是否正确的标准。

2. 可读性

算法主要是为了人的阅读与交流，其次才是机器执行。可读性好有助于用户对算法的理解，也易于程序的调试和修改。

3. 健壮性

当非法输入时，算法也能适当地作出反应或进行处理，而不会出现莫名其妙的输出结果的现象。如求解三角形面积时，输入的顶点坐标不能构成一个三角形时，不应继续计算，而应报告输入出错，且应指明错误性质，帮助用户输入合理的数据。

4. 执行时间与低存储量需求

通常算法的优劣程度由时间复杂度和空间复杂度两个方面来衡量。时间复杂度是指算法中基本运算的次数所处的数量级；空间复杂度是指程序执行中所需的存储空间大小，包括程序本身的指令、常数、变量和输入数据，以及对数据处理时需要的工作空间和辅助空间。简单地说，一个优秀的算法必须同时兼顾这两个方面，在同一问题的不同算法中，用最少的执行时间和最少的存储空间解决问题的算法总是最好的。

6.1.5　算法设计的基本方法

算法设计技术的基本方法主要包括穷举搜索法、递推法、回溯法、分治法等。

1. 穷举搜索法

穷举搜索法的基本思想是根据提出的问题，列举所有可能的情况，并用问题中给定的条件检验哪些是需要的，哪些是不需要的。因此，穷举搜索法常用于解决“是否存在”、“有多少种可能”等类型的问题。

穷举搜索法的特点是算法比较简单。但当列举的可能情况较多时，执行穷举算法的工作量将会很大。因此，在设计穷举法算法时，使方案优化，尽可能减少运算工作量应该是重点。

例 6-3　找出 1～200 中 3 的所有倍数。

分析：3 的倍数满足的条件是被 3 整除后余数为 0。本题可以采用穷举法在 1～200 间逐一判断，将符合条件的输出；或者转换思路，3 的倍数可以不通过判断来得到，亦可以由程序产生在范围内的 3 的倍数。

2. 递推法

递推法是利用问题本身所具有的一种递推关系求问题解的一种方法。设要求问题规模为 N 的解，当 $N=1$ 时，解或为已知，或能非常方便地得到解。能采用递推法构造算法的问题有重要的递推性质，即当得到问题规模为 $i-1$ 的解后，由问题的递推性质，能从已求得的规模为 1，2，…，$i-1$ 的一系列解，构造出问题规模为 i 的解。这样，程序可从 $i=0$ 或 $i=1$ 出发，重复地，由已知至 $i-1$ 规模的解，通过递推，获得规模为 i 的解，直至得到规模为 N 的解。

迭代法是一种特殊的递推法，是一种不断用变量的旧值递推新值的过程，常用于求方程或方程组近似根。迭代法又分为精确迭代和近似迭代，“二分法”和“牛顿迭代法”等属于近似迭代法。

利用迭代算法解决问题，需要做好以下 3 个方面的工作。

（1）确定迭代变量。在可以用迭代算法解决的问题中，至少存在一个直接或间接地不断由旧值递推出新值的变量，这个变量就是迭代变量。

（2）建立迭代关系式。迭代关系式指如何从变量的前一个值推出其下一个值的公式（或关系）。迭代关系式的建立是解决迭代问题的关键，通常可以使用递推或倒推的方法来完成。

（3）对迭代过程进行控制。在什么时候结束迭代过程？这是编写迭代程序必须考虑的问题。不能让迭代过程无休止地重复执行下去。迭代过程的控制通常可分为两种情况：一种是所需的迭代次数是个确定的值，可以计算出来；另一种是所需的迭代次数无法确定。对于前一种情况，可以构建一个固定次数的循环来实现对迭代过程的控制；对于后一种情况，需要进一步分析出用来结束迭代过程的条件。

例 6-4 验证谷角猜想。日本数学家谷角静夫在研究自然数时发现了一个奇怪现象：对于任意一个自然数 n，若 n 为偶数，则将其除以 2；若 n 为奇数，则将其乘以 3，然后再加 1。如此经过有限次运算后，总可以得到自然数 1。人们把谷角静夫的这一发现叫做“谷角猜想”。

要求：编写一个程序，由键盘输入一个自然数 n，把 n 经过有限次运算后，最终变成自然数 1 的全过程打印出来。

分析：定义迭代变量为 n，按照谷角猜想的内容，可以得到两种情况下的迭代关系式：当 n 为偶数时，$n = n/2$；当 n 为奇数时，$n = n \times 3 + 1$。这个迭代过程需要重复执行多少次，才能使迭代变量 n 最终变成自然数 1，这是我们无法计算出来的。因此，还需进一步确定用来结束迭代过程的条件。仔细分析题目要求，不难看出，对任意给定的一个自然数 n，只要经过有限次运算后，能够得到自然数 1，就已经完成了验证工作。因此，用来结束迭代过程的条件可以定义为 $n = 1$。

3. 回溯法

回溯法也称试探法，该方法首先暂时放弃关于问题规模大小的限制，并将问题的候选解按某种顺序逐一枚举和检验。当发现当前候选解不可能是解时，就选择下一个候选解；倘若当前候选解除了还不满足问题规模要求外，满足所有其他要求时，继续扩大当前候选解的规模，并继续试探。如果当前候选解满足包括问题规模在内的所有要求时，该候选解就是问题的一个解。在回溯法中，放弃当前候选解，寻找下一个候选解的过程称为回溯。

例 6-5 八皇后问题。在 8 × 8 的格子中放入 8 个皇后棋子，放置的条件是任何两个皇后棋子都不占据棋盘上的同一列、同一行或同一对角线。

八皇后问题是比较经典的需要采用回溯法来解决的算法。为了方便说明问题，在此我们将问题的规模适当减少，简化为四皇后问题，棋盘如图 6-1（a）所示。

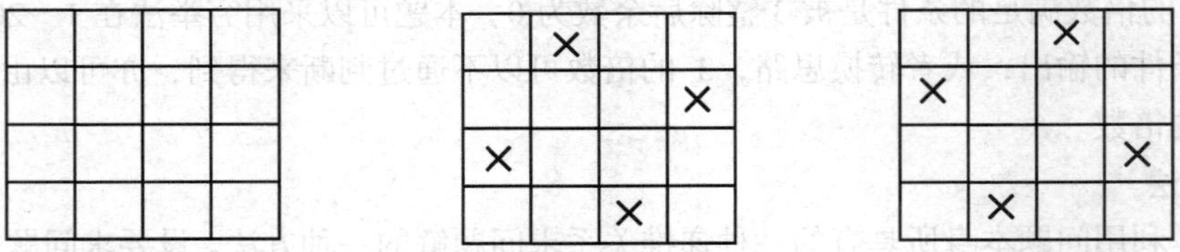

（a）四皇后问题棋盘　（b）四皇后问题的一个解　（c）四皇后问题的另一个解

图 6-1 皇后问题

解题过程是一个试探的过程，具体步骤如下：

每行放置一个棋子，先将第 1 个棋子放在第 1 行第 1 列位置；第 2 个棋子要符合条件的话只能放在第 2 行的第 3 或第 4 列，先将第 2 个棋子放在第 3 列上；而这时第 3 行上的 4 个位置都不符合放置第 3 个棋子的条件了，因此，发现第 2 个棋子不应该放在第 3 列上，程序重新回去将第 2 个棋子的位置改为第 4 列，继续放置第 3 个棋子，第 3 行上仅有第 2 列可以放置，这时发现第 4 行上没有符合第 4 个棋子放置的位置了，我们逐步返回，第 3 个棋子已无其他可选择位置，第 2 个棋子也无其他可选择位置，只能重新回去修改第 1 个棋子的位置，将第 1 个棋子放在第 2 列上，这样，第 2 个棋子只有 1 个可放位置在第 4 列，第 3 个棋子也只有 1 个可放位置在第 1 列，最后第 4 个棋子被放置在第 3 列上，得到该问题的第一个符合条件的解，如图 6-1（b）所示。如果程序继续进行下去，我们还能找到另外符合条件的解，如图 6-1（c）所示。

其中出现了较多次数的回溯，都是因为试探不成功需要重新回去寻找其他方案。回溯法是解决未知问题的常用方法，使用回溯法时要注意问题的候选解要全面，以免遗漏正确解。

4. 分治法

分治法的设计思想是，将一个难以直接解决的大问题，分割成一些规模较小的相同问题，以便各个击破，分而治之。如果原问题可分割成 k 个子问题（$1<k\leqslant n$），且这些子问题都可解，并可利用这些子问题的解求出原问题的解，那么这种分治法就是可行的。

例 6-6 用二分法求方程 $f(x) = 0$ 在区间$[a, b]$上的实根，设 $f(a)$与 $f(b)$异号。

分析：二分法求解方程的根是将设定区间逐步减半，最后将根锁定在一个极小的区间内，输出根的近似值。具体过程如下。

首先取给定区间的中点 $c = (a+b)/2$；然后判断 $f(c)$是否为 0。若 $f(c) = 0$，则说明 c 即为所求的根，求解过程结束；如果 $f(c)\neq 0$，则根据一项原则将原区间减半：若 $f(a)f(c)<0$，则取原区间的前一半部分；若 $f(b)f(c)<0$，则取原区间的后一半部分。最后判断减半后的区间长度是否已经很小：若$|a-b|<\varepsilon$，则求解过程结束，取$(a+b)/2$ 为根的近似值；否则在减半的区间重复以上的减半过程。

6.2 算法的表示

对于设计的算法，最终必须通过计算机能识别的指令来执行，程序设计语言是算法的完整表示，可以认为，程序设计语言是算法实现的工具，同一个算法往往可以由多种语言工具来实现。

除了程序代码外，算法还可以使用自然语言、伪代码、传统流程图、N-S 结构化流程图等来描述，无论哪种表示方法都可以达到清晰描述算法的目的。

6.2.1 用自然语言描述算法

自然语言就是日常使用的语言，用自然语言描述算法就是将解决问题的步骤用文字的形式加以描述。自然语言通俗易懂，但由于语言习惯及地域差异等各种因素的影响，自然语言描述的算法极易产生歧义，表述不够严格。因此，在使用自然语言描述算法时，要特别注意避免这些问题的出现。

例 6-7 产生两个 1～100 的随机数 s1 和 s2，求两数之和。

算法表示如下：

步骤 1：使用公式 Rnd*100+1 生成一个随机数，放入变量 s1 中。

步骤 2：使用公式 Rnd*100+1 生成一个随机数，放入变量 s2 中。

步骤 3：求解 s1+s2 的结果，并将结果显示出来。

本例中没有指明数据的显示方式，因而以上算法需要根据程序设计人员的界面设计做适当的调整。本例算法只需通过各步骤的顺序执行便可实现。

例 6-8 根据用户在文本框 Text1 中输入的 x，求 $y=\sqrt{x}$，在文本框 Text2 中显示结果。

算法表示如下。

步骤 1：将 Text1 中的内容放入变量 x 中。

步骤 2：若 $x<0$，则提示错误信息 “x 不能小于 0”，程序结束；否则，转步骤 3 执行。

步骤 3：将 $\sqrt{x}$ 的值放入变量 y 中。

步骤 4：将变量 y 的值在 Text2 中显示出来。

这个算法中包含了选择结构，对 x 值的判断虽然未在题目中明确要求，但数学上规定了开方运算的操作数一定要大于或等于 0。因此，在设计算法时还必须考虑具体问题所属领域的隐藏条件，否则问题就失去实际意义了。如要求输入一个人的年龄，若用户输入了大于 150 或小于 0 的数显然不符合自然规律；如对日期的要求中月份有 1～12 的限制，某日有 1～31 的限制……诸如此类的情形比较常见，忽视隐藏条件有时会使算法出现错误而无法求解，这就要求我们从积累的知识和经验中对程序进行仔细分析，使程序的功能更加完善。

例 6-9 求解 1 + 2 + 3 + 4 + 5。

算法表示如下。

步骤 1：求解 1 + 2，将结果 3 放入变量 sum 中，即 1 + 2→sum。

步骤 2：将 sum 中的值和 3 相加，将结果还放入变量 sum 中，即 sum + 3→sum。

步骤 3：将 sum 中的值和 4 相加，将结果还放入变量 sum 中，即 sum + 4→sum。

步骤 4：将 sum 中的值和 5 相加，将结果还放入变量 sum 中，即 sum + 5→sum。

步骤 5：输出 sum 的值。

这也是一个典型的顺序结构算法。本例看似简单，但我们发现步骤 2～4 非常相似，只有加数有差异，而且如果本题改为求 1 + 2 + 3 + … + 100，是不是就要写 100 个步骤呢？这肯定不是程序设计的主要目的。我们将问题中相似的东西加以归纳，使算法得以简化。

求解 1 + 2 + 3 + … + 100 的算法表示如下。

步骤 1：给变量 i 赋值为 1，变量 sum 赋值为 0。

步骤 2：将 sum 中的值和 i 的值相加，结果还放入变量 sum 中，即 sum + i→sum。

步骤 3：将 i 的值增加 1，即 i + 1→i。

步骤 4：若 i 的值不大于 100，则转步骤 2 执行；否则转步骤 5。

步骤 5：输出 sum 的值。

这个算法中采用了典型的循环结构来实现，使用了变量 i 来表示 1～100，每次表示一个，在 i 的值不大于 100 时，算法在步骤 2～步骤 4 间反复执行，用 i 的值控制算法是否到达步骤 5 而结束。

自然语言在描述较为复杂的算法结构时还不是很方便，故一般只用来描述简单问题的算法。

6.2.2 伪代码表示

伪代码就是一种使用代码和自然语言相结合的代码，它类似于程序代码，但又和程序的基本语法有差别而不能直接用于程序中。伪代码表示的算法，可以用于各种程序语言的开发。伪代码描述算法和程序代码描述已经非常接近，但要注意和程序代码的区别。

例 6-10 例 6-7 的伪代码算法描述如下。

```
s1=第一个随机数 Rnd*100+1 ;
s2=第二个随机数 Rnd*100+1 ;
输出 s1+s2 ;
```

例 6-11 例 6-8 的伪代码算法描述如下。

```
x=Text1 中的值
If x <0 Then
    “x 不能小于 0” ;
  End
```

```
Else
   y=√x
     Text2 中的值=y
End If
```

例 6-12　例 6-9 中求解 $1+2+3+\cdots+100$ 的伪代码算法描述如下。

```
i=1; sum=0;
do
  sum=sum+i ;
  i=i+1 ;
while  i 不大于 100 ;
输出 sum ;
```

6.2.3　流程图表示

图可以广泛用于描绘各种类型的信息处理问题及解决方法。使用程序流程图来描述算法、规划程序的执行顺序是一种直观易懂的方法。

1．传统流程图

传统程序流程图包括指明实际处理操作的处理符号（包括根据逻辑条件确定要执行的路径的符号），指明控制流的流线符号，便于读写程序流程图的特殊符号。

目前世界上比较普及的是美国国家标准化协会（ANSI）规定的一些常用的流程图符号，如表 6-1 所示。

表 6-1　　流程图图形符号

图 形 符 号	操　作
	流程的开始与结束
	数据的输入或输出
	各种数据的处理
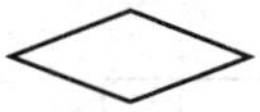	判断，根据条件进行选择
	流程线，连接各个框图
	连接点，表示与流程图的其他部分相连接
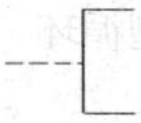	标识注解内容

例如，如图 6-2 所示流程图。

例 6-7、例 6-8 和例 6-9 的流程图分别如图 6-3、图 6-4 和图 6-5 所示。

用传统流程图表示算法直观形象，可以比较清楚地显示出各个框之间的逻辑关系。但传统流程图一般占用篇幅较大，当算法比较复杂时，画流程图又比较费时，有些程序设计人员就采用了 N-S 结构化流程图代替传统的流程图来描述自己的算法。

2．N–S 流程图

在这种流程图中，去掉了带箭头的流程线，全部算法写在一个矩形框内，在该框内还可以包含其他的从属它的框。这种流程图适合于结构化程序设计。

N-S 流程图规定了三种基本结构的画法，如图 6-6 所示。

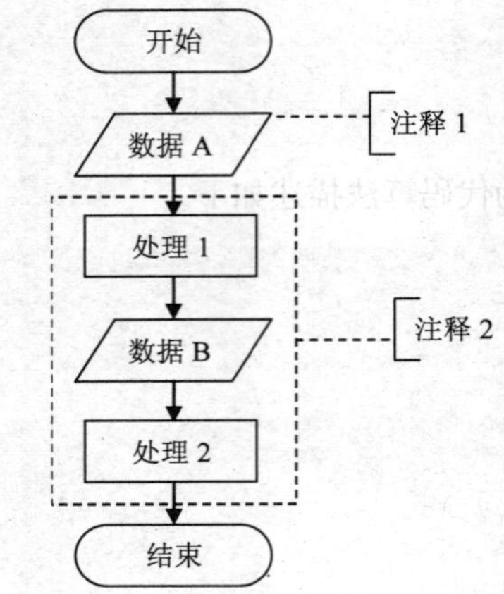

图 6-2　流程图示例

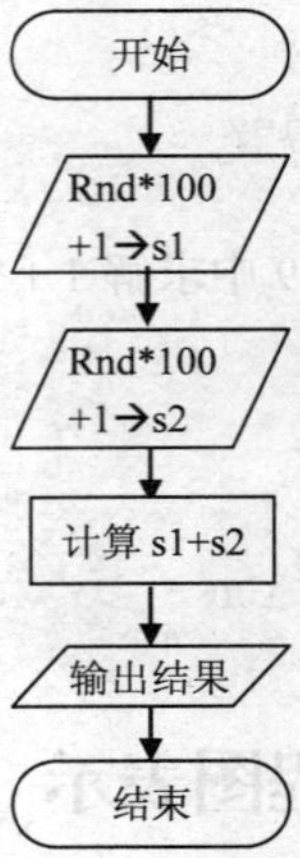

图 6-3　例 6-7 流程图

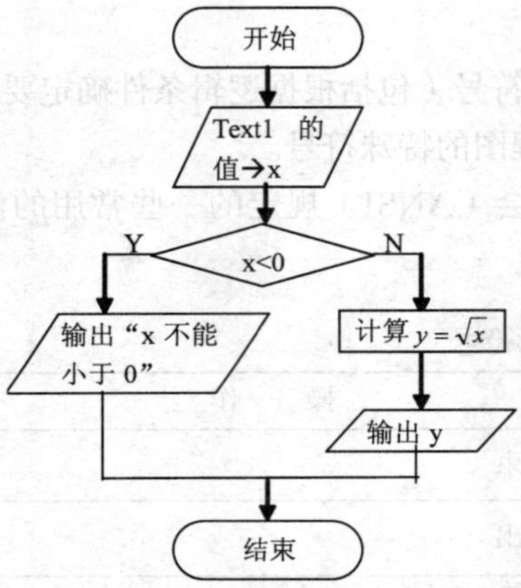

图 6-4　例 6-8 流程图

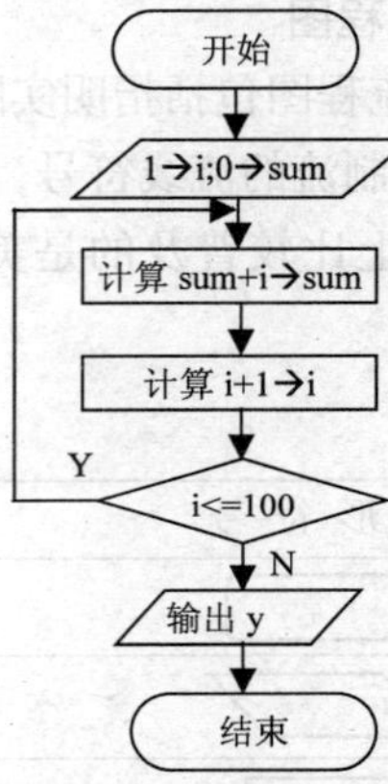

图 6-5　例 6-9 流程图

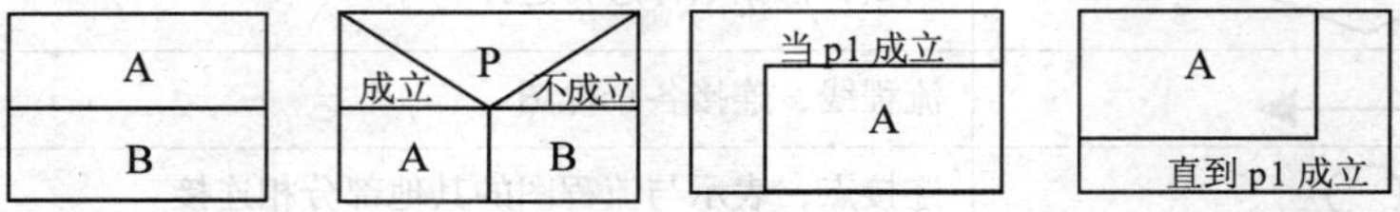

（a）顺序结构　（b）选择结构　（c）当型循环　（d）直到型循环

图 6-6　N-S 图基本结构

例 6-7、例 6-8、例 6-9 的 N-S 图分别如图 6-7、图 6-8 和图 6-9 所示。

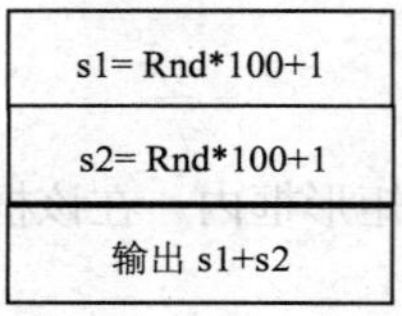

图 6-7　例 6-7 的 N-S 图

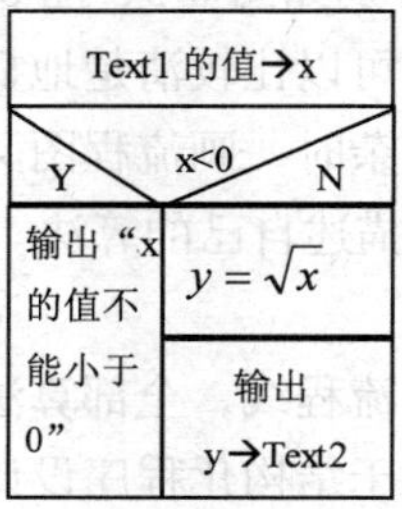

图 6-8　例 6-8 的 N-S 图

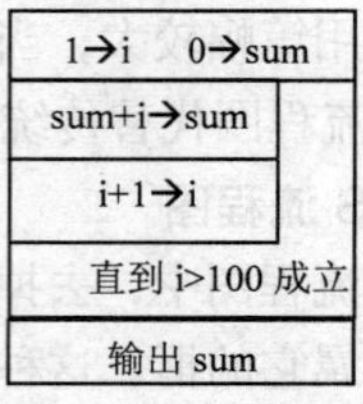

图 6-9　例 6-9 的 N-S 图

6.3 常用算法及应用

在实际的程序设计应用中，通常我们经过分析后会把一个大的问题分解成若干个小问题，通过小问题的逐个解决最终解决大问题。本节中将介绍一些程序设计中常用的算法，并将其应用到具体实例中。

6.3.1 数据的交换

通常我们使用变量来存放数据，通过变量值的交换就可以实现内存数据的交换。

1. 交换两个数据的值

设 x 和 y 是两个相同类型的变量，将两个变量中的值进行交换，如图 6-10 所示。

分析：简单地使用 x=y : y=x 并不能达到目的，这样的赋值会使 x 中的数值丢失而使 y=x 失去意义。

从日常生活中，我们也经常能遇到类似的情况。有 A、B 两个杯子中分别装有红酒和咖啡，要求将两个杯子中的饮品互换。由于两种饮品相互不能掺杂，因此必须使用另一个空杯 C 辅助完成，具体实施步骤如下。

步骤 1：先将 A 杯中的红酒倒入 C 杯中。

步骤 2：再将 B 杯中的咖啡倒入 A 杯中。

步骤 3：最后将 C 杯中的红酒倒入 B 杯中。

互换示意图如图 6-11 所示，这种方法中的三个步骤的顺序不能任意交换，但也可以先将 B 杯中的咖啡倒入 C 杯中，再将 A 杯中的红酒倒入 B 杯中，最后将 C 杯中的咖啡倒入 A 杯中。

图 6-10 交换两个数据程序执行效果图

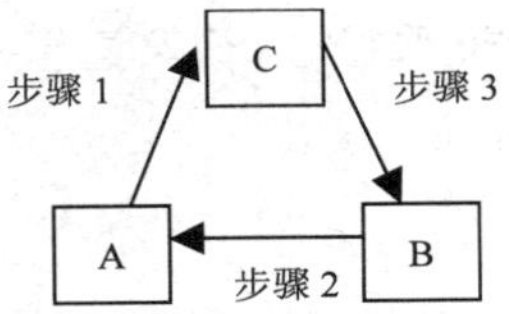

图 6-11 杯中饮品互换示意图

同理，两个变量数据的交换问题也可以使用辅助变量 z 来实现，还是分三步骤。

步骤 1：将 x 的值放入 z 中。

步骤 2：再将 y 的值放入 x 中。

步骤 3：最后将 z 中的值放入 y 中。

以上步骤的代码实现是 z = x: x = y: y = z。

虽然步骤相同，但由于变量在内存中的值不会无故消失，一定需要用新值替换。所以，交换过程的每个状态 3 个变量中的值和 3 个杯子中的物品还是有区别的，在使用时要特别注意执行中变量值的变化情况。

对于数值型变量的交换，还可以采用数学的方法来实现 x = x + y: y = x−y: x = x − y。

以上讨论两个整型变量的交换，交换的方法同样适用于其他基本类型和基本控件。但对于基本控件的交换往往只是对控件的属性值进行交换，大部分情况下都可以使用对应类型的辅助变量实现，少数情况下需要借助辅助的第 3 个控件来完成。如要交换两个图片框（名称分别为 Picture1 和 Picture2）中显示的图片，则可用以下方法实现：

```
Picture3.Picture = Picture1.Picture
Picture1.Picture = Picture2.Picture
Picture2.Picture = Picture3.Picture
```

其中，Picture3 为一个隐藏在窗体上的图片框。

2. 多个数据值的交换

多个数据值的交换通常会设置一个交换的规则，处理的基本方法仍然是以两个数据的交换方法为基础的。如以下代码实现循环向左交换三个文本框中的值：

```
Temp=Text1.Text : Text1.Text=Text2.Text : Text2.Text=Text3.Text : Text2.Text= Temp
```

VB 中数据的排序一般也通过数据的交换来实现，如两个数据的排序采用两个数据的交换来实现，多个数据的排序采用多次两两交换来实现。

例 6-13 调整 3 个文本框中的数值，使其中的数值按从小到大的顺序排放。参考界面如图 6-12 所示。

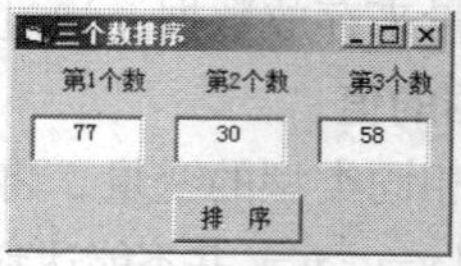

（a）排序前

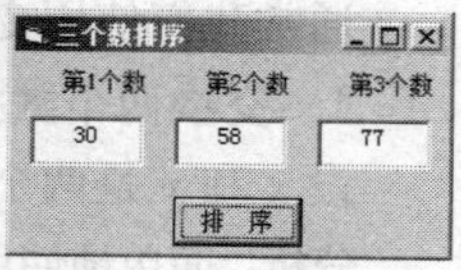

（b）排序后

图 6-12 例 6-13 运行界面

分析：由于文本框的位置是固定的，因此我们能做到的是通过改变文本框中的值来达到目的。使用变量暂时存放 3 个值，判断变量的值并适当进行交换。程序代码如下：

```
Private Sub Command1_Click()
    Dim a As Integer, b As Integer, c As Integer
    Dim temp As Integer                                  '用于交换的辅助变量
    a = Val(Text1.Text)
    b = Val(Text2.Text)
    c = Val(Text3.Text)
    If a > b Then temp = a: a = b: b = temp   '如果 a 大于 b，交换 a 和 b 的值
    If a > c Then temp = a: a = c: c = temp   '如果 a 大于 c，交换 a 和 c 的值
    If b > c Then temp = b: b = c: c = temp   '如果 b 大于 c，交换 b 和 c 的值
    Text1.Text = a
    Text2.Text = b
    Text3.Text = c
End Sub
```

代码中的 3 条 If 语句是排序的关键。由第 1 条 If 语句保证了 a 不比 b 大，由第 2 条 If 语句保证了 a 不比 c 大，即用前两条 If 语句确定了 a 中的数值是最小的，然后再用第 3 条 If 语句来确保 b 不比 c 大。当然，本题的思路不是唯一的，也可以有其他的比较和交换的方法，留给读者思考后实现。

6.3.2 数据的自运算

程序中经常出现一些变量，它们的值是通过前一次赋值经过运算得到的，这种相对于自己的一种运算我们称之为自运算，这种运算在本质上属于递推概念。

1. 算术运算

算术运算主要用于数值型数据的自运算中，示例如下。

（1）将变量 x 的值增加 1，语句为 x = x + 1。

（2）将变量 x 的值减少 1，语句为 x = x – 1。

（3）将标签 Label1 的 Left 属性增加 100，语句为 Label1.Left = Label1.Left + 100。

（4）将图像 Image1 的 Width 属性扩大两倍，语句为 Image1.Width = Image1.Width * 2。

2. 字符运算

字符运算主要用于字符串型数据的自运算中，示例如下。

（1）在字符串 s 的后面添加字符“!”，语句为 s = s & "!"。

（2）删除字符串 s 的最后一个字符，语句为 s = Left (s , Len(s)-1)。

（3）在字符串 s 的前面添加字符“#”，语句为 s = "#" & s。

（4）删除字符串 s 的第一个字符，语句为 s = Right (s , Len(s)-1)。

（5）在字符串 s 的第 k 个字符后添加字符“*”，语句为 s = Left(s, k) & "*" & Right(s, Len(s) - k)。

（6）删除字符串 s 的第 k 个字符，语句为 s = Left(s, k - 1) & Right(s, Len(s) - k)。

自运算的过程可以理解为在原来的基础上进行的某些运算。为了达到一定的效果，我们必须充分掌握对象的常规属性变化所产生的后果以及各种运算的特征。

例 6-14　统计点击次数。如图 6-13 所示，单击窗体后在窗体上输出当前的点击次数。

图 6-13　例 6-14 执行界面

分析：在程序中，可以使用一种特殊的变量，初始值为 0，每执行一次某个程序段，该变量的值就自增 1，这样变量的值和程序段的执行次数一致，我们称这种变量为计数器。程序代码如下：

```
Private Sub Form_Click()
    Static x As Integer                          '静态变量 x
    x = x + 1                                    '变量 x 的值自增 1
    Form1.Cls                                    '清除窗体上原有的内容
    Form1.Print "您已经连续点击了" & x & "次窗体。"   '在窗体上输出结果
End Sub
```

以上代码中使用了 Static（静态）变量 x，这种用 Static 定义的变量可以保留前一次执行本段程序时获得的值，因此 x 的值实际是从 0 开始进行了累加，即每次加 1。关于 Static 变量和过程级变量的描述可参见第 8 章。

6.3.3　求最值

1. 求两个数的最大（小）值

最大值和最小值的求法基本一致，这里我们以求 A 和 B 最大值为例进行分析。两个数的最大值要么是 A，要么是 B，主要任务就是要分清什么时候是 A，什么时候是 B。这两个数的关系无非有 3 种情形，即 A>B，A = B，A<B。可以确定第 1 种情形中 A 是最大值，第 3 种情形中 B 是最大值，而第 2 种情形中可以是 A 也可以是 B。我们可以将这 3 种情形进行归纳，将前两种情形进行合并。写出程序代码如下：

```
If A >= B Then Max = A Else Max = B
```

其中 Else 中含有隐含条件 A<B。若将后两种情形合并，可以写出如下程序代码：

```
If A > B Then Max = A Else Max = B
```

对 A = B 情形的处理完全取决于编程人员代码的书写，在代码确定后，程序中对 A=B 时的处理就确定不变了，这样的程序是稳定的。

例 6-15　求用户输入两个数的最大值和最小值，界面参考如图 6-14 所示。

图 6-14　例 6-15 执行界面

程序代码如下：

```
Private Sub Command1_Click()
    Dim A As Integer, B As Integer
    Dim Max As Integer, Min As Integer
```

```
    A = Val(Text1.Text)                    '接收数据A
    B = Val(Text2.Text)                    '接收数据B
    If A > B Then Max = A Else Max = B  '等价于 Max = IIf(A > B, A, B)
    If A < B Then Min = A Else Min = B  '等价于 Min = IIf(A < B, A, B)
    MsgBox Max & "是最大值," & Min & "是最小值"
End Sub
```

注意，A 和 B 的值需要在接收用户输入的数据后才能进行比较，若不接收则 A 和 B 的值均是 0，求最值将无任何意义。

利用两个数最大（小）值算法，我们还可以求 3 个数最大（小）值及多个数的最值。

2. 求多个数的最值

求多个数的最值问题一般表现为求 n 个数中的最大（小）值。算法描述如下。

步骤 1：给存放最大（小）值的变量赋初值。

步骤 2：取 *n* 个数中的一个数和最大（小）值变量比较，若大于最大值变量（小于最小值变量），则将该数赋值给最大（小）值变量.

步骤 3：重复步骤 2，直至所有数都比较完成。

例 6-16 使用随机函数生成 30 个学生的数学成绩，并求其中的最高分。

分析：百分制分数的范围是 0～100，设最大值变量 max 的初值为 -1，以保证在第 1 次数据比较时就能使 max 等于第一个数。参考界面如图 6-15 所示，代码如下。

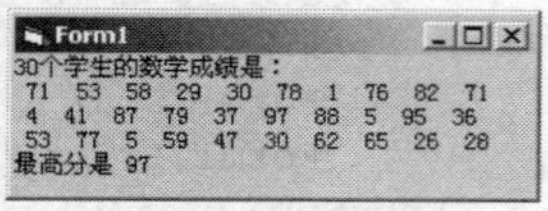

图 6-15　例 6-16 执行界面

```
Private Sub Form_Click()
    Dim grade As Integer, i As Integer, max As Integer
    Print "30 个学生的数学成绩是："
    max =-1                                 '设置最大值的初值为一个相对小的数
    For i = 1 To 30
        grad = Int(101 * Rnd)               '随机生成百分制成绩
        Print grad;                         '输出成绩
        If i Mod 10 = 0 Then Print          '控制一行输出 10 个数
        If grad > max Then max = grad       '若当前成绩比最大值大，则修改最大值
    Next i
    Print "最高分是"; max                   '输出成绩的最大值
End Sub
```

这种对 max 赋初值的方法在有些场合并不适用，为了能确保 max 中只存放真实数据中的一个，我们可以将第 1 个数据作为初值赋给 max，然后从第 2 个数开始和 max 比较。将上述代码进行如下改进。

```
Private Sub Form_Click()
    Dim grade As Integer, i As Integer, max As Integer
    Print "30 个学生的数学成绩是："
    grad=Int(101 * Rnd)                     '生成第一个成绩
    Print grad;
    max=grad                                '设置最大值为第 1 个数
    For i=2 To 30                           '从第 2 个数开始比较
        grad=Int(101 * Rnd)
        Print grad;
        If i Mod 10=0 Then Print
        If grad > max Then max=grad
    Next i
    Print "最高分是"; max
End Sub
```

6.3.4　累加（乘）

累加和累乘算法是数学上经常使用的运算。累加（乘）是指在某个值的基础上一次又一次的加上（乘以）一些数，例 8-1 就是一种累加情形。累加（乘）的结果是运算最终的目标，通常只需使用一个变量来存放在各次运算结果，称这样的变量为累加（乘）器。

1．累加 $\sum a_i$

算法描述如下。

步骤 1：给累加器变量 sum 赋初值为 0，给计数器 i 赋初值为 0。

步骤 2：计数器加 1，即 i+1→i。

步骤 3：计算 a_i。

步骤 4：a_i+sum→sum。

步骤 5：a_i 是否是最后一项，若是则转换成步骤 6，否则转换成步骤 2。

步骤 6：输出累加器变量 sum 的值。

在实际编写程序时，也可以将以上算法对应到一定的模式中。

（1）若已知 i 的取值范围是 1～k，则用以下语句组合来计算累加和 sum。

```
sum=0
For i=1 to k
    sum=sum +ai
Next i
```

（2）若已知最后一项的取值要求，则用以下语句组合来计算累加和 sum。

```
sum=0  : i=1
Do While ai满足条件        '或 Do Until ai不满足条件
    sum=sum +ai
    i=i + 1
Loop
```

当然，遇到具体问题还需具体分析，比如 For 语句也可以换成 Do…Loop 语句实现，Do…Loop 语句也有其等价形式等。

2．累乘 $\prod a_i$

算法描述与累加算法相似，主要区别在于累乘器的初值赋为 1 以及使用 sum = sum × a_i 进行累乘运算。同样的，读者也可以自行总结出类似的累乘程序模式加以运用。

与累加不同，累乘运算时数值的增长速度是以算术级数增长的，在实际应用中要注意将存放结果的变量设置成合理的数据类型，避免"溢出"错误。

例 6-17　正弦函数可表示为 $\sin x = x-\frac{x^3}{3!}+\frac{x^5}{5!}-\frac{x^7}{7!}+...+(-1)^{m-1}\frac{x^{2m-1}}{(2m-1)!}+\cdots$，$-\infty<x<+\infty$，使用该公式求 sin$x$ 的近似解，直到累加项的绝对值小于 10^{-6} 为止。

分析：从公式中可看出，通项 $a_i=(-1)^{i-1}\frac{x^{2i-1}}{(2i-1)!}$，$i$=1，2，…，这是一个累加问题，使用累加模式实现。其中，通项中分子是个阶乘，需要使用累乘模式实现。

程序界面如图 6-16 所示，其中两个文本框的名称分别是 txtX 和 txtResult，则按钮的 Click 事件过程实现如下：

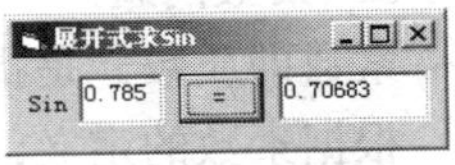

图 6-16　例 6-17 执行界面

```
Private Sub Cmdcul_Click()
    Dim x As Single, i As Integer, j As Integer
```

```
        Dim sum As Single, t As Single, f As Single
        x = Val(txtX.Text)
        i = 1
        Do
            f = 1                                           '求 2i-1 的阶乘，放入变量 f 中
            For j = 1 To 2 * i - 1
                f = f * j
            Next j
            t = (-1) ^ (i - 1) * x ^ (2 * i - 1) / f        '通项 t 的计算
            sum = sum + t                                   '累加
            i = i + 1
        Loop Until Abs(t) < 10 ^ (-6)
        txtResult.Text = Format(sum, "0.00000")             '输出结果
    End Sub
```

经测试，由于积累误差，当$|x|>20$时，以当程序的计算误差较大。

这里介绍的方法称为多项式法，特点是每次都需要计算某个 a_i。当 a_i 序列的前后项之间存在数学关系时，累加（乘）运算也可以采用递推法来实现，请参见 6.3.6 小节内容。

6.3.5 穷举法

穷举法主要通过将可能出现解的范围中所有的数一一进行判断。搜索范围的确定是穷举法的关键，一旦确定了范围，使用常规的循环语句即可解决问题。

1. 组合问题

组合问题一般体现在要求符合条件的所有组合情况，此类问题的关键是要按一定的顺序进行穷举，避免遗漏。

例 6-18 求由数字 0、1、2、3、4 组成的所有无重复数字的 3 位正整数。

分析：分别对 3 位数的 3 个位数字进行穷举，其中百位数字不能为 0。使用三重循环来实现，程序执行结果如图 6-17 所示，程序代码如下。

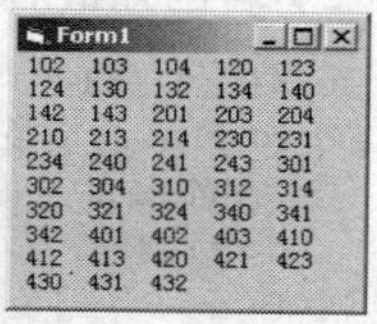

图 6-17 例 6-18 执行界面

```
    Private Sub Form_Click()
        Dim a As Integer, b As Integer, c As Integer, n As Integer
        For a = 1 To 4                                      '对百位数字 a 进行穷举
            For b = 0 To 4                                  '对十位数字 b 进行穷举
                For c = 0 To 4                              '对个位数字 c 进行穷举
                    If a <> b And b <> c And a <> c Then    '三个数字互不相同
                        Print a * 100 + b * 10 + c;         '将 a, b, c 组合成三位数输出
                        n = n + 1                           '计数
                        If n Mod 5 = 0 Then Print           '控制换行
                    End If
        Next c, b, a                                        '将连续的三条 Next 语句合并写
    End Sub
```

本例中要求 3 位数中无重复数字，因此用来表示 3 个位的 *a*、*b*、*c* 变量应各不相等。变量 *n* 用来统计符合条件的个数并用于是否输出换行的依据。

2. 素数问题

素数即质数，是指除了能被 1 和自身整除而不能被其他任何数整除的数。

根据素数的定义，只需用 2 到 $n-1$ 去除 n，如果都除不尽则 n 是素数，否则，只要其中有一个数能除尽则 n 不是素数。也可以理解为，在 2 到 $n-1$ 中寻找 n 的因子，若找不到则 n 是素数，否则 n 不是素数。

例 6-19　判断整数 x 是否是素数。

程序代码如下：

```
Private Sub Command1_Click()
    Dim x As Integer, i As Integer
    x = Val(Text1)
    If x > 1 Then
        For i = 2 To x - 1                    '在[2,x-1]中用穷举法找因子
            If x Mod i = 0 Then Exit For      '判断 x 是否能被 i 整除，即 i 是否是 x 的因子
        Next i
        If i = x Then                         '没找到因子
            MsgBox x & "是素数"
        Else                                  '找到因子
            MsgBox x & "不是素数"
        End If
    Else
        MsgBox "x 必须大于 1"
    End If
End Sub
```

其中 For 语句中的 i 既是循环变量，同时也是用来搜索 x 的因子的变量，i 的取值范围是[2，x-1]。当循环正常结束，i 的值将超过循环终值 x−1，即 i 的值是 x，但若循环由 Exit For 语句结束时，i 的值就是[2，x−1]中的一个，因此根据 For 循环结束后循环变量 i 的值来判断是否找到 x 的因子，从而确定 x 是否是素数。

我们发现 i 的取值范围可以缩小，由于 x 的因子总是成对出现的，因而可以将搜索范围缩小到在[2，x/2]之间，这样程序的效率就提高了一半。若再仔细推敲，我们发现成对出现的因子中一个因子在[2，$\sqrt{x}$]，另一个因子在[$\sqrt{x}$ ，x−1]，故将搜索范围进一步缩小到[2，$\sqrt{x}$]之间，因为如果 x 在[2，$\sqrt{x}$]间没有因子，则 x 在[2，x−1]间也就没有因子。将以上代码进行改进如下：

```
Private Sub Command1_Click()
    Dim x As Integer, i As Integer, k As Integer
    x=Val(Text1)
    If x > 1 Then
        k=Sqr(x)                  '这里进行数据类型的自动转换，等价于四舍五入取整
        For i=2 To k
            If x Mod i=0 Then Exit For
        Next i
        If i > k Then
            MsgBox x & "是素数"
        Else
            MsgBox x & "不是素数"
        End If
    Else
        MsgBox "x 必须大于 1"
    End If
End Sub
```

例 6-20　从键盘上输入一个正整数，找出大于或等于该数的第一个素数。

分析：基本方法是从 x 开始逐个判断是否是素数，若是则结束程序，若不是则将 x 自增 1 后继续判断。参考界面如图 6-18 所示，程序代码如下。

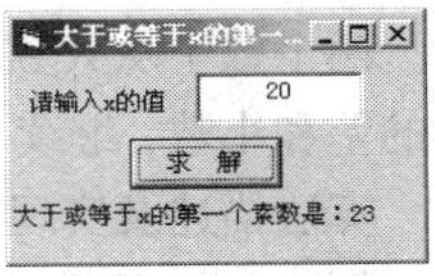

图 6-18　例 6-20 执行界面

```
Private Sub Command1_Click()
    Dim x As Integer, i As Integer
    x=Val(Text1)
    If x > 1 Then
```

```
        Do
            For i=2 To Sqr(x)
                If x Mod i=0 Then Exit For
            Next i
            If i > Round(Sqr(x)) Then          'x 是素数，结束循环
                Exit Do
            Else                               'x 不是素数，继续循环
                x=x + 1
            End If
        Loop
        Label2.Caption="大于或等于 x 的第一个素数是：" & x
    Else
        MsgBox "x 必须大于 1"
    End If
End Sub
```

除了判断素数采用了穷举法，本例是在一定范围中寻找符合条件的 x，也属于穷举法，只是这里没有明确符合条件的数的范围，这也是我们采用 Do…Loop 语句来实现本例的原因。

6.3.6 递推法（迭代法）

使用递推法来解决的问题中，前一个状态和后一个状态间存在着一定的函数关系。递推法的关键在于找到正确的函数关系，然后使用循环语句来实现。

1. 最大公约数和最小公倍数

若已知整数 x 和 y 的最大公约数是 k，则它们的最小公倍数是 xy/k。

下面介绍求两个整数最大公约数的两种方法。

（1）辗转相除法（欧几里德算法）。递推公式如下：

$$\mathrm{Gcd}(m,n)=\begin{cases} m & n=0 \\ \mathrm{Gcd}(n, m \ \mathrm{Mod}\ n) & n<>0 \end{cases}$$

两个数相除，若余数为 0，则除数就是这两个数的最大公约数。若余数不为 0，则以除数作为新的被除数，以余数作为新的除数，继续相除，……，直到余数为 0，除数即为两数的最大公约数。算法描述如下。

步骤 1：输入两个自然数 x、y，令 x>=y。

步骤 2：求 x 除以 y 的余数 r。

步骤 3：$y \to x$，$r \to y$。

步骤 4：若 $r \neq 0$，则转步骤 2，否则转步骤 5。

步骤 5：输出 x。

（2）相减法。递推公式如下：

$$\mathrm{Gcd}(m,n)=\begin{cases} m & n=m-n \\ \mathrm{Gcd}(n, m - n) & n<>m-n \end{cases}$$

两个数中从大数中减去小数，所得的差若与小数相等，则该数为最大公约数。若不等，对所得的差和小数，继续从大数中减去小数，……，直到两个数相等为止。

算法描述及实现由读者参考“辗转相除法”完成。

例 6-21 用欧几里德算法求 x 和 y 的最大公约数。

分析：根据以上算法步骤编写程序代码，执行界面见图 6-19 所示。

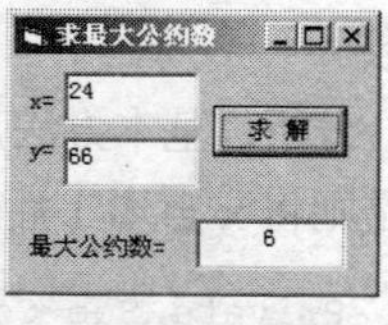

图 6-19 例 6-21 执行界面

```
Private Sub Command1_Click()
    Dim x As Long, y As Long, r As Long, temp As Long
```

```
    x = Val(Text1.Text)              '取数据 x
    y = Val(Text2.Text)              '取数据 y
    If x < 1 Or y < 1 Then           '检验数据合法性
       MsgBox "输入数据错误！"
    Else
       If x < y Then temp = x: x = y: y = temp     '确保 x>y
       Do                                          '求最大公约数
          r = x Mod y                              'r 中存放余数
          x = y                                    'y 的值存入 x，即下一次循环中的 x
          y = r                                    'r 的值存入 y，即下一次循环中的 y
       Loop While r <> 0                           '余数为 0 时结束循环
       Text3.Text = CStr(x)                        '输出最大公约数
    End If
End Sub
```

2. Fibonacci 数列

兔子繁殖问题：如果每对兔子每月繁殖一对子兔，而子兔在出生后第 2 个月就有生殖能力，试问一对兔子一年能繁殖多少对兔子？可以这样思考：第 1 个月后即第 2 个月时，一对兔子变成了两对兔子，其中一对是它本身，另一对是它生下的幼兔。第 3 个月时两对兔子变成了三对，其中一对是最初的一对，另一对是它刚生下来的幼兔，第三对是幼兔长成的大兔子。第 4 个月时，三对兔子变成了五对，第 5 个月时，五对兔子变成了八对，按此方法推算，第 6 个月是 13 对兔子，第 7 个月是 21 对兔子……

裴波那契得到一个数列，人们将这个数列前面加上一项 1，成为“裴波那契数列”，即 1，1，2，3，5，8，13……。该数列的特点是从数列的第 3 项开始，每一项都等于前两项之和，用公式表示如下。

$$\mathrm{Fib}(n)=\begin{cases}1 & n=1\\ 1 & n=2\\ \mathrm{Fib}(n-2)+\mathrm{Fib}(n-1) & n>2\end{cases}$$

求 Fibonacci 数列中数值的算法描述如下。

步骤 1：将 $x1$ 和 $x2$ 的初值赋为 1。

步骤 2：若 $x1$ 符合条件，则输出 $x1$；若不符合，则程序结束。

步骤 3：$x1 \rightarrow t$；$x1+x2 \rightarrow x1$；$t \rightarrow x2$。

步骤 4：转步骤 2。

其中，$x1$ 和 $x2$ 表示相邻两项的前后项，步骤 3 中所做的运算是求一个新项 $x1$，并用 $x2$ 记录下原项。

例 6-22　输出 100 以内的 Fibonacci 数列。

分析：根据以上算法步骤编写程序代码，执行界面如图 6-20 所示。

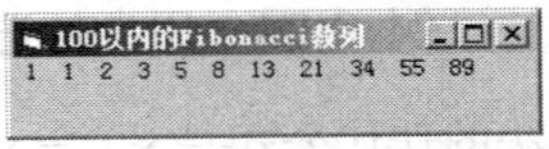

图 6-20　例 6-22 执行界面

```
Private Sub Form_Click()
    Dim x1 As Integer, x2 As Integer, t As Integer
    x1 = 1: x2 = 1
    Print x2;                    '输出前一个数
    Do While x1 <= 100
        Print x1;                '第一次循环时输出第二个数 1，以后输出最新计算出的数
        t = x1                   '将前一项保存到中间变量 t 中
        x1 = x1 + x2             '前两项和
        x2 = t                   '将前一项数放入 x2 中
    Loop
End Sub
```

3. 累加（乘）中的递推

在累加（乘）算法中，若 a_i 序列的前后项之间存在数学关系（$a_i=\mathrm{f}(a_{i-1})$）时，累加（乘）运

算也可采用递推法来实现，这种递推也称为迭代法。

使用迭代法求累加（乘）中通项 a_i 时，可以避免每次都重新开始计算 a_i，大大提高程序的效率。

例 6-23 用递推法求解例 6-17，$\sin x = x-\frac{x^3}{3!}+\frac{x^5}{5!}-\frac{x^7}{7!}+\cdots+(-1)^{m-1}\frac{x^{2m-1}}{(2m-1)!}+\cdots$，$-\infty < x < +\infty$，直到累加项的绝对值小于 10^{-6} 为止。

分析：通项 $a_k=(-1)^{k-1}\frac{x^{2k-1}}{(2k-1)!}$，当 $k=i$ 和 $i+1$ 时，得

$a_i=(-1)^{i-1}\frac{x^{2i-1}}{(2i-1)!}$，$a_{i+1}=(-1)^{i}\frac{x^{2i+1}}{(2i+1)!}$，不难得到两者之间的递推关系式如下：

$$a_{i+1}=-\frac{x^2}{2i\cdot(2i+1)}a_i。$$

参考代码如下：

```
Private Sub Cmdcul_Click()
    Dim x As Single, i As Integer
    Dim sum As Single, t As Single
    x=Val(txtX.Text)
    i=1: t=x: sum=x                                      '第 1 项的处理
    Do
        t=t * (-1) * x * x / (2 * i * (2 * i + 1))      '通项 t 的递推
        sum=sum + t
        i=i + 1
    Loop Until Abs(t) < 10 ^ (-6)
    txtResult.Text=Format(sum, "0.00000")
End Sub
```

从代码中我们看到，使用递推公式后通项的求解就显得简单多了，避免了使用循环嵌套计算阶乘及乘方运算，减少了代码的执行时间。

4. 迭代法求方程的近似根

数学上有很多迭代法来求解方程的根，主要思想是从某个初值 $x0$ 开始，根据迭代公式 $x_{n+1}=g(x_n), n=0,1,2,\cdots$，逐次产生更接近于真实解的 $x1$，$x2$，…，直到某个 x 在一定精度下非常接近真实解，这个 x 就是解的近似值。

例 6-24 用牛顿迭代法求方程 $f(x)=xe^x-1=0$ 的近似根（$|x_{k+1}-x_k|<10^{-5}$ 为止）。牛顿迭代法的迭代公式是 $x_{k+1}=x_k-\frac{f(x_k)}{f'(x_k)}$，$k$=0，1，2，…，其中 $f'(x_k)$ 是对 $f(x_k)$ 求导的结果。本题中 $f'(x_k)=e^{x_k}(x_k+1)$。

程序代码如下：

```
Private Sub Command1_Click()
    Dim x0 As Single, x1 As Single
    x1 = Val(InputBox("请输入 x 的初值"))
    Do
        x0 = x1                                              '将前一次计算的根放入 x0
        x1 = x0 - (x0 * Exp(x0) - 1) / (Exp(x0) * (x0 + 1))  '新迭代计算的根放入 x1
    Loop Until Abs(x1 - x0) < 10 ^ -5
    Print Format(x1, "0.0000000")                            '输出格式化
End Sub
```

当程序输入 x 的初值为 0.5 时，结果显示近似根为 0.567 143 3。

6.3.7　字符串遍历

字符串的遍历是指逐个访问字符串中的每一个字符，并对其进行指定的操作。

1. 完全遍历

一般地，我们总是从字符串的第一个字符开始访问，直到最后一个字符，称为字符串的完全遍历，经常采用以下语句结构进行字符串的遍历。

```
For i=1 To Len(S)
  …  ' 对 S 中第 i 个字符 Mid(S,i,1)进行处理
Next i
```

例 6-25　统计用户输入的字符串中字母字符、数字字符和其他字符的数量。

分析：可以通过分别设置三个计数器来存放各类字符的数量，对字符的分类可以使用分支语句来实现，参考界面如图 6-21 所示。

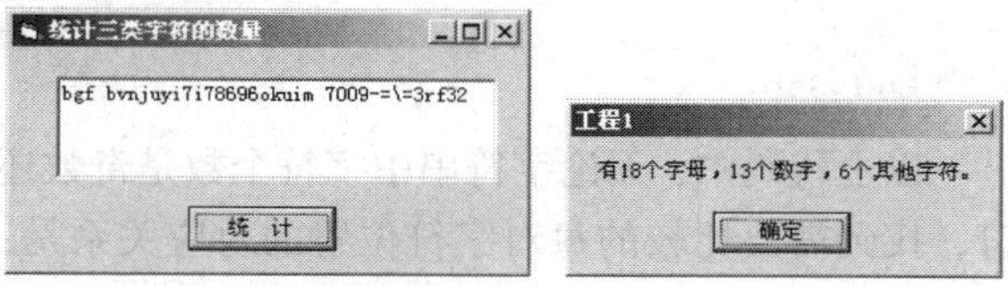

（a）例 6-25 主界面　　（b）例 6-25 结果信息框

图 6-21　例 6-25 执行界面

若用户在文本框 Text1 中输入字符串，则程序代码如下：

```
Private Sub CmdCount_Click()                 ' “统计”按钮的单击事件
    Dim s As String, i As Integer
    '设置 3 个计数器，分别记录字母、数字和其他字符的统计数量
    Dim n_char As Integer, n_digital As Integer, n_other As Integer
    s=Text1.Text                             '接收用户输入的一串字符
    For i=1 To Len(s)                        '从第 1 个字符开始统计到最后 1 个字符
        Select Case Mid(s, i, 1)             '对每 1 个输入的字符进行判断分类
            Case "A" To "Z", "a" To "z"
                n_char=n_char + 1            '字母计数器+1
            Case "0" To "9"
                n_digital=n_digital + 1      '数字计数器+1
            Case Else
                n_other=n_other + 1          '其他字符计数器+1
        End Select
    Next i
    '显示统计结果
    MsgBox "有" & n_char & "个字母，" & n_digital & "个数字，" & n_other & "个其他字符。"
End Sub
```

值得注意的是，由于 For 语句的特点，如果在循环中字符串的长度发生了变化，要想正确地遍历所有字符，则需要把 For 语句转换成 Do…Loop 语句来实现。

2. 回文字符串

回文字符串是指该字符串正读和反读都一样。如“aba”、“abba”、“处处飞花飞处处”、“珠联璧合璧联珠”等都属于回文字符串。

例 6-26　判断用户输入的字符串是否是回文。

分析：对回文字符串的判断主要有两种方法。

（1）按定义判断　先求出字符串的反序字符串，然后和原字符串比较，如果相等则是回文，否则不是回文。

```
Private Sub Command1_Click()
    Dim strS As String, i As Integer
    '以下求文本框 Text1 中文本的反序串 strS
```

```
    strS = ""
    For i = 1 To Len(Text1)
        strS = Mid(Text1, i, 1) & strS
    Next i
    If strS = Text1 Then MsgBox "是回文" Else MsgBox "不是回文"  '判断反序串和原串是否相等
End Sub
```

（2）首尾字符的成对比较　将字符串折半比较，若每对字符都相等则是回文，否则只要有一对字符不等就不是回文。

```
Private Sub Command2_Click()
    Dim i As Integer
    For i = 1 To Len(Text1) \ 2                    '共有 Len(Text1) \ 2 对字符需要比较
        If Mid(Text1, i, 1) <> Mid(Text1, Len(Text1) - i + 1, 1) Then Exit For
    Next i
    If i > Len(Text1) \ 2 Then MsgBox "是回文" Else MsgBox "不是回文"
End Sub
```

以上代码中，无论字符串中字符个数是奇数还是偶数，都归纳成需要比较 Len(Text1) \ 2 对字符，找到需要比较的每对字符位置的对应关系是：第 i 个字符和第 Len(Text1) - i + 1 个字符。循环中若找到有一对字符不相等，则结束循环，循环结束后通过循环变量 *i* 的值的判断确定是否找到不相等字符，未找到则是回文，否则不是回文。

6.3.8　有限状态自动机

计算机工作者们提出了一种形象的方式描述这种动态过程，它可以清楚地反映一个“系统”的状态、状态转换的条件、转换时的动作等，这种抽象模型称为自动机。

有限状态自动机拥有有限数量的状态，每个状态可以迁移到零个或多个状态，输入字串决定执行哪个状态的迁移。有限状态自动机可以表示为一个有向图，图 6-22 中描述了具有两个状态的自动机。

一般地，我们将各状态存在的条件加以总结，并使用状态变量来描述当前所在的状态，并通过对状态变量的判断来识别状态是否发生了转换。两个状态的自动机中的状态变量可以采用逻辑型。

例 6-27　统计文章中共有多少英文单词。设单词间使用空格隔开，句中或句末使用逗号、句号、感叹号、问号。

分析：如图 6-23 所示，对字符的读入过程有两种不同的状态在相互转换：①IN 状态，表示处在单词之外；②OUT 状态，表示正处在某单词的内部。当从 OUT 状态转到 IN 状态，则表明遇到新单词，这时应把计数器加 1，而当前字符是字母字符，它是不是新单词的开始还依赖于前一字符是否是非字母字符。因此，处理步骤不能孤立进行，处理方式需要依赖于前面的历史情况。使用状态变量 Flag 记录状态，在进行状态转换时从 Flag 的值可以看出前一个字符的类别。

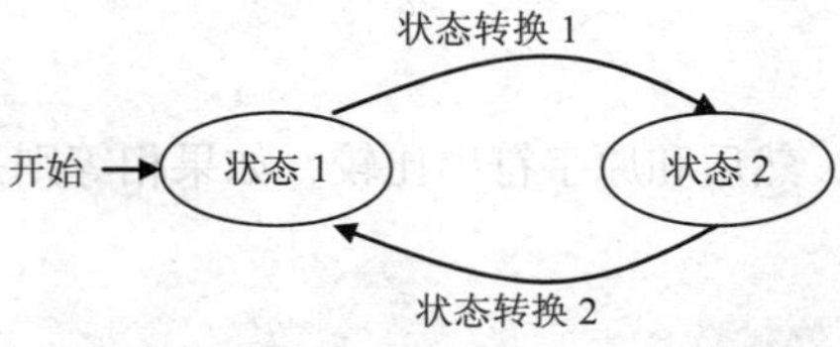

图 6-22　两个状态的有限自动机的有向图表示

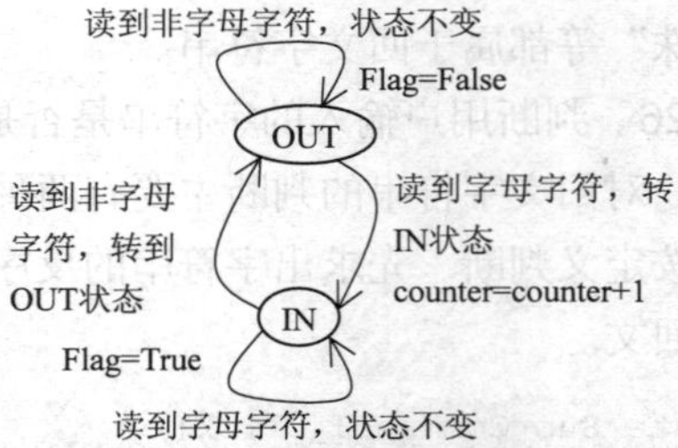

图 6-23　例 6-26 自动机有向图

若用户在文本框 Text1 中输入字符串，参考界面如图 6-24 所示，则程序代码如下。

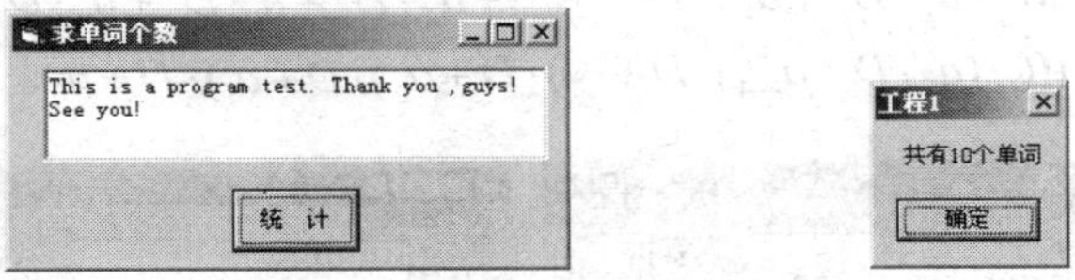

（a）例 6-27 主界面　　　　（b）例 6-27 结果信息框

图 6-24　例 6-27 执行界面

```
Private Sub Command1_Click()
    Dim i As Integer, flag As Boolean      'flag 的初值为 False
    Dim ch As String * 1, counter As Integer
    For i=1 To Len(Text1)
        ch=Mid(Text1, i, 1)                'ch 为当前字符
        If ch >= "a" And ch <= "z" Or ch >= "A" And ch <= "Z" Then
            If flag=False Then             '若前一字符不是字母
                flag=True                  'OUT 状态转换到 IN 状态
                counter=counter + 1
            End If
        ElseIf ch=" " Or ch="." Or ch="," Or ch="!" Or ch="?" Then
            flag=False                     'IN 状态转换到 OUT 状态
        End If
    Next i
    MsgBox "共有" & counter & "个单词"
End Sub
```

事实上，在很多场合我们不自觉地都用到了这种状态转换的判断，如以下代码使用了状态变量 F 来判断 x 是否是素数。

```
F=True                                 '逻辑型状态变量 F
For i=2 To Sqr(x)
    If x Mod i=0 Then F=False : Exit For
Next i
If  F  Then                            '等价于 If  F=True Then
    MsgBox x & "是素数"
Else
    MsgBox x & "不是素数"
End If
```

这里先假设 x 是素数（F=True），一旦在循环中找到不是素数的依据则更改结论（F=False），最后再根据状态变量 F 的值得出最终的结论。

6.3.9　进制转换

虽然 Visual Basic 可以直接表示一个八进制或十六进制常数，也可以使用数学函数 Oct(x)和 Hex(x)求变量 x 对应的八进制和十六进制字符串，但没有提供对二进制的表示和运算，本节我们主要讨论 D 进制数整数（D≤16）和十进制数整数的转换。

例 6-28　实现 D 进制数整数（D≤16）和十进制数整数的互换，如图 6-25 所示，第一行左侧文本框为 Txt_D，右侧文本框为 T_digit，最下面的文本框为 Txt_10。

1．D 进制整数转换成十进制整数

由于 D 进制数只能表示成字符串，因此这又是一个对字符串的操作运算。若 D 进制数表示成

$a_k a_{k-1} \cdots a_2 a_1 a_0$，则转换成十进制数据的方法是多项式法，如下所示。

$$M = a_k \cdot D^k + a_{k-1} \cdot D^{k-1} + \cdots + a_2 \cdot D^2 + a_1 \cdot D^1 + a_0 \cdot D^0$$

也可以表示成 $M = (((\ldots(a_k \cdot D + a_{k-1}) \cdot D + \cdots) \cdot D + a_2) \cdot D + a_1) \cdot D + a_0$。

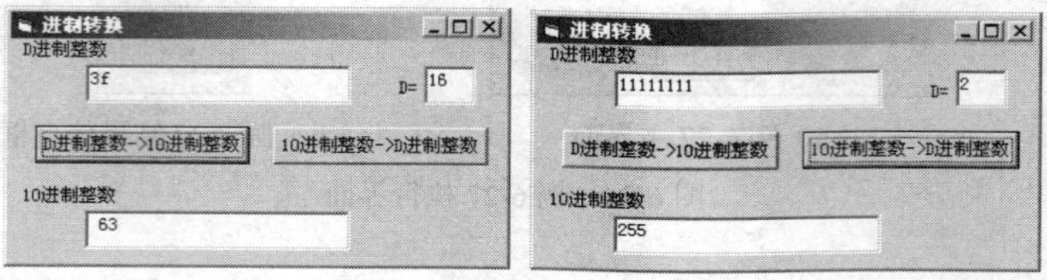

图 6-25　例 6-28 执行界面

其中后一种表达式中避免了对基数 D 的幂指数的求解，且将求和归结为求若干次 $a_i \cdot D + a_{i-1}$ 的过程，这是较为常用的方法。

本例中“D 进制整数→十进制整数”按钮的 Click 事件过程实现如下：

```
Private Sub CmdD_10_Click()
    Dim s As String, ch As String * 1
    Dim num As Double, i As Integer, d As Integer
    d = Val(T_digit.Text)
    If d > 16 Or d < 2 Then                         '判断输入的进制数是否不在[2,16]之间
       MsgBox "进制错误，应小于16大于1", vbCritical
    Else
       s = Txt_D.Text
       For i = 1 To Len(s)
          ch = Mid(s, i, 1)
          Select Case ch
             Case "0" To "9"                         '对字符 0~9 处理
                If d <= Asc(ch) - Asc("0") Then      '若输入了超出进制字符范围的数字
                   MsgBox "字符与进制不符", vbCritical
                   Exit Sub                          '直接跳至 End Sub 语句执行
                End If
                num = num * d + Asc(ch) - Asc("0")   '数值的积累
             Case "a" To "f", "A" To "F"             '对字符 A~F 的处理
                ch = UCase(ch)                       '统一将字符转换成大写字母进行处理
                If d <= Asc(ch) - Asc("A") + 10 Then    '若输入了超出进制字符范围的字母
                   MsgBox "字符与进制不符", vbCritical
                   Exit Sub
                End If
                num = num * d + Asc(ch) - Asc("A") + 10 '数值的积累
             Case Else                                  '非法进制字符
                MsgBox "非法输入", vbCritical
                Exit Sub
          End Select
       Next i
       Txt_10.Text = CStr(num)                          '显示结果
    End If
End Sub
```

以上代码中的 Exit Sub 语句用于结束所在事件过程，并未结束应用程序，程序还能继续运行。其中对超过数字 9 的字母 A～F 的识别与判断是必需的，使用 Asc(ch) - Asc("0")和 Asc(ch) - Asc("A") + 10 来计算数字字符及 A～F 所对应的数值。

2. 十进制整数转换成 D 进制整数

十进制整数转换成 D 进制整数的方法是将十进制整数反复除以 D，并取余数，最后将余数反

向收集成字符串。

本例中“十进制整数→D 进制整数”按钮的 Click 事件过程实现如下：

```
Private Sub Cmd10_D_Click()
    Dim num As Long, i As Integer
    Dim s As String
    d = Val(T_digit.Text)                                '获取进制数
    If d > 16 Or d < 2 Then                              '判断输入的进制数是否不在 2~16 之间
         MsgBox "进制错误，应小于 16 大于 1", vbCritical
    Else
        num = Val(Txt_10.Text)                           '获取要处理的十进制数
        If num < 0 Then num = -num                       '将负数转换成正数处理
        Do While num <> 0                                '整除，求余数，并反向存放
          If num Mod d < 10 Then                         '余数是 0~9 时
            s = CStr(num Mod d) & s                      '将字符转换成对应的 0~9 字符，并反向存放
          Else                                           '余数是 10~16 时
            s = Chr(Asc("A") + num Mod d - 10) & s '将字符转换成对应的 A~F 字符，并反向存放
          End If
          num = num \ d                                  '整除，求下一个需处理的数
        Loop
        If Val(Txt_10.Text) < 0 Then s = "-" & s   '负数的结果字符串前加“-”号
        Txt_D.Text = s                                   '显示结果
    End If
End Sub
```

值得注意的是，由于在循环中使用了递推式 num=num\b，循环结束后 num 的值已不再表示文本框中的数了。另外，D>10 时对 D 进制数中 A～F 字符的处理与 0～9 字符的处理也不太一样。

6.3.10　图形字符的打印

一般情况下，需要输出的图形行数和列数基本确定，因此，使用 For…Next 语句来实现比较容易控制输出格式。根据 Visual Basic 中的坐标系统，对图形的输出一般采用行输出格式，即一行一行输出，对每一行上要输出的内容进行分析将有助于问题的解决。

例 6-29　在窗体上打印输出如图 6-26 所示图形。

分析：用 *i* 来表示行号，则 *i* 的取值范围是 1～9。第 *i* 行上需要输出 9−*i* 个空格，1～*i* 的数字字符，（*i*−1）～1 的数字字符，1 个换行符。

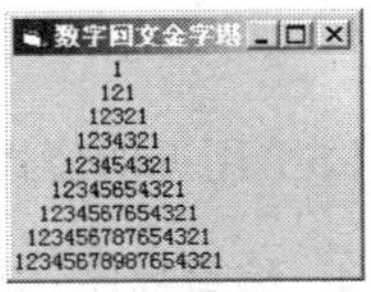

图 6-26　例 6-29 执行界面

程序代码如下：

```
Private Sub Form_Click()
    Dim i As Integer, j As Integer
    For i = 1 To 9                       '共输出 9 行
        Print Spc(9 - i);                '输出 9-i 个空格
        For j = 1 To i                   '输出 i 个数字
            Print CStr(j);
        Next j
        For j = i - 1 To 1 Step -1       '输出 i-1 个数字
            Print CStr(j);
        Next j
        Print                            '行末输出换行
    Next i
End Sub
```

在窗体或图片框中打印文字时由换行较为方便地控制文字或图形按从上到下、从左到右的顺序生成，也可采用设置窗体或图片框的 CurrentX 和 CurrentY 属性值来确定当前输出位置，从而实现任意位置输出。

本章小结

本章介绍了算法的基本概念、基本特征，讲述了算法设计的基本要求，读者在设计算法时要遵循这些要求，尽量使算法在保证正确的前提下提高执行效率，设计的算法亦必须符合结构化程序设计的要求，做到结构鲜明，描述简练。在本章介绍的几种算法的表示方法中，要求读者能读懂它们描述的算法，并能将自己设计的算法采用传统流程图的方法正确地表示出来。本章还介绍了一些常用的使用顺序、选择、循环结构的算法及其应用，读者可以通过这些算法的学习，将它们应用在具体问题中，使得问题变得更容易被解决。

算法作为程序设计的灵魂，在程序设计中占有相当重要的地位，同时也存在着相当大的难度，读者在学习程序设计的过程中要不断积累典型的、常用的算法，为自己掌握程序设计算法打好坚实的基础。

思考练习题

1. 什么是算法？算法的基本特征有哪些？

2. 算法的基本结构有哪些？

3. 请使用传统流程图描述以下问题：

（1）已知长和宽，计算矩形的周长和面积。

（2）求两个数的最大值。

（3）输入两个数，输出它们之间的大小关系（大于、小于、等于）。

（4）求 1～100 之间偶数的和。

（5）用近似公式 $e \approx 1+\frac{1}{1!}+\frac{1}{2!}+\cdots+\frac{1}{n!}$ 计算自然对数的底 e 的近似值（n 从输入得到）。

4. 编写程序，实现 3 个文本框中的内容（数值）进行循环易位，即第 1 个文本框中的数放在第 3 个文本框中，第 2 个文本框中的数放在第 1 个文本框中，第 3 个文本框中的数放在第 2 个文本框中。如未交换前 3 个文本框中数据分别是 34、12、97，交换后数据分别变为 12、97、34。

5. 编写程序，计算 $y=\frac{1}{2}+\frac{1}{2\times4}+\frac{1}{2\times4\times6}+\cdots+\frac{1}{2\times4\times6\times\cdots\times2n}+\cdots$，直到某一项小于或等于 10^{-4} 为止。

6. 编写程序找零巧数。零巧数是指具有下述特征的四位正整数：其百位数为 0，如果去掉 0，得到一个三位正整数，而该三位数乘以 9 等于原数。如 2 025=225×9，所以 2 025 是零巧数。

7. 编写程序求以下式子中 A、B 的值。

$$\begin{array}{r} A\ B \\ \times\ B\ A \\ \hline 4\ 0\ 3 \end{array}$$

8. 人民币的面值有 100 元、50 元、20 元、10 元、5 元、2 元、1 元、5 角、1 角，某人到商场购物并付款，编写程序求出付款时可采纳的面值组合的所有情况。

9. 编写程序找出一个正整数的所有质因子。如 36 的质因子是 2，3。

10. 编写程序用迭代法求 $x=\sqrt{a}$ 。

分析：求平方根的迭代公式为 $x_{n+1}=\frac{1}{2}x_n+\frac{a}{x_n}$，要求前后两次求出的 x 的差的绝对值小于 10^{-5}，具体算法如下。

（1）设定一个 x 的初值 x_0，如 $x_0=a/2$。

（2）用迭代公式求出 x 的下一个值 x_1。

（3）再将 x_1 代入上述公式，求出 x 的下一个值 x_2。

（4）如此继续下去，直到前后两次求出的 x 值满足以下关系 $|x_{n+1}-x_n|<10^{-5}$。

11. 编写程序实现以下功能：给定 8 位二进制数的原码，求它的反码。计算机中反码的表示规则是：最高位是符号位（1 表示负，0 表示正）；正数的反码就是其原码；负数的反码是在原码基础上符号位不变，其余各位取反。

如二进制数 0100 0101 的反码是 0100 0101，1100 0101 的反码是 1011 1010。

12. 若 a 和 b 是两个用 n 位二进制表示的编码，设 $a=a_1$，a_2，…，a_n，$b=b_1$，b_2，…，b_n。其中 a_i，$b_i=0$，1（$i=1,2,\cdots,n$），若 $a_i\neq b_i$ 的数目为 L，则用 $d(a,b)=d(b,a)=L$，称 L 为 a，b 码的汉明（Hamming）距离。输入两个二进制数，求它们的汉明距离。

13. 将字符串中所有的字符 s 替换为字符 t。

14. 使用循环将以下数字按格式在窗体上输出。

```
4   6   8  10
6   9  12  15
8  12  16  20
10 15  20  25
```

第7章 高级数据类型

学习重点

- 理解数组的基本概念，了解默认数组。
- 理解数组的声明（动态数组和定长数组）。
- 理解数组的基本操作（输入、输出、查找、排序、增加、删除等）。
- 掌握 For Each ... Next 语句的用法。
- 清楚控件数组的概念，掌握控件数组的建立和使用方法。
- 掌握枚举、用户自定义等高级数据类型的定义和使用。

第 4 章介绍了 Visual Basic 中的基本数据类型（字符串、整型、布尔型等），这些类型的数据是通过简单变量名的形式进行访问，且一次仅能存放一个数据；各个简单变量之间相互独立，没有内在的联系，并与其所在的位置无关。但是在碰到实际问题的解决过程中，只有这些简单的基本数据类型是不够的，常常需要表示和处理的数据对象是一批数据的集合（由相同或不同类型的数据组合在一起构成的一个有机整体），而且该数据集合中的数据有时还具有一定的关联。Visual Basic 提供的枚举、数组、用户自定义等高级数据类型可以存储这样复杂的数据，并有效地解决这类问题。

7.1 数　　组

7.1.1 数组的基本概念

1. 数组

数组是指同类变量的一个有序集合，它使用同一个名字来组织这组相同类型的变量。如：可以将某班级 30 个学生的成绩用数组 Grade 来记录。

2. 数组元素

数组中的每个数据变量称为数组元素，数组中的每个元素都有一个唯一的下标（索引）来标识自己，如在数组 Grade 中第 10 个学生的成绩表示为 Grade(10)，其中 10 是下标。数组的各个元素在内存中占有连续的存储空间。

3. 数组的维数

维数是指一个数组中的元素需要用多少个下标来表示。常用的数组维数为一维和二维。一维数组只需用一个下标来标识一个元素，相当于数学中的数列，如前面的 Grade 数组中，Grade(*i*)

表示第 i 个元素；二维数组则需要用两个下标来标识一个元素，相当于数学中的矩阵，形象地表达为行下标和列下标，如有二维数组 Arr(1 to 3,1 to 5)，表示数组中有 3 行 5 列的元素，其中 Arr(2,3) 表示第 2 行第 3 列元素；同理，三维数组需要三个下标来标识一个元素，表示了一个三维空间中的数据，可以将其中两维还理解为行和列，另一维理解为数据所在的层，如有三维数组 Org(1 to 3,1 to 5,1 to 10)，表示数组中有 10 层数据，每层上有 3 行 5 列。Visual Basic 中数组的维数最大可达 60。

4. 数组的长度

数组中数组元素的个数称为数组的长度（大小），数组元素的多少受内存的制约。

```
数组的大小(元素的个数) = 第一维大小 × 第二维大小 × ......
维的大小 = 维上界 - 维下界 +1
```

5. 数组的分类

根据系统为数组在内存中分配的空间在程序执行过程中是否可变，Visual Basic 中的数组分为定长（固定大小）数组和动态（可变长）数组。定长数组在声明数组时确定数组大小，之后在程序运行过程中不允许修改数组的长度和维数，而动态数组在声明数组时不指明数组的大小，仅声明一个空数组，在程序运行时根据需要确定其大小，即可多次修改数组的长度或维数。

按数组元素的数据类型，数组可分为数值型数组、字符串数组、日期型数组、变体型数组、对象数组（菜单对象数组和控件数组）。

按数组的维数，数组可分为一维数组、二维数组和多维数组。

7.1.2　一维定长数组

Visual Basic 中，数组没有隐式声明，所有使用的数组必须“先声明，后使用”。

1. 一维数组的声明

声明格式：**Dim 数组名(下标) [As 类型名]**

或 **Dim 数组名[数据类型符](下标)**

说明如下。

（1）Dim 还可以用 Static、Private 和 Public 替代，分别用于过程内静态数组、模块级数组和标准模块中全局数组的定义。

（2）数组名的命名规则与标识符相同，但在作用域中不可以和其他符号常量、变量、数组等同名，应具有唯一性。

（3）声明格式中下标的格式如下。

```
[下界 To ]上界
```

其中，下界和上界分别表示该维的最小和最大的下标值；“下界 To”可以省略，若程序没有特别声明，默认下标取值从 0 开始。

定长数组的定义如下。

```
Dim A(-2 To 2) As Integer    '等价于 Dim A%(-2 To 2)
'表示声明了一个整型定长数组 A 包含有 5 个元素，分别用 A(-2)、A(-1)、A(0)、A(1)、A(2)表示
Dim B(2) As String  '等价于 Dim B(0 To 2) As String 或 Dim B$(0 To 2)
'表示声明了一个字符数组 B 包含有 B(0)、B(1)、B(2)三个元素
```

（4）声明格式中，定长数组下标的上下界只能用常量或常量表达式表示，不能包含变量和函数。一般情况下，是取值不超过 Long 数据类型的整型常量；若为实数常量，系统则按四舍六入五成双取整。如以下代码中数组 Book 的声明是正确的，其中 M 是常量。

```
Const M = 30
Dim Book(M) As String *50              '正确，M是事先声明好的符号常量
```

而以下代码中数组 Cost 的声明是错误的，因为上界 N 是变量。

```
Dim N As Integer
N = 10
Dim Cost(1 To N) As Currency      '错误，因为下标中出现了变量
```

（5）As 类型名和数据类型符表示声明的数组元素的数据类型，若省略，则默认为变体型数组。

（6）数组的各个元素在内存中是按线性顺序连续存放的，如图 7-1 所示，数组名代表逻辑上相关的这批数据，表示这个连续数据区域的名称，下标表示该元素在数组中的位置。

（7）定长数组说明语句不仅定义了数组，分配存储空间，而且还将数组元素像普通变量一样按数据类型进行初始化。

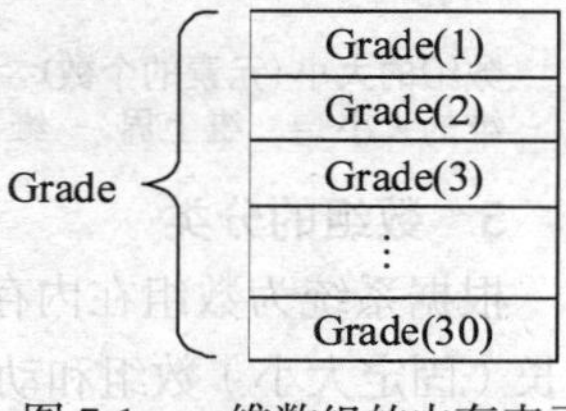

图 7-1　一维数组的内存表示

2. 一维数组元素的引用

Visual Basic 语言规定，数组元素只能逐个引用，一般不能一次引用整个数组。

数组元素的引用格式：**数组名(下标)**

注意，此处的下标可以是变量、常量或表达式形式。访问数组元素时，下标不能超过数组定义时的上下界范围（小于下界或大于上界），否则系统提示错误信息：下标越界。

示例如下：

```
Dim A(-2 To 2) As Integer , B(2) As String        '声明数组A和B
Dim i As Integer
A(2) = 3 :  B(0) = "456" :  A(i) = 3 * i          '对数组元素的赋值
Print B(0)                                        '在窗体上输出数据元素B(0)
A(3) = i * 4 + Abs(A(i + 2))                      'A(3)下标越界，错误
```

3. 一维数组的基本操作

数组的基本操作包含数组的输入、输出等。由于不能整体对于数组进行操作，所以数组的输入、输出是通过依次访问每个数组元素来实现的；而下标是同一数组中区分数组元素的唯一标识，因此，通常借助于循环，有规律地控制其下标的变化，来实现对数组的访问。

（1）数组的输入。

数组的输入是指给数组元素赋值，可以使用的方法如下：

① 键盘读入——用 InputBox()函数来实现，示例代码如下。

```
Private Sub Form_Click()
    Dim A(1 To 10) As Integer, i As Integer
    For i = 1 To 10
     '借助循环变量i，控制数组下标有规律变化（1→10），实现对每个数组元素的赋值
       A(i) = Val(InputBox("请输入第" & i & "个数据", "输入"))
    Next i
    …
End Sub
```

② 下标生成——当数组元素与下标之间存在函数关系。

如在 For 循环内部使用以下语句对数组元素赋值。

```
    A(i) = 2 * i - 1      '间接借助循环变量i，实现数组元素规律性取值=2i-1
```

③ 随机数生成——使用 Rnd 函数实现，示例代码如下。

```
A(i) = Int(100*Rnd)+1
```

（2）数组的输出。

数组的输出即将各个数组元素输出，同样用一重循环实现，对大批量数组元素，通常需要分行输出，示例代码如下。

```
Private Sub Form_Click()
    Dim A(1 To 5) As Integer, B(1 To 100) As Integer, i As Integer
    …                   '此处省略表示数组 A 和 B 的输入的若干代码
    For i = 1 To 5
        Print A(i),                         '在窗体上输出一维数组
      Text1= Text1 & A(i) & Space(2)   '在单行文本框中输出，Space 函数起到分隔作用
    Next i
    For i = 1 To 100
    Print B(i);                                         '在窗体上输出一维数组 B
        If i Mod 10 = 0 Then Print                      '窗体上每满 10 个换一行
        Text1= Text1 & B(i) & Space(2)                  '在文本框中显示数组元素
        If i Mod 10 = 0 Then Text1 = Text1 & VbCrLf     '文本框中每满 10 个换一行
    Next i
End Sub
```

7.1.3　二维定长数组

1. 二维数组的声明

声明格式：**Dim 数组名(下标 1,下标 2)[As 类型名]**

其中各部分的含义与一维数组相同。

如有以下二维数组定义：

```
Dim A(-1 To 2, 0 To 4) As Integer        '声明了整型的定长二维数组 A
```

二维数组常用于存放类似于矩阵这样的二维平面信息，数组的第一维和第二维分别对应于矩阵的行和列。上述声明的二维数组 A 第一维的大小为 4，表示 4 行，第二维的大小为 5，表示 5 列，共有 $4 \times 5 = 20$ 个元素，各元素的表示如下。

A(−1,0)	A(−1,1)	A(−1,2)	A(−1,3)	A(−1,4)
A(0,0)	A(0,1)	A(0,2)	A(0,3)	A(0,4)
A(1,0)	A(1,1)	A(1,2)	A(1,3)	A(1,4)
A(2,0)	A(2,1)	A(2,2)	A(2,3)	A(2,4)

实际上数组是顺序存放在线性的连续内存空间中的，一维数组按照下标顺序存放数组元素，而二维数组则是按照第二维列的顺序存放数组元素。因此上述数组 A 的 20 个元素在内存中存放的顺序依次为 $A(-1, 0)$，$A(0, 0)$，…，$A(2, 0)$，$A(-1, 1)$，…，$A(2, 1)$，$A(-1, 2)$，…，$A(2, 2)$，$A(-1, 3)$，…，$A(2, 3)$，$A(-1, 4)$，…，$A(2, 4)$。

又如以下代码：

```
Dim B(2, 3) As Integer          ' 等价于：Dim B(0 To 2, 0 To 3) As Integer
```

表示定义的 B 数组有 $3 \times 4=12$ 个元素，可以用来存放 3 行 4 列信息。

2. 二维数组元素的引用

数组元素的引用格式：**数组名(下标 1,下标 2)**

注意，此处的下标可以是变量、常量或表达式形式。访问二维数组元素时，需要使用两个下标来标识，下标不能越界（小于下界或大于上界），否则将出错。示例代码如下。

```
A(2, 1) = 3  : A(i, j) = 3 * i  : A(i + 3, j - 1) = B(i, j)
```

3. 二维数组的基本操作

对于二维数组的访问，通常按生活中习惯的先行后列方式进行，使用二重循环（如 For…Next），用代码控制行、列及换行操作。其中外层循环控制变量（如 *i*）控制第一维（行）的下标，内层循环控制变量（如 *j*）控制第二维（列）的下标，数组名(*i*, *j*)表示第 *i* 行 *j* 列的数组元素。

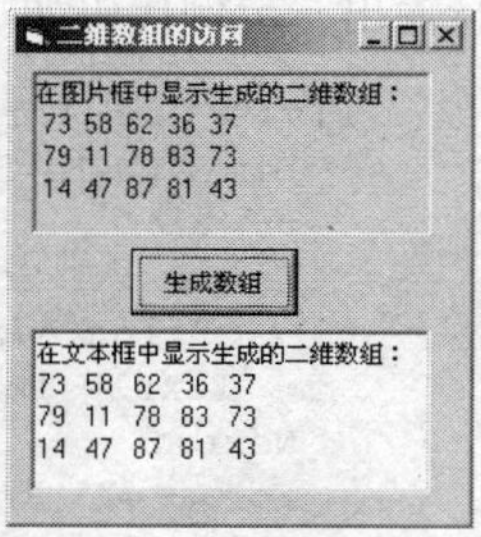

图 7-2　例 7-1 参考界面

例 7-1　随机生成一个 3 行 5 列的数据阵列，并分别在图片框和文本框中输出显示。

分析：如图 7-2 所示，上面是图片框 Picture1，下面是文本框 Text1，将该文本框的 MultiLine 属性设置为 True，即允许显示多行文本。程序代码如下。

```
Private Sub Command1_Click()
    Dim a(1 To 3, 1 To 5) As Integer      '用二维数组存放数据
    Dim i As Integer, j As Integer
    For i = 1 To 3                         '使用二重 For…Next 循环
        For j = 1 To 5
            a(i, j) = Int(90 * Rnd + 10)   '给数组元素赋值
        Next j
    Next i
    Picture1.Cls                           '清空图片框
    Picture1.Print "在图片框中显示生成的二维数组："
    For i = 1 To 3          '通过二重 For…Next 循环，利用 PictureBox 输出二维数组 a
        For j = 1 To 5
            Picture1.Print a(i, j);                  '在图片框中输出一个二维数组元素
        Next j
        Picture1.Print                               '在图片框中每输出完一行二维数组元素，换行
    Next i
    Text1.Text = "在文本框中显示生成的二维数组：" & Chr(13) & Chr(10)
    For i = 1 To 3
        For j = 1 To 5
            Text1.Text = Text1.Text & a(i, j) & Space(3)    '在文本框中输出一个二维数组元素
        Next j
        Text1.Text = Text1.Text & Chr(13) & Chr(10)         '每输出完一行二维数组元素，换行
    Next i
End Sub
```

注意，用各不同的控件输出数据时应使用对应的属性或方法来对输出格式进行控制。

4. 二维数组的应用

我们经常利用二维数组来存放数学中的矩阵，并对矩阵的各类运算进行算法描述，如矩阵的加减法、矩阵相乘、矩阵转置等，考虑到各类读者的综合数学水平，在此仅用简单实例表示矩阵数据的引用及规律。

例 7-2　如图 7-3（c）所示，求任意 5 阶方阵主副对角线上元素之和。

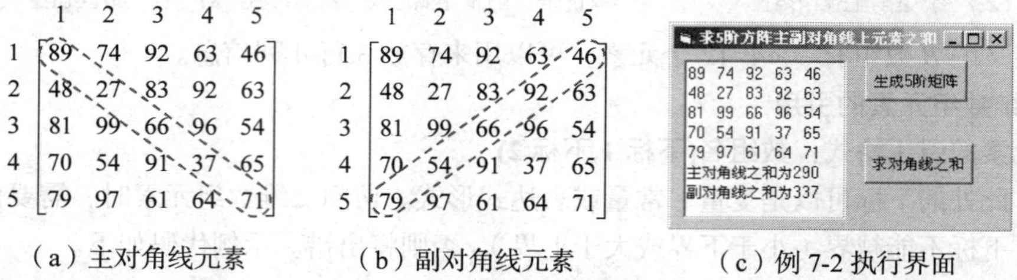

（a）主对角线元素　（b）副对角线元素　（c）例 7-2 执行界面

图 7-3　例 7-2 示意图

分析：本题的关键在于找出矩阵主对角线和副对角线上的所有元素其数组下标的规律，并使其和循环控制变量建立联系。如图 7-3（a）和（b）所示，主对角线上元素的数组下标的规律是行下标与列下标相同，即矩阵第 i 行第 i 列位置上的数据就是主对角线上元素；而副对角线上的元素其数组下标的规律是：行下标 + 列下标 − 1 = 矩阵阶数。

```
Option Explicit
Dim a(1 To 5, 1 To 5) As Integer
……    '此处省略数组生成代码
Private Sub CmdDiagonalSum_Click()   '求对角线之和
    Dim PSum As Integer, MSum As Integer, i As Integer
    PSum = 0  :  MSum = 0
    For i = 1 To 5              '采用累加算法，完成对角线之和的求解
        PSum = PSum + a(i, i)
        MSum = MSum + a(i, 5 - i + 1)
    Next i
    Text1 = Text1 & "主对角线之和为" & PSum & vbCrLf
    Text1 = Text1 & "副对角线之和为" & MSum & vbCrLf
End Sub
```

7.1.4　多维定长数组

在处理三维空间或更复杂问题时，需要运用三维或更高维数的数组。

声明格式：**Dim 数组名(下标 1,下标 2,下标 3[,下标 4][…])[As 类型名]**

下标的个数决定了数组的维数，Visual Basic 中最多可以定义 60 维的数组，示例代码如下。

```
Dim a(2, 5, 6, 5) As Integer, b(-2 To 3, 1 To 2, 5) As String
                                          '表示声明定长 4 维数组 a 和 3 维数组 b
Dim c(2 + 5, 6, 0 To 5, 6 * 3, 9) As Single  '表示声明 5 维定长数组 c
```

多维数组的声明和访问与二维数组类似，区别在于：为了有规律地访问数组，多维数组需要用更多的下标来表示数组元素，用更多重循环来控制下标取值。

7.1.5　动态数组

前面给大家介绍的数组都是定长固定大小的数组，这类数组在声明时必须确定数组的维数和每维大小，且数组的空间是程序编译时分配的；但是，当要求程序运行过程中临时（或根据实际的需要）动态确定数组的大小时，使用动态数组（可变数组）就比较方便。建立动态数组由声明数组和确定数组大小两个步骤组成。

步骤 1：使用 Dim、Static、Private 或 Public 语句声明括号内为空的数组。

```
Dim 数组名() [As 类型名]
```

步骤 2：数组访问前用 Redim 语句指明数组的大小。

```
Redim [Preserve] 数组名(下标 1[,下标 2…]) [As 类型名]
```

说明如下：

（1）Redim 语句不是声明语句，而是可执行语句，它只能出现在过程内部；程序在执行过程中遇到 Redim 语句时，才根据需要给数组分配合适的空间；同时，可多次使用 Redim 语句改变数组的大小和维数。

（2）下标可以是常量或已经具有值的变量和表达式。

（3）动态数组的数据类型是由数组声明语句中的类型决定的，Redim 语句中的[As 类型名]通常省略

或与声明语句声明的类型相同；除非数组是保存在变体变量中，Redim 语句才允许重新定义数组类型。

（4）Preserve 表示再次使用 Redim 语句改变数组大小时保留数组中原有的数据，但使用 Preserve 只能改变数组最后一维的大小，而不能改变数组的类型。使用省略 Preserve 的 Redim 语句会使数组的原有数据全部丢失。

例 7-3 动态数组的使用。建议采用“单步调试”，在“本地窗口”中观察数组的动态变化。

```
Private Sub Form_Click()
    Dim A() As Integer  '声明整型动态数组 A
    Dim i As Integer, j As Integer, N As Integer, x As Integer
    N = Val(InputBox("请输入数组的大小"))
    Print "一维数组: "
    ReDim A(1 To N)                          '定义动态数组 A 为一维数组，大小为 N
    For i = 1 To N                           '访问动态一维数组 A
        A(i) = Int(Rnd * 101)
        Print A(i);
    Next i
    Print
    Print "二维数组: "
    ReDim A(1 To 3, 1 To 5)                  '重新定义动态数组 A 为二维数组，大小为 3×5
    For i = 1 To 3                           '访问动态二维数组 A
        For j = 1 To 5
            A(i, j) = i + j
            Print A(i, j),
        Next j
        Print
    Next i
    Print
    ……                '以下省略对 A 数组元素使用的代码
End Sub
```

注意 动态数组在使用前一定要使用 Redim 语句确定数组的维数及大小。

例 7-4 求任意自然数 x 的所有因子，并将其存入数组 B 中，按图 7-4 所示输出显示。

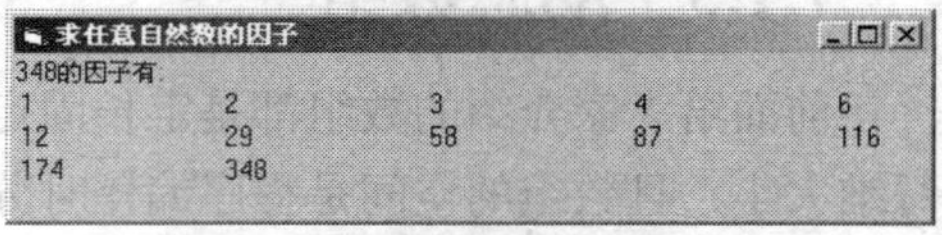

图 7-4 例 7-4 的运行结果

分析：所谓 x 的因子是指能被 x 整除的数；此处要求用数组存放因子，但因子数量个数事先无法预知，所以此处不能将数组声明为定长的固定数组，而应声明为动态数组。

程序代码如下：

```
Private Sub Form_Click()
    Dim B() As Integer                        '声明存放因子的动态数组 B
    Dim x As Integer, n As Integer, i As Integer
    x = Val(InputBox("请输入自然数 x:"))      '接收用户输入的自然数 X
    For i = 1 To x                            '采用穷举算法找出所有因子
        If x Mod i = 0 Then                   '如果 i 能被 x 整除，说明 i 是 x 的因子
            n = n + 1                         '因子数累加
            ReDim Preserve B(1 To n)          '保留已有因子，扩展设定动态数组的大小
            B(n) = i                          '将因子 i 保存到数组 B 中
        End If
    Next i
    Print x & "的因子有:"
    For i = 1 To n                            '每 5 个一行输出数组 B 中的因子
        Print B(i),
```

```
        If i Mod 5 = 0 Then Print
    Next i
    Print
End Sub
```

7.1.6　控件数组

控件数组是由一组相同类型的控件组成，这些控件使用相同的名称，具有基本相同的属性，执行不同的功能。

按建立时的顺序，系统给每个控件元素赋予相同的名称和一个唯一的索引号（Index），即下标，下标从 0 开始，最大可达 32 767。同一控件数组中的控件元素使用相同的事件过程，在事件过程中用 Index 参数区分各个元素。

1．建立控件数组

控件数组的建立有以下几种方法。

（1）复制粘贴法。

具体步骤如下：

① 在窗体上创建第 1 个控件，设置好该控件的属性。

② 选中该控件，依次进行“复制”和“粘贴”操作，系统将会弹出如图 7-5 所示的提示消息框。

③ 单击“是”按钮，就建立起一个控件数组，此后进行的“粘贴”操作生成的控件都是控件数组中的元素。

图 7-5　控件数组提示框

（2）Name 设置法　将需要放置在数组中的控件的 Name 属性都设置为相同，当设置第二个控件的 Name 时，也会弹出如图 7-5 所示的提示建立控件数组的消息框。

（3）Load 法　前述两种方法都是在设计状态下创建控件数组的方法，Load 法则是在程序运行时动态创建控件数组的方法。

具体步骤如下：

① 在窗体上创建第 1 个控件，将其 Index 属性设置为 0，表示这是控件数组的第一个元素。

② 在代码中通过 Load 语句添加控件数组元素。

```
Load 控件数组名(Index)
```

注意　代码添加的控件元素要显示在窗体上，还必须设置其 Top 或 Left 属性，以及其 Visible 属性为 True，否则会与第 1 个控件位置重叠并处于隐藏状态。

例 7-5　利用控件数组，实现四则运算。

分析：根据步骤①在窗体上设置好表示运算符的第 1 个选项按钮控件 Op1，其 Index 属性设置为 0，如图 7-6（a）所示。

（a）例 7-5 的设计界面　（b）例 7-5 程序启动效果　（c）例 7-5 运行效果

图 7-6

根据步骤②在代码窗口中编写如下的事件过程：

```
Private Sub Form_Load()
    Dim i As Integer
    For i = 1 To 3
        Load Op1(i)                          ' 动态向 Op1 控件数组添加控件元素
        Op1(i).Left = Op1(0).Left + i * (Op1(0).Width + 100)  '设置新控件元素的位置 Left 属性
        Op1(i).Visible = True                ' 设置其可见
    Next i
    Op1(0).Caption = "+"  :  Op1(1).Caption = "-"
    Op1(2).Caption = "×"  :  Op1(3).Caption = "÷"
End Sub
```

这样，如图 7-6（b）所示，在窗体装载时就会自动生成另外 3 个选项按钮，初始化界面。

2. 删除控件数组

（1）Unload　在代码中通过 Unload 语句删除控件元素，格式如下。

```
Unload 控件数组名(Index)
```

（2）如需删除按前两种方法建立的控件数组，还可以通过在"设计态"修改 Name 属性，并将 Index 属性设置为空的方法来删除控件数组元素。

3. 使用控件数组

建立好控件数组后，往往需要编写控件的事件过程。控件数组共享同样的事件过程，如例 7-5 中的 4 个选项按钮数组，不管单击哪个都会调用同一个 GotFocus 事件过程。

```
Private Sub Op1_GotFocus(Index As Integer)
    …
End Sub
```

为了区分是哪个控件数组元素触发的事件，Visual Basic 会把它的下标值传送给该组控件的事件过程的 Index 参数，在事件过程中只需根据 Index 参数的值就能区分对哪个控件进行的操作。如例 7-5 中运算符选项按钮组的事件过程代码如下，运行效果见图 7-6（c）所示。

```
Private Sub Op1_GotFocus(Index As Integer)
    Dim Result As Single
    Select Case Index
      Case 0:   Result = Val(Text1.Text) + Val(Text2.Text)  '加法运算
      Case 1:   Result = Val(Text1.Text) - Val(Text2.Text)  '减法运算
      Case 2:   Result = Val(Text1.Text) * Val(Text2.Text)  '乘法运算
      Case 3:   Result = Val(Text1.Text) / Val(Text2.Text)  '除法运算
    End Select
    LblResult = "运算结果" & Text1.Text & Op1(Index).Caption & Text2.Text & " =" & Str(Result)
End Sub
```

在以上 Op1_GotFocus 事件过程中，使用 Select Case 语句通过对 Index 的值的判断来确定用户单击了哪个选项按钮，然后进行对应的运算。

7.1.7　与数组操作相关的语句和常用函数

1. For Each…Next 语句

类似于 For…Next 语句，For Each…Next 语句也用于执行指定重复次数的一组操作，所不同的是，For Each…Next 语句是专门设置用于数组或对象"集合"中的每个元素重复执行一组语句的，其一般格式如下：

```
For Each 成员 In 数组名
    循环体
Next [成员]
```

> **说明**　这里的“成员”是一个变体型变量，它是为循环提供的，并在 For Each…Next 结构中重复使用，它实际上代表数组中的每一个元素。In 后面是数组名，没有括号和上下界。

注意以下问题。

（1）For Each…Next 语句中不能使用用户自定义的类型数组。

（2）不能使用 For Each…Next 语句修改数组元素，即不能进行“写”操作，它只能对数组中所有元素按实际在内存中存放的顺序进行“读”处理（包括查询、显示和读取），其循环次数由数组中元素的个数决定，即数组中有多少个元素，就重复执行多少次。

例 7-6　按在内存中实际存放顺序输出二维数组。

```
Private Sub Form_Click()
   Dim a(1 To 3, 1 To 5) As Integer, x As Variant          '声明一个变体型变量 x
   Dim i As Integer, j As Integer
   ……  ' 此处省略数组的生成代码，同例 7-1 中部分代码
   Cls
   Print "按在内存中实际存放顺序输出二维数组："
   For Each x In a                              '依次访问 a 数组中每一个数组元素，并输出显示
      Print x;
   Next
End Sub
```

将例 7-6 运行效果（见图 7-7）和例 7-1 的运行结果进行对比可以进一步证实：二维数组实际是按列的顺序存放在内存中的。

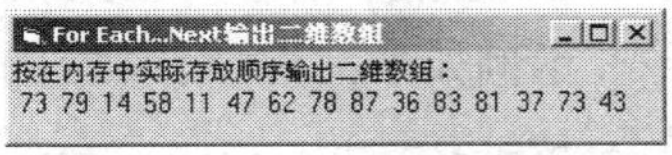
For Each...Next输出二维数组
按在内存中实际存放顺序输出二维数组：
73 79 14 58 11 47 62 78 87 36 83 81 37 73 43

图 7-7　例 7-6 运行效果

2. 用 Option Base 语句设定下界的默认值

程序中默认的数组下标是从 0 开始的，但人们更习惯于下标从 1 开始，而且这样下标就直接表示了该元素所在的位置。Visual Basic 中允许用户使用 Option Base 语句设定数组下标的默认值，格式如下：

```
Option Base n
```

该语句应放置在模块的通用声明部分。其中：*n* 为设定的下标下界，只能取 1 或 0。示例代码如下。

```
Option Base 1
```

以上语句所在该模块中所定义的数组下标的默认下界均为 1，若有个别数组下界不是 1，仍可以使用“下界 To 上界”的格式重设它的下界。

注意，控件数组的下标总是从 0 开始，不受 Option Base 的影响。

3. UBound 和 LBound 函数

为了能准确地获知数组元素下标的范围，Visual Basic 提供了以下两个计算数组下标的上限和下限的函数。

（1）LBound 函数

格式：**LBound(数组名[，维数])**

功能：返回数组可用的最小下标，其中维数表示求某一维的下界。

如以下代码将计算数组 *a* 和 *b* 每一维下标的下界，输出结果是：0　　3　　200。

```
Dim a(5) As Integer, b(3 To 8, 200 To 208)
Print LBound(a), LBound(b, 1), LBound(b, 2)     '计算及输出数组 a 和 b 每维的下界
```

（2）UBound 函数

格式：**UBound(数组名[，维数])**

功能：返回数组可用的最大下标，其中维数表示求某一维的上界。

如以下代码将计算数组 *a* 和 *b* 每一维下标的上界，输出结果是：5　　8　　208。

```
Dim a(5) As Integer, b(3 To 8, 200 To 208)
Print UBound(a), UBound(b, 1), UBound(b, 2)      '输出数组 a 和 b 每维的上界
```

经常采用以下格式，动态改变动态数组的大小，其中△*d* 为改变量。

```
ReDim Preserve a([Lbound(a) To] Ubound(a)+△d)
```

说明 LBound 函数与 UBound 函数一起使用，可以计算出数组的大小，也可用于控制对数组元素的访问。尤其在事先无法预知数组大小的情况下，这两个函数特别有用。

如使用以下语句，来处理 *a* 数组中所有的元素。

```
For i = LBound(a) To UBound(a)             '用上下界函数控制访问数组 a 中的每一个数组元素
    a(i) = 2 * i
    Print a(i)
Next i
```

4. Array 函数——整体赋值

Visual Basic 提供了 Array 函数对数组进行整体初始化，从而提高了程序运行的效率。在使用 Array 函数之前必须先定义变体变量或动态变体数组，然后使用 Array 函数进行赋值。

```
变体变量 | 动态变体数组 = Array(数据列表)
```

示例如下：

```
Dim a As Variant, b , c(),
a = Array(0,1,2,3,4,5,6,7,8,9)
b = a
c = Array("A", "B", "C")
```

系统根据 Array 函数的参数个数决定数组 *a*、*b*、*c* 的大小，并同时将 Array 函数的参数数据赋给对应的数组元素。即 *a*(0) = 0，*a*(1) = 1，…，*a*(9) = 9；*b*(0) = 0，*b*(1) = 1，…，*b*(9) = 9；*c*(0) =0，*c*(1) = 1，…，*c*(9) = 9；*d*(0) = "A"，*d*(1) = "B"，*d*(2) = "C"。

说明如下：

（1）Array 函数只能对变体型数组进行整体初始化。

（2）引用数组元素时，下标不能超出下界到上界的范围，且下界是由 Option Base 语句指定的下界决定，默认情况为 0，Array 函数括号中的参数个数决定赋值后的数组大小。

5. Split 函数——分离函数

使用 Split 函数可从一个字符串中，以某个指定符号为分隔符，分离若干个子字符串，建立一个下标从 0 开始的一维数组，不受 Option Base 语句影响。

使用格式：**Split(字符串表达式[,分隔符])**

说明如下。

（1）如果字符串表达式是一个长度为 0 的空串，则 Split 函数返回一个空数组。

（2）分隔符：用于标识子字符串边界的字符，若默认，则表示使用空格字符分离字符串，若分隔符为空串，则返回仅有一个由字符串表达式构成的数组元素的数组。

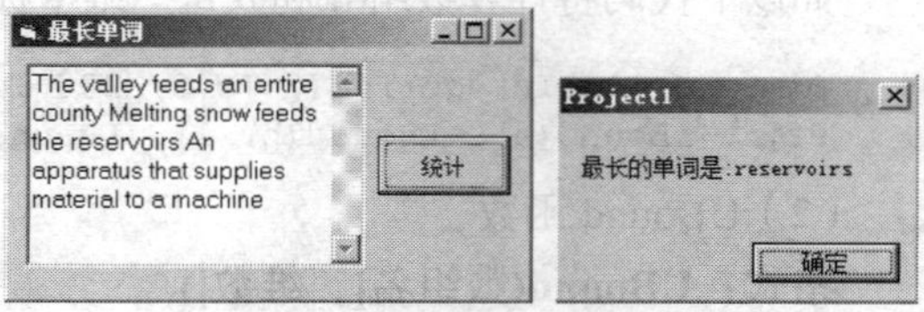

图 7-8　例 7-7 运行效果

例 7-7　找出一篇文章中的最长单词。说明：运行效果如图 7-8 所示，文本框中的每个英文单

词用空格分隔。

分析：由于本题中文章中不包含标点符号，文本框中的英文单词是用统一的空格符号分隔，因此可以使用上述介绍的 Split 函数进行单词分离，并将其保存在一维数组中。

```
Private Sub Command1_Click()
    Dim word() As String, i As Integer, max_k As Integer
    word = Split(TxtPara, " ")                        '此处也可简写为 Split(TxtPara)
    max_k = LBound(word)                              ' max_k 记录最长单词所在的位置
    For i = LBound(word) + 1 To UBound(word)
        If Len(word(i)) > Len(word(max_k)) Then max_k = i
    Next i
    MsgBox "最长的单词是:" & word(max_k)
End Sub
```

说明　以上代码中对获取的单词数组使用了求最值的算法，具体算法思想见 7.2.2 小节。

7.2　有关数组操作的常用算法

7.2.1　数组的查找

数组的查找是指在已知数组中寻找是否存在关键值为 Key 的元素，若找到则给出该元素所在的位置，否则给出失败信息。查找算法也有多种，下面介绍两种常用的查找算法——顺序法和二分法。

1. 顺序法查找

顺序查找的基本思想是从数组的第一个元素开始，逐个判断，直到找到或数组结束。

例 7-8　用顺序法在数组中查找指定的元素，执行效果如图 7-9 所示，代码如下。

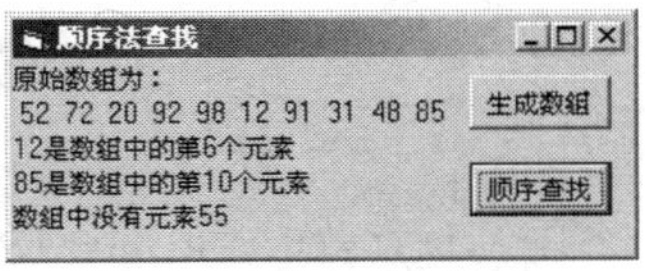

图 7-9　顺序法查找运行效果

```
Const N = 10
Dim a(1 To N) As Integer
Private Sub cmdsearch_Click()  '在此只给出查找按钮的事件代码
    Dim key As Integer , i As Integer
    key = Val(InputBox("请输入要查询的数据"))
    For i = 1 To N
        If a(i) = key Then Exit For
    Next i
    If i > N  Then                '以上循环变量超过终值而结束循环
        Print "数组中没有元素" & key
    Else                          '以上循环变量未超过终值，由 Exit For 结束循环
        Print key & "是数组中的第" & i & "个元素"
    End If
End Sub
```

2. 二分法查找

二分法查找只适用于有序数组。基本思想如下：

（1）在有序数组（假设是递增有序）a 中，首先设置好查找范围[Left, Right]，令中间位置 Mid = (Left + Right) \ 2，如图 7-10 所示。

（2）判断中间位置元素 a[Mid]和查找关键字 Key 之间的关系，直到找到或无查找范围（Left > Right）为止。

① 若 a(Mid) = Key，则成功找到，查找结束。

② 若 a(Mid) > Key，说明待查找的关键字应该在左半区间，则可将查找范围缩减到[Left, Mid - 1]。

③ 若 a(Mid) < Key，说明待查找的关键字应该在右半区间，则可将查找范围缩减到[Mid + 1, Right]。

由于每次查找都会将查找范围中间位置的数据与关键字进行比较，从而使查找的数据区间缩小一半，故称其为二分法。

例 7-9 用二分法在有序数组中查找指定元素，执行结果如图 7-11 所示，代码如下。

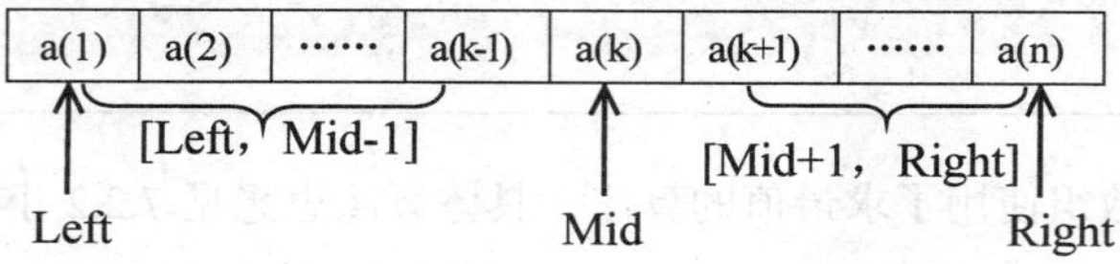

图 7-10 二分法查找基本思想

图 7-11 例 7-9 运行效果

```
Const N = 10
Dim a(1 To N) As Integer
Private Sub cmdsearch_Click()  '只给出查找按钮的事件代码
   Dim Key As Integer, Left As Integer, Right As Integer, Mid As Integer
   Key = Val(InputBox("请输入要查询的数据"))
   Left = 1 : Right = N
   Do While Left <= Right
      Mid = (Left + Right) \ 2
      If a(Mid) = Key Then
         Exit Do
      ElseIf a(Mid) > Key Then
         Right = Mid - 1
      Else
         Left = Mid + 1
      End If
   Loop
   If Left > Right Then    '上述 Do 循环是由于不符合循环条件 Left <= Right 而结束，表示没有找到
      Print "数组中没有元素" & Key
   Else                    '上述 Do 循环是由于执行 Exit Do 语句而结束，表示找到
      Print Key & "是数组中的第" & Mid & "个元素"
   End If
End Sub
```

对于长度为 N 的数组，在最坏情况下，顺序查找需要进行 N 次数据比较，而二分查找只需要比较 $\log_2 N$ 次，二分法查找的查找效率显然高于顺序查找。但是，在使用二分法查找时，要求数组必须已有序。

7.2.2 数组的最值问题

数组的最值问题主要是指如何求出数组元素的最大和最小值。其基本思想是先设定 Max 和 Min 的初值为数组中第一个元素的值，然后依次逐个将数组中其他元素的值与 Max 和 Min 比较，若有元素的值比 Max 大，则 Max 的值更新为该元素的值；若有元素的值比 Min 还小，则 Min 的值更新为该元素的值。上述重复性的比较操作可利用循环实现，循环结束后，Max 中存放的即为最大值，Min 中存放的即为最小值。

最值算法实质是顺序查找的特例，只是它查找的不是某个固定的值，而是比目前最大值（或

最小值）更大（或更小）的数据。

例 7-10　如图 7-12 所示，求出一个班 30 个同学成绩的分数距，所谓分数距是指最高成绩和最低成绩的差。

分析：根据题意，可分以下 3 步执行。①生成并输出 30 个同学的成绩；②找出最高分和最低分；③输出结果。代码如下。

```
Private Sub Form_Click()
    Dim Score(1 To 30) As Integer                          ' 声明存放学生成绩的 Score 数组
    Dim i As Integer, Max As Integer, Min As Integer       ' 声明变量 Max 和 Min 记录最高分和最低分
    Print "30 位同学的成绩如下:"
    For i = 1 To 30
        Score(i) = Int(Rnd * 41 + 60)                      '随机产生每个同学成绩，范围[60,100]
        Print Score(i);
        If i Mod 10 = 0 Then Print                         '每行输出 10 个成绩
    Next i
    Max = Score(1): Min = Score(1)                         '设定 Max 和 Min 的初值为第一个学生的成绩
    For i = 2 To 30
        If Max < Score(i) Then                             '若第 i 个同学的成绩比 Max 还高
            Max = Score(i)                                 'Max 的值更新为第 i 个同学的成绩
        ElseIf Min > Score(i) Then                         '若第 i 个同学的成绩比 Min 还低
            Min = Score(i)                                 'Min 的值更新为第 i 个同学的成绩
        End If
    Next i
    Print "最高分:"; Max, "最低分:"; Min                    '在窗体上输出最高分和最低分
    Print "分数距:"; Max - Min                              '在窗体上输出分数距
End Sub
```

例 7-11　如图 7-13 所示，求矩阵 A 中每一列的最大值以及该最大值所在的位置。

分析：用二维数组来存放矩阵，把二维数组的每一列看成是一个一维数组，对每一列数组元素采用最值求解。

图 7-12　例 7-10 运行界面

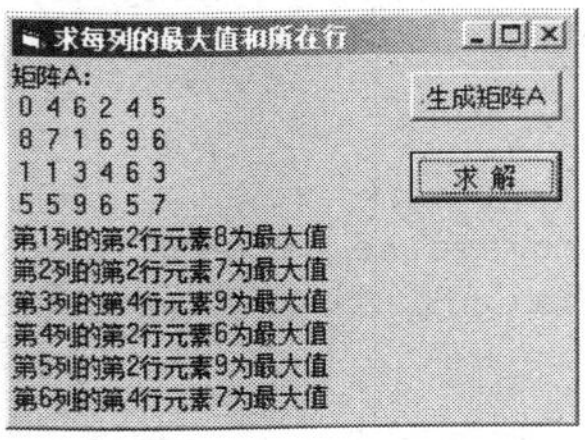

图 7-13　例 7-11 参考界面

```
Option Base 1
Const N = 6, M = 6
Dim A(N, M) As Integer
……                                     '此处省略“生成矩阵 A”按钮 Click 事件过程代码
Private Sub cmdColMax_Click()          ' “生成矩阵 A”按钮 Click 事件过程代码
    Dim i As Integer, j As Integer, k As Integer
    For j = 1 To N
        k = 1                          '假设每一列的第 1 行元素为最大值，k 记录该最大值所在的行号
        For i = 2 To N
            If A(k, j) < A(i, j) Then k = i    '若后续行的数组元素大于第 k 行元素，则更新 k
        Next i
        Print "第" & j & "列的第" & k & "行元素" & A(k, j) & "为最大值"
    Next j
End Sub
```

本题除了需要求得每一列的最大值外，还需要记录最大值处在第几行。代码中记录了第 j 行最大值所在的行号 k，根据数组已知位置即可找到对应的值的特点，就可以表示出该最大值 $A(k,j)$。

7.2.3 数组的逆置

数组的逆置就是将一维数组前后元素对称交换（首尾交换）：将数组第 1 个元素与最后一个元素交换，第 2 个元素与倒数第 2 个元素交换，……，依此类推。如图 7-14 所示。

数组逆置中对称交换的数组元素下标的规律是：若 n 是指数组的长度，则将第 i 个数组元素与第 $n-i+1$ 个数组元素交换，i 的取值是 1～n\2（此处使用整除可以解决数组元素个数的奇偶性差异）。

例 7-12 如图 7-15 所示，随机产生 n 个两位正整数放入数组中，其中 n 由用户输入，再将数组中的数据进行逆置，并输出显示。

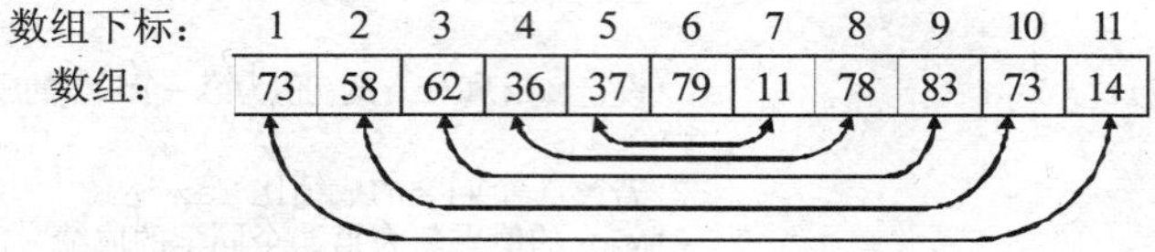

图 7-14 数组的逆置

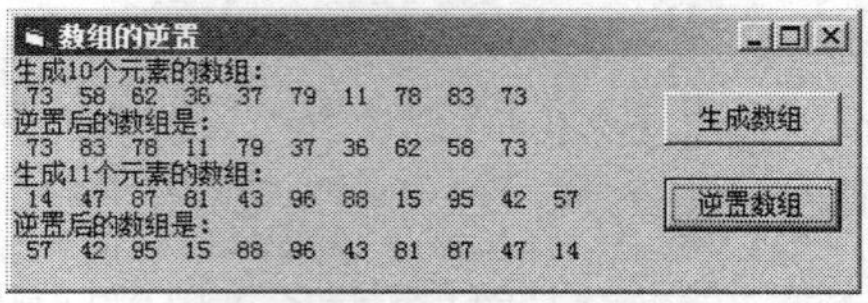

图 7-15 例 7-12 运行界面

程序代码如下：

```
Dim a() As Integer, n As Integer          '定义模块级数组 a 和变量 n，方便以下过程中公用
Private Sub CmdInit_Click()               '生成数组按钮的事件代码
   Dim i As Integer
   n = Val(InputBox("请输入数组元素的个数"))
   ReDim a(1 To n)                        '定义动态数组 a
   Print "生成" & n & "个元素的数组："
   For i = 1 To n
      a(i) = Int(Rnd * (99 - 10 + 1)) + 10
      Print a(i);
   Next i
   Print
End Sub
Private Sub CmdReverse_Click()            '逆置数组按钮的事件代码
   Dim i As Integer, temp As Integer
   For i = 1 To n \ 2                     '利用循环变量控制待交换元素的下标变化规律和交换次数
      temp = a(i)                         '利用中间变量法实现数组元素的交换
      a(i) = a(n - i + 1)
      a(n - i + 1) = temp
   Next i
   Print "逆置后的数组是："
   For i = 1 To n
      Print a(i);
   Next i
   Print
End Sub
```

注意，数组的逆置并非简单的逆向显示，而是必须真实地改变内存单元中数组元素的值。

7.2.4 数组的排序

将一维数组按各元素值的一定规律重新排放的过程称为数组的排序，如升序或降序等。排序的方法有很多种，各种排序算法的效率也有很大的差别。下面介绍几种常用的排序方法。

1. 冒泡法排序

冒泡法排序模拟水中气泡的排放规则，使份量“较轻”（值较小）的气泡浮到上面，份量“较重”（值较大）的气泡沉到下面，每一趟排序都是从第 1 个元素开始，对相邻元素的大小进行比较，然后按照规则对调两者的位置，最后确定一个最大（或最小）气泡的位置。

如有数组 a：6　5　8　4　1，使用冒泡法从小到大排序。

第 1 趟排序：相邻两个数据进行比较，若前者大于后者，则交换两者的位置。如图 7-16（a）所示，经过第 1 趟排序的 4 次调整后，使 5 个数的最大值 8 放在最后一个位置，这个位置就确定了，在以后的排序过程中不会再改变，因此，该位置上的数据不参与后续排序。

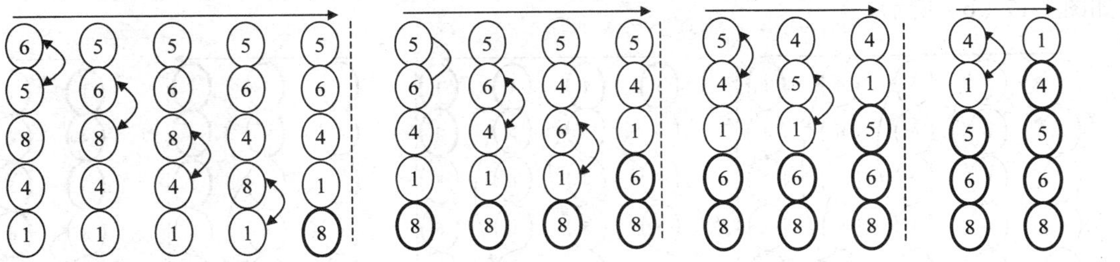

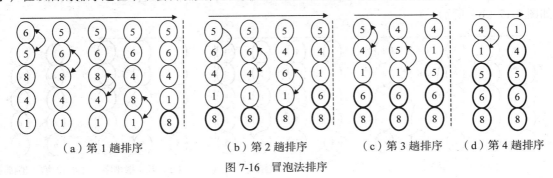

（a）第 1 趟排序　（b）第 2 趟排序　（c）第 3 趟排序　（d）第 4 趟排序

图 7-16　冒泡法排序

第 2 趟排序（对前 4 个元素排序）：在第 1 次排序的基础上，如图 7-16（b）所示，经过第 2 趟排序，最大值 6 调整到倒数第 2 个位置。

第 3 趟排序（对前 3 个元素排序）：如图 7-16（c）所示。

第 4 趟排序（对前 2 个元素排序）：如图 7-16（d）所示。

这样，经过 4 趟排序，后 4 个元素确定了放置的位置，第 1 个元素显然不用再排序了，数组 *a* 中 5 个元素的排序全部完成。

进一步推断：若数组有 *N* 个元素，则需要进行 *N*−1 趟排序才能完成对整个数组的排序。

例 7-13　将一维数组元素按冒泡法进行排序。

如有以下数组的定义：

```
Const N = 10
Dim a(1 To N) As Integer
```

冒泡法排序的主要程序代码如下：

```
Private Sub BubbleSort_Click()
'仅给出冒泡排序过程代码，数组 a 的创建过程同例 7-14
    Dim i As Integer, j As Integer, temp As Integer
    For i = 1 To N - 1                 '进行 n-1 趟比较
        For j = 1 To N - i             '在 n-i 个元素中进行相邻元素比较
            If a(j) > a(j + 1) Then    '若前者大于后者，则交换
                temp = a(j)  :  a(j) = a(j + 1)  :  a(j + 1) = temp
            End If
        Next j
    Next i
    ……  '此处省略将数组 a 输出的代码
End Sub
```

冒泡法排序是通过对相邻数组元素进行比较、交换的方法，逐步将数组变成有序的过程。在最坏情况下，这种最简单的交换类排序法需要进行 $N(N-1)/2$ 次比较才能完成排序。

2. 选择法排序

选择法排序的基本思想是“对每一趟排序，都在数组的无序部分找到一个最小（大）值放在无序部分的第一个”。

如对数组 a：6　5　8　4　1，使用选择法从小到大排序。

第 1 趟排序（数组的无序部分为整个数组）：把第 1 个位置上的数据依次与后续的每个数据做比较，只要后者小于前者，则交换。经过第一趟排序的 4 次调整后，5 个数的最小值 1 被放在第 1 个位置，如图 7-17（a）所示，这个位置不再参与后续的几趟排序。

第 2 趟排序（数组的无序部分为后 4 个元素），确定了第 2 个位置放置后 4 个元素的最小值 4，如图 7-17（b）所示。

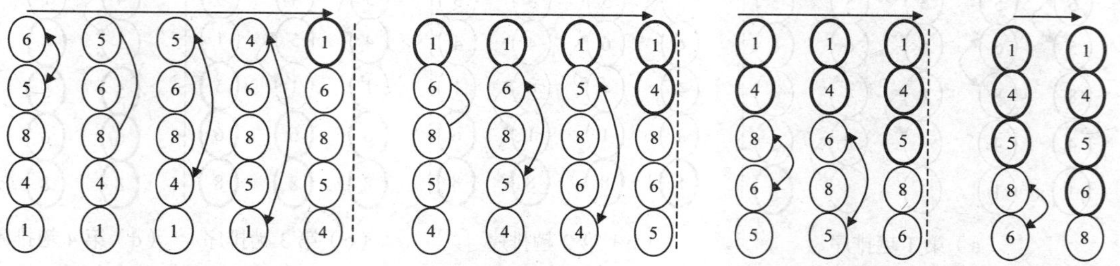

（a）第 1 趟排序　（b）第 2 趟排序　（c）第 3 趟排序　（d）第 4 趟排序

图 7-17　选择法排序

同理，第 3 趟、第 4 趟排序如图 7-17（c）、（d）所示。

例 7-14　将一维数组元素按选择法进行排序。

主要程序代码如下，其中的数组 *a* 的声明同例 7-13。

```
Private Sub ChooseSort1_Click()           '仅给出选择排序过程代码
   Dim i As Integer, j As Integer, temp As Integer
   For i = 1 To N - 1                     '进行n-1趟比较
      For j = i + 1 To N                  '第i趟比较时，若后续元素比第i个元素小，则交换
         If a(i) > a(j) Then
            temp = a(i)  :  a(i) = a(j)  :  a(j) = temp
         End If
      Next j
   Next i
……  '此处省略将数组a输出的代码
End Sub
```

对上述简单选择排序算法还可以进一步优化，即每趟排序不急于交换，而是从无序部分先找出最小数，然后把它与本趟排序数据的首位数据进行交换，这样每趟排序只交换一次数据，从而使排序效率得到提高，我们把这种优化算法称之为直接选择排序。

```
Private Sub ChooseSort2_Click()          '仅给出直接选择排序过程代码
   Dim i As Integer, j As Integer, k As Integer, temp As Integer
   For i = 1 To N - 1
      k = i                             '增设变量k记录每趟比较最小值所在的位置，初始值设置为位置i
      For j = i + 1 To N
         If a(k) > a(j) Then k = j       '通过比较将相对最小值的下标j存于变量k
      Next j
      If k <> i Then                    '若变量k中记录的最小值所在下标不是初始值，交换
         temp = a(i)  :  a(i) = a(k)  :  a(k) = temp
      End If
   Next i
```

```
    ……    '此处省略将数组 a 输出的代码
End Sub
```

和冒泡法类似，对 N 个元素的数组选择排序，需要进行 $N-1$ 趟排序。但是，选择排序的每一趟是先从无序数据中选出最小（大）元素，然后将其与无序数据中的第 1 个元素进行交换，故而这种选择类排序法在最坏情况下需要进行 $N(N-1)/2$ 次比较。

说明　排序一般只对一维数组进行，多维数组可以先转换成一维数组再进行排序。

7.2.5　数组的移位

数组的移位是指将一维数组中的各个元素按某种规则进行移动，常见的有左移和右移。这种移动实际上也是对数组元素的值进行更新，使得结果数组和原始数组在外形上发生联系。由于在内存中数组元素的存储单元是连续的，通常移动数组中的一个元素就会使数组中相关部分的元素都跟着移动。移位时，必须在数组中制造一个或多个可用的"空闲"位置，利用这种位置重新排定数组元素的值。

例 7-15　将 10 个数放入数组中，然后将第 1 个数放置到最后，其余数依次前移，如图 7-18（b）所示，输出处理前后的数组。

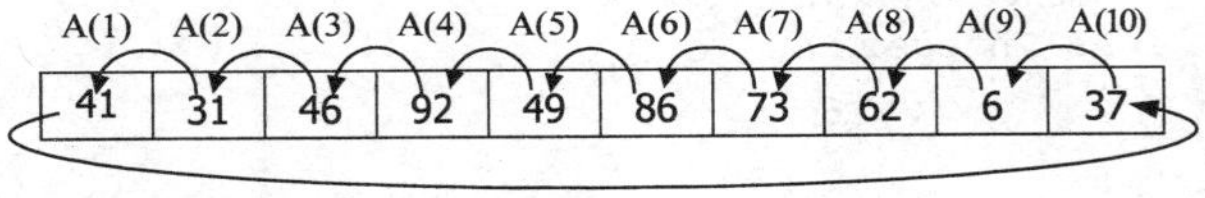

（a）例 7-15 移位示意图

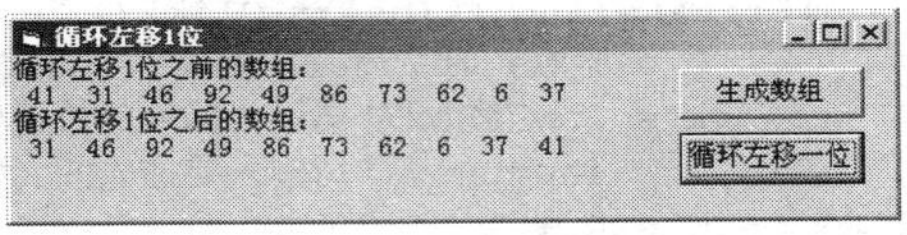

（b）例 7-15 运行结果

图 7-18　数组元素的移位

分析：要将后续数组元素向前平移，关键是先腾空目标位置。如图 7-18（a）所示，整个处理过程可以分为以下 3 步。

（1）将 $A(1)$保存在临时变量 x 中。

（2）将 $A(2)$～$A(10)$依次前移。

（3）将临时变量 x 中存放的原 $A(1)$值放入 $A(10)$。

数组元素移位的程序代码如下：

```
Dim A(1 To 10) As Integer           '将两个事件过程都要用到的公用数组 A 声明在窗体的通用部分
Private Sub CmdMove_Click()         '数组元素平移
    Dim i As Integer, x As Integer
    x = A(1)                        '借助变量 x 临时存放 A(1)
    For i = 2 To 10                 '数组元素依次向左（前）平移
        A(i - 1) = A(i)
    Next i
    A(10) = x                       '将变量 x 中的 A(1) 送入 A(10)
    ……    '此处省略将数组 A 输出的代码
End Sub
```

思考：若要求将数组元素循环右移，应如何改写上述代码？若移动的位数是任意的 k 位，又应如何改写上述代码？

7.2.6　数组的插入

数组的插入操作是指将指定数据按要求插入到已知数组的相应位置。

1. 已知插入位置 k

在数组 a 的第 k 个位置插入一元素 e，如图 7-19 所示。

不能直接将 e 放入 a(k)位置，如 $a(k) = e$，这样会使 $a(k)$原来的值被覆盖。解决的方法是先将从 $a(k)$到 $a(N)$的元素都往后平移一个位置，这样 $a(k)$位置就被腾空，再把元素 e 放入。

注意以下问题：

（1）由于要插入数据，所以数组大小要动态改变，因此一般使用动态数组实现。

（2）必须先腾空插入位置，才能插入数据。

（3）腾空位的移动顺序不能颠倒，如图 7-19 所示。

例 7-16 在一个数组中的某个位置输入一个数，执行结果如图 7-20 所示，主要程序代码如下。

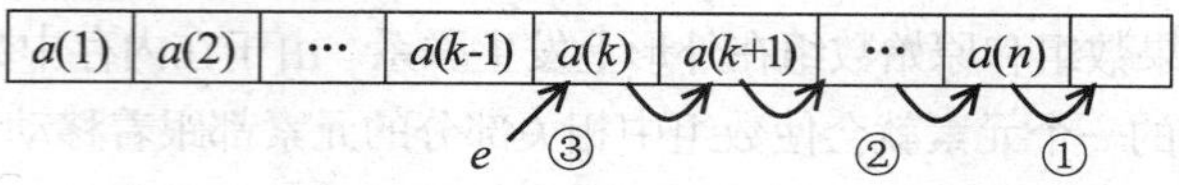

图 7-19 插入操作的基本思想

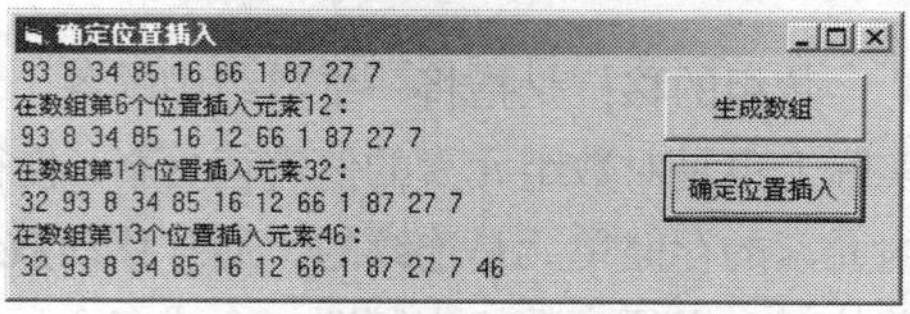

图 7-20 例 7-16 的运行效果

```
Dim a() As Integer, N As Integer
……                                    '此处省略“生成数组”按钮的 Click 事件代码
Private Sub k_Insert_Click()          ' “插入”按钮的事件代码
    Dim k As Integer, e As Integer, i As Integer
    k = InputBox("请输入插入的位置")
    e = InputBox("请输入要插入的元素")
    N = N + 1
    ReDim Preserve a(N)               '数组的长度加 1
    For i = N To k + 1 Step -1        '通过向右平移，腾空插入位置 k
        a(i) = a(i - 1)
    Next i
    a(k) = e                          '将 e 插入到 k 位置
    Print "在数组第" & k & "个位置插入元素" & e & "："
    For i = 1 To N
        Print a(i);
    Next i
    Print
End Sub
```

2. 在有序数组中插入

已知数组 b 有序，插入元素 e 并使得数组保持原序。

如图 7-21 所示，首先要找到插入位置 k，然后再按照上一种情况进行插入。

这里，寻找插入位置就是查找算法的一个具体应用实例。假设 e 要插入到位置 k 上，为了保持数组有序，则必须满足 $b(k\text{-}1) \leqslant e < b(k)$，即查找第 1 个大于 e 的数组元素所在的位置；可以使用循环，从第 1 个元素开始顺序查找满足该条件的位置 k。

例 7-17 设数组 b 是一个确定了下标上界为 N 的动态有序数组，其插入效果如图 7-22 所示。

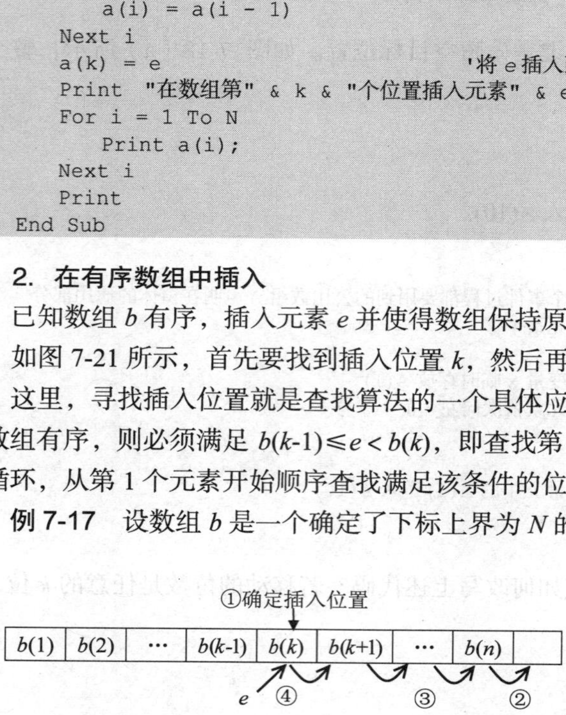

图 7-21 有序数组插入的基本思想

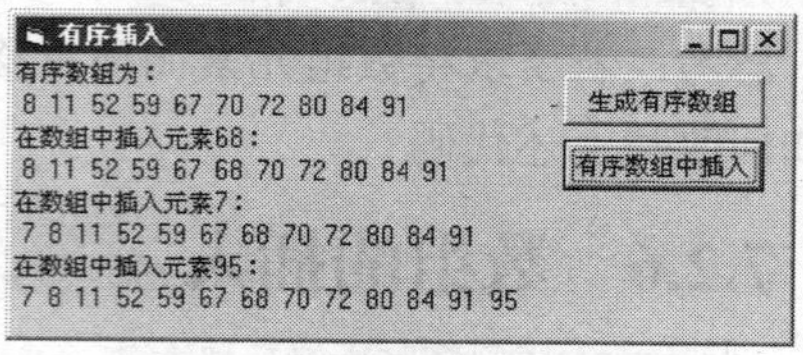

图 7-22 例 7-17 的运行效果

主要程序代码段如下：

```
Dim k As Integer, e As Integer, i As Integer
e = Val(InputBox("请输入要插入的元素"))
For k = 1 To N                        '通过顺序访问数组元素，确定插入位置 k
   If b(k) > e Then Exit For
Next k
N = N + 1                             '采用前述 1 已知插入位置 k 的方法，插入数据
ReDim Preserve b(N)
For i = N To k + 1 Step -1
   b(i) = b(i - 1)
Next i
b(k) = e
```

7.2.7　数组的删除

1．删除指定位置的数组元素

数组的删除操作是指将已知数组中某个位置上的元素按要求进行删除。

如图 7-23 所示，因为数组在内存中是连续存放的，若要删除数组第 k 个元素，只需将后面第 $k+1$ 个元素到最后一个元素依次向前平移一个位置。这样，既可以将第 k 个位置上的元素覆盖，也能保证数组元素存放的连续性。

例 7-18　设数组 a 为一动态有序数组，且之前确定了下标上界为 N。删除效果如图 7-24 所示，“删除元素”按钮的部分代码如下。

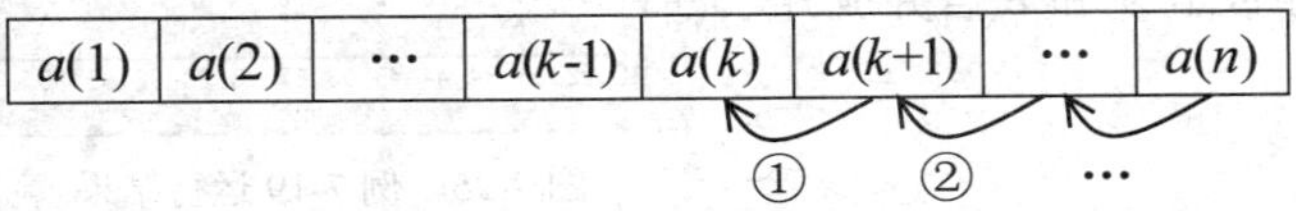

图 7-23　数组删除操作的基本思想

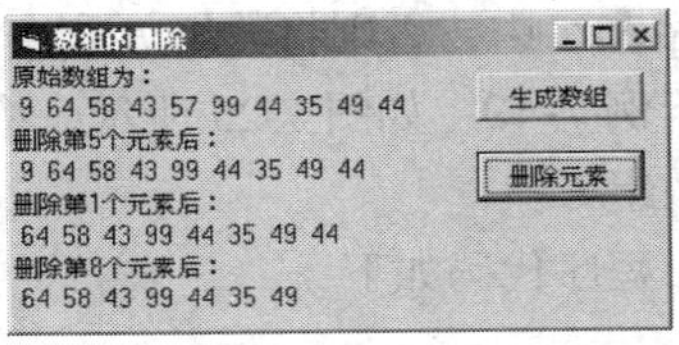

图 7-24　例 7-18 的运行效果

```
Dim a() As Integer
Dim N As Integer
Private Sub cmddelete_Click()          '“删除元素”按钮的单击事件
   Dim k As Integer, i As Integer
   k = Val(InputBox("请输入要删除元素的位置："))
   For i = k To N - 1                  '第 k+1 个到最后一个元素依次向前平移，删除数组第 k 个元素
      a(i) = a(i + 1)
   Next i
   N = N - 1
   ReDim Preserve a(N)                 '数组的长度减 1
   Print "删除第" & k & "个元素后："
   ……  '此处省略将数组 a 输出的代码
End Sub
```

2．删除整个数组——Erase 函数

格式：**Erase　数组名 1[，数组名 2]……**

功能：

（1）重新初始化定长数组的元素值。

（2）释放动态数组的存储空间。

示例代码如下：

```
Dim a(10) As Integer, b() As Integer
   …
Erase a, b          '将 a(0)～a(10)都置为初始值 0，释放 b 数组空间
```

Erase 实质就是将数组恢复到最初声明的状态。

7.2.8 数组的合并

数组的合并是指将两个或两个以上的数组元素按指定的规则放到目标数组中。数组的合并情况较多，既可以是按位置合并、按大小顺序合并、计算后合并，也可以是筛选合并等。本节中主要讨论按大小顺序合并，亦称为有序合并。

数组有序合并的问题描述：若有两个相同类型的有序数组 *A* 和 *B*，按原有顺序（升序或降序）将它们合并到数组 *C* 中。

算法步骤如下。

（1）依次访问数组 *A* 和 *B* 中的每一个元素。

（2）对数组 *A* 中元素和数组 *B* 中元素进行比较：若 *A* 中元素小于 *B* 中元素，将 *A* 中元素保存入 *C* 中，*A* 中访问指针指向下一个元素；若 *B* 中元素小于 *A* 中元素，将 *B* 中元素保存入 *C* 中，*B* 中访问指针指向下一个元素；若 *A* 中元素等于 *B* 中元素，将 *A* 中元素保存入 *C* 中，*A*、*B* 中访问指针都指向下一个元素。

（3）若两个数组都未访问完毕则转步骤（1），否则转步骤（4）。

（4）若数组 *A* 中元素没有访问完，将数组 *A* 剩余元素顺序存入 *C* 中，否则将数组 *B* 剩余元素顺序存入 *C* 中。

例 7-19 如图 7-25 所示，将升序数组 *A* 和 *B* 合并成升序数组 *C*。

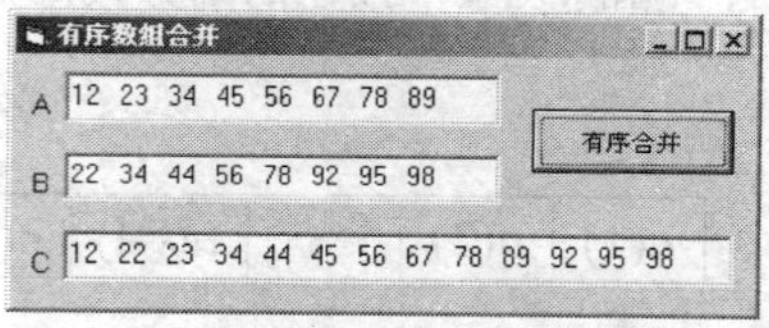

图 7-25 例 7-19 运行结果

程序代码如下：

```
Option Base 1
Dim A, B                                                  '声明变体变量 A,B
Private Sub Form_Load()
   Dim i As Integer
   A = Array(12, 23, 34, 45, 56, 67, 78, 89)    '利用 Array 生成有序数组 A
   B = Array(22, 34, 44, 56, 78, 92, 95, 98)    '利用 Array 生成有序数组 B
   TxtA = "": TxtB = ""
   For i = 1 To 8
      TxtA = TxtA & A(i) & Space(3)                '在文本框中显示有序数组 A
      TxtB = TxtB & B(i) & Space(3)                '在文本框中显示有序数组 B
   Next i
End Sub
Private Sub CmdSortUnion_Click()                     '数组的有序合并
   Dim c() As Integer, i As Integer, j As Integer, k As Integer
   i = 1: j = 1: k = 0                               '设置数组 A、B 的访问指针指向第 1 个数组元素
   Do While i <= 8 And j <= 8
      k = k + 1
      ReDim Preserve c(k)          '保留原来数据，动态申请一个空间准备存放下一个合并数据
      If A(i) < B(j) Then                     '若数组 A 中元素小于 B 中元素
         c(k) = A(i)                          '将 A 中元素保存入 C 中
         i = i + 1                            'A 中访问指针指向下一个元素
      ElseIf A(i) > B(j) Then                 '若数组 B 中元素小于 A 中元素
         c(k) = B(j)                          '将 B 中元素保存入 C 中
         j = j + 1                            'B 中访问指针指向下一个元素
      Else                                    '若数组 A 中元素等于 B 中元素
         c(k) = A(i)                          '将 A 中元素保存入 C 中
```

```
            i = i + 1                                   'A 中访问指针指向下一个元素
            j = j + 1                                   'B 中访问指针指向下一个元素
        End If
    Loop
    If i <= 8 Then                                      '若数组 A 中元素没有访问完
        For j = i To 8                                  '将数组 A 剩余元素顺序存入 C 中
            k = k + 1
            ReDim Preserve c(k)
            c(k) = A(j)
        Next j
    Else                                                '若数组 B 中元素没有访问完
        For i = j To 8                                  '将数组 B 剩余元素顺序存入 C 中
            k = k + 1
            ReDim Preserve c(k)
            c(k) = B(i)
        Next i
    End If
    TxtC = ""
    For k = 1 To UBound(c)                              '在文本框中显示有序合并结果 C
        TxtC = TxtC & c(k) & Space(3)
    Next k
End Sub
```

7.3　数组的应用举例

例 7-20　如图 7-26 所示，分类统计文本框中数字字符"0"～"9"各自出现的次数。

分析：根据题目要求，此题不是单一数据的统计，而是 10 个数字字符的批量统计，可以建立一维数组，使该数组中的每个元素分别记录"0"～"9"数字字符各自出现次数的统计结果；由于存放统计结果的数组元素下标（0～9）与统计字符（"0"～"9"）存在明显的关联，用 Val 函数将数字字符转化为数值，作为数组的下标 n = Val（数字字符）。于是重复的 10 次数据统计判断，只需归纳为一次判断，即可完成。

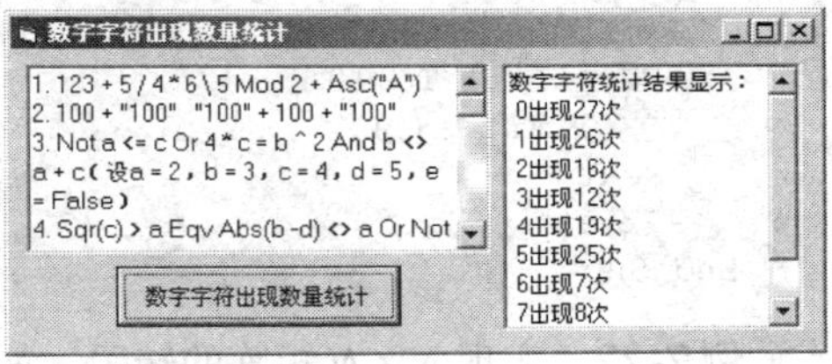

图 7-26　例 7-20 运行效果

```
If 字符 c∈["0","9"] Then                ' c 是待判断的某个字符变量
    n = Val(c)                           ' 将数字字符转化为数值作为统计数组的下标
    number(n) = number(n) + 1            ' number 是存放统计结果的数组
End If
```

采用穷举算法结合循环实现文本框中数字字符的分类统计。

```
Private Sub CmdStat_Click()
    Dim number(9) As Integer    '声明一维数组 number 记录 10 个数字字符出现数量的统计结果
    Dim s As String, c As String * 1, i As Integer, n As Integer
    s = TxtPara                 ' 获取文本框中的内容
    For i = 1 To Len(s)         ' 利用循环依次对文本内容中的每个字符进行判断统计
        c = Mid(s, i, 1)        ' 取出一个字符
        If c >= "0" And c <= "9" Then     ' 如果是数字字符
            n = Val(c)                    ' 将数字字符转化为数值作为统计数组的下标
            number(n) = number(n) + 1     ' 利用数组统计不同的数字字符出现的数量
        End If
    Next i
    LstStat.AddItem "数字字符统计结果显示："
```

```
    For i = 0 To 9                    ' 在列表框中输出显示统计结果
       LstStat.AddItem Str(i) & "出现" & number(i) & "次"
    Next i
End Sub
```

思考：若不区分大小写，如何分类统计文本框中 26 个字母出现的次数？

提示

用 Asc 函数将字母转化为字母表中的相对位置编号，即 n = Asc(字母字符) - Asc("a") + 1，n 的取值范围正好是 1～26。

例 7-21 随机产生 10 个 1～20 间各不相同的数存放在数组中。

分析：本题中主要需要解决“各不相同”，改变随机数产生的公式并不能保证产生的数据不相同，因此，必须通过比较判断实现。具体实现的方法是：逐个产生随机数，并和在它之前产生的数据比较，若有与之相同的数则重新产生，若没有则放入数组相应位置。

```
Private Sub Form_Click()
   Dim a(10) As Integer, x As Integer
   Dim i As Integer, j As Integer
   Randomize
   For i = 1 To 10
      x = Int(20 * Rnd) + 1
      For j = 1 To i - 1
         If x = a(j) Then Exit For
      Next j
      If j = i Then    'x 与前面产生的数都不相等
         a(i) = x
      Else
         i = i - 1     '使 For 循环的循环变量 i 在进入下一次循环时跟本次循环相等
      End If
   Next i
   For i = 1 To 10
      Print a(i);
   Next i
   Print
End Sub
```

例 7-22 实现 $N \times N$ 矩阵的转置，如图 7-27 所示。

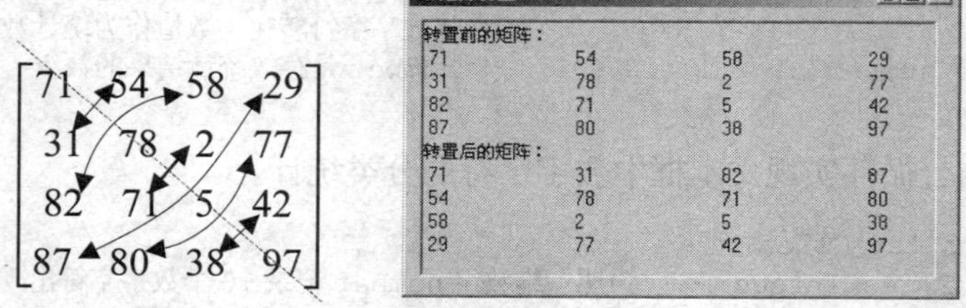

图 7-27 例 7-22 运行结果

分析：通常使用二维数组存放矩阵。矩阵的转置是指矩阵中的上下三角元素以对角线为中轴线对称互换，即原来的 i 行 j 列元素在转置后成为 j 行 i 列元素。

程序代码如下。

```
Option Explicit
Const N = 4  '假定是矩阵的阶数 N 为 4
```

```
Private Sub Picture1_Click()
    Dim a(1 To N, 1 To N) As Integer  '声明N×N二维数组，存放N阶方阵
    Dim i As Integer, j As Integer, temp As Integer
    Picture1.Cls    '清除图片框中的内容
    Picture1.Print "转置前的矩阵："
    For i = 1 To N
        For j = 1 To N
            a(i, j) = Int(100 * Rnd) + 1
            Picture1.Print a(i, j),
        Next j
        Picture1.Print      '每输出完一行数据，行末换行
    Next i
   '矩阵的转置
     For i = 1 To N
        For j = 1 To i - 1    '以对角线为中轴线，实现a(i, j)与a(j, i)的互换
            temp = a(i, j)
            a(i, j) = a(j, i)
            a(j, i) = temp
        Next j
    Next i
    Picture1.Print "转置后的矩阵："
    For i = 1 To N
        For j = 1 To N
            Picture1.Print a(i, j),
        Next j
        Picture1.Print      '每输出完一行数据，行末换行
    Next i
End Sub
```

思考 1：任意 M × N 矩阵（非方阵）的转置如何实现?

提示

任意 M × N 矩阵（非方阵）的转置是无法在该矩阵数组 *a* 自身中完成，必须重新声明一个 N × M 的数组 *b* 来存放转置结果，即 $b(j, i) = a(i, j)$。

思考 2：如何实现任意 M × N 矩阵的顺时针旋转 90°？

7.4 枚举类型

"枚举"（enum）是指将变量可能的取值一一列举出来，它是数值类型的一种特殊表达形式。枚举类型提供了一种使用成组的相关常量以及将常数与名称相关联的方便途径。当一个变量只有几种可能的取值时（如表示星期、月份的变量），可以将其定义为枚举类型。例如，可以声明一个枚举类型来为"星期日～星期六"建立一组整型常数，在代码中使用枚举成员名来替代对应的整数数值。

7.4.1 枚举类型的声明

Enum 语句定义枚举类型的格式如下：

```
 [Public|Private] Enum 枚举类型名
     成员名[ = 常数表达式]
     成员名[ = 常数表达式]
     …
End Enum
```

说明如下：

（1）枚举类型的定义应放在窗体模块、标准模块或公用的类模块的声明部分，不能在过程内部定义。

（2）关键字 Public 和 Private 为可选，默认时表示 Public；使用 Public 时在整个工程的各个模块中均可以使用定义的 Enum 类型；而使用 Private 则只能在本模块中使用定义的 Enum 类型。

（3）成员名的命名必须遵循 Visual Basic 标识符的命名规则。

（4）常数表达式的值是 Long 类型，也可以是其他 Enum 类型；常数表达式可以省略，默认情况下，第 1 个常数为 0，后面的常数依次加 1。

例如，有以下定义：

```
Public Enum Clock                '声明了一个有关时间的 Clock 枚举类型
    Half                         ' 含义：30 分钟，表示数值常数 0
    Quarter                      ' 含义：15 分钟，表示数值常数 1
    Hour                         ' 含义：60 分钟，表示数值常数 2
End  Enum
```

（5）若用赋值语句给枚举常量赋值，则可以赋任何长整数，包括负数；未赋值的常数是前一项的值加 1。

示例代码如下：

```
Public Enum Clock                '声明了一个有关时间的 Clock 枚举类型
    Half=30                      '表示数值常数 30
    Quarter=15                   '表示数值常数 15
    Hour=60                      '表示数值常数 60
End  Enum
```

（6）Visual Basic 将枚举中的常数数值看作是长整数。若将一个浮点数值赋给一个枚举中的常数，Visual Basic 会将该数值取整为最接近的长整数。

7.4.2　引用枚举类型中的常数

可以直接使用枚举常数，但是当出现枚举成员名冲突时，应在常数名称前加上枚举名前缀，以免混淆。当对枚举中的常数赋值时，可以使用另一个之前声明的枚举常数。

例 7-23　有以下两个枚举类型 WeekDay 和 WorkDay。

```
Public Enum WeekDay                        Public Enum WorkDay
    Sunday          ' 常数为 0                 Saturday        ' 常数为 0，是默认初始值
    Monday          ' 常数为 1                 Sunday = 0      ' 常数为 0
    Tuesday         ' 常数为 2                 Monday          ' 常数为 1
    Wednesday       ' 常数为 3                 Tuesday         ' 常数为 2
    Thursday        ' 常数为 4                 Wednesday       ' 常数为 3
    Friday          ' 常数为 5                 Thursday        ' 常数为 4
    Saturday        ' 常数为 6                 Friday          ' 常数为 5
    Invalid = -1    ' 常数为-1                 Invalid = -1    ' 常数为-1
End  Enum                                  End Enum
```

在枚举 WeekDay 和 WorkDay 中都有一个名称是 Saturday 的成员，但表示的数值不同，在使用时要用枚举类型名进行区分。示例代码如下。

```
Private Sub Form_Click()
    Print Invalid, WeekDay.Saturday, WorkDay.Saturday      '运行结果如图 7-28 所示
End Sub
```

图 7-28　例 7-23 运行界面

7.4.3　枚举类型变量的声明

枚举类型声明之后，即可定义该类型的变量，然后使用该变量存储枚举常数的数值。给该类型变量赋值既可以是枚举成员，也可以是对应的常量值。

示例代码如下：

```
Private Sub Form_Click()
    Dim w As WeekDay, d As WeekDay  ' 此处声明使用例 7-23 中 WeekDay 类型
    w = Monday                      ' 直接用枚举成员赋值
    d = 4                           ' 直接用枚举成员对应的常量值赋值
    Print w, d                      ' 运行结果如图 7-29 所示
End Sub
```

当在代码窗口中键入示例的第 2 行代码时，如图 7-30 所示 Visual Basic 会自动在“自动列出成员”列表中显示 WeekDay 枚举类型的成员。

图 7-29　用户单击窗体后，在窗体上显示的结果

图 7-30　Visual Basic 自动显示枚举类型的成员

7.4.4　枚举类型的应用

例 7-24　如图 7-31 所示，根据用户选择输入的月份，显示对应的季节。

图 7-31　例 7-24 的运行界面

示例代码如下：

```
Private Enum Season        ' 声明 Season 枚举类型
    January
    February
    March
    April
    May
```

```
        June
        July
        August
        September
        October
        November
        December
    End Enum
    Private Sub Form_Load()    ' 设置月份组合框的初始列表项内容
        CmbMonth.AddItem "January"    : CmbMonth.AddItem "February"
        CmbMonth.AddItem "March"      : CmbMonth.AddItem "April"
        CmbMonth.AddItem "May"        : CmbMonth.AddItem "June"
        CmbMonth.AddItem "July"       : CmbMonth.AddItem "August"
        CmbMonth.AddItem "September"  : CmbMonth.AddItem "October"
        CmbMonth.AddItem "November"   : CmbMonth.AddItem "December"
    End Sub
    Private Sub CmbMonth_Click()
        Dim s As Season     ' 声明 Season 枚举类型的变量 s
        s = CmbMonth.ListIndex
        Select Case s  '根据用户选择的月份，判断属于枚举的哪个季节月份，并显示对应的季节
            Case March To May                       ' 直接用枚举成员来表示 s 的取值，3 月~5 月是春季
                LblSeason.Caption = "Spring"
            Case June To August                     ' 6 月~8 月是夏季
                LblSeason.Caption = "Summer"
            Case September To November              ' 9 月~11 月是秋季
                LblSeason.Caption = "Autumn"
            Case December, January, February ' 12 月~2 月是冬季
                LblSeason.Caption = "Winter"
        End Select
    End Sub
```

说明

上述程序中，通过声明 Season 枚举类型的变量 *s*，直接用枚举成员来表示 *s* 的取值，既方便进行判断，又使程序的可读性大大提高。

7.5 用户自定义类型

Visual Basic 提供给程序员建立用户自定义类型的功能。用户自定义类型是具有相同名字的一组相关变量的集合，与数组仅能存放一组相同数据类型的元素不同，用户自定义类型可以包含许多不同的数据类型的变量，表达一组有意义的数据，如学生信息（学号、姓名、性别、出生日期、入学成绩等）。

7.5.1 定义用户自定义类型

用户可以使用 Type 语句定义自己的数据类型，格式如下：

```
 [Public/Private]Type 数据类型名
     数据类型元素名 As 类型名
     数据类型元素名 As 类型名
     …
 End Type
```

示例如下：

```
Private Type PersonInfo       ' 声明定义个人信息的数据类型
    Name As String * 10     '姓名
```

```
    Sex As String * 1          '性别
    Birthday As Date          '出生日期
    IsMarried As Boolean      '婚姻状况
End Type
```

说明如下：

（1）“数据类型名”是用户要定义的数据类型的名字；“数据类型元素名”是自定义数据类型中的一个数据成员。两者皆遵循 Visual Basic 标识符的命名规则。

（2）类型名可以是任何基本类型，也可以是已定义的用户自定义类型。注意，当在随机文件（见第 9 章）中使用时，如果是字符型，必须是定长字符串，不允许是变长字符串。

如有以下 MemberInfo 类型，其中 Personal 成员的类型是之前定义的 PersonInfo 类型。

```
Private Type MemberInfo                   ' 声明定义会员信息的数据类型
    BasicInfo As PersonInfo               '会员基本信息
    MemberShip As String * 1              '会员身份
    MemberAge As Integer                  '入会年限
End Type
```

（3）用户自定义类型的定义必须放在模块（包括窗体模块和标准模块）的声明部分。当在标准模块中定义时，关键字 Type 前可以使用 Public（默认）或 Private；若在窗体模块中定义，则必须使用关键字 Private。通常我们在标准模块中使用关键字 Public 定义用户自定义类型，这样，在工程中任何模块的变量都可以定义成此类型。

（4）必须先定义用户自定义类型，然后定义该类型的变量，再引用其中的成员信息。

（5）不能将自定义类型名与该类型的变量名混淆；前者表示类似 Integer、Single 等的类型名，后者用于 Visual Basic 依据变量的类型分配所需的内存空间来存储数据。

（6）区分自定义类型变量和数组的异同。相同之处：两者都是由若干个元素组成；不同之处：前者的元素可代表不同性质、不同类型的数据，以不同的元素名标识不同的元素；而后者存放的是同种性质、同种类型的数据，以下标区分表示不同的元素。

（7）用 Type 语句定义的用户自定义类型类似于 Pascal、Ada 语言中的“记录类型”和 C 语言中的“结构体”，因而通常将用 Type 语句定义的类型称为记录类型。

7.5.2 自定义类型变量的声明

数据类型一旦定义好，即可在变量的声明时使用该数据类型；对同一种用户定义类型，可以声明为局部的、私有的或全局的变量。

例如，使用上面定义好的个人信息 PersonInfo 类型和会员信息 MemberInfo，在窗体模块的通用部分声明变量，代码如下。

```
Dim Mine As PersonInfo, His As PersonInfo
Private Member(100) As MemberInfo ' 定义Member数组，包含101个MemberInfo类型的变量
```

7.5.3 自定义类型变量的访问

类似于对象的访问，用户自定义类型变量的访问格式如下：

```
变量名.元素名
```

示例代码如下：

```
Private Sub Form_Load()
    Mine.Name = "Linda"
    Mine.Sex = "f "
```

```
    Mine.Birthday = #4/1/1990#
    Mine.IsMarried= False
End Sub
```

和枚举类型一样，在代码窗口中输入代码时会自动显示 PersonInfo 数据类型的元素。

使用自定义类型变量应注意以下问题。

（1）如果两个变量都属于同一个用户自定义类型，可以将其中一个变量直接赋给另一个变量，即把一个变量的所有元素分别赋值给另一个变量对应的各元素。

如有以下赋值语句：

```
His = Mine
```

（2）注意区分自定义类型变量中元素的访问和数组中元素的访问格式。

如有以下代码表示将Mine变量的所有信息赋值给Member数组中下标为0的元素的BasicInfo成员。

```
Member (0). BasicInfo =Mine
```

（3）可采用 With 语句简化对用户自定义类型变量中元素的访问。在 With 自定义变量名…End With 之间，可以省略自定义类型变量名，仅用点“.”和元素名表示即可访问。

示例代码如下：

```
Private Sub Form_Click()
    With His
        .Name = "Tony"
        .Sex = "m"
        .Birthday =#3/28/2007#
        .IsMarried= False
    End With
End Sub
```

7.5.4 用户自定义类型数组

事实上，数组元素的类型也可以是用户自定义类型，这样不仅能表示复杂的二维表信息，而且数组表示的数据量也将会大大扩充。下面举例说明用户自定义类型数组的声明和使用方法。

例 7-25 如图 7-32 所示，设计一个简易职工信息处理程序。

分析：首先应定义一个用户自定义的类型来表示职工基本信息，并用一个该类型的数组来存放每个职工的工号、姓名、工资和职称信息。本题中各按钮用于实现以下功能：①职工信息的编辑（新增、修改、删除）操作；②职工信息的查询（按记录号、工号）操作；③通过命令按钮控件数组，实现职工信息的浏览。

图 7-32 中，右侧的 4 个命令按钮被设计成控件数组 cmdView，从而使程序大大简化。

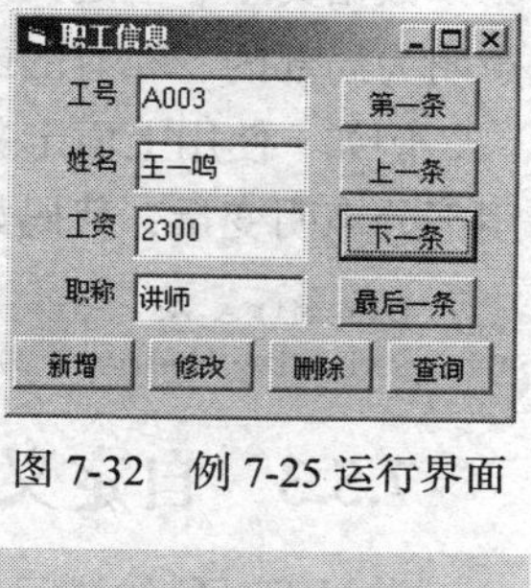

图 7-32 例 7-25 运行界面

标准模块中的主要代码如下：

```
Type EmployeeInfo                  '声明职工信息类型 EmployeeInfo
    id As String * 3               '工号
    name As String * 10            '姓名
    pay As Currency                '工资
    title As String * 6            '职称
End Type
Public t() As EmployeeInfo         '定义 EmployeeInfo 类型的职工信息数组 t
```

本题应充分考虑记录数组的大小动态变化，将数组 t 定义成动态数组以方便进行增加和删除元素操作。其中，增加操作在数组的最后位置进行，删除操作则对数组任意位置进行。为方便对指定记录号职工信息的直接查询，应将记录号作为数组下标，并采用顺序查找算法实现按工号查询职工信息。

窗体模块中的程序代码如下：

```
Option Base 1
Dim recordnum  As Integer                    '当前职工总数
Dim CurrentID As Integer                     '当前职工信息的记录号
Private Sub cmdAdd_Click()                   '新增职工信息
    Dim i As Integer
    If Txtid <> "" Then                      '若工号不为空
       For i = 1 To recordnum                '顺序访问职工信息数组,判断即将加入的新职工是否已存在
          If Txtid = t(i).id Then MsgBox "该职工已经存在!": Exit Sub
          '采用数组名(下标).数据成员格式访问工号
       Next
       recordnum = recordnum + 1             '职工信息总数增1
       ReDim Preserve t(recordnum)           '动态扩展职工信息数组t
       With t(recordnum)                     ' 采用With结构，访问职工信息数组元素的数据成员
          .id = Txtid                        '从文本框中获取新职工信息，追加职工信息数组
          .name = TxtName
          .pay = Val(Txtpay)
          .title = Txttitle
       End With
       CurrentID = recordnum         '更新当前显示职工信息的记录号
    Else
       MsgBox "工号不能为空!"
    End If
End Sub
Private Sub cmdUpdate_Click()        '修改当前职工信息
    If Txtid <> "" Then              '若工号不为空，将文本框中修改的信息真正更新职工信息数组
       With t(CurrentID)             ' 采用With结构，访问职工信息数组元素的数据成员
          .id = Txtid  :  .name = TxtName  :  .pay = Val(Txtpay)  :  .title = Txttitle
       End With
    Else                             '否则显示出错信息
       MsgBox "工号不能为空!"
    End If
End Sub
Private Sub cmdDelete_Click()        '删除当前职工信息
    Dim i As Integer
    If MsgBox("确定要删除吗?", vbYesNo) = vbYes Then
                                     '将当前职工信息后的职工信息依次向前平移1个位置，实现删除
       For i = CurrentID To recordnum - 1
                                     '采用数组名(下标).数据成员格式访问数据成员
          t(i).id = t(i + 1).id :        t(i).name = t(i + 1).name
          t(i).pay = t(i + 1).pay :      t(i).title = t(i + 1).title
       Next i
       recordnum = recordnum - 1              '职工信息总数减1
       If CurrentID > recordnum Then CurrentID = CurrentID - 1
       If CurrentID > 0 Then
          ReDim Preserve t(recordnum)     '动态缩减职工信息数组t
          With t(CurrentID)
          '采用With结构，读取职工信息数组元素的数据成员，并输出到文本框显示
          Txtid = .id  :  TxtName = .name  :  Txtpay = .pay  :  Txttitle = .title
          End With
       Else
          Erase t                             '职工信息数组t置空
          Txtid = "":     TxtName = "" '将显示信息的文本框置空
          Txtpay = "":    Txttitle = ""
```

```
            End If
        End If
    End Sub
    Private Sub cmdSearch_Click()                  '按工号查询职工信息
        Dim id As String * 3, i As Integer
        id = InputBox("请输入要查询的工号")
        For i = 1 To recordnum                     '顺序读取每个职工信息，判断该工号职工是否存在
            If t(i).id = id Then Exit For          '采用数组名(下标).数据成员格式访问工号
        Next i
        If i <= recordnum Then                     '若存在，则显示该职工信息
            CurrentID = i                          '更新当前记录号
            With t(CurrentID)
              '采用With结构，读取职工信息数组元素的数据成员，并输出到文本框显示
               Txtid = .id  :  TxtName = .name  :  Txtpay = .pay  :  Txttitle = .title
            End With
        Else                                  '否则显示出错信息
            MsgBox "不存在该工号的记录！"
        End If
    End Sub
    Private Sub cmdView_Click(Index As Integer)        '浏览职工信息
        Select Case Index                     '根据浏览动作要求，更新当前记录号，刷新显示当前记录
            Case 0   '第1条
                 If recordnum > 0 Then CurrentID = 1
            Case 1     '上一条
                 If CurrentID > 1 Then CurrentID = CurrentID - 1
            Case 2     '下一条
                If CurrentID < recordnum Then CurrentID = CurrentID + 1
            Case 3     '最后一条
               CurrentID = recordnum
        End Select
        If CurrentID <> 0 Then                '刷新显示当前职工信息
            With t(CurrentID)                 '采用With结构，读取职工信息数组元素，并输出到文本框显示
               Txtid = .id  :  TxtName = .name  :  Txtpay = .pay  :  Txttitle = .title
            End With
        End If
    End Sub
```

以上示例说明使用自定义类型数组可以方便地存放批量数据，采用数组的基本操作对批量数据进行增加、删除、修改、查询、浏览，初步开发了一个小型的管理信息系统（MIS）。

本章小结

数组是一组类型完全相同的变量的集合，也可以是多个同类控件对象的集合。根据要处理的数据量是否确定不变来决定是使用定长数组还是动态数组。定长数组在使用前须先声明，以确定数组的名称、数据类型、维数和每一维的大小；动态数组必须先声明一个空数组，再在使用前用 Redim 语句确定数组维数和大小。

数组的访问都是通过数组名结合数组元素的下标的形式访问数组元素来实现的，而数组问题的处理往往需要通过分析访问数据元素次序的下标规律性变化，再用循环控制结构来实现。只有熟练地掌握数组的基本操作算法，才能灵活地应用这些算法解决复杂的问题。

枚举类型和自定义类型也是数据的常用结构。其中自定义类型是多个不完全相同数据类型的数据，结合数组可实现复杂结构批量数据的处理操作。

思考练习题

1. 生成一维数组 $a(10)$，数组元素为 100 以内的随机正整数，并求该数组中的第二大的数（第二大数可以与最大数相等）。

2. 生成两个等差数列 $A = \{3, 10, 17, 24, 31, \cdots, 108\}$与 $B = \{3, 8, 13, 18, 23, \cdots, 108\}$，再找出两个数列中的相同项。

3. 利用公式 $M \times M - M + 41$（M 为自然数）生成由 20 个素数组成的数列（M 取值 1～20），再从得到的 20 个素数中找出其逆序数也是素数的那些数。例如，113 的逆序数为 311，它们都是素数，这样的素数也称为无暇素数。

4. 编程实现的功能是：按设定的数据位数 N（$N = 2$～6），随机生成 20 个互不相等正整数，按 5 个一行的形式输出到文本框中，并从中找出所有降序数输出到列表框。所谓降序数是指所有高位数字都大于其低位数字的数。例如 973 就是一个降序数。

5. 根据用户输入的单词表，统计单词表中单词的数量以及最长单词的长度，并显示最后一个以该长度出现的单词。（假设单词表中的单词全部用逗号分隔，且无重复的）。

6. 在文本框按给定格式（数据以逗号分隔，−1 表示数据结束）输入若干个学生成绩数据，输出这些成绩的排名情况。如输入：89,12,45,32,56,13,75,95,14, −1 则输出：2,9,5,6,4,8,3,1,7。

7. 随机生成二维数组 $a(5,5)$，数组元素为 1 位正整数，计算方阵 a 中位于主对角线上方的所有元素之和与位于主对角线下方的所有元素之和，并求出前者和后者的差。

8. 求方阵的范数。方阵的范数是指方阵各列元素的绝对值之和中最大的数值。

9. 生成一个 5×5 的矩阵，要求该矩阵的副对角线（指矩阵左下角到矩阵右上角连线上的元素）上方元素都是偶数，副对角线和它的下方元素都为奇数。交换以副对角线为界线的上三角和下三角的对应元素。

10. 编写程序找出二维数组中所有非零元素及其所在位置。要求随机生成二维数组的数组元素为 0～9 之间的整数，将数组里元素按矩阵形式显示在图形框 Picture1 中，每写完一行后换行，输出矩阵中所有非零元素及其所在位置（即它所在的行号和列号）。

11. 随机生成二维数组 $a(n,n)$，其中 n 是奇数，数组元素为两位随机正整数，将 a 数组里元素按矩阵形式显示在图形框 1 中。将上述生成的矩阵中的最小元素与矩阵中心位置的元素交换，最后将结果矩阵再显示到图形框 2 中。

12. 编程统计用户输入的班级某一课程的学生成绩（用户输入−1，表示成绩录入结束）在[0～30]，[30～40]，[40～50]，…，[80～90]，[90～100]各分数段的人数，要求显示在标签数组中，并显示及格率。

13. 利用二维数组记录用户输入的坐标点，完成三角形面积的计算。

14. 在 XOY 平面上散落着 100 个点，坐标采用（x,y）格式表示，x,y 坐标范围均为[−20,20]，随机生成这些点，并按象限输出这些点，每个象限的点按其距离原点的距离从近到远排列。

15. 根据用户输入的一个学生 n 门课成绩和课程学时数，计算其智育成绩（等于（∑每门课成绩 × 课程学时数）/∑课程学时数）。提示：先声明学生信息类型，后定义该类型的变量。

16. 根据输入的不同专业的每个学生信息（学号、姓名、总学分、毕业设计通过与否），以及学生所在专业（其中学号前四位为专业编号）和必修学分，进行学生能否获取毕业证书的资格审查。提示：利用两个记录数组，分别记录学生信息和专业必修的学分信息。

第 8 章 过程

学习重点

- Visual Basic 程序代码的结构化组织。
- 理解过程调用的程序流程。
- 过程的编写，参数的设置（包含数量、类型、顺序的要求）、参数传递方式的选用。
- 理解递归过程的编写、递归过程的调用和回溯过程。
- 变量的作用域问题（局部（过程级、模块级）、全局、静态变量）、不同作用域变量的同名问题。

8.1 Visual Basic 程序代码的结构化组织

Visual Basic 的程序代码部分是由若干被称为“过程”的代码行以及向系统提供某些信息的说明组成。其中，既有对象的事件过程，也有用户自定义过程，且这些过程及说明又被组织在不同的“模块”文件之中。图 8-1 所示为整个 Visual Basic 应用程序的组成，本章仅讨论窗体和标准模块。

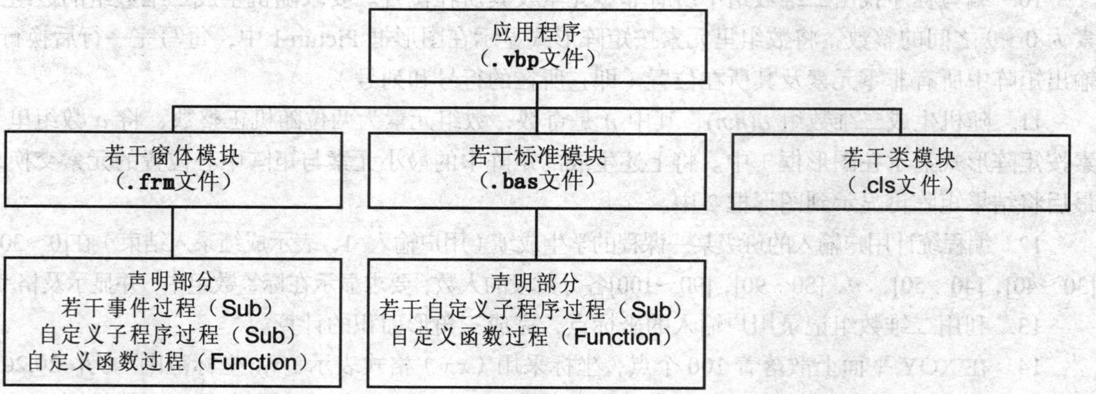

图 8-1　Visual Basic 程序代码的结构化组织图

8.1.1 模块

模块是 Visual Basic 用于将不同类型过程代码组织到一起而提供的一种结构。Visual Basic 具有 3 种类型的模块，即窗体模块、标准模块和类模块。

1．窗体模块

应用程序中的每个窗体都分别对应着一个窗体模块，以扩展名.frm 的文件形式保存。窗体模块包含了窗体中各个对象的属性设置、相关说明（如类型的声明、常量和变量的定义）、各个对象的事件过程和某些自定义过程。

2．标准模块

在应用程序中被多个窗体共享的代码，应当被组织到“标准模块”之中。标准模块文件的扩展名是 .bas。标准模块中保存的过程都是自定义过程。除了这些自定义过程之外，标准模块中还包含相关的说明。标准模块中代码不仅可以用于一个应用程序，还可供其他应用程序重复使用。

3．类模块

类模块包含用于创建新的对象类的属性、方法的定义等。有关类模块的详细内容，感兴趣的读者可参阅有关的 Visual Basic 手册。

如图 8-2 所示，利用“工程”菜单可以添加上述各类模块，对其进行设计和编辑。

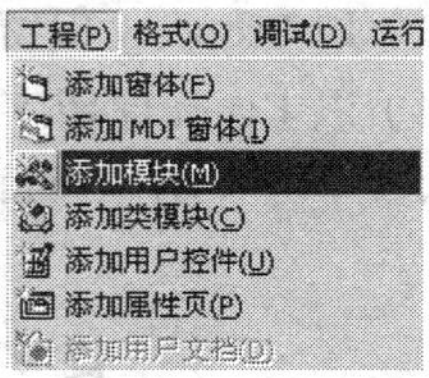

图 8-2　打开“工程”菜单添加模块

8.1.2　过程

1．事件过程

为窗体及窗体上的各种控件编写的、用于响应由用户或系统引发的各种事件的代码行称为“事件过程”。Visual Basic 程序是由事件驱动的，事件过程是 Visual Basic 程序中不可缺少的基本过程，它存储在窗体模块的文件中。前面章节程序示例中的过程都是事件过程，当符合事件触发条件时，该事件过程即会被激活执行。

窗体事件过程的一般形式如下：

```
Private Sub Form_事件名([参数列表])
    [局部变量和常数声明]
    语句块
End Sub
```

控件事件过程的一般形式如下：

```
Private Sub 控件名_事件名([参数列表])
    [局部变量和常数声明]
    语句块
End Sub
```

说明如下：

（1）窗体事件过程名由 Form、下划线和事件名组合而成；多文档界面（MDI）窗体的事件过程名由 MDIForm、下划线和事件名构成。虽然窗体有各自的名称，但在窗体事件过程名中不使用窗体自己的名称。

（2）控件事件过程名由控件名、下划线和事件名组成。控件事件过程名的控件名必须是窗体中某个控件的 Name 属性，否则该过程将被视为一个自定义过程。

（3）每个事件过程名前都有一个“Private”的前缀，这表示该事件过程只能在它自己所在的窗体模块中被调用，其使用范围是模块级的，在该窗体之外不可见。

（4）事件过程有无参数，完全由 Visual Basic 所提供的具体事件本身所决定，用户不可以更改。

2．自定义过程

一个工程（应用程序）中的多个窗体模块可以共享一些代码，或者一个窗体内不同的事件过程可共享一些代码，这些代码往往是具有一定的功能。Visual Basic 允许用户将这些可共享的、被重复使用的代码定义成自定义过程，供事件过程或其他过程多次调用。

如数学中用公式 $C_m^n = \dfrac{m!}{n!(m-n)!}$ 求取某组合数，其中需要三次求取不同数据的阶乘。编程时，可将求阶乘的代码写成自定义过程，在主程序中进行三次调用即可。

在 Visual Basic 6.0 中，自定义过程分为以下几种：

（1）以 Sub 保留字开始的子程序过程。

（2）以 Function 保留字开始的函数过程。

（3）以 Property 保留字开始的属性过程。

（4）以 Event 保留字开始的事件过程。

本章主要介绍用户自定义的函数和子程序过程。

8.2 函数过程的定义和调用

函数过程主要用于执行后能得到一个计算结果的场合，在数学运算中应用较为广泛。在本书第 4 章介绍了常用的系统函数，这些函数是在系统中事先编写好的函数过程，直接提供用户调用。这里我们介绍自定义函数过程的定义和调用方法。

8.2.1 函数过程的定义

1. 自定义函数过程的形式

```
[Public | Private][Static] Function 函数过程名([参数列表])[As 数据类型]
    [局部变量或常数定义]
    [语句块]
    [函数名=表达式]
    [Exit Function]
    [语句块]
    [函数名= 表达式]
End Function
```

说明如下：

（1）Function 函数过程应以 Function 语句开头、End Function 语句结束，中间是描述函数过程操作的语句，称为函数体或过程体。

（2）函数名的命名规则与变量名的命名规则相同。注意，在同一个模块中，函数过程名既不能与模块级变量同名，也不能与调用该函数过程的调用程序中的局部变量同名，必须是唯一的。在函数体内，可以像使用简单变量一样使用函数名。

（3）As 数据类型选项用于指定函数返回值的类型；默认该选项时，函数类型默认为变体（Variant）类型。Function 过程可通过函数名返回一个值。由于求得的函数值是通过函数名返回给调用程序，因此在函数体内至少有一条“函数名=表达式”语句给函数名赋值，否则，该过程返回函数类型的初始值，即数值型函数返回 0 值、字符串型函数返回空字符串、布尔类型函数返回 False。

（4）Private 表示该过程是只能被本模块内的过程调用的模块级函数过程；Public 表示该过程是在应用程序的任何模块中都可以调用的应用程序级函数过程。默认表示 Public。

（5）Static 选项将用于声明函数过程中的局部变量均为“静态”变量。

（6）参数列表中的参数称为形式参数（简称形参），它是函数本身与外界调用程序之间交流的窗口或接口，形参仅代表了参数的个数、位置和类型，本身没有具体的值，其初值来源于函数过程调用；形参可以是变量名或数组名，但不能是常量、数组元素或表达式。当有多个形参时，各参数之间必须用逗号分隔。没有参数的函数过程称为无参函数过程，无参函数名后的这对圆括号不可以省略。

形参的格式如下：

```
[Optional][ByVal][ByRef]变量名[()][As 数据类型]
```

说明如下。

① 变量名[()]：变量名应为合法的 Visual Basic 变量名或数组名。变量名后无括号表示该形参是变量，有则表示是数组，要注意括号中不包含维数。

② ByVal：表明其后的形参是按值传递参数或称为“传值”（Passed by Value）参数。

③ ByRef：表明其后的参数是按地址传递（传址）参数或称为“引用”（Passed by Reference）参数，若形式参数前默认 ByVal 和 ByRef 关键字，则这个参数是一个引用参数。

④ Optional：表示参数是可选参数的关键字，默认 Optional 前缀的参数是必选参数。可选参数必须放在所有的必选参数的后面，而且每个可选参数都必须用 Optional 关键字声明。所谓的可选参数就是在调用过程时，可以没有实在参数与它结合。

⑤ As 数据类型：该选项用来说明形参的类型，若默认，则该形参是“变体型变量”（Variant）。若要定义字符串类型的变量形参，则只能是不定长的字符串类型；若是字符串数组形参则没有这个限制。

（7）在函数体中，一般用 Dim 或 Static 语句声明仅在该函数过程中要用到的变量和常量，它们只在本过程体内有效，程序在调用函数过程时为这些量开辟存储空间，调用结束后收回用 Dim 声明的变量空间，而用 Static 声明的变量空间则要等到模块结束时才被收回。

（8）函数体是由合法的 Visual Basic 语句组成，其中可以含有多个 Exit Function 语句，程序执行到 Exit Function 语句时提前结束该过程，返回到调用该函数过程的语句处。

（9）End Function：标志 Function 过程的结束，当程序执行到 End Function 语句时，结束该过程，并立即返回调用该函数过程语句处，继续执行。

（10）过程的定义是相对独立的，Function 函数过程不能嵌套定义，即在函数过程中不可以再定义 Sub 过程或 Function 过程。但可以嵌套调用自身或其他过程。

2. 建立函数过程

函数过程的创建需要两个步骤，第 1 步：搭建函数过程框架，首先需要考虑取一个有意义的函数名，其次考虑函数完成指定的功能需要外界提供给该函数哪些必要的数据（个数、类型、含义），从而定义好形参；最后根据题意，确定函数返回值的类型。第 2 步：确定算法，编写函数体。

初始函数框架有以下两种搭建方法。

方法 1：用“工具”菜单中的“添加过程”命令定义。

操作步骤如下：

（1）打开“代码编辑器”窗口。

（2）选择“工具”菜单中的“添加过程”命令，弹出图 8-3 所示的“添加过程”对话框。

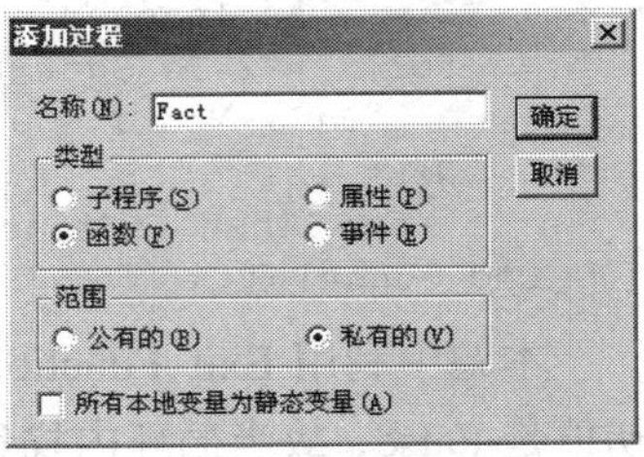

图 8-3 “添加过程”对话框

（3）在“添加过程”对话框中输入过程名（如 Fact），并在“类型”选项中选择过程类型是“函数”过程，随后在过程的“范围”选项中选择“私有的”（或“公有的”）后单击“确定”按钮，一个名为 Fact 的函数过程框架在“代码编辑器”窗口就创建好了。

```
Private Function Fact()
…
End Function
```

方法 2：在代码窗口中直接创建。

在“代码编辑器”窗口中的通用部分直接输入函数过程首行，按回车键即可自动生成以上格式的过程框架。

例 8-1 编写一个求两个整数的最小值函数。

分析：根据题意可将函数名定义为 Min，求解最小值时需已知两个待比较并具有相同类型的整型数据，故设置两个整型变量形参；函数返回的是这两个数据的最小值，所以函数类型的定义应与形参一致。

示例代码如下：

```
Private Function Min(x As Integer, y As Integer) As Integer  '函数头，其中x和y为形参变量
   If x < y Then             '通过比较，将最小值赋予Min
        Min = x              '给函数名Min赋值
   Else
        Min = y              '给函数名Min赋值
   End If
End Function
```

在函数体中，使用给函数名 Min 赋值的语句来设定返回值。

例 8-2 编写一个求某个自然数阶乘的函数。

分析：根据求阶乘的算法，将该自然数设置为形参，函数返回其阶乘。以下代码中给函数命名为 Fact。

```
Function Fact(ByVal x As Integer) As Long  '函数头，x为形参，意为该自然数，函数类型Long型
    Dim i As Integer
    Fact = 1                                '给函数名Fact赋值
    For i = 1 To x
       Fact = Fact * i                      '给函数名Fact赋值
    Next i
End Function                                '函数结束时由函数名Fact返回结果
```

本题中将函数类型设为 Long 型，考虑到阶乘的值通常较大，若设为 Integer 型则极易溢出，函数体中多次给函数名赋值，函数结束时，该函数名当前的取值被返回。

例 8-3 编写一个判断某自然数是否是素数的函数。

分析：根据题意，将该自然数设置为形参，函数返回一个逻辑值 True 或 False。以下代码中将函数命名为 IsPrime。

```
Function IsPrime(ByVal x As Integer) As Boolean  '函数头，x为形参，函数类型Boolean型
   Dim i As Integer
   For i = 2 To Sqr(x)
       If x Mod i = 0 Then Exit Function  '若i是x的因子，则结束函数，函数名的值是False
   Next i
    Ifx>1Then IsPrime = True               '若以上程序未由Exit Function结束函数，则x是素数
End Function
```

本题中利用 Exit Function 语句简化了判断素数的代码，这里还要注意函数名变量 IsPrime 的初值是 False，故当循环内找到一个 x 的因子而导致函数结束时，虽未对函数名进行显式赋值，但实际返回的值是 False，只有循环没有从 Exit Function 语句结束，才能执行到下面一条给函数名赋值的语句，才能返回 True。

注意，形式参数的定义在函数的定义中非常重要，应根据应用的实际，将函数与外界交互的数据（如

本题中的 x）设置为形参；其余仅在过程内部使用的变量（如本题中的 i）定义为函数体内的局部变量。

8.2.2 函数过程的调用

过程的调用将引发过程的执行；要执行一个自定义过程，必须显式地调用该过程。

1. 函数过程的调用方法

与调用 Visual Basic 系统函数一样，函数过程的调用应以表达式的形式出现。形式如下：

```
函数过程名[(参数列表)]
```

说明如下。

（1）参数列表中的参数称为实参或实元，实参的形式是与对应形参类型一致的常数、变量、数组元素、表达式、数组名和对象名。调用时，主调过程通过实参将数据传递给被调过程的形参，并在代码中使用。

（2）函数调用时，必须做到“形实结合”，即在参数的个数上要相同（可选、可变参数除外），对应位置上的参数类型要一致。这样函数调用时才能准确地将实参的值传递给对应函数定义部分的形参，即完成参数传递。

（3）调用有参函数过程时，必须给参数列表加上括号；调用无参函数，括号可以缺省。

（4）为了使用函数的返回值，通常将函数的调用作为表达式或表达式中的一部分，再配以其他的语法成分构成语句。示例如下：

```
c = Fact(m) / (Fact(n) * Fact(m - n))
If c < Min(a,b) Then Print c Else Print Min(a,b)
If IsPrime(y) Then MsgBox y & "是素数" Else MsgBox y & "不是素数"
```

（5）若忽略或放弃函数的返回值，则 Visual Basic 也允许像调用 Sub 过程那样调用 Function 过程（详见 Sub 子程序过程的调用）。

（6）可以将某个函数过程的返回值作为另一次函数过程调用的实参。如以下语句可以表示输出 4 个变量的最小值。

```
Print Min(Min(a, b), Min(c, d))
```

此函数过程被调用时，程序从 Function 语句开始执行，执行到 End Function 语句时结束该过程，并返回到调用该函数过程语句处。

2. 函数调用的执行过程

Function 过程必须在事件过程、通用过程或其他过程中显式调用，否则函数过程代码就永远不会被执行。程序执行到调用函数过程的语句后，系统就会将控制转移到被调用函数过程的定义部分，并从被调用函数过程的第 1 条 Function 语句开始，依次执行其所有语句。在执行到 End Function 语句后，返回到主调程序的断点，然后从断点处继续程序的执行。

程序每调用一次 Function 过程时，VB 就将程序的返回地址（断点）、参数以及局部变量等压入栈内。被调用的过程运行完后，VB 将回收存放变量和参数的栈空间，然后返回断点继续程序的运行。

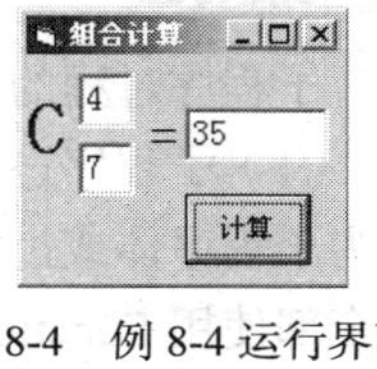

图 8-4　例 8-4 运行界面

例 8-4　通过调用例 8-2 中的 Fact 函数，计算 C_m^n，程序界面见图 8-4。

分析：根据组合公式 $C_m^n = \dfrac{m!}{n!(m-n)!}$，组合的计算可分解为三个数据的阶乘计算。程序代码如图 8-5 所示。

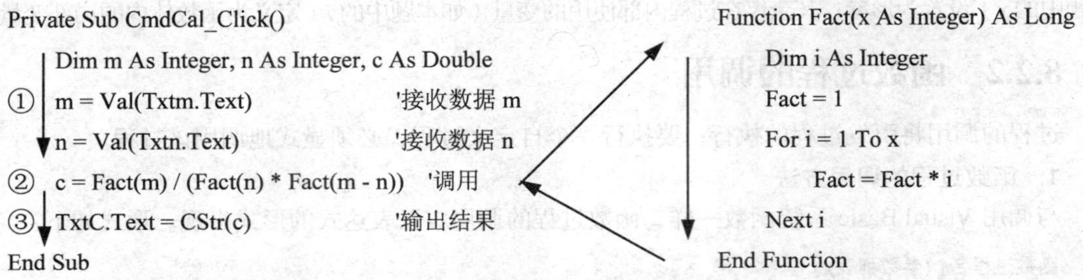

图 8-5 调用函数过程的执行流程图

如图 8-5 所示为整个程序执行的流程。单击按钮执行 CmdCal_Click 事件过程（即 Fact 函数的主调过程）。执行到语句②时，发现有函数 Fact 调用 Fact(m)，该单击事件过程的执行被立即中断，系统将该中断点记录下来，转到 Fact 函数定义部分；同时实参和形参结合，即实参 *m* 传递给对应的形参 *x*，并由形参替代实参执行 Fact 函数过程，至 End Function 语句时函数结束。根据之前记录下来的中断点，函数名带着返回值返回到主调程序的断点，并从断点处继续程序的执行，即进行算术表达式的计算，随即又发现有 Fact 函数的调用 Fact(n)，又中断 CmdCal_Click 事件过程，转去执行 Fact 函数，返回后又发现有 Fact 函数调用 Fact(m-n)，则又进行了一次调用过程，当三次调用结束后，语句②中等号右边表达式的值计算完毕，继续向下执行语句直到按钮的单击事件过程结束。

8.3 子程序过程的定义与调用

虽然使用函数过程给编程带来了很多方便，但如果编写过程不是为了获得某个函数值，而是结构化程序的需要（用一个过程完成某些功能的处理，如一组数据的接收、排序、输出等），通常情况下则应该采用功能更强、使用更灵活的子程序过程。

8.3.1 子过程的定义

1. 自定义子程序过程的形式

子程序过程的定义方法同函数过程，与事件过程的结构类似，格式如下。

```
[Private | Public][Static] Sub 子程序过程名([参数列表])
    [局部变量和常量声明]
    语句块
    [Exit Sub]
    语句块
End Sub
```

子程序过程的定义与函数过程在很多方面是相同的，主要区别及注意事项如下。

（1）子程序过程的定义以关键字 Sub 开头，End Sub 结束，它们之间描述过程的操作语句块，称为子程序体或过程体；Exit Sub 表示退出子过程，返回到主调过程的调用处。而函数过程的定义全部使用 Function 关键字作为标志。

（2）子程序过程不能像函数过程那样利用函数名返回一个值，所以在定义子程序过程中没有过程名类型的设置，也不能在过程体内对子程序过程名赋值。

2. 建立子程序过程

子程序过程的建立与函数过程的建立基本类似，但要注意关键字 Sub 的选用，在此不再赘述。

例 8-5　编程时经常要进行两个数的交换，编写一个子程序过程实现任意两个整型数据内容的互换。

分析：由于该过程要实现两个数据内容的互换，并非通过过程返回一个具体的值，故一般采用子程序过程形式来实现。首先，为子程序过程定义一个有意义的名称 Swap；其次，定义两个相同类型的形参来接收外界提供的两个需交换的数据；最后，在过程体使用互换算法来实现数据互换。注意，仅在本过程中用到的变量，都定义为本过程的局部变量，如以下程序代码中的变量 *t*。具体的数据交换子程序过程的定义如下：

```
Private Sub Swap(a As Integer, b As Integer)          'a, b为形参变量
    Dim t As Integer                                   '定义内部用到的局部变量 t
    t = a  :   a = b  :  b = t
End Sub
```

例 8-6　编写一个无参过程，询问用户是否要继续某种操作，回答“Y”继续，回答“N”结束。

```
Sub ContinueDo()
    Do
        Response$ = InputBox("继续吗(Y/N)?")
        If Response = "N" Or Response = "n" Then End
        If Response = "Y" Or Response = "y" Then Exit Do
    Loop
End Sub
```

8.3.2　子过程的调用

与函数调用不同，子程序过程的调用是一条独立的调用语句，其形式有两种：一种是把过程名放在 Call 语句中，另一种是将过程名作为一个语句来使用。

1. 用 Call 语句调用 Sub 过程

调用格式：**Call 子程序过程名[(实参列表)]**

注意以下问题。

（1）调用格式中的“子程序过程名”是指被调用的过程名。当执行到该 Call 语句时，Visual Basic 将控制传递给由“子程序过程名”指定的 Sub 过程，并开始执行这个过程。当该 Sub 过程结束，则返回到调用过程处，并继续其后续语句的执行。

（2）对于有参过程，实参的形式是与对应形参一致类型的常数、变量、数组元素、表达式、数组名和对象名；通常，实参的个数、类型和顺序应与被调用子程序过程定义的形参相匹配；当有多个参数时，各实参之间用逗号分隔。对于无参过程，实参列表和括号都不写。示例代码如下：

```
Call Swap(m, n)                 '调用 Swap 子程序过程
Call ContinueDo                 '调用无参子程序过程 ContinueDo，只要给出过程名
```

2. 把过程名作为一个语句来使用

调用格式：**过程名 [实参 1[，实参 2，…]]**

注意，过程名与第 1 个实参之间必须用一个空格进行分隔。

它与第一种方式相比有两点不同：一是不需要关键字 Call，二是实参列表不需要加括号。

示例代码如下：

```
Swap m, n                       '调用 Swap 子程序过程
ContinueDo                      '调用无参子程序过程 ContinueDo，只要给出过程名
```

若函数过程的调用也采用上述子程序过程的形式，则 Visual Basic 将会放弃函数的返回值，即无法通过这种调用形式，取得该函数值。示例代码如下：

```
Call Min(x,y)                        '调用 Min 函数过程
IsPrime347                           '调用 IsPrime 函数过程
```

例 8-7 通过调用例 8-5 中的数据互换子程序过程，使用户任意输入的 3 个整数实现升序排列。

```
Private Sub Form_Click()
    Dim x As Integer, y As Integer, z As Integer
    x=InputBox("请输入 x 的值") :  y=InputBox("请输入 y 的值") :  z=InputBox("请输入 z 的值")
    Print "排序前 x、y、z 的值分别为"; x; y; z
    If z < x Then Call Swap(z, x)          '带 Call 的子程序过程调用
    If z < y Then Swap z, y                '默认 Call 的子程序过程调用
    If y < x Then Call Swap(y, x)          '带 Call 的子程序过程调用
    Print "排序后 x、y、z 的值分别为"; x; y; z
End Sub
```

调用子程序过程的执行流程类似于函数过程的调用。上述程序运行过程中，根据 *x*、*y*、*z* 的取值最多可有 3 次调用 Swap 子程序过程，每次调用都将交换两个实参变量的值。

把某一功能模块代码定义为函数过程还是子程序过程，并没有严格的规定，但只要能用函数过程定义的，肯定能用子程序过程定义；反之不一定。通常当该过程仅需要返回一个值时，则使用函数过程更直观；当过程有多个返回值时，一般采用在子程序过程中设置多个按地址方式传递的参数来实现。子程序过程比函数过程适用面广，还可以被设计成无返回值，完成一系列与计算无关的数据处理操作。

值得注意的是，凡是能用函数过程定义的，肯定也能用子程序过程定义。但在编写时必须注意两者的区别：首先，过程定义的关键字 Sub 或 Function 不同；其次，函数过程本身利用函数名具有一个返回值，而子程序过程却没有。因此，将某个函数过程改写为子程序过程时，必须增设一个按地址传递的形参（如例 8-8 的过程 IsPrime2 中的参数 f）来取代函数名的功能；反之，要将某个子程序过程改写为函数过程，只要将子程序过程中的那个按地址传递反馈结果的形参用函数名替换即可。

例 8-8 著名的哥德巴赫猜想：每个不小于 6 的偶数都是两个奇素数（只能被 1 和它本身整除的数）之和。请设计程序，输入一个符合条件的偶数并验证该结论。

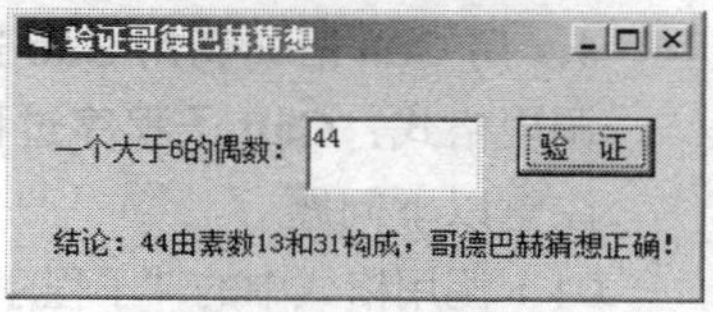

图 8-6 例 8-8 运行界面

分析：设输入的偶数为 *x*，则可将第一个加数 *m* 的穷举范围设定为[3, *x*\2]中的奇数，由数学知识可知，第二个加数由减法 *x*–*m* 可得并一定是奇数，故无须另外判断。示例代码如下：

```
Sub IsPrime2(ByVal x As Integer, f As Boolean)  '过程头部，f 为形参，用于记录判断结果
    Dim i As Integer
    f = False                                   '给形参 f 赋初值
    For i = 2 To Sqr(x)
        If x Mod i = 0 Then Exit Sub        '若 i 是 x 的因子，则结束函数，此时参数 f 的值是 False
    Next i
    Ifx>1Then f = True                      '若以上程序未由 Exit Sub 结束函数，则 x 是素数
End Sub
Private Sub Command1_Click()
    Dim x As Integer, m As Integer
    Dim f1 As Boolean, f2 As Boolean
    Label2.Caption = ""                         '输出结论的标签清空
    x = Val(Text1.Text)
    If x Mod 2 = 1 Or x < 6 Then Exit Sub       '若 x 不是“不小于 6 的偶数”，则程序结束
    For m = 3 To x \ 2 Step 2                   '第一个加数 m
        Call IsPrime2(m, f1)                '调用 Isprime2 来判断 m 是不是素数，结果存放于 f1 中
```

```
        Call IsPrime2(x - m, f2)            '调用Isprime2来判断x-m是不是素数，结果存放于f2中
        If f1 And f2 Then                   '若f1和f2都是True，则验证为"正确"
        Label2.Caption = "结论: " & x & "由素数" & m & "和" & x - m & "构成，哥德巴赫猜想正确！"
        End If
    Next m
    If Label2.Caption = "" Then Label2.Caption = "哥德巴赫猜想不正确！"
End Sub
```

以上代码中将例 8-3 判断素数的函数过程 IsPrime 改写为子程序过程 IsPrime2，请读者注意它们的区别。

8.3.3　事件过程的调用

用户自定义的 Sub 和 Function 过程不与用户界面上的对象直接发生联系，只有通过另一个过程（事件过程或其他过程）的显式调用时才能被执行。对象的事件过程则是用来响应由用户或系统引发的各种事件的程序代码，对象一旦识别了某事件，则会自动调用该事件过程。有时，事件过程也可以根据需要像子程序过程那样由同一模块中的其他过程显式调用。

例 8-9　在图 8-7 所示的登录程序中实现以下友善的方便用户操作的效果：输入用户名后按回车键，光标自动跳到“密码”文本框等待用户输入；用户输完密码再按回车键，等价于用户单击“登录”按钮。

图 8-7　例 8-9 登录界面

分析：用户输完密码并按回车键后，要执行的操作应该和单击“登录”按钮一致，为了避免重复书写，通过直接调用“登录”按钮的 Click 事件可以实现相同的功能。部分代码如下。

```
Private Sub TxtName_KeyPress(KeyAscii As Integer)
    If KeyAscii=13 Then TxtPassword.SetFocus
End Sub
Private Sub CmdLogin_Click()
    …… '过程代码略
End Sub
Private Sub TxtPassword_KeyPress(KeyAscii As Integer)
    If KeyAscii=13 Then Call CmdLogin_Click    '显式调用"登录"按钮的事件过程
End Sub
```

8.3.4　其他模块中的过程调用

用户可以在窗体、标准等模块中自定义 Sub 和 Function 过程，且这些过程可以被其他过程调用。若这些过程是 Private（模块级）型时，则只能被该过程所在模块中的其他过程调用；而若这些过程是 Public（全局）型时，则还可以被应用程序中任何其他模块中的过程调用，如何调用其他模块中的公用过程，完全取决于该过程是属于哪一类模块。本节只介绍调用窗体和标准模块中的公用过程。

1. 调用窗体模块中的公用过程

从窗体模块的外部调用窗体中的公用过程时，必须用窗体模块的名字作为被调用的公用过程名的前缀，以指明包含该过程的窗体模块。

调用子程序过程格式 1：**Call 包含该过程的窗体模块名.过程名[(实参列表)]**

调用子程序过程格式 2：**包含该过程的窗体模块名.过程名 [实参列表]**

调用函数过程格式：**包含该过程的窗体模块名.过程名[(实参列表)]**

例如，若窗体模块 Forml 中含有一个公用 Sub 过程 Swap、窗体模块 Form2 中含有一个公用 Function 过程 Fact，则在公用过程所在模块以外的模块中使用如下语句就可以正确地调用这些过程。

```
Call Form1.Swap(m,n)  或 Form1.Swap m , n
Print Form2.Fact(m)
```

2. 调用标准模块中的公用过程

如果标准模块中的公用过程名是唯一的（在应用程序中不再有同名过程存在），则调用该过程时不必加模块名。否则，在其他模块中调用该标准模块中的公用过程，就必须指定它是哪一个模块的公用过程，调用格式同调用窗体模块的公用模块。

8.3.5 Sub Main 过程

在一个含有多个窗体或多个工程的应用程序中，有时需要在显示多个窗体之前对一些条件进行初始化，这就需要在启动程序时执行一个特定的过程。在 Visual Basic 中这样的过程称为启动过程，并命名为 Sub Main。

Sub Main 过程必须在标准模块中建立。一个工程可以含有多个标准模块，但 Sub Main 过程只能有一个。Sub Main 过程通常是作为启动过程编写的，即希望作为第一个过程首先执行；但是该过程不能被自动识别，所以必须像设置启动窗体一样，通过“工程”菜单的“工程属性”命令将其人工设置为“启动对象”。Sub Main 过程一旦被指定为启动对象，在程序运行时就会首先自动执行（先于窗体模块），因此常在 Sub Main 过程中设定一些初始化条件。

8.4 参数传递

参数传递是指调用程序与被调用的过程之间的数据传递过程，亦即“形实结合”的过程。当一个带有参数的过程被调用时，程序将首先根据过程名跳转到过程定义部分，然后实现调用程序和被调用的过程之间的数据传递（即参数传递）。其中，实参和形参的形式、类型以及传递方式等对数据的准确传递将产生直接的影响。

8.4.1 形实结合

1. 形参与实参

形参是出现在 Sub 或 Function 过程定义形参表中的变量名与数组名。而实参是在调用 Sub 或 Function 过程时传送给相应过程的变量名、数组名、对象名、常数或表达式，它们均包含在过程调用的实参表中。

例如，下面程序代码的 1～3 行是函数过程的定义部分，其中：在函数过程名 Min 后面的 *x*、*y* 是形参，Form_Click 过程中的 Min(a, b)是函数调用部分，此函数过程名 Min 后面的 *a*、*b* 是其对应的实参。

```
Private Function Min(x As Integer, y As Integer) As Integer        '函数过程的定义
    '过程代码略
End Function
Private Sub Form_Click()
    Dim a As Integer, b As Integer, c As Integer
    '部分过程代码略
    c = Min(a, b)      '调用函数过程 Min
    '部分过程代码略
End Sub
```

注意，由于过程被调用之前并未给形参分配内存，所以形参既不占用存储单元，也不可能具有值；仅当发生过程调用时，过程中的形参才被分配内存单元。在过程定义时，形参的作用是用

于说明参数在过程中所“扮演”的角色（类型、位置和形态）。

2. 按位置传送

按位置传送是大多数语言处理程序过程调用所采用的参数传送方式，若不特殊说明，一般就是指按位置传送。在过程调用传递参数时，如采用这种传送方式，“形实结合”是按对应“位置”结合，即第 1 个实参与第 1 个形参结合，第 2 个实参与第 2 个形参结合，依次类推……注意，形参表与实参表中的参数不是按“名字”结合，因此对应的参数名不必相同。假定定义了下面过程：

```
Private Sub f1(x As Integer, y As Single, z As String)
    '过程代码略
End Sub
Private Sub Form_Click()
    Dim a As Single, b As Integer, d As String
    '部分过程代码略
    Call f1(b, a, d)                '调用子程序过程 Sample1
    '部分过程代码略
End Sub
```

运行程序，单击窗体激活事件过程 Form_Click。当执行到事件过程中的 Call f1(b, a, d)语句时，f1 过程被调用，并进行“形实结合”。形参与实参结合的对应关系是：实参列表中的第 1 个实参变量 *b* 与形参表中的第 1 个形参变量 *x* 结合，实参表中的第 2 个实参变量 *a* 与形参表中的第 2 个形参变量 *y* 结合，实参表中的第 3 个实参变量 *d* 与形参表中的第 3 个形参变量 *z* 结合。

通常，形参与实参类型形式的对应关系如表 8-1 所示。

表 8-1　　形参与实参类型对应关系

形　参	实　参
变量	变量、常数、表达式、数组元素、对象
数组	数组

例如，在下面过程定义的形参列表中，第一个参数 *a*()是一个整型数组，第二个参数 *b* 是一个不定长的字符串型变量，第三个参数 *c* 是一个布尔型变量，第四个参数 *d* 是一个单精度型变量，第五个参数 *e* 是一个窗体对象变量。

```
Private Sub f2(a() As Integer, b As String, c As Boolean, d As Single, e As Form)
    '过程代码略
End Sub
Private Sub Form_Click()
    Dim m As String * 4, n As Boolean, arr(10) As Integer
    Call f2(arr, m, Not n, 120.3!, Form1)  '调用子程序过程 f2
    '部分过程代码略
End Sub
```

以上代码在调用 f2 时，实参列表中第一个实参是一个整型数组 arr，与形参列表中第 1 个整型形参数组 *a* 结合；第二个实参是长度为 4 的字符串型变量 *m*，与形参列表中的字符串型形参 *b* 结合；第三个实参是布尔型表达式 Not n，与形参列表中的第 3 个布尔型形参变量 *c* 结合；第四个实参是单精度型常量 120.3，与形参列表中第四个单精度型形参 *d* 结合；最后一个实参是对象 Form1，与形参列表中的窗体型形参 *e* 结合。

注意以下问题：

（1）当实参表中的参数是变量或数组元素、对象，并按地址方式进行参数传递时，实参与形参在个数、顺序以及对应位置的数据类型三个方面必须做到完全相同，若实参对应的形参是默认的变体类型，则实参的数据类型可以不同；若按值方式进行参数传递，则形实参数在个数和顺序上必须完全相同，且对应位置的参数数据类型应遵循“不同类型数据赋值相容”的原则。

例如，Call f1(b, a, d)实参表中的参数是按地址方式传递的变量，则实参类型必须与过程 f1 定义中的形参类型完全相同，否则就会出现参数类型不符的错误。

（2）当实参表中的参数是常数或表达式时，形实参数在个数和顺序上要完全相同；若实参与对应形参的类型不相同，将按“赋值语句中不同类型数据赋值”的原则，先强制转换为与形参相同类型，然后再传送给形参；若无法实现强制转换为相同类型，则系统报错。

```
Private Sub f3(a As Integer, b As String, c As Long)
    '过程代码略
End Sub
Private Sub Form_Click()
    Dim x As Single, y As Integer
    x = 230.5 :    y = 230
    Call f3("230.26", (x), y * 2)
    '部分过程代码略
End Sub
```

运行上述程序，当调用 f3 过程时，是按位置进行“形实结合”的。当发现第一个字符串常量实参"230.26"与整型形参 *a* 类型不相同，Visual Basic 系统将该实参先强制转换为数值型常量 230.26，然后再把该数值强制转换成整型值 230，并传递给整型形参 *a*，故形参 *a* 最后为 230。Visual Basic 中对变量加括号，表示将变量强行转换为表达式，所以第二个实参(*x*)不是变量实参，而是表达式实参；VB 将该单精度型表达式实参强制转换成字符型，然后传递给字符串型形参 *b*，故形参 *b* 为"230.5"；对于第三个实参，先完成表达式 y*2 的计算，然后把表达式的整型值 460 转换成长整型值 460，最后传递给形参 *c*。

Call 语句若改为 Call f3("ABC", (x), y * 2)，程序执行该语句时，将产生“类型不匹配”的错误，原因在于 VB 无法将字符串"ABC"转变成为整型传送给整型形参 *a*。

3. 指名传送

Visual Basic 6.0 还提供了一种与 Ada 语言类似的，被称为“指名传送”的参数传递机制。

指名参数传送是指显式地指出与形参结合的实参，把形参用的“:=”与实参连接起来。与按位置传送方式不同，指名参数传送不受位置次序的限制。示例代码如下：

```
Private Function MyInstr(x As String, n As Integer, ch As String) As Integer
    '过程代码略
End Function
```

如果使用位置结合方式，则调用语句如下：

```
Print MyInstr("23476*343", 1, "*")
```

而使用指名参数传送方式，则可以使用下面等价的调用方式：

```
Print MyInstr(x:="23476*343", n:=1, ch:="*")
Print MyInstr(n:=1, x:="23476*343", ch:="*")
Print MyInstr(ch:="*", n:=1, x:="23476*343")
```

虽然用指名结合方式要比按位置结合方式繁琐，但它能提高过程调用的可读性，并且可以降低参数传递时出错的可能性。

说明　若不特殊说明，本章均采用按位置传送参数方式。

8.4.2　参数传递方式

在 Visual Basic 中，参数通过两种方式传递，即按值传递（Passed by Value）和按地址传递（Passed by Reference）。其中按地址传递在习惯上又称之为引用传递。

1．按值传递

过程定义时，若形参名前设置关键字“ByVal”，则通常表示指定它所对应的实参是按值传递的。所谓“按值传递”就是通过值传送实参，即在参数过程调用时，Visual Basic 系统给按值传递的参数在栈中分配一个临时存储单元，把实参变量的值复制到这个临时单元中去，然后将该单元的地址传送给被调用过程中的相应形参。也就是说，按值传递参数传递的只是实参变量的副本，因此当采用按值传递时，过程对形参的任何改变实际上都是对栈中值的改变，仅在过程内部有效，而不会影响实参变量本身。也就是说，一旦过程运行结束，控制返回调用程序时，对应的实参变量保持调用前的值不变。

例 8-10　按值传递示例，如图 8-8 所示。

```
Private Sub Form_Click()
   Dim x As Integer, y As Integer
   x = 18 :      y = 15
   Call Value(x, y)
   Print "x="; x, "y="; y
End Sub
Private Sub Value(ByVal m As Integer, ByVal n As Integer)
   m = m + 2:    n = n - 5
   Print "m="; m, "n="; n
End Sub
```

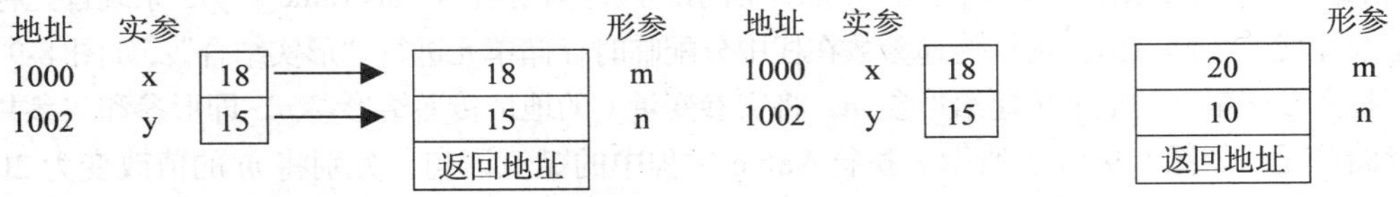

（a）内存（过程调用前）　（b）栈　（c）内存（过程调用后）　（d）栈

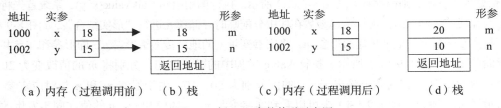

图 8-8　例 8-10 参数传递示意图

运行程序，单击窗体开始执行 Form_Click 事件过程。此时，系统将首先根据 Dim x As Integer, y As Integer 变量定义语句，在内存为 *x*、*y* 分配好相应的存储单元；再执行对变量 *x*、*y* 的赋值语句，图 8-6（a）所示为赋值语句执行完后的情况。当执行到 Call Value(x, y)语句时，系统发现是过程调用，首先将断点地址记录在栈中，然后给按值传递参数在栈中分配临时存储单元，变量实参 *x* 与形参 *m* 结合把 18 传递给形参 *m*、变量实参 *y* 与形参 *n* 结合把 15 传递给形参 *n*，情况如图 8-6（b）所示。Value 过程中的赋值语句 m = m + 2: n = n−5，分别将 *m* 的值改变为 20、*n* 变为 10，故在窗体上输出 *m*、*n* 的值分别为 20、10。因为形参 *m* 和 *n* 都是“传值”参数，所以在图 8-6（c）（d）中看到的 *m*、*n* 的改变仅仅是改变栈中对应的值，在内存中的实参变量 *x*、*y* 的值并没有被改变。该过程运行完毕后，系统先收回栈中为参数传递分配的临时存储单元，所以形参的值不会保留；然后根据栈中的返回地址返回事件过程 Form_Click，继续执行过程调用后面的语句 Print "x="; x, "y="; y。最后，整个程序的输出的结果如下：

```
m= 20       n= 10
x= 10       y= 15
```

通过上述实例，参数的按值传递过程简要地归纳为：当调用一个过程时，系统将实参的值单向传送给对应的形参，之后实参与形参就断开联系。被调过程中的操作是在形参的存储单元中进行的，与实参毫无关系；由于过程调用结束时，形参所占用的存储单元被同时释放，因此过程体内对形参的任何操作不会影响到实参，实参仍旧保持过程调用之前的值不变。

2. **按地址传递**

在定义过程时，若形参名前面没有关键字 ByVal，即形参名前面缺省修饰词，或有关键字 ByRef 时，则指定它是一个按地址传递的参数。按地址传递参数时，被调用过程所接收到的是实参变量（简单变量、数组元素、数组以及记录等）的地址，过程可以改变这些地址对应的内存单元中的值，这些改变在过程运行完成后依然有效。也就是说，形参和实参公用内存的“同一”地址，即共享同一个存储单元，因此在被调过程体中对形参的任何操作都变成了对相应实参的操作，实参的值就会同步与过程体内对形参的改变而实时改变。

例 8-11 将例 8-10 中 Value 过程的参数传递方式改为按地址传递，代码如下：

```
Private Sub Form_Click()
   Dim x As Integer, y As Integer
   x = 18 :    y = 15
   Call Value(x, y)
   Print "x="; x, "y="; y
End Sub
Private Sub Value(m As Integer, ByRef n As Integer)
   m = m + 2:   n = n - 5
   Print "m="; m, "n="; n
End Sub
```

单击窗体开始执行 Form_Click 事件过程，系统在内存为 *x*、*y* 分配了相应的存储单元并赋值，设 *x* 和 *y* 恰好连续存放，则内存状态如图 8-9（a）所示。执行调用语句 Call Value(x, y)，系统首先将断点地址记录在栈中，然后给按地址传递参数在栈中分配临时存储单元进行“形实结合”：如图 8-9（b）所示，将实参变量 *x* 的地址传递给形参 *m*，将实参变量 *y* 的地址传递给形参 *n*，即形参和实参共享同一个存储单元，如图 8-9（c）所示。执行 Value 过程中的赋值语句，分别将 *m* 的值改变为 20，将 *n* 的值变为 10，所以在窗体上输出 *m*、*n* 的值分别为 20、10。由于形参 *m* 和 *n* 与对应实参 *x*、*y* 共享存储单元，所以从图 8-9（d）中可以看到实参变量 *x*、*y* 的值和 *m*、*n* 的值在同步发生改变。上述过程运行完毕后，程序返回 Form_Click 事件过程中，并继续执行该过程调用后面的语句 Print "x="; x, "y="; y，此时内存情况如图 8-9（e）所示。最后整个程序的输出的结果如下：

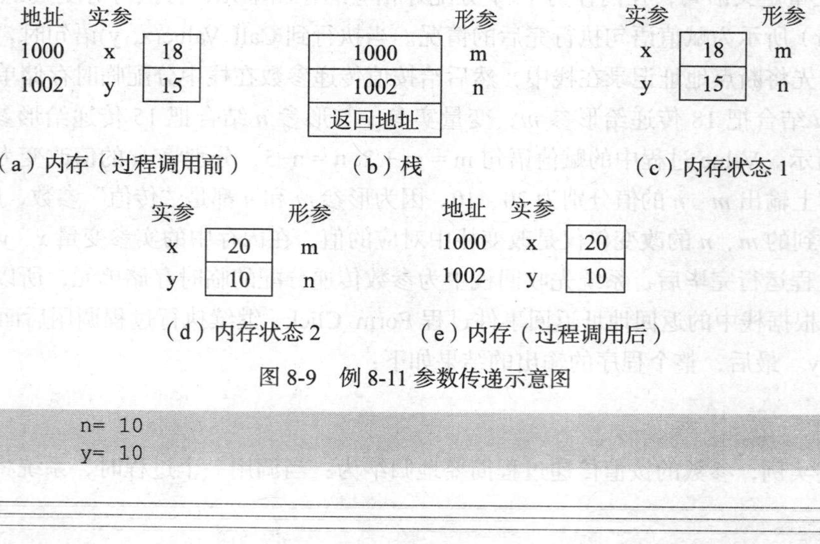

图 8-9 例 8-11 参数传递示意图

```
m= 20         n= 10
x= 20         y= 10
```

通过上述实例，参数的按地址传递过程可归纳为：当调用一个过程时，系统将实参与对应的形参进行结合，按地址传递的形参与实参公用同一个存储单元；仅当该过程调用结束时，形参才与实参解除共用存储单元的关系。因此，在过程体内对形参的任何操作实质就是对实参的直接操作，即形参变、对应的实参也变，它们之间是一种实时的数据双向传递。

由此可见，当形参与实参按“传址”方式结合时，实参的值跟随形参的值实时同步变化。与按值传递参数相比，按地址传递参数通常更节省内存、效率更高。这是因为后者不必为形参分配内存、再把实参的值拷贝给它。对于字符串型和数组参数，这种效果尤其显著。

3. 特殊说明

通常实参是变量形式，其参数的传递方式完全由对应形参的前缀 Byval 和 ByRef 决定。但当实参是常量、表达式形式，将被系统强制按值方式传递参数；若实参是数组、对象形式，则将被系统强制按地址方式传递参数，与其对应形参的前缀设置无关。

例 8-12 按值传递示例。

```
Private Sub Form_Click()
    Dim x As Integer, y As Integer
    x = 18 :        y = 15
    Call Value(18, y * 2)                               '实参是常量、表达式形式
    Print "x="; x, "y="; y
    Call Value((x), y + x)                              '实参是表达式形式
    Print "x="; x, "y="; y
End Sub
Private Sub Value(m As Integer, ByRef n As Integer)
    m = m + 2 :    n = n - 5
End Sub
```

Value 过程中的形参前面虽然没有关键字 ByVal，被定义为按地址传递的参数，但由于两次过程调用的实参都是常量、表达式形式，因此系统是强制其按值方式传递参数，过程调用后，变量 x 和 y 的值并没有发生任何改变，仍为 18 和 15。

4. 参数传递方式的正确选择

正是由于 Visual Basic 有两种不同的参数传递方式，所以在实际应用中尤其要注意正确选择，以免出错。

例 8-13 通过调用 fact 阶乘函数，实现 5! + 4! + 3! + 2! + 1!的计算。

```
Private Sub Form_Click()
    Dim Sum As Integer, i As Integer
    For i =5 To 1 Step -1
        Sum = Sum + fact(i)
    Next i
    Print "Sum="; Sum
End Sub
Function fact(x As Integer) As Long
    Dim i As Integer
    fact = 1
    Do While x > 0
        fact = fact * x
        x = x - 1
    Loop
End Function
```

运行上述程序，单击窗体，得到的结果是 Sum= 120，而并非我们预期的 Sum= 153。

程序运行出错的症结在 Fact 函数的参数传递方式上。由于形参 x 与实参 i 是按地址方式传递的，

因此，当 Form_Click 过程的 For 循环第 1 次调用 Fact 函数完成 5! 计算时，实参 i 与形参 x 公用同一存储单元，形参 x 的值变化为 0，对应的实参 i 也同步变为 0。故而 Form_Click 过程中的 For 循环只执行一次就结束了，造成后续的 4! + 3! + 2! + 1!的阶乘计算和累加操作无法完成。显然，此处程序要求实参 i 的作用仅仅是将其值单向传递给形参 x，但并不希望过程体内通过对形参 x 的改变来影响实参 i。

要纠正上述错误，就必须将此处参数的传递方式设置为按值传递，具体方法有以下两种。

方案 1：将函数定义中的形参直接设置为按值传递，即 Function fact(ByVal x As Integer) As Long。

方案 2：由于表达式形式的实参是按值传递的，故可将函数调用处的实参 i 改为表达式。把变量改为表达式的最简单方法是用括号将变量括起来，即 Sum = Sum + fact((i))。

同样地，若不将参数的传递方式设置为按地址传递，例 8-7 中交换两个数的过程 Swap 则无法实现数据交换的效果；例 8-8 中的判断素数的过程 IsPrime2，若将参数 f 设置为按值传递，同样也无法实现正确判断。

选用参数传递方式的原则如下。

（1）若要将过程中的结果通过形参返回给主调程序，则形参必须是传地址方式。与此同时，实参必须是同类型的变量名，不能是常量或表达式。注意，数组、对象、自定义类型的形参只能设置为按地址方式。

（2）若实参的作用仅仅是将其值单向传递给形参，但并不想让过程体内对形参的改变来影响实参，此时形参一般应选用传值方式。这样不仅可增加程序的可靠性，减少各过程间的关联，而且便于调试。注意，当实参是常量或表达式形式时，只能是按值方式进行参数传递。

基于上述两点，由于前述例题中的过程并不想通过过程改变实参的值，故这些参数最好都改为按值传递。

例 8-14 编写一个统计任意字符串中数字、字母、非数字字母字符个数的过程。

分析：要进行字符串中不同类字符的统计，首先必须提供被统计的字符串，然后才可能进行统计，所以该过程应设置一个形参接收该字符串，另外调用该过程，仅仅是完成字符串中不同类字符的统计，并不改变该字符串内容，因此这个形参应设置为按值传递方式；其次，根据题意需要统计三类不同字符的数量，反馈给过程调用者，所以采用 Sub 子程序过程，增设三个按地址方式传递的形参，将过程中的统计结果通过形参返回给主调程序。具体过程定义如下，其中形参 s 表示待统计的字符串信息，$n1$ 表示字母字符个数，$n2$ 表示数字字符个数，$n3$ 表示其他字符个数。

示例代码如下：

```
Private Sub stat(ByVal s As String, n1 As Integer, n2 As Integer, n3 As Integer)
   Dim i As Integer
   For i =1 To Len(s)                         '从第一个字符开始统计到最后一个字符
      Select Case Mid(s, i, 1)                '对每一个输入的字符进行判断分类
         Case "A" To "Z", "a" To "z"  :  n1=n1 + 1
         Case "0" To "10"  :  n2=n2 + 1
         Case Else  :  n3=n3 + 1
      End Select
   Next i
End Sub
Private Sub Form_Click()
   Dim s As String, char As Integer, digital As Integer, other As Integer
   s = InputBox("请输入待统计的信息:")
   Call stat(s, char, digital, other)          '调用统计过程 stat
   Print "您输入的统计信息是: " & vbCrLf & s
   Print "其中包含字母字符"; char; "个,数字字符"; digital; "个,其他字符"; other; "个"
End Sub
```

8.4.3 数组参数的传递

Visual Basic 允许实参是数组，过程定义部分所对应的数组形参格式如下：

```
形参数组名() [As 数据类型]
```

数组形参只能按地址传递方式进行传递。传递数组参数时还需注意以下事项。

（1）数组形参对应的实参必须是数组，且数据类型必须和形参数组的数据类型相同。若形参数组的类型是变长字符串型，则对应的实参数组的类型也必须是变长字符串型；若形参数组的类型是定长字符串型，则对应的实参数组的类型也必须是定长字符串型，但字符串的长度可以不同。

（2）调用过程时只要把传递的数组名放在实参表中即可，实参数组名后面可不跟圆括号、忽略维数的定义，但形参数组的圆括号不能省。

（3）在过程中不允许用 Dim 语句对形参数组进行声明，否则会产生“重复声明”的编译错误。但在使用动态数组时，可以用 ReDim 语句改变形参数组的维界，重新定义数组的大小。当控制返回调用程序时，对应实参数组的维界和大小也将跟着发生变化。

（4）若实参是数组元素，则不能将它作为数组参数处理，应按照前述的变量参数传递的规则来处理数据传递。

（5）经常采用前一章介绍的 Lbound 和 Ubound 函数来确定传送给过程的数组大小。

例 8-15 二维方阵的转置，程序代码如下：

```
Private Sub TranSpose(arr() As Integer)      '注意：形参为数组名()的形式
    Dim i As Integer, j As Integer, temp As Integer
    For i = Lbound(arr, 1) To UBound(arr, 1)
    '考虑到过程使用的通用性，利用 Lbound 和 UBound 获取数组的大小信息
        For j = Lbound(arr, 2) To i - 1
            temp = arr(i, j)  :  arr(i, j) = arr(j, i)  :  arr(j, i) = temp
        Next j
    Next i
End Sub
Private Sub Form_Click()
    Dim a(1 To 10, 1 To 10) As Integer, i As Integer, j As Integer
    Print "转置前："
    For i = 1 To 10
        For j = 1 To 10
            a(i, j) = Int(Rnd * (100 - 1)) + 1
            Print a(i, j);
        Next j
        Print
    Next i
    Call TranSpose(a)                    '调用转置过程，实参为与形参类型一致的整型数组 a
    Print "转置后："
    For i = 1 To 10
        For j = 1 To 10
            Print a(i, j);
        Next j
        Print
    Next i
End Sub
```

由于数组参数是按地址方式进行传递，故上述代码中 Call TranSpose(a)不是将实参数组 *a* 中的各元素值一一传送给过程中的形参 arr，而是将实参数组 *a* 的起始地址传送给过程中的形参 arr，当过程调用时，此时的形参数组 arr 具有与实参数组 *a* 相同的起始地址，它们共享同一段存储单

元。这样对形参数组 arr 进行的转置操作就等价于直接对实参数组 *a* 进行，因此，当过程调用结束，对实参数组 *a* 的转置操作也就宣告完成了。

例 8-16 改写例 8-15，将方阵元素的输出操作用自定义过程实现，其中转置过程 TranSpose 的代码同例 8-15。

程序代码如下：

```
Private Sub OutPutmatrix(arr() As Integer)          '数组的输出显示过程
    Dim i As Integer, j As Integer
    For i = Lbound(arr, 1) To UBound(arr, 1)
        For j = Lbound(arr, 2) To UBound(arr, 2)
            Print arr(i, j);
        Next j
        Print
    Next i
End Sub
Private Sub Form_Click()
    Dim a(1 To 10, 1 To 10) As Integer, i As Integer, j As Integer
    For i = 1 To 10
        For j = 1 To 10
            a(i, j) = Int(Rnd * (100 - 1)) + 1
        Next j
        Print
    Next i
    Print "转置前："
    Call OutPutmatrix(a)                    '调用数组的输出显示过程 OutPutmatrix
    Call TranSpose(a)                       '调用转置 TranSpose 过程
    Print "转置后："
    Call OutPutmatrix(a)                    '调用数组的输出显示过程 OutPutmatrix
End Sub
```

同样，也可以将数组的输入改写成自定义过程形式，且改写后的主调过程 Form_Click 事件过程结构将更简洁、更清晰。

8.4.4 对象参数传递

与传统的程序设计语言不同，Visual Basic 还允许用对象（窗体或控件）作为过程的参数。前面介绍的 DragDrop 事件中参数 Source 就是一个对象参数。经常利用对象参数，完成对于多个对象公共属性的统一设置，以及类似的操作。注意，对象参数的传递只能是按地址传递。在过程定义的形参表中，若把形参变量的类型声明为“Control”，就可以向过程传递控件；若把类型声明为“Form”，则可向过程传递窗体。

例 8-17 通过调用过程，实现对控件对象字体的初始化操作。

```
Private Sub Form_Load()
    Dim i As Integer
    Call fontinit1(Form1)              '调用 fontinit1 过程进行 Fomr1 对象的字体初始化
    Call fontinit2(Text1)              '调用 fontinit2 过程进行文本框对象的字体初始化
    For i = 0 To 3                     '通过循环，实现选项按钮数组的字体初始化
        Call fontinit2(Option1(i))
    Next i
End Sub
Public Sub fontinit1(x As Form)        '窗体字体初始化过程
    x.FontSize = 30  :  x.FontName = "宋体"  :  x.FontBold = True
End Sub
Public Sub fontinit2(x As Control)     '对象字体初始化过程
```

```
    x.FontSize = 15  :  x.FontName = "黑体"  :    x.FontItalic = True
End Sub
```

8.4.5 可选参数与可变参数

Visual Basic 还提供了两种特殊灵活的参数传送方式，允许使用可选参数与可变参数，调用过程时可以向过程有选择性地传送参数或者任意数量的参数。

1. 可选参数

在 Visual Basic 中可指定一个或多个参数为可选参数。与前述的（必要）参数不同，过程调用时，可选参数对应的实参不是必需的，可以选择性提供或不提供。

定义带有可选参数的过程时，必须在形参表中使用 Optional 关键字定义可选参数，在过程体内，还需用 IsMissing 函数对过程调用时是否向可选参数传送了实参进行测试。注意，可选参数必须设置在形参表的最后，而且必须是 Variant 变体类型。

例 8-18 编写一个通用的求对数 $\mathrm{Log}_y x$ 函数，若参数 y 缺省则表示求 x 的自然对数。

```
Function Logarithm(x As Single, Optional y)
    If IsMissing(y) Then                    '若没有向可选参数 y 传送实参
        Logarithm = Log(x)                  '则求 x 的自然对数
    Else                                    '若向可选参数 y 传送了实参
        Logarithm = Log(x) / Log(y)         '则求以 y 为底的 x 的对数
    End If
End Function
Private Sub Form_Click()
    Print Logarithm(2)                      '提供 1 个实参，没向可选参数传送实参，求 Ln(2)
    Print Logarithm(2, 10)                  '提供 2 个实参，向可选参数传送实参 10，求 Log10 2
End Sub
```

2. 可变参数

可变参数过程用 ParamArray 命令来指明一个形参数组，过程将接受任意个数的数组元素作为参数。可变参数必须是 Variant 类型，且也需设置在形参表的最后。不允许为可变参数设置前缀关键字 Byval、Byref 和 Optional，也不允许在同一个过程中同时设置可变和可选参数。

例 8-19 定义可变过程，实现从任意多个数据中找出能被 n 整除的数。

```
Private Sub Form_Click()
    Dim a As Integer, b As String, c As Long
    a = 12  :  b = "45"  :  c = 736
    Multi 3, a, b, c, 69.0            '由于可变参数 Num()是变体型，因此可传送任何类型的实参
End Sub
Sub Multi(ByVal n As Integer, ParamArray Num())
    Dim x
    For Each x In Num
        If x Mod n=0 Then Print x
    Next
End Sub
```

8.5 过程的嵌套调用

过程的嵌套调用指在某个过程的调用过程中，又调用了一个或若干个过程。但不管调用多么复杂，始终遵循一点，即每一次调用结束后，总是返回本次调用的断点处。需要强调的是，过程虽然可以嵌套调用，但绝对不能嵌套定义。

8.5.1 嵌套调用其他过程

例 8-20　改写例 8-17 的转置过程 TranSpose，程序代码如下：

```
Option Base 1
Private Sub Form_Click()
    '部分过程代码略
    Call TranSpose(a)                              '调用转置过程
    '部分过程代码略
End Sub
Private Sub TranSpose(arr() As Integer)  '注意，形参为数组名()的形式
    Dim i As Integer, j As Integer
    For i = Lbound(arr, 1) To UBound(arr, 1)
        For j = Lbound(arr, 2) To i - 1
            Call Swap(arr(i, j), arr(j, i))    '在转置 TranSpose 过程的调用中调用数据交换过程 Swap
        Next j
    Next i
End Sub
Private Sub Swap(a As Integer, b As Integer)
    Dim t As Integer
    t = a : a = b : b = t
End Sub
```

由于方阵的转置实际上是通过对数据的对称交换来实现的，所以在上述程序 TranSpose 转置过程中是通过嵌套调用过程 Swap 实现数据的交换，而且是反复多次调用。每次调用过程 Swap，总是先跳转到 Swap 过程定义部分，Swap 过程执行完毕，总是返回本次调用的断点处。程序执行流程如图 8-10 所示。

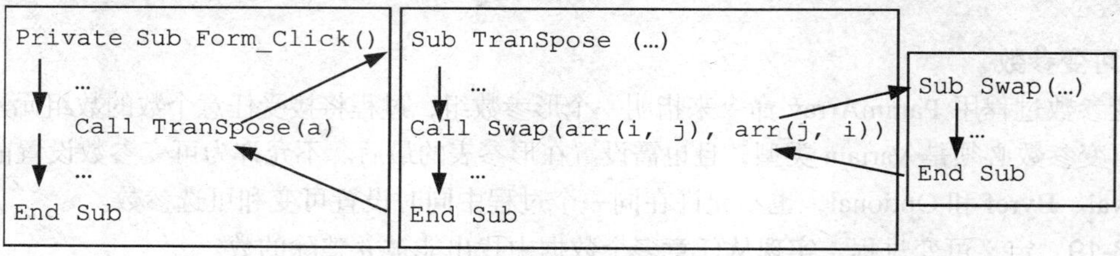

图 8-10　嵌套调用其他过程的执行流程

8.5.2 递归调用

1. 递归的概念

在过程中直接调用自己或者间接调用自己，这种调用被称为递归调用。通俗地讲，“递归”就是用自身的结构来描述自身。

数学中对自然数的定义可以看作是递归方式：

（1）1 是自然数。

（2）自然数加 1 是自然数。

该定义的第 1 步是定义初始对象，即判定某个或某些原始对象属于该类；第 2 步是给出生成规则，即阐述从已知对象生成新对象的规则。通过这两步可生成该类的全部对象（元素）。

类似的例子在数学中还有许多，如：

（1）非负整数 n 的阶乘。

$$n! = \begin{cases} 1 & n = 0 \\ n \cdot (n-1)! & n > 0 \end{cases}$$

（2）非负整数 m、n 的最大公约数 Gcd。

$$\text{Gcd}(m,n)=\begin{cases} m & n=0 \\ \text{Gcd}(n, m\,\textbf{mod}\,n) & n\neq 0 \end{cases}$$

（3）组合数 C_m^n。

$$C_m^n=\begin{cases} 1 & n=0 \text{ 或 } n=m \\ m & n=1 \\ C_{m-1}^n+C_{m-1}^{n-1} & n>1 \end{cases}$$

由于 Visual Basic 语言允许过程自己调用自己，使得我们可以用递归方法对这一类问题进行简单明了的描述。

2. 递归过程的定义

例 8-21 编写求 $n!$的递归函数。

分析：$n!$的定义式如下。

$$\text{fact}(n)=\begin{cases} 1 & n=0 \\ n\cdot\text{fact}(n-1) & n\geqslant 0 \end{cases}$$

显然，它是用“阶乘”本身来定义阶乘，即要求出函数 fact(n)的值就必须要调用函数本身先求出 fact($n-1$)的值。示例代码如下。

```
Public Function fact(Byval n As Integer) As Integer
    If n = 0 Then
        fact = 1                    '结束递归的条件；注意此处是给函数名 fact 赋值，而不是 fact(n)
    ElseIf n >= 1
        fact = n * fact(n - 1)      '递归调用 fact 函数自身
    End If
End Function
Private Sub Form_Click()
    Print "3!="; fact(3)            '调用递归函数，显示出 3!=6
End Sub
```

在函数 fact( )的递归定义中，函数体中只用了一条 If 语句就把问题描述清楚了，这比例 8-2 的累乘方法简单得多。

例 8-22 编写求组合数 C_m^n。

分析：仿照上题，可以将上述组合定义改写成如下形式。

$$\text{Comb}(m,n)=\begin{cases} 1 & m=n\ ,\quad n=0 \\ m & n=1 \\ \text{Comb}(m-1,n)+\text{Comb}(m-1,n-1) & n>1 \end{cases}$$

```
Public Function Comb(Byval m As Integer, Byval n As Integer) As Integer
    If n = 0 Or m = n Then
        Comb = 1                '结束递归的条件
    ElseIf n = 1 Then
        Comb = m                '结束递归的条件
    ElseIf n > 1
        Comb = Comb(m - 1, n - 1) + Comb(m - 1, n)     '递归调用 Comb 函数自身
    End If
End Function
Private Sub form_Click()
    Print Comb(4, 2)            '调用递归函数，显示 Comb(4, 2)的值为 6
End Sub
```

显然，递归过程比较接近对实际问题的自然表达形式，具有容易理解、编写容易、程序清晰

易读等优点，是一种非常实用的程序设计技术。而且，由于很多的数学模型和算法设计方法本来就是递归的，因此掌握递归程序设计方法是非常必要的。

3. 递归过程解决问题的条件

一个问题要采用递归方法来解决时必须具备以下 3 个条件。

（1）可以把一个问题转化为一个新问题，而这个新问题的解决方法仍与原问题的解法相同，只是所处理的对象有所不同（只是有规律的递增或递减），即可以递归定义这个问题。

（2）递归过程必须有一个结束递归过程的条件（又称为终止条件或边界条件），即至少有一次不用递归调用的情况（相当于初始定义），这称为有限递归。

（3）能表示为递归形式，且每次递归调用时，能逐渐朝条件（2）进行转化（收敛性）。

后两个条件在编写递归过程尤其要注意，缺一不可，否则递归调用会无终止地进行下去并导致溢出，这点务必要注意。

例如，求 $n!$的问题，转换为求 $n\times(n-1)!$，而求$(n-1)!$又可转换为$(n-1)\times(n-2)!$，直至 0!；该递归函数的边界条件是当 n=0 时，Fact=1；而求 C_m^n 的问题，根据分析可以转换为求 Comb(m−1 ,n−1)+ Comb(m−1, n)的问题，该递归函数的边界条件是当 n=0 或 m=n 时，Comb=1，当 n=1，Comb=m。若它们没有这些结束递归过程的边界条件（例如上述“国徽”的例子就是一个无穷递归过程），因此无法通过计算机实现有限递归。

4. 递归执行流程

下面通过例 8-22 中 3!的计算来详细介绍递归函数的执行流程。

用户单击窗体，触发窗体的单击事件，程序执行到 Print "3!="; fact(3)时，发现有 fact(3)函数调用，立即跳转到函数定义部分，开始执行 fact 函数的第 1 次调用。首先检测传递过来的参数 n 是否为 0，若为 0 则函数返回值为 1；若不为 0，函数执行赋值语句 fact=n*fact(n−1)，此时第 2 次函数调用 fact(3−1)开始。这次传递的参数 n 是 2，n 不为 0，函数执行赋值语句 fact=n*fact(n−1)，此时第 3 次函数调用 fact(2−1)开始。第 3 次传递的参数 n 是 1，因为参数值不为 0，函数同样要执行 fact=n*fact(n−1)语句，此时第 4 次函数调用 fact(1-1)开始。第 4 次传递的参数 n 是 0，所以函数返回值为 1，因此函数名带着函数值 1 返回到本次即第 4 次函数的调用点 fact=1*fact(1−1)处，然后完成赋值操作，结束第 3 次函数调用，将函数值 1 返回到调用第 3 次函数的调用点 fact=2*fact(2−1)处，然后同样完成赋值操作，结束第 2 次函数调用，将函数值 2 返回到调用第 2 次函数的调用点 fact=3*fact(3-1)处，然后同样完成赋值操作，结束第 1 次函数，最后，将函数值 6 返回到调用它的窗体的单击事件过程，输出 3!=6。图 8-11 为递归函数 fact 的调用和返回的全部过程。

由此可见，一个递归问题可分为“调用”和“回溯”两个阶段。进入递归调用阶段后，逐层向下调用递归过程 fact，当 n＞0 时，fact 连续调用 fact 自身共 n 次，直到 n=0 为止。因此 fact 函数被调用 4 次，即 fact(3)、fact(2)、fact(1)、fact(0)，直到遇到递归过程的初始条件（当 n=0 时 fact=1）为止。然后带着初始（终止）条件所给的函数值，程序进入逐层回溯阶段。按照调用的路径逐层逆序返回，由 fact(0)推出 fact(1)，由 fact(1)推出 fact(2)，由 fact(2)推出 fact(3)为止。注意，此处 fact 函数调用时，每次的实参都是常量或表达式形式，故实参与形参的传递方式是按值传递。

在递归处理中，为了保证过程递归和回溯的准确性，计算机用栈来实现。栈中存放每一次过程调用的形参、局部变量与调用结束时的返回地址。每次调用自身时，均把当前参数压栈，直到达到递归结束条件，这个过程叫递推过程。然后不断从栈中弹出当前的参数，直到栈空，这个过程叫回溯过程。

通过单步调试工具并结合上述介绍，能够对整个递归过程的执行流程认识得更加清楚。

递归算法虽然程序代码简单，但与非递归算法相比，消耗的机器时间多，占据的内存空间大。

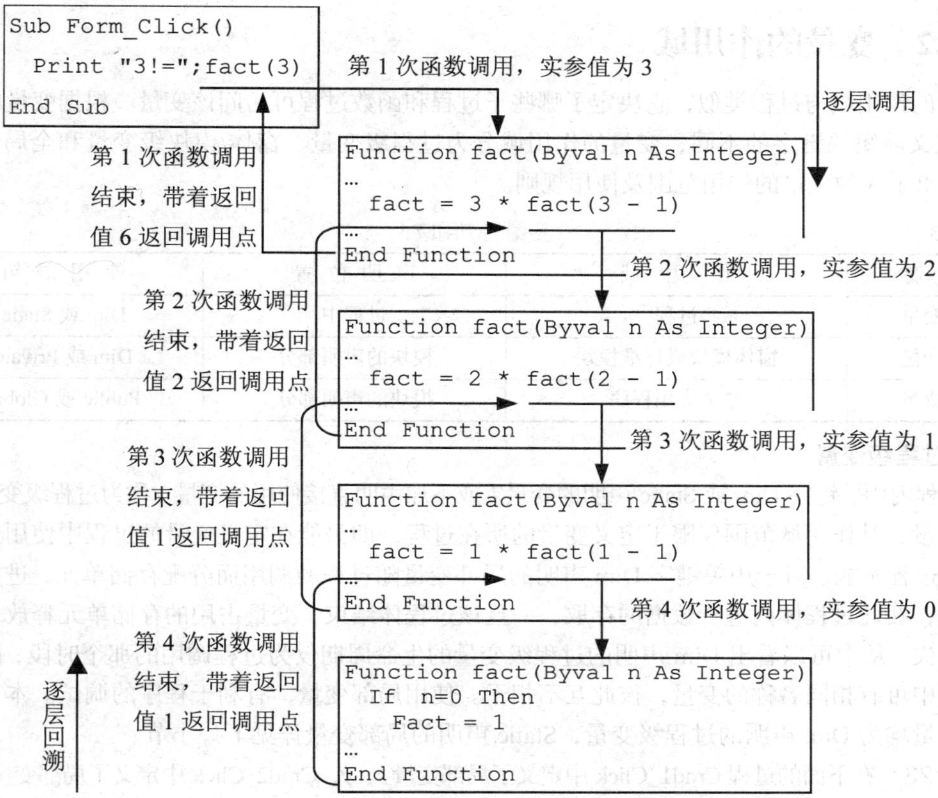
Sub Form_Click()
Print "3!=";fact(3)
End Sub
第 1 次函数调用，实参值为 3
逐层调用
Function fact(Byval n As Integer)
…
fact = 3 * fact(3 - 1)
…
End Function
第 1 次函数调用
结束，带着返回
值 6 返回调用点
第 2 次函数调用，实参值为 2
第 2 次函数调用
结束，带着返回
值 2 返回调用点
Function fact(Byval n As Integer)
…
fact = 2 * fact(2 - 1)
…
End Function
第 3 次函数调用，实参值为 1
第 3 次函数调用
结束，带着返回
值 1 返回调用点
Function fact(Byval n As Integer)
…
fact = 1 * fact(1 - 1)
…
End Function
第 4 次函数调用，实参值为 0
第 4 次函数调用
结束，带着返回
值 1 返回调用点
逐层回溯
Function fact(Byval n As Integer)
If n=0 Then
Fact = 1
…
End Function

图 8-11 递归函数的执行流程

8.6 变量、过程的作用域

一个变量、过程随所定义的位置以及定义关键字的不同，其可被访问的范围也就不同。人们常将变量、过程可被访问的范围称为变量、过程的作用域。

8.6.1 过程的作用域

过程的作用域分为模块级和全局级（本书只讨论窗体和标准模块文件中定义的过程）。

（1）模块级指在某个窗体模块或标准模块内，过程定义的前缀关键字是 Private 的函数或子程序过程。这类过程只能被本窗体（在本窗体内定义）或本标准模块（在本标准模块内定义）中的过程调用。

（2）全局级指在某个窗体或标准模块内，过程定义的前缀关键字是 Public 的函数或子程序过程，当前缀关键字默认，则被默认是全局的。全局级过程可供该应用程序的所有窗体和所有标准模块中的过程调用，但根据过程定义所处的位置不同，其调用方式有所区别，如表 8-2 所示。

表 8-2 全局过程的调用

全局过程定义的位置	全局过程调用位置	
	全局过程定义模块内部	全局过程定义模块外部
窗体模块	直接根据过程名调用	调用时必须在过程名前加该过程所处的窗体名
标准模块		直接根据过程名调用，但过程名必须唯一，否则要加标准模块名

8.6.2 变量的作用域

变量的作用域与过程类似，它决定了哪些子过程和函数过程可访问该变量。根据变量的定义位置和定义前缀关键字的不同，变量的作用域分为过程级变量、窗体/模块级变量和全局变量。表 8-3 列出了 3 种变量的作用范围及使用规则。

表 8-3 变量的作用域

名 称	作 用 域	声 明 位 置	使 用 语 句
局部变量	过程	过程中	Dim 或 Static
模块变量	窗体模块或标准模块	模块的声明部分	Dim 或 Private
全局变量	整个应用程序	模块的声明部分	Public 或 Global

1. 过程级变量

在过程内用关键字 Dim 或 Static 声明的变量（或不加声明直接使用的变量）称为过程级变量，亦称局部变量；其作用域范围仅限于定义变量的所在过程，即只能在定义变量的过程中使用这些变量，其他过程不能。对于用关键字 Dim 声明的局部变量随过程的调用而分配存储单元、进行变量的初始化，在此过程体内进行数据的存取，一旦该过程体结束，变量占用的存储单元释放，其内容同时丢失。从中可以看出 Dim 声明的过程级变量的生命周期仅为过程调用的那个时段，因此不同的过程中可有相同名称的变量，彼此互不相干。使用局部变量，有利于程序的调试。本节讲述的局部变量均为 Dim 声明的过程级变量，Static 声明的局部变量详见下一小节。

例 8-23 在下面的过程 Cmd1_Click 中定义了局部变量 *s*、*y*，Cmd2_Click 中定义了局部变量 *x*、*z*。

```
Private Sub Cmd1_Click()                   Private Sub Cmd2_Click()
     Dim s As Integer, y As Single              Dim x As Integer, z As String
     s = 6 + s : y = y + 4.5                    x = 5 + x : z = z + "ab"
     Print s, y                                 Print x, z
End Sub                                  End Sub
```

说明：

（1）在过程 Cmd1_Click 中定义的局部变量 *s*、*y* 只在 Cmd1_Click 过程中有效，在 Cmd2_Click 中定义的局部变量 *x*、*z* 也只在 Cmd2_Click 过程中有效，不能在其他过程中访问本过程定义的局部变量，否则会出错。

（2）同一个过程中不能声明定义同名的变量，但在不同的过程中可以声明定义相同名字的变量，它们代表不同的对象，互不干扰。例如，将 Cmd1_Click 中定义的局部变量 *s* 变更定义为与 Cmd2_Click 中同名的 *x*，由于它们在内存中分别占用不同存储单元，故不会相互混淆。

（3）当程序执行，每次单击调用 Cmd1_Click 过程时，才为该过程中定义的局部变量 *s*、*y* 分配存储单元（初始值为 0），一旦过程运行结束，Visual Basic 立即收回分配给局部变量 *s*、*y* 的存储单元（*s*、*y* 的值无法保留），所以 Cmd1_Click 过程的 *s*、*y* 也不复存在（生命周期结束）。每次单击调用 Cmd2_Click 过程时，同样此时才为该过程中定义的局部变量 *x*、*z* 分配存储单元（初始值分别为 0 和空串），当过程运行结束，Visual Basic 收回分配给 Cmd2_Click 过程中局部变量 *x*、*z* 的存储单元，所以 Cmd2_Click 过程的 *x*、*z* 生命周期结束。

根据上述描述，每次执行 Cmd1_Click 过程的运行结果都一样，如下。

```
6          4.5
```

每次执行 Cmd2_Click 过程的运行结果都一样，如下。

```
    5       ab
```

例 8-24 在下面的过程 Cmd1_Click 中定义了局部变量 *a*，该过程中使用的变量 *b* 虽然没有显式地声明，但属于该过程的局部变量；在过程 S 中定义了局部变量 *a*、*b*。

```
Private Sub Cmd1_Click()
    Dim a As Integer                        '定义过程级变量 a
    a = 1: b = 2                            '隐式定义过程级变量 b，访问过程级变量 a,b
    Call S(a, b)
    Print a, b
End Sub
Sub S(ByVal x As Integer, ByVal y As Integer)
    Dim a As Integer, b As Integer
    a = a + x + 2                           '访问过程级变量 a 和形参 x
    b = b + y + 3                           '访问过程级变量 b 和形参 y
    Print a, b
End Sub
```

说明：

（1）Cmd1_Click 过程中的局部变量 *a*、*b* 与 S 过程中的局部变量 *a*、*b* 仅仅是同名，但不是同一变量；由于过程调用时，它们各自在内存中占用不同的存储单元，其有效作用域都仅在各自定义的过程中，因此在 S 过程中对 *a*、*b* 的访问，是对 S 过程内部定义的局部变量 *a*、*b* 的访问，并不可能会对其外部的 Cmd1_Click 过程中的局部变量 *a*、*b* 产生任何影响。

（2）由于形式参数也仅限在所定义的过程中有效，故也属局部变量。例如，S 过程中的形参 *x* 和 *y*，也只在 S 过程中有效，其他过程不能使用。

（3）调用 S 过程时，实参 *a*、*b* 与形参 *x*、*y* 是按值传递，即形参 *x* 得到实参 *a* 的值 1，形参 *y* 得到实参 *b* 的值 2 后，它们之间不再发生联系。

根据上述描述，每次执行 Cmd1_Click 过程都会得到如下同样的结果。

```
    3       5
    1       2
```

小结：

（1）只有在过程被调用时，才动态地建立该过程所包含的局部变量（包含形式参数），并为其分配内存单元；在过程结束时，清除这些局部变量，并收回其所占用的存储单元。若该过程再次被调用，则又将重建这些变量。即局部变量的内存单元仅在需要时分配，这些内存单元一释放即可被其他过程的变量使用。

（2）实际编程时，凡是只在过程内部使用的变量，就只在该过程中声明，即定义为局部变量；这样，当需要编写大型程序时，除了规定统一的过程名和必要的全局变量外，各个过程可以由不同程序员分工编写，无须担心所用的变量名是否相同而造成混乱，这样就可以大大提高程序设计的效率；同时，每个过程都可以当作一个相对完整的整体来读，从而保证了程序的可读性；当需要对某个过程进行修改时，也只是对局部的过程有影响，从而保证程序的可维护性。

2. 模块级变量

模块级变量指在一个窗体模块或标准模块中的任何过程外，即在通用部分用 Dim 语句或用 Private 语句声明的变量，只能被该变量所在模块中的任何过程访问，即模块级变量在哪个模块的通用部分定义，就只能在那个模块中使用。

例 8-25 在下面窗体模块的通用部分用 Dim 语句声明定义了一个模块级变量 *m*。

```
Option Explicit                     '要求所有变量均显式声明定义
```

```
Dim m As Single                          '定义模块级变量 m
Private Sub Form_Load()
    m = 15.6                             '访问模块级变量 m
End Sub
Private Sub Form_Click()
    Print m                              '访问模块级变量 m
    Call test
End Sub
Private Sub test()
    m = m + 3                            '访问模块级变量 m
    Print m
End Sub
```

上述过程由于没有声明与模块级变量 *m* 同名的变量，所以，各个过程中对变量 *m* 的访问均是对该窗体模块中声明的同一模块级变量 *m* 的访问。程序运行时，Form_Load 事件过程对模块级变量 *m* 进行初始化，当用户单击窗体，Form_Click 事件过程被激活——先是调用 Print 方法显示模块级变量 *m* 的值 15.6；接着调用 test 过程，并在该过程中对模块级变量 *m* 重新赋值，然后显示输出结果 18.6。在此，模块级变量 *m* 的作用域是整个窗体模块。

在不同的模块中可以声明定义名字相同的模块级变量，它们的作用域范围不同（局限于该模块级变量所在的模块中），代表不同的对象，因此互不干扰。

3. 全局变量

凡是在窗体或标准模块的任何过程外，即在“通用声明”段中用 Public 语句声明的变量都是全局变量。全局变量的作用域是整个程序，这意味着它能被应用程序的所有过程访问，而不局限于某个模块或某个过程。在整个应用程序的执行过程中，全局变量的值始终不会消失和重新初始化，仅当整个应用程序执行结束时，才会消失。

Visual Basic 中对在窗体等对象模块中定义 Public 型的全局变量时有限制，即常数、固定长度字符串、数组、用户定义类型（Type…End Type 定义）不允许作为对象模块的 Public 成员；而对标准模块却无此类限制。

例 8-26 在下面不同的窗体/标准模块文件中声明和使用全局变量。

在 Form1.frm 中，示例代码如下。

```
Public q1 As Integer   '全局变量 q2
Private Sub Command1_Click()
    Print q1                               '访问本窗体中的全局变量 q1
    Form2.Show
End Sub
Private Sub Form_load()
    q1 = 5                                 '访问本窗体的全局变量 q1
    q3 = "AB"                              '访问标准模块 1 的全局变量 q3
End Sub
```

在 Form2.frm 中：

```
Public q2 As Single   '全局变量 q2
Private Sub Form_Click()
    Call disp
End Sub
Private Sub disp()
    q2 = 12.3                            '访问本窗体中的全局变量 q2
    Print q3                             '访问标准模块 1 的全局变量 q3
    Print Form1.q1                       '访问 Form1 窗体中的全局变量 q1
End Sub
```

在 Module1 中，代码如下。

```
Public q3 As String                    '全局变量 q3
```

通过上述代码可以看出，在标准模块中定义的全局变量，在应用程序的任何一个过程中都可以直接用它的变量名来访问它。当访问本窗体或本标准模块中的全局变量时，可以直接用它的变量名来访问它；而在过程中访问其他窗体模块中定义的全局变量时，必须用定义它的窗体模块名作为全局变量的附加前缀，方能正确地引用它。例如，上面在 Form2.frm 中访问 Form1 窗体中的全局变量 $q1$，必须采用 Form1.$q1$ 形式。

Visual Basic 可以在不同的模块中声明定义同名的全局变量，但这时若对非本模块的全局同名变量访问时，必须在变量名前加窗体或模块名做前缀。

若在上例的基础上增加一个标准模块 Module2，并声明一个与标准模块 Module1 中同名的全局变量 $q3$，如下所示。

在 Module2 中，代码如下。

```
Public q3 As String                    '全局变量 q3
```

此时将产生访问变量二义性的错误。因此，在上述窗体中对于 Module1 所定义的全局变量 $q3$ 访问，必须指明是哪个模块的，即采用变量名前加模块名前缀的形式“Module1.q3”才能正确访问。

建议谨慎使用全局变量，原因如下。

（1）在程序设计时，设全局变量的作用是增加了过程之间数据联系的渠道，从表面上看定义全局变量简化了编程，在函数和子过程中可以不再定义形参，也不用再考虑参数是按值传递还是按地址传递。但是，这样会使过程的通用性和可靠性降低，与在前面提到的模块化的“高内聚、低耦合”的原则背道而驰。所以，应尽量减少使用全局变量，一般在调用过程时应通过形参和实参进行数据传送，以保证过程的独立性。

（2）全局变量使用过多会降低程序的清晰性，如果对程序中全局变量的使用理解不透彻，对程序稍作修改就可能会对全局变量值造成很大的影响，致使程序得不到正确的结果。因此，函数和子过程中应只改变传递给它的实参的值，尽量减少（甚至消除）使用全局变量。

（3）全局变量不是仅在需要时才开辟单元，而是在程序的整个执行过程中都占用存储单元。

4. 同名变量

Visual Basic 中除了允许声明和访问同一级别的同名变量，还允许声明不同作用域级别的同名变量（注意，在同一模块中，模块级变量和全局变量不允许同名）。访问同名变量时，若不指明是哪个模块，则优先访问本模块/过程中的局限性大（作用域范围小）的变量。

例 8-27　阅读程序代码，写出运行结果。

```
Option Explicit                                '所有变量均显式声明定义
Private x As Integer, y As Integer             '定义模块级变量 x、y
Private Sub Test()
    Dim y as integer                           '定义过程级变量 y
    Print "x2="; x, "y2="; y                   '访问模块级变量 x 和过程级变量 y
    x = 2 : y = 2
    Print "x3="; x, "y3="; y
End Sub
Private Sub Form_Click( )
    x = 1: y = 1                               '访问模块级变量 x、y
    Print "x1="; x, "y1="; y
    Test
```

```
    Print "x4="; x, "y4="; y
End Sub
```

虽然上述代码中定义了 x、y 这两个可以被整个窗体模块的所有过程使用的模块级变量，但由于过程 Test 中定义了同名的过程级变量 y，所以调用过程 Test 时，对于变量 y 的访问是针对 Test 过程级变量 y 的，不是模块级变量 y，而当 Test 过程调用结束，在 Test 过程之外访问的 y 则是模块级变量 y。注意，模块级变量在模块结束之前始终分配一个固定的存储单元，而过程级变量仅在过程执行时暂时被分配一个存储单元。

程序运行结果如下：

```
x1= 1        y1= 1
x2= 1        y2= 0
x3= 2        y3= 2
x4= 2        y4= 1
```

例 8-28 阅读程序代码，写出运行结果。

```
Option Explicit                                   '所有变量均为显式声明定义
Public x%, y%                                     '定义全局变量 x、y
Private Sub Command1_Click()
    Dim y%                                        '定义过程级变量 y
    x = 4 : y = 5                                 '访问全局变量 x 和过程级变量 y
    Call p1(y, x): Print x, y
    Call p2(3, 4): Print x, y
End Sub
Private Sub p1(ByVal a%, ByVal b%)                '定义形参（过程级）a, b
    y = a + b  :  x = y Mod 4                     '访问全局变量 x、y
    Print x, y
End Sub
Private Sub p2(ByVal a%, ByVal x%)                '定义形参（过程级）a, x
    y = x + a  :  x = y Mod 4                     '访问全局变量 y 和过程级形参 x
    Print x, y
End Sub
```

在上述代码中，定义了两个全局变量 x、y，因此在整个窗体模块中的任意过程中都可以使用它们；但是，由于在 Command1_Click 事件过程中定义了同名的过程级变量 y，所以在调用 Command1_Click 事件过程时，对于变量 y 的访问是针对 Command1_Click 中的过程级变量 y 的，而不是全局变量 y；同样，p2 过程中，对于变量 x 的访问是针对 p2 过程中的过程级形参变量 x 的，不是全局变量 x。而在 Command1_Click 过程之外，在调用 p1、p2 过程中对变量 y 的访问是针对全局变量 y。

运行结果如下：

```
1        9
1        5
3        7
1        5
```

小结：在不指明是哪个模块的前提下，直接使用变量名访问时，低级别变量暂时屏蔽高级别同名变量。

（1）当全局变量/模块级变量与局部变量同名时，全局变量/模块级变量的作用域不包括同名局部变量的作用域，即在同名局部变量的所在过程中，优先访问同名局部变量，而屏蔽同名的全局变量/模块级变量。

（2）当全局变量与其他模块的模块级变量同名时，全局变量的作用域不包括同名模块级变量的作用域，即在同名模块级变量所在模块中，优先访问同名模块级变量，而屏蔽同名的全局变量。

（3）当标准模块的全局变量与窗体模块的全局变量同名时，不加前缀模块名直接访问，则优先访问本模块内部声明的全局变量。

8.6.3 静态变量

在过程结束时，可能不希望失去保存在局部变量中的值。如果把变量声明为全局或模块级变量，则可以解决这个问题，但是会存在声明的变量只在一个过程中使用的问题。为此，Visual Basic 提供了 Static 语句。

Static 说明的形式如下：

```
Static 变量名[As 类型]
Static Function 函数名([参数列表])[As 类型]
Static Sub 过程名[(参数列表)]
```

若函数名、过程名前加 Static，表示该函数、过程内的局部变量都是静态变量。

过程中用 Static 语句声明的静态局部变量与 Dim 语句声明的局部变量的区别在于：Dim 说明的变量，每当调用过程时被动态创建和初始化，过程结束时其存储空间被收回，故变量的值无法保留；而静态变量在过程第 1 次调用时被创建和初始化，当过程结束时其存储空间仍然被保留（不收回），所以静态变量的值能得以保留，并将其传递到下一次的过程调用。也就是说，由于下一次调用过程时不重新创建和初始化静态变量，故能使其始终保持上一次过程调用时的值。

程序设计中，Static 语句常用于以下两种情况。

（1）记录程序运行时事件发生的次数，即一个事件触发的次数。

例 8-29　分别连续单击命令按钮 1 和命令按钮 2 各 3 次，对 Dim 与 Static 说明的变量之区别进行比较。

```
Private Sub Command1_Click()
    Dim x As Integer
    x = x + 1:    Print x,
End Sub
Private Sub Command2_Click()
    Static x As Integer
    x = x + 1:    Print x,
End Sub
```

运行结果如下。

```
1          1          1       '连续 3 次单击命令按钮 1 的运行结果
1          2          3       '连续 3 次单击命令按钮 2 的运行结果
```

由于命令按钮 1 中用 Dim 定义的局部变量 *x*，使得每次调用变量 *x* 都会重新分配存储空间，并将其初始化为 0，且过程结束时其存储空间被收回，故 3 次单击的结果一样。

而命令按钮 2 中的变量 x 是用 Static 定义的静态变量，在第 1 次调用时，为静态变量 *x* 分配存储空间对其进行初始化（0），故执行赋值语句 x=x+1 后的 *x* 为 1、输出也是 1；当进行第 2 次调用时，由于上一次调用结束时其存储空间仍然得以保留，故不对其重新分配存储空间和初始化（0），这使得它将保持上一次过程调用时的值 1，因此第 2 次调用时静态变量 *x* 初始值为 1、输出为 2。依此类推，静态变量 *x* 在第 3 次调用时保持上一次的值 2，输出为 3。

（2）用于开关切换。

例 8-30　设计一个开关命令按钮，实现标签字体的粗体和普通体之间的切换。

```
Private Sub Command1_Click()
    Static B As Boolean
```

```
    B = Not B
    If B Then
       Label1.FontBold = True
    Else
       Label1.FontBold = False
    End If
End Sub
```

从中读者可以体会到：局部变量的有效作用域是该变量定义所在的过程内部，Dim 定义的局部变量的生命周期仅为过程调用阶段，而 Static 定义的静态变量的生命周期是整个模块。

8.6.4 综合示例

例 8-31 阅读程序代码，分析运行结果。

```
Option Explicit
Public x1 As Integer, x2 As Integer
Private Sub Form_Click()
    x1 = 1: x2 = 1
    test1 x1, x2
    Print x1; x2
    test2 x1 * 1, (x2)
    Print x1; x2
End Sub
Sub test1(ByVal a As Integer, b As Integer)
    a = a + 1  :  b = b + 1
End Sub
Sub test2(a As Integer, b As Integer)
    a = a + 1  :  b = b + 1
End Sub
```

分析：在上述代码中，定义了两个全局变量 *x*1、*x*2，且不存在同名过程级和模块级变量，因此在整个窗体模块中的所有过程中对于 *x*1、*x*2 的访问都是针对全局变量 *x*1、*x*2；当第一次调用过程 test1 x1, x2，由于实参 *x*1 对应的形参 *a* 之间是按值传递，所以形参 *a* 的变化不会影响实参 *x*1；又因为实参 *x*2 对应的形参 *b* 之间是按地址传递，所以形参 *b* 的变化将直接影响实参 *x*2 的变化。因此，当 test1 过程调用结束，实参 *x*1 的值保持为 1 不变，实参 *x*2 的值变成 2；第二次过程调用 test2 x1 * 1, (x2)，虽然定义的是按地址方式传递形参，但是由于实参 x1*1 和(x2)都是表达式（用()形式已经将 *x*2 变量转换成实参表达式），所以实际参数之间是按值传递的，实参不受形参变化的影响。运行结果如下：

```
1 2
1 2
```

例 8-32 阅读程序代码，分析运行结果。

```
Option Explicit
Dim x%, y%
Private Sub Command1_Click()
    x = 3: y = 5
    Call p(y, x): Print x, y
    Call p(x, x): Print x, y
    Call p(y, x): Print x, y
End Sub
Private Sub p(x%, ByVal y%)
    y = x + y  :  x = y Mod 4
    Print x, y,
End Sub
```

分析：在上述代码中定义了两个模块级变量 *x*、*y*，而过程 p 中定义了同名的过程级形参变量 *x*、*y*。注意：参数传递按对应位置进行形实结合，并非按名字；过程 p 定义的第一个形参按地址方式传递、第二个是按值传递。当第一次调用 p 过程时，将实参 *y* 按地址方式传递给对应位置的形参 *x*，将实参 *x* 按值方式传递给形参 *y*，由于按地址方式传递的形参 *x* 的值在过程中改变为 0，所以过程调用结束后，对应的实参 *y* 也变成 0，而按值传递的实参 *x* 值不变；第二次调用 p 过程时，将实参 *x* 按地址方式传递给形参 *x*，将实参 *x* 按值方式传递给形参 *y*，由于按地址方式传递的形参 *x* 的值在过程中改变为 2，所以当过程调用结束后，对应的实参 *x* 也变成 2；第三次调用 p 过程时，将实参 *y* 按地址方式传递给形参 *x*，将实参 *x* 按值方式传递给形参 *y*，由于按地址方式传递的形参 *x* 的值在过程中改变为 2，所以当过程调用结束后，对应的实参 *y* 也变成 2。运行结果如下：

```
0       8       3       0
2       6       2       0
2       2       2       2
```

例 8-33　阅读程序代码，分析运行结果。

```
Private Sub Command1_Click()
   Dim a%, b As Integer
   a = 5: b = 2
   Print f(a, b); f(a, b)
   Print f(b, b); f(f(a, b), b)
   Print a; b
End Sub
Public Function f(x%, y%) As Integer
   x = x - y
   If x <> 0 Then f = x Else f = y
End Function
```

分析：由于 *f* 函数过程中定义的形参是按地址传递的，所以第一次调用 *f* 函数时，将实参 *a*、*b* 按地址方式分别传递给形参 *x*、*y*，在过程中形参 *x* 的值改变为 3，而形参 *y* 的值不变，所以当函数调用结束返回，对应的实参 *a* 也变成 3，而实参 *b* 值不变，函数返回值为 3；同理，第二次调用 *f* 函数之后，实参 *a* 变成 1，而实参 *b* 值不变，函数返回值为 1；第三次调用 *f* 函数时，将实参 *b* 按地址方式传递给形参 *x*、*y*，这相当于 *b*、*x*、*y* 三者共享同一存储单元，所以当形参 x 的值在函数中变为 0，*b*、*y* 也同时变为 0，因此当函数返回时，实参 *b* 的值与函数值为 0。当执行到 f(f(a, b), b)时，先进行内部实参 f(a, b)值的计算，这又是一次函数调用，值得注意的是，当内部实参 f(a, b)函数调用结束后，该实参是以表达式的形式，即按值方式进行参数传递。运行结果如下：

```
3 1
0 1
1 0
```

例 8-34　阅读程序代码，分析运行结果。

```
Option Explicit
Dim i%, j%, k%                          '定义模块级变量 i、j、k
Private Sub Form_Click()
   i = 0: j = 1: k = 2                  '访问模块级变量 i、j、k
   Call q(0, k): Print i, j, k
   Call q(1, k): Print i, j, k
   Call q(2, j): Print i, j, k
End Sub
Private Sub p(i%)
```

```
    i = i + 1                               '访问过程级参数变量 i
    Print i, j, k                           '访问模块级变量 j、k
End Sub
Private Sub r()
    i = i + 1                               '访问模块级变量 i
End Sub Private Sub q(ByVal h%, j%)
    Dim i%                                  '定义过程级变量 i
    i = j                                   '访问过程级变量 i 和过程级参数变量 j
    If h = 0 Then                           '访问过程级参数变量 h
        Call p(j)
    Else
        If h = 1 Then Call p(i) Else Call r
    End If
End Sub
```

分析：该程序中声明了模块级变量 *i*、*j*、*k*，所以除非出现同名现象（在过程 p 中声明了同名的局部变量形参 *i*，在过程 q 中声明了同名的局部变量形参 *j*），否则对于 *i*、*j*、*k* 的访问均是指模块级变量。当执行 Call q(0, k)，0 值传递给形参 *h*，*k* 按地址方式传递给形参 *j*，所以 *j* 与 *k* 公用同一存储单元，由于 *h* 为 0，所以执行 Call p(j)，此时实参 *j* 与形参 *i* 又是按地址方式传递，这就意味着 q 过程调用的实参 *k* 与形参 *j*、*p* 过程调用的实参 *j* 与形参 *i*，三者公用同一存储单元，所以 p 过程中形参 *i* 的变化直接影响其对应实参 *j* 和 *q* 过程形参 *j* 对应的实参 *k*。其余过程调用依次类推。运行结果如下：

```
3    1    3
0    1    3
4    1    3
0    1    3
1    1    3
```

例 8-35 阅读程序代码，分析运行结果。

```
Option Explicit
Private Sub Command1_Click()
    Dim a As Integer, b As Integer, z As Integer      '定义过程级变量 a,b,z
    a = 1: b = 1: z = 1
    Call P1(a, b)    :  Print a, b, z
    Call P1(b, a)    :  Print a, b, z
End Sub
Private Sub P1(x As Integer, ByVal y As Integer)      '定义过程级形参变量 x,y
    Static z As Integer                               '定义过程级静态变量 z
    x = x + z + 1: y = x - z - 1: z = x + y
    Print x, y, z
End Sub
```

分析：由于每次过程调用提供的是变量实参，所以参数传递方式完全由过程定义的形参前缀决定：第一个参数按地址传递，第二个参数是按值传递。两次 P1 过程调用后，与第一个形参对应的实参都将随形参值的改变而同步改变；另外由于 P1 过程中的 *z* 是静态变量，而静态变量在程序未结束前又具有仍保存上一次（最近一次）过程调用后的值之特点，所以当第二次调用 P1 过程时，静态变量 *z* 的初值将是第一次过程调用后的值 3，而不是 0。

运行结果：

```
2    1    3
2    1    1
5    1    6
2    5    1
```

8.7 综合应用举例

对于比较复杂的问题，可采用结构化程序设计的原则将问题“分而治之”。即将程序分解为若干个功能模块，并进一步把每个功能模块逐步细化，使之独立成为可供程序调用的一个个函数或子程序过程，从而使程序结构的清晰度得以提高。

例 8-36 输入某一天的年、月、日，计算出这一天是该年的第几天和星期几。

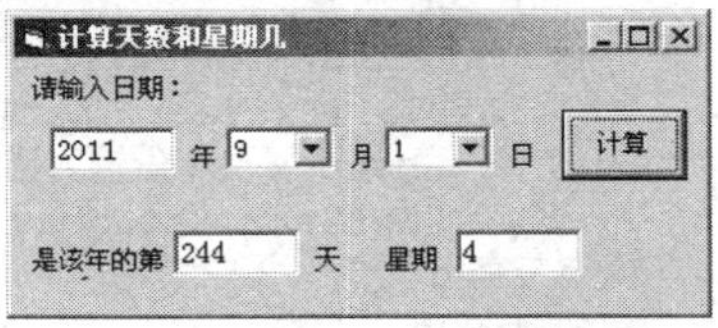

图 8-12 例 8-36 计算天数和星期几

分析：首先判断该年度是否是闰年，若是闰年通过将每月的天数累计计算出此天前的天数，若是平年将闰年的天数+1。设置一个 MDay 数组存放每月的天数，编写 SumDay 函数计算这一天是该年的第几天，编写 Leap 函数判断是否是闰年，编写 NewYearDay 计算某年元旦是星期几。

```
Option Explicit
Option Base 1
Dim MDay
Private Function Leap(year As Integer) As Boolean    ' 判断某年是否是闰年
   If Year Mod 4 =0 And Year Mod 100 <> 0 Or Year Mod 400 =0 Then  ' 闰年条件的判定
      Leap = True
   End If
End Function
Private Function NewYearDay(ByVal year As Integer) As Integer '求某年元旦是星期几的函数
   Dim n As Integer
   n = year - 1900
   NewYearDay = (n + (n - 1) \ 4 + 1) Mod 7
End Function
Private Function SumDay(ByVal y As Integer, ByVal m As Integer,-
ByVal d As Integer) As Integer
'累加天数，计算该日期是那年的第几天函数
   Dim i As Integer
   For i = 1 To m - 1
      d = d + MDay(i)
   Next i
   If Leap(y) And m >= 3 Then          '若是闰年，且月份达到 3 月，则修正 2 月的天数加 1
      d = d + 1
   End If
   SumDay = d
End Function
Private Sub CmdCal_Click()
   Dim y As Integer, m As Integer, d As Integer
   Dim days As Integer, weekdays As Integer
   y = Val(TxtYear.Text)                 '从文本框中获取年份
   m = Val(CmbMonth.Text)                '从组合框中获取月份
   d = Val(CmbDay.Text)                  '从组合框中获取某月的第几天
   days = SumDay(y, m, d)                '调用 SumDay 函数计算该日期是那年的第几天
   TxtDay.Text = CStr(days)              '通过文本框输出显示该日期是该年的第几天
   '调用 NewYearDay 函数计算该年元旦是星期几，并推算出该日期是星期几
   weekdays = (NewYearDay(y) + days - 1) Mod 7
   TxtWeekDay = CStr(weekdays)           '通过文本框输出显示该日期是星期几
End Sub
Private Sub Form_Load()
   Dim i As Integer
```

```
    For i = 1 To 12                          '对月份组合框进行初始化
       CmbMonth.AddItem i
    Next i
    For i = 1 To 31                          '对天组合框进行初始化
       CmbDay.AddItem i
    Next i
    MDay = Array(31, 28, 31, 30, 31, 30, 31, 31, 30, 31, 30, 31)  '按平年设置每月的天数
End Sub
Private Sub TxtYear_LostFocus()
    If Val(TxtYear.Text) < 0 Or Not IsNumeric(TxtYear) Then
       MsgBox "年份输入错误", vbOKOnly, "出错提示"
       TxtYear.SetFocus
    End If
End Sub
```

例 8-37 根据用户输入的多边形的顶点坐标，求解多边形面积。

分析：任意一个多边形都可以分解为若干个三角形，如图 8-13（a）所示，所以可以在主调程序中，根据用户输入的边数和坐标点，通过多次调用求三角形面积的函数，完成任意多边形面积的计算。求三角形面积的函数的编写可先根据三角形各点的坐标，求出三条边长，然后根据三边求三角形面积。

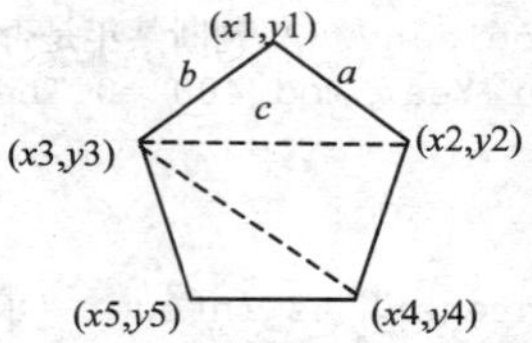

（a）多边形的分解

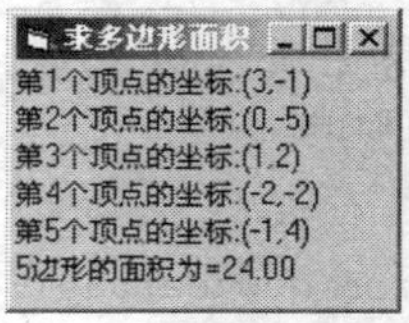

（b）运行结果

图 8-13 例 8-37 求解多边形面积

将坐标点保存在动态的自定义坐标点数组中，利用循环实现多边形面积的计算。程序运行结果如图 8-13（b）所示。

程序代码如下。

```
'窗体模块中的代码
Private Type dotInfo                  '自定义坐标点类型 dotInfo
   x As Single
   y As Single
End Type
Private Sub Form_Click()
   Dim i As Integer, s As Single, n As Integer
   Dim d() As dotInfo                 '声明存放坐标点的动态数组 d
   n = InputBox("请输入要计算面积的多边形的边数：")
   ReDim d(1 To n)                    '根据边数 n 确定坐标点数组 d 的大小
   For i = 1 To n                     '利用循环接受用户输入的坐标点
      d(i).x = InputBox("第" & i & "个顶点的横坐标", "请按计算次序输入坐标")
      d(i).y = InputBox("第" & i & "个顶点的纵坐标", "请按计算次序输入坐标")
      Print "第" & i & "个顶点的坐标:(" & d(i).x & "," & d(i).y & ")"
   Next i
   s = 0
   For i=1 To n - 2                   '循环调用求三角形面积的函数，完成 n 边形面积的计算
      s = s + Tri(d(i), d(i + 1), d(i + 2))      '调用函数 Tri 求三角形面积
   Next i
   Print n & "边形的面积为=" & Format(s, "0.00")
End Sub
Private Function Tri(d1 As dotInfo, d2 As dotInfo, d3 As dotInfo) As Single
```

```
    Dim a As Single, b As Single, c As Single
    a = Distance(d1.x, d1.y, d2.x, d2.y)'调用函数 Distance 求 d1 和 d2 两点间距
    b = Distance(d1.x, d1.y, d3.x, d3.y)'调用函数 Distance 求 d1 和 d3 两点间距
    c = Distance(d2.x, d2.y, d3.x, d3.y)'调用函数 Distance 求 d3 和 d2 两点间距
    Tri = TriangleArea(a, b, c)          '调用函数 TriangleArea 求 a,b,c 三边构成的三角形面积
End Function
'标准模块中的代码
Public Function Distance(ByVal x1 As Single, ByVal y1 As Single, _
ByVal x2 As Single, ByVal y2 As Single) As Single'求两点之间距离的函数 Distance
    Distance = Sqr((x2 - x1) ^ 2 + (y2 - y1) ^ 2)
End Function
Public Function TriangleArea(ByVal a As Single, ByVal b As Single,-
ByVal c As Single) As Single'已知三边求三角形面积的函数 TriangleArea
    Dim p As Single
    p = (a + b + c) / 2
    TriangleArea = Sqr(p * (p - a) * (p - b) * (p - c))
End Function
```

本章小结

对于复杂的问题，通常采用“分而治之”的方法进行处理。即按功能将问题划分为一个个相对独立的子模块（子模块还可进行细分），并自定义过程形式，最后通过拼装调用搭建出完整的程序。这样可使程序代码结构清晰，且易于维护。

本章主要介绍用户自定义过程中的函数过程和子程序过程。一般来说，事件过程是对发生的事件进行处理的程序代码，由用户触发；自定义的通用过程是由用户根据需要自定义的，并可供事件过程多次调用的程序代码。当用户自定义的过程不需要返回值，此过程定义为子程序过程较为方便，否则若需要返回一个值，则定义为函数过程较为方便，若定义为子程序过程，则必须通过增设按地址传递的形式参数实现。

过程定义的关键原则：采用“低耦合”原则正确地设置参数和参数传递方式，有效地实现数据传递，“高内聚”原则编写过程体，注意变量和过程作用域的设置，有效保证正确的访问。

思考练习题

1. 编写一个产生[a, b]区间随机整数的函数。

2. 编写度转换成弧度的函数。

3. 编写摄氏温度和华氏温度转换的函数。

4. 编写逆序数过程，实现奇妙平方数（数的平方与它逆序数的平方互为逆序数）的判定。

5. 编写用于判断输入的正整数是否为升序数的函数。设正整数 $n=d_1d_2d_3\cdots d_k$，如果满足 $d_i\leq d_{i+1}(i=1,2,\cdots,k-1)$，则 n 就是一个升序数。如 4321 和 9433 都是降序数。

6. 找出由 N 位数字构成，且全部由偶数数字构成的数，该数等于另一个由偶数数字构成的数的平方。提示：编写一个判断各位数字为偶数的函数。

7. 求出 1 000 以内的回文素数。提示：根据数据特点，需要解决两个问题。①回文的判断；②素数的判断。由于要找出 1 000 以内的所有满足这样条件的正整数，可以采用穷举法，将 1 000

以内所有正整数依次进行上述条件的判断。为了使程序代码结构清晰，可以将上述条件的判断编写成函数，然后通过函数调用来实现。

8. 求出 2 000 以内的满足以下条件的正整数：该数本身不是素数，但它的所有因子之和是素数。提示：根据条件，需要解决两个问题。①素数的判断；②因子之和的求解。由于要找出 2 000 以内的所有满足这样条件的正整数，可以采用穷举法，将 2 000 以内所有正整数依次进行上述条件的判断。为了使程序代码结构清晰，可以将上述条件的判断编写成函数，然后通过函数调用来实现。

9. 编写子程序过程 MoveStr 实现字符数组的字符元素移动。提示：设置字符数组、移动方向标志、移动量三个参数。

10. 通过分别编写查找、排序、插入有序过程，实现生成一组各不相同整数，并对其进行排序，并能根据用户输入的任意整数，实现数据插入后依旧有序。

11. 通过分别编写矩阵的输入、输出、主副对角线的求和，实现方阵的主副对角线数据的求和。

12. 生成 n 组 22 选 5 的彩票码组（每组由各不相同的 5 个数码组成，且每个数码只能取 1～22 之间的数字）。

13. 利用静态变量特点实现在窗体上循环显示各种形状控件的不同形状。提示：Shape 控件的 Shape 属性取值 0～5，所以要循环显示各类形状，即 Shape 属性的值的变化规律：0→1→2→…→5→0→1→2…→5→…。

14. 请编写 P 函数：已知函数 P 功能是用递归方法计算 x 的 n 阶勒让德多项式的值。递归公式如下：

$$P_n(x)=\begin{cases}1 & n=0\\ x & n=1\\ ((2n-1)\times x\times P_{n-1}(x)-(n-1)\times P_{n-2}(x))/n & n>1\end{cases}$$

15. 采用递归二分法求 x 的平方根。

16. 采用递归方式构造杨辉三角形。

17. 编写递归函数解决猴子吃桃问题。猴子第 1 天摘下若干个桃子，当即吃了一半，还不过瘾，又多吃一个；第 2 天早上又将剩下的桃子吃掉一半，又多吃一个。以后每天早上都吃前一天剩下的一半另加一个。到第 10 天早上想吃时，就只剩下一个桃子了。求第 1 天共摘了多少桃子。

18. 设计启动、注册和登录三个窗体，如图 8-14，要求运行时先显示“启动”窗体，单击其上按钮弹出对应窗体进行注册或登录。注册时用户名不能重复，且“口令”与“验证口令”必须相同，注册成功则在“启动”窗体的标签中显示“注册成功”，否则显示相应错误信息。登录时，检验用户名和口令，若正确，则在“启动”窗体的标签上显示“登录成功”，否则显示相应出错信息。提示：注册信息放在全局数组中，注册用户数（最多 20 个）放在全局变量 n 中；在标准模块中编写查找用户信息的 FindUser 函数。

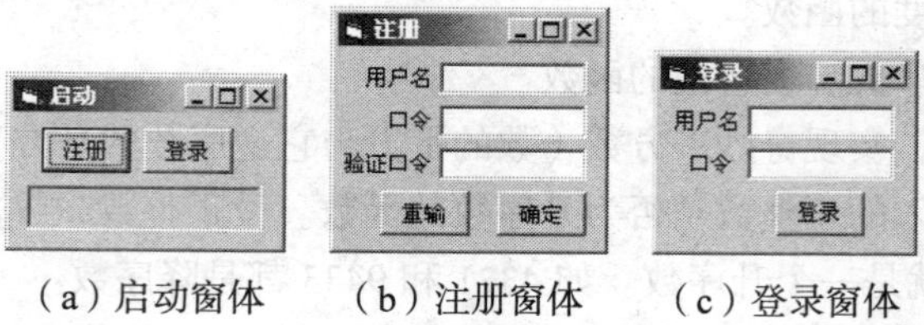

（a）启动窗体　（b）注册窗体　（c）登录窗体

图 8-14　第 18 题参考界面

第 9 章 文件

学习重点

- 文件的概念和分类。
- 各类文件的打开、关闭和读写操作。
- 3 种基本文件系统控件的使用。

在前面的章节中，程序中处理的数据的输入和输出工作都是由键盘、显示器等标准输入输出设备来完成的。但是，为了长期保存数据、方便修改和供其他程序调用，实际上计算机中处理的大部分数据必须以文件的形式存放在磁盘等外部存储器上。通常把在外部存储器上进行的数据输入输出称为文件处理。Visual Basic 提供了强大的文件处理能力，同时提供了与文件处理有关的控件和大量与文件管理有关的语句、函数，方便用户直接读写文件和访问文件系统。

9.1 文件的基本概念

文件是指记录在外部存储介质上的数据的集合，如工程文件或窗体文件。使用文件存放数据，不仅使我们在存储大批量的数据时能够不受内存容量的限制，而且能使应用程序读入和写入数据也非常便捷。

9.1.1 文件的结构

对于计算机系统来说，文件是由一系列相关联的字节构成的，而对于应用程序来说，文件是由记录构成的。

1. **字符（Character）**

字符是构成文件的最基本的单位，它可以是数字、字母、符号或字节。

2. **字段（Field）**

字段（也称为域）由若干个字符组成，用来表示一个数据信息。例如，字段“宝蓝”由 2 个字符组成，表示颜色信息；字段“FDJ2234”由 7 个字符组成，表示编号信息等。

3. **记录（Record）**

记录由若干个相关字段组成，用来表示一组相关的数据信息。如下表示一辆汽车信息记录：

苏 BQY001	轿车	李明	FDJ2234	大众甲壳虫	宝蓝

其中包含 6 个字段，分别表示车号、类型、车主、发动机号、厂牌型号、颜色信息。

4. 文件（File）

文件由若干条记录组成。如有 10 000 辆车辆信息，则在车辆信息库文件中就有 10 000 条车辆信息记录。

9.1.2 文件的分类

根据数据性质，文件可以分为数据文件和程序文件。数据文件中存放普通的数据，如学生的信息、商品的信息等，这些数据可以通过特定的程序存取；程序文件中存放计算机可以执行的程序代码，包括源文件和可执行文件等，如 Visual Basic 中的*.frm、*.vbp、*.bas、*.exe 等都是程序文件。

根据数据的编码方式，文件可以分为 ASCII 文件和二进制文件。ASCII 文件又称为文本文件，字符以 ASCII 方式存放，Windows 中的字处理软件建立的文件就是 ASCII 文件；二进制文件中的数据是以二进制方式保存，不能用普通的字处理软件建立和修改。

Visual Basic 中提供了顺序访问、随机访问和二进制访问三种数据访问模式，相应的文件可以分为顺序存取文件、随机存取文件和二进制存取文件。

顺序访问是为普通的文本文件的使用而设计的，适用于读写在连续块中的文本文件。顺序文件是一系列的 ASCII 码格式的文本行，每行长度可变，文件中每一个字符代表一个文本字符或文本格式序列，数据按顺序一个接一个地存放在文件中；读取数据时必须从第 1 个数据开始一个个读取，直到读取所需的数据，也即在顺序文件中，只知道第 1 个数据所在的位置；修改数据时，必须把整个文件所有的数据读入内存，修改后再放入文件中。顺序文件的优点是文件组织结构简单；缺点是维护困难，修改任何一个数据都必须先将所有数据读入内存中，修改好后再重新写入。由于无法灵活地随意存取，顺序访问只适用于有规律的、不经常修改的数据。

随机访问适用于读写有固定长度记录结构的文本文件或者二进制文件。随机存取文件（又称为随机文件或直接文件）是由一组相同长度的记录组成，这些记录既可以由标准数据类型的单一字段组成，也可以由用户自定义类型变量所创建的不同字段构成，而且记录之间不需要特殊的分隔符。记录数据作为二进制信息存储。随机文件可以是 ASCII 文件，也可以是二进制文件，其中的每一个记录都有一个记录号，在存放和读取时，可以通过记录号直接存取文件中的每一个记录。因此，随机文件具有存取速度快、更新容易的优点。

二进制访问适用于读写任意结构的文件。二进制访问文件一般是二进制文件，但也可以是 ASCII 文件。二进制文件是字节的集合，它直接把二进制码存放在文件中；除没有数据类型或者记录长度外，二进制访问与随机访问类似，但二进制存取是以字节为单位定位操作，而随机存取必须定位到记录边界。

9.1.3 文件操作的一般步骤

Visual Basic 中文件处理的步骤如下。

（1）**打开文件**。要读取文件中的数据，首先需要把文件的有关信息加载到内存，使得文件与内存中某个文件缓冲区相关联。

（2）**根据打开的模式进行数据的读写操作**。只有打开的文件才能进行各种数据的存/取操作，也就是读取或写入数据。

（3）**关闭文件**。文件使用完毕应该将其“关闭”，关闭文件实质是释放文件所占用的文件缓冲区，以便其他文件使用。由于系统在内存中分配的文件缓冲区数量有限、能同时打开进行操作的文件个数也有限，因此，为了合理利用系统资源，应及时关闭不再使用的文件。

9.2　文件的打开与关闭

9.2.1　文件的打开（建立）

对于各种文件进行操作之前都必须先打开或建立文件，在打开或建立时由系统分配输入输出缓冲区，并告知该文件的访问模式和操作类型。

Visual Basic 中，采用 Open 语句打开或建立文件，格式如下：

```
Open 文件名 [For 访问模式] [Access 存取类型][锁定]As [#]文件号 [Len=记录长度]
```

说明如下。

（1）要打开的文件名字称为文件名，用字符串类型的常量或变量表示，可包含盘符和路径。

（2）For 子句中的访问模式指定文件输入输出的方式，可以是下述操作之一。

① Output：顺序写操作；

② Input：顺序读操作；

③ Append：顺序追加式写操作；

④ Random：随机访问操作，是默认的访问模式；

⑤ Binary：二进制访问模式。

（3）Access 子句中的存取类型指出了在打开的文件中所能进行的操作。如果要打开的文件已由其他过程打开，则不允许指定存取类型，否则 Open 失败，并产生出错信息。存取类型可以是下列情形之一。

① Read：打开只读文件；

② Write：打开只写文件；

③ Read Write：打开读写文件。仅对用 Random、Binary 和 Append 模式打开的文件有效，而且是它们的默认存取类型。

在 Random 或 Binary 模式下，如果没有使用 Access 子句指定存取类型，则系统按照 Read Write→Read→Write 的次序打开文件。

（4）锁定子句仅在多用户或多进程环境中使用，用来限制其他用户或其他进程对打开的文件进行读写操作，可以是下列情形之一。

① Shared：任何用户、任何进程都可以对该文件进行读写操作；

② Lock Read：不允许其他用户和进程读该文件，只有在没有其他 Read 存取类型的进程访问该文件时，才允许这种锁定；

③ Lock Write：不允许其他用户和进程写该文件，只有在没有其他 Write 存取类型的进程访问该文件时，才允许这种锁定；

④ Lock Read Write：不允许其他进程读写该文件，这种锁定是默认方式，即如果没有指定锁定类型，则本进程可以多次打开文件进行读写操作，在文件打开期间，不允许其他进程对该文件进行读写操作。

（5）文件号是一个整型表达式，其值在[1, 511]范围内，是打开文件的唯一标识，文件打开后就由文件号在各操作中代表该文件；所有当前正在使用的文件号必须是唯一的，即当前正在使用的文件号不能再分配给其他文件。

为满足不同存取方式的需要，对同一个文件可以用不同的文件号打开，但必须注意访问中的锁定问题：当使用 Output 或 Append 方式时，必须先将文件关闭，才能重新打开文件；而使用 Input、Random 或 Binary 方式时，不必关闭文件就可以用不同的文件号同时打开同一文件。

（6）Len 子句中的记录长度是一个整型表达式，用于确定随机文件中记录的长度，其值不能超过 32767 字节。

打开文件操作的示例代码如下：

```
Open "D:\vb\file1.txt" For Output As #1
'以顺序写模式打开 D:\VB\file1.txt 文件，并赋予文件号 1 标识
Open App.Path + "\commodity.dat" For Random As #6 Len = 24
'以随机访问方式打开当前应用_程序路径下 commodity.dat 文件，指定记录长度为 24，并赋予文件号 6 标识
```

Open 语句兼有打开和建立文件的功能。如果以读（Input）方式打开一个不存在的文件，将产生“文件未找到”错误；而以写（Output 或 Append）、随机（Random）或二进制（Binary）方式打开一个不存在的文件时，系统将先建立该文件，然后再执行相应操作。

另外，当以 Output 模式打开一个已存在的顺序文件时，将把文件中原有的数据全部清空，相当于将原文件删除后再新建一个同名的新的空文件。

9.2.2 文件的关闭

对已打开文件的读写操作结束后，应及时将其关闭。Visual Basic 中，使用 Close 语句关闭文件，格式如下：

```
Close [[#]文件号][,[#]文件号]…
```

功能：关闭文件号标识的文件。

说明如下。

（1）Close 语句用来关闭使用 Open 语句打开的文件，结束文件的读取操作。Close 语句具有两个作用：一是把 Open 语句给该文件建立的文件缓冲区中的数据写入文件中；二是释放表示该文件的文件号，供其他 Open 语句使用。

（2）若 Close 语句中省略文件号，则表示把所有用 Open 语句打开的文件全部关闭。

（3）若不使用 Close 语句关闭程序，当程序结束时，系统自动关闭所有打开的数据文件，但这可能会使缓冲区最后的内容不能写入文件中，导致写操作失败。

示例代码如下。

```
Close #1                    '关闭 1 号所标识的文件
Close #2                    '关闭 2 号所标识的文件
Close #3, #4                '同时关闭 3 号和 4 号所标识的文件
Close                       '关闭之前所有用 Open 语句打开的文件
```

也可以使用 Reset 语句关闭所有用 Open 语句打开的文件。格式如下：

```
Reset
```

9.2.3 文件指针

文件被打开后，自动生成一个文件指针（隐含的），文件的读写操作就从该指针所指的位置开始。

用 Open 打开文件时，除了 Append 模式文件指针是指向文件的末尾，其他模式的文件指针都指向文件的开头。完成一次读写操作后，文件的读写指针就自动移至下一个读写操作的起始位置，

移动量的大小由 Open 语句和读写语句中的参数共同决定。对于随机文件来说，其文件指针的最小移动单位是一个记录的长度；对于二进制文件来说，其文件指针的最小移动单位是一个字节；而顺序文件中文件指针移动的长度与它所读写的数据长度相同。

在 Visual Basic 中还提供了与文件指针有关的 Seek 语句和函数，详见 9.3 节。

9.3　文件操作的相关函数和语句

9.3.1　相关函数

1. FreeFile 函数

格式：FreeFile[(文件号范围)]

功能：以整数的形式返回 Open 语句可以使用的下一个有效文件号。

说明　文件号范围参数为 0 或默认时，返回可用文件号在 1～511 之间；该参数为 1 时，函数返回的文件号在 256～511 之间。使用该函数产生文件号，可以避免在程序中出现文件号的冲突。

例如，使用 FreeFile 函数获取一个有效文件号。

```
Dim Filename As String, Fileno As Integer
Filename = InputBox("请输入要打开的文件名")
Fileno = FreeFile                              '利用函数 FreeFile 获取有效文件号
Open Filename For Output As Fileno             '以顺序写方式打开 Filename 文件,并赋予文件号 Fileno
Print Filename & "的文件号为: " & Fileno       '在窗体上显示文件名和对应的文件号
Close Fileno                                   '关闭 Fileno 所标识的文件
```

2. Loc 函数

格式：Loc(文件号)

功能：以长整数的形式返回某打开文件最近一次读或写操作的位置。

说明：对于随机文件，Loc 函数返回最近一次读或写的记录号；对于二进制文件，Loc 函数返回的最近读写的一个字节的位置；对于顺序文件，Loc 函数返回该文件被打开以来读或写的字节数除以 128 后的值，不具有使用价值。

3. Lof 函数

格式：Lof(文件号)

功能：以长整数的形式返回已用 Open 语句打开文件的长度（字节数）。

4. FileLen 函数

格式：FileLen(文件名)

功能：以长整数的形式返回某个文件的长度（字节数）。

说明：若指定的是一个已经被打开的文件，FileLen 函数返回的是该文件打开前的长度。

5. Eof 函数

格式：Eof（文件号）

功能：判断文件指针是否到达文件末尾。

说明：对于顺序文件，当文件指针到达文件的最后一个字符或数据时，Eof 函数返回 True，否则返回 False；对于随机文件和二进制文件，当最后一次执行 Get 语句无法读出完整的记录时，Eof 函数返回 True，否则返回 False。

Eof 函数常用来在循环中测试文件读写指针是否已到文件尾，一般结构如下：

```
Do While Not Eof(文件号)
…  '文件操作语句
Loop
```

6. Seek 函数

格式：Seek(文件号)

功能：以长整数的形式返回某打开文件的当前读写位置，即文件的当前读写指针位置。

说明：Loc 函数返回最近一次读写的位置，Seek 函数的返回值为当前即将要读写的位置，因此，Seek 函数的返回值为 Loc 函数返回值加 1。

7. FileAttr 函数

格式：FileAttr(文件号，返回类型)

功能：以长整数的形式返回 Open 语句所打开文件的方式。

说明：返回类型指返回信息的类型。当返回类型为 1 时表示返回代表文件访问方式的数值（Input 返回 1，Output 返回 2，Random 返回 4，Append 返回 8，Binary 返回 32）；当返回类型为 2 时，在 16 位系统中返回该文件的句柄，在 32 位系统中不支持 2，会导致错误发生。

8. GetAttr 函数

格式：GetAttr(文件名)

功能：以整数的形式返回某个文件、目录或文件夹的属性。

说明：常规属性返回 0、只读属性返回 1、隐藏属性返回 2、系统文件属性返回 4、目录或文件夹属性返回 16；上次备份以后，文件已经改变，返回 32。

9. FileDateTime 函数

格式：FileDateTime(文件名)

功能：返回指定文件的创建或最后修改时的日期和时间。

9.3.2 相关语句

1. Seek 语句

格式：Seek [#]文件号，位置

功能：设置下一个读写位置。

说明：对于顺序文件，“位置”指字节数；对于随机文件来说，“位置”指记录号。若位置为 0 或负，将产生出错信息“错误的记录号”。当位置超出文件长度时，对文件的写操作将自动扩展该文件。

2. 锁定和解锁语句——Lock 和 Unlock 语句

格式：Lock [#]文件号[，记录范围]

　　　Unlock [#]文件号[，记录范围]

功能：Lock 语句的功能是禁止其他过程对一个已经打开文件的全部或部分进行存取操作。Unlock 语句的功能是释放由 Lock 语句设置的对一个文件的多重访问保护。

说明：对于二进制访问的文件，锁定或解锁的是字节范围；对于随机文件，锁定或解锁的是记录范围；对于顺序文件，锁定或解锁的是整个文件，即使指明了范围也不起作用。记录范围有如下形式。

（1）*n* 表示锁定或解锁第 *n* 条记录或字节。

（2）*n*1 to *n*2 表示锁定或解锁的是从 *n*1～*n*2 之间的所有记录或字节。

（3）To *n* 表示锁定或解锁的是从 1～*n* 之间的所有记录或字节。

若默认记录范围，则表示锁定或解锁整个文件。

Lock 与 Unlock 语句总是成对出现的，Unlock 语句的参数必须与它对应的 Lock 语句中的参数严格匹配。注意，在关闭文件或结束程序之前，必须用 Unlock 语句对先前锁定的文件解锁，否则可能会产生难以预料的错误。

3. FileCopy 语句

格式：FileCopy 源文件名，目标文件名

功能：将源文件复制到目标文件。

说明：FileCopy 语句不能复制一个已打开的文件，文件名中不能使用通配符。

示例代码如下。

```
FileCopy "a1.doc", "b1.doc"
FileCopy "c:\a1.doc", "d:\b1.doc"
```

4. Kill 语句

格式：Kill 文件名

功能：删除文件名指定的文件。

说明：不能删除一个已打开的文件；文件名中可以包含通配符"*"和"?"。

Kill 语句在执行时没有任何提示信息，具有一定的危险性，为安全起见，当使用该语句时，一定要在删除文件前给予适当的提示信息，示例代码如下：

```
If MsgBox("确定要删除文件" & FileName & "吗?", vbYesNo) = vbYes  Then
   Kill FileName
End If
```

以上语句中的字符串变量 FileName 里保存待删除的文件名，若用户确认删除，才删除该文件。

Visual Basic 没有提供专门的移动文件的语句。实际上先用 FileCopy 语句拷贝文件，然后用 Kill 语句将原文件删除即可实现；此外，也可用 Name 语句实现。

5. Name 语句

格式：Name 原文件名 As 新文件名

功能：重命名一个文件或文件夹，或者移动文件。

说明：当重命名一个原文件名不存在，或者新文件名已经存在，或者已打开的文件，都将发生错误；文件名中不能使用通配符。

在同一盘符驱动器上的文件，Name 可以进行重命名，也可以跨越驱动器移动文件。如果"新文件名"指定的路径存在并且与"原文件名"指定的路径相同，则 Name 语句将文件重命名；如果"新文件名"指定的路径存在并且与"原文件名"指定的路径不同，则 Name 语句将把文件移到新的目录下，并更改文件名；如果"新文件名"与"原文件名"指定的路径不同但文件名相同，则 Name 语句将把文件移到新的目录下，且保持文件名不变。

示例代码如下。

```
Name "File0.dat" As "File1.dat"                 '将当前目录下的文件 File0.dat 重命名为 File1.dat
Name "C:\File0.dat" As "D:\File\File1.dat"
                                  '将 C:\文件 File0.dat 移到 D:\File 下，并重命名为 File1.dat
Name "File0.dat" As "D:\File\File0.dat "        '将当前目录下的文件 File0.dat 移到 D:\File 下
Name "D:\File" As " D:\DataFile"                '将 D:\File 目录重命名为 DataFile
```

6. CurDir 语句

格式：CurDir[(驱动器名)]

功能：返回或确定某驱动器的当前目录。

说明：若默认驱动器名或为空串，则 CurDir 返回当前驱动器的当前目录路径。

7. ChDrive 语句

格式：ChDrive 驱动器名

功能：改变当前驱动器。

说明：驱动器名字符串中只接收第 1 个字母，示例代码如下。

```
ChDrive "D"      ' 将当前驱动器改为 D 盘，等价于 ChDrive "D:\"
```

8. MkDir 语句

格式：MkDir 目录名

功能：新建一个目录（文件夹）。

9. ChDir 语句

格式：ChDir 目录名

功能：改变当前目录。

说明：当前目录的改变不会改变当前驱动器，示例代码如下。

```
ChDir "D:\DataFile"      ' 改变驱动器 D 上的默认目录，但默认驱动器没有发生改变
```

10. RmDir 语句

格式：RmDir 目录名

功能：删除一个已有的空目录。

说明：用 RmDir 语句不能删除含有文件的目录，必须先使用 Kill 语句删除该目录下的所有文件后才能删除该目录。

11. SetAttr 语句

格式：SetAttr 文件名, 属性

功能：设置某个文件的属性。

说明：属性参数是以数值表达式或常量形式来表示文件的属性。vbNormal 或 0 表示常规属性、vbReadOnly 或 1 表示只读属性、vbHidden 或 2 表示隐藏属性、vbSystem 或 4 表示系统文件属性、vbArchive 或 32 表示上次备份以后，文件已经改变返回。如果给一个已经打开的文件设置属性，则会产生运行时错误。

9.4 顺序存取文件

在顺序文件中，数据的逻辑顺序和存储顺序一致，对文件的读写操作只能从第 1 个数据开始一个一个顺序进行。根据文件处理的一般步骤，对顺序文件进行读写操作之前必须用 Open 语句先打开该文件，读写操作后用 Close 语句关闭文件。

9.4.1 顺序文件的打开与关闭

1. 打开文件

（1）向顺序文件写数据可用两种方式打开。

格式：**Open 文件名 For Output As [#]文件号**

Open 文件名 For Append As [#]文件号

说明：前一种方式打开文件，文件中原有内容被覆盖，后一种方式打开，写入的数据添加到文件尾部。若文件不存在，则会自动创建该文件，然后打开。

（2）从顺序文件读数据可用以下方式打开。

格式：**Open 文件名 For Input As [#]文件号**

说明：以读方式打开文件，该文件必须已经存在。

2. 关闭文件

使用 Close 语句关闭文件，详见 9.2.2 小节。

9.4.2 顺序文件的写操作

在 Visual Basic 中，要向顺序文件写入数据，首先应以 Output 或 Append 方式打开文件，然后使用 Print #和 Write #语句实现数据的写入。

1. Print #语句

格式：**Print #文件号, [[{Spc(n)|Tab(n)}][表达式][;|,]]**

功能：与前述对象的 Print 方法类似，只不过将数据输出到文件中。

说明：#文件号表示以顺序写方式打开的文件，其余各部分的功能同 Print 方法。

例 9-1 使用 Print #语句将数据写入文件。

```
Private Sub Form_Click()
    Open "D:\file1.txt" For Output As #1
    Print #1, 12, 30.5                    '采用标准格式向文件中写入数据
    Print #1, 12; 30.5                    '采用紧凑格式向文件中写入数据
    Print #1, "Study"; "VB"
    Print #1, "Study", "VB"
    Close 1
End Sub
```

单击窗体，文件中写入的数据排列形式如图 9-1 所示。

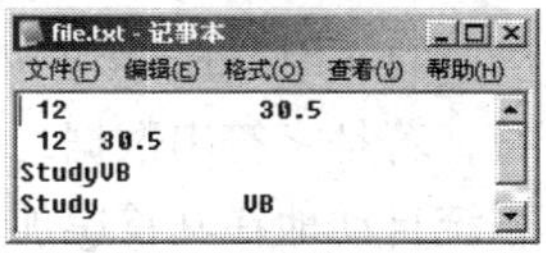

图 9-1 例 9-1 的参考界面

采用标准格式写入数据时，各数据按写入次序顺序地存储在文件各自的标准输出区内，数据间留有一定的空格字符，数据项划分非常明显，但占据的磁盘空间较多。

采用紧凑格式写入数据时，各数据按写入次序紧凑地顺序存储在文件中；对于数值型数据，前面有符号位（正号不输出，但留有一个空格），后面留有一个空格作为分隔符。以紧缩格式输出的数值型数据不会给以后读取文件中的这些数据带来任何麻烦。而对于字符串和逻辑型数据，若按紧缩格式输出，其结果使得输出的各字符串数据之间没有空格而连成一片，在以后读取这些数据时，分解各数据将非常困难。

为了使 Print #语句输出到文件中的各数据明显分开，可以人为地在输出到文件中的数据之间插入一个逗号“,”作为分隔符，实现各数据的准确读取，代码如下。

```
Print #1, "Study"; ","; "VB"
```

注意，为了能正确地从文件中读出本身含有逗号、双引号和有意义的前后空格等符号的字符串，写入到文件中的字符串数据前后应该加上双引号作为字符串数据的定界符。示例代码如下：

```
Print #1, Chr(34); "Study,VB"; Chr(34)
```

其中，34 是双引号的 ASCII 码值，文件中写入的数据排列形式是“Study,VB”。

例 9-2 将 2008 年 9 月的日历信息按如图 9-2 格式写入“d:\calendar.txt”文件。

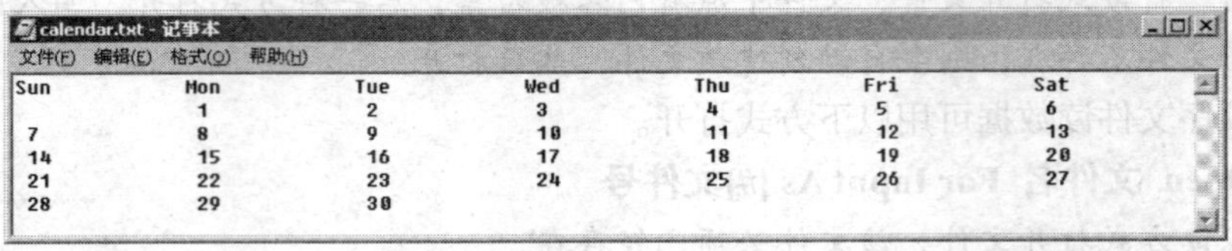
calendar.txt - 记事本
文件(F) 编辑(E) 格式(O) 帮助(H)

Sun	Mon	Tue	Wed	Thu	Fri	Sat
	1	2	3	4	5	6
7	8	9	10	11	12	13
14	15	16	17	18	19	20
21	22	23	24	25	26	27
28	29	30				

图 9-2 例 9-2 Print #标准格式建立的日历文件效果

分析如下。

（1）采用 Print #语句中的“,”分隔符标准格式进行数据项的写入，能比较方便实现数据的对齐排列。

（2）已知对文件进行有规律写操作的数据项的数量，通常采用 For 计数循环实现。

```
Private Sub Form_Click()
    Dim i As Integer
    Open "d:\calendar.txt" For Output As #1  '以顺序写方式打开文件，采用标准格式写入日历信息
    Print #1, "Sun", "Mon", "Tue", "Wed", "Thu", "Fri", "Sat"
    Print #1, ,  '定位到第 2 个输出区，也可用 Print #1, Tab(15);语句
    For i = 2 To 31
        Print #1, i - 1,
        If i Mod 7 = 0 Then Print #1,   '每写入 7 个数据，换一行
    Next i
    Close    '关闭文件
End Sub
```

2. Write #语句

格式：**Write #文件号, [[{Spc(n)|Tab(n)}] [表达式][;|,]]**

功能：与 Print #语句类似，将输出的数据写入文件中。

Write #语句和 Print #语句的区别如下。

（1）用 Write #语句写到文件中的数据以紧凑格式存放，各个数据之间自动插入逗号作为分隔符；若是字符串数据，系统自动地在其首尾加上双引号作为定界符；若是逻辑型和日期型数据，系统自动地在其首尾加上#作为定界符。

（2）用 Write #语句写入的正数前不再留有表示符号位的空格。

（3）Write #语句中的分隔符“分号”和“逗号”功能相同，分隔待写入的数据，并都以紧凑格式将数据写入文件。

file.txt - 记事本
文件(F) 编辑(E) 格式(O) 查看(V) 帮助(H)
12,30.5
12,30.5
"Study","VB"
"Study","VB"

图 9-3 Write #语句写入数据的效果

若将例 9-1 中的 Print #语句改用 Write #语句将数据写入文件。单击窗体，文件中写入的数据排列形式如图 9-3 所示。

对比例 9-1 中的 Print #语句写入文件的效果，Write #写入效果更好：文件中的数据排列紧凑，数据项之间都插入逗号分隔，不同类数据加上定界符进行标识，容易分解读取。

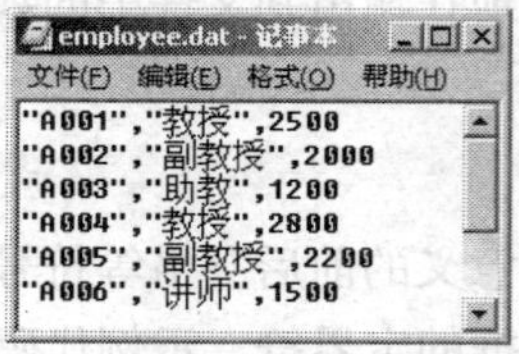
employee.dat - 记事本
文件(F) 编辑(E) 格式(O) 帮助(H)
"A001","教授",2500
"A002","副教授",2000
"A003","助教",1200
"A004","教授",2800
"A005","副教授",2200
"A006","讲师",1500

图 9-4 例 9-3 Write #语句写入数据的效果

例 9-3 编写程序，将职工信息登记入文件 employee.dat 中，效果如图 9-4 所示。

分析：职工信息包括工号、职称和工资，可以声明职工信息类型。

```
Private Type employee                          '声明职工信息类型 employee
```

```
        id As String                                '工号
        title As String                             '职称
        pay As Currency                             '工资
    End Type
    Private Sub Form_Click()                        '登记职工信息
        Dim t As employee                           '定义 employee 类型的变量 t
        Open App.Path + "\employee.dat" For Append As #1
        '在当前应用程序路径下以顺序追加写方式打开文件 employee.dat
        Do
            t.id = InputBox("请输入职工工号:")
            If Trim(t.id) = "" Then Exit Do         '若工号为空，则结束录入
            t.title = InputBox("请输入职工职称:")
            t.pay = InputBox("请输入职工工资:")
            Write #1, t.id, t.title, t.pay          '将职工信息（工号、职称和工资）写入文件
        Loop
        Close                                       '关闭文件
    End Sub
```

说明　程序中使用的 App.Path 的功能是返回正在运行的应用程序的路径。其中，App 表示应用程序 Application 对象，App 对象的 Path 属性中记录本应用程序的路径信息。

对比例 9-2 中的 Print #语句写文件，Write #写入操作更为方便，无须人为加入分隔符，数据自动分隔写入，效果更好。

注意以下问题。

（1）Print #和 Write #语句的最后一个输出项后面没有分隔符（;|,）时，那么其后没有输出项的 Print #和 Write #语句就会在文件中插入一个空行。若 Print #和 Write #语句中的最后一个输出项后面跟有分隔符（;|,），则其后面的默认输出项的 Print #和 Write #语句就在该输出行最后插入回车换行符。

（2）Print #和 Write #语句的任务只是将数据送到 Open 语句开辟的缓冲区，只有在缓冲区满、执行下一个 Print #语句和 Write #语句或关闭文件时，才由文件系统将缓冲区数据写入磁盘文件。

9.4.3　顺序文件的读操作

我们经常需要读取已经写入顺序文件中的数据，并对它们进行处理，因此，正确地读取数据相当重要。在 Visual Basic 中，应以 Input 方式打开顺序文件，然后使用 Input #语句、Line Input #语句或 Input 函数实现顺序文件数据的读取。

1. Input #语句

格式：**Input #文件号，变量列表**

功能：从一个顺序文件中顺序读取若干个数据项，依次赋予相应的变量。

说明如下：

（1）读取的数据项个数必须与变量个数相同，数据项类型也必须与变量类型一致。

（2）读取时将忽略前导的逗号、空格、回车或换行符，把遇到的第 1 个非空格、非回车换行作为数据的开始；对于数值型数据，把之后再遇到的第 1 个空格、回车或换行符作为数据的结束；对于字符型数据，把后面再遇到的第 1 个不在双引号内的逗号或回车换行作为数据的结束。

（3）为了能用 Input #语句将文件中数据正确读入到变量中，要求文件中的各数据项使用分隔符分开。Print#语句输入的数据由空格或回车换行符标识数据的结束，而 Write #语句输入的数据以逗号、空格、双引号或回车换行符标识数据的结束，因此通常 Write #语句写入的数据项，比较方便 Input #语句读取。

（4）Input #语句仅适用于以顺序和二进制方式打开的文件。

例 9-4 从例 9-3 建立的职工信息文件 employee.dat 中读取全部职工信息，要求将读取内容输出到窗体，输出效果如图 9-5 所示。

分析：已知要读取的职工信息事先已通过 Write #语句写入职工信息文件 employee.dat 中，使用 Input #语句顺序读取每个职工的工号、职称和工资信息。

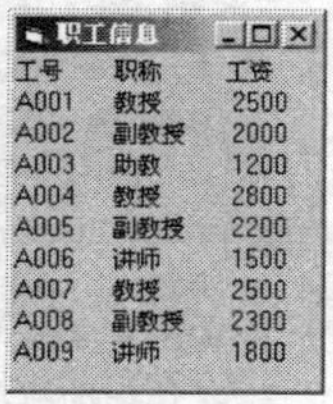

图 9-5 例 9-4 运行效果

```
'说明：职工信息 employee 类型的声明同例 9-3，此处略
Private Sub Form_Click()                        '单击窗体读取职工信息，并输出至窗体显示
    Dim t As employee                           '定义 employee 类型的变量 t
    Cls                                         '清屏
    Print "工号"; Tab(8); "职称"; Tab(16); "工资"            '定位输出职工信息标题
    Open App.Path + "\employee.dat" For Input As #1          '以顺序读方式打开文件
    Do While Not EOF(1)                         '当读写指针未指向文件末尾,顺序读取文件的每条职工信息
        With t
            Input #1, .id, .title, .pay         '从文件中顺序读取工号、职称和工资信息
            Print .id; Tab(8); .title; Tab(16); .pay         '定位输出职工信息
        End With
    Loop
    Close #1                                    '关闭文件
End Sub
```

本例中采用 Eof 函数与 Do…Loop 循环配合，实现数据的批量顺序读取。

例 9-5 从建立的成绩文件 scorefile.txt 中读取学生的成绩，要求统计及格率、平均分以及各分数段的人数，并将结果显示在相应的标签中，同时保存到文件 statfile.txt 中。

分析：由于已知从文件中读取的数据类型和数量，所以采用 Input #语句并结合计数 For 循环，实现数据的批量读取；使用一维数组存放读取的成绩。

设置标签数组 Lbl1 显示各个成绩分段，标签数组 LblStat 显示统计结果，文本框的 MultiLine 属性为 True，程序执行时窗体依次单击 3 个按钮后显示结果如图 9-6（a）所示，文件 Statfile.txt 中数据排放如图 9-6（b）所示，程序代码如下。

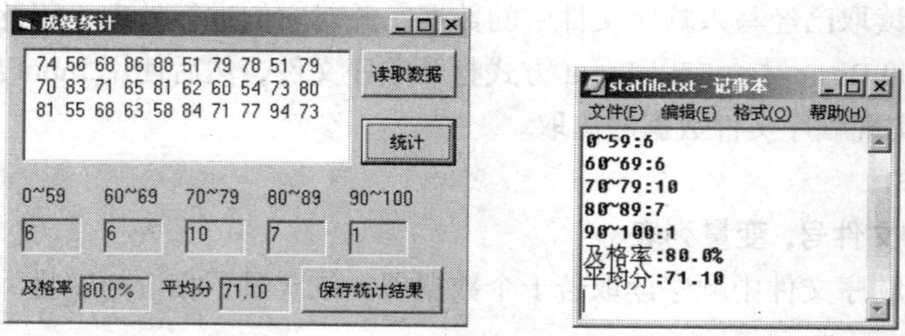

（a）窗体界面　　（b）文件 Statfile.txt 中的数据排放

图 9-6 设置标签数组

```
Dim score(1 To 30) As Integer               '定义存放从文件中读取的学生成绩 score 数组
  Private Sub Form_Load()                    '建立学生成绩文件
    Dim i As Integer, score As Integer
    Open App.Path + "\scorefile.txt" For Output As #1
    '以顺序写方式建立并打开文件
    Randomize
    For i = 1 To 30                          '模拟生成 30 个学生成绩，写入文件
        score = Int(Rnd * (100 - 0 + 1))     '模拟产生一个百分制成绩
        Print #1, score;                     '将生成的一个成绩写入文件
```

```
        If i Mod 10 = 0 Then Print #1,          '每写入 10 个成绩，在文件中写入回车换行符
    Next i
    Close #1                                    '关闭文件
End Sub
Private Sub CmdRead_Click()                     '从文件中读取成绩，并输出到文本框
    Dim i As Integer
    Open App.Path + "\scorefile.txt" For Input As #1          '以顺序读方式打开文件
    Text1 = ""
    For i = 1 To 30                  '利用计数 For 循环，从文件中读取 30 个学生成绩
        Input #1, score(i)           '将文件中顺序读取的每个成绩，存入相应的 score 数组元素
        Text1 = Text1 & Space(2) & score(i)                   '在文本框中显示成绩
        If i Mod 10 = 0 Then Text1 = Text1 & Chr(13) & Chr(10)  '每行显示 10 个成绩，回车换行
    Next i
    Close #1                         '关闭文件
End Sub
Private Sub CmdStat_Click()     '成绩统计，并将统计结果输出到标签
    '对成绩数组 score 采用统计算法完成各分数段人数的统计，代码略
End Sub
Private Sub CmdSave_Click()     '将统计结果保存入指定文件
    Dim i As Integer, n As Integer
    Open App.Path + "\statfile.txt" For Output As #1          '以顺序写方式打开文件
    For i = 0 To 6
        Print #1, Lbl1(i) & ":" & LblStat(i)          '将标签数组中的统计结果写入文件中
    Next i
    Close #1                                          '关闭文件
End Sub
```

2. Line Input #语句

格式：**Line Input #文件号，字符串变量**

功能：从顺序文件中读取一个完整的行，并把它赋给一个字符串变量。

说明如下：

（1）Line Input #语句将读取一行中的除回车符 Chr(13)、换行符 Chr(10)以外的全部字符，包括空格、逗号、双引号。

（2）Line Input #语句通常读取使用 Print #写入的数据；常与 Do…Loop 循环配合顺序读取文件中的全部内容。

例 9-6　读取例 9-5 中 statfile.txt 文件的前 5 行内容，显示输出，如图 9-7 所示。

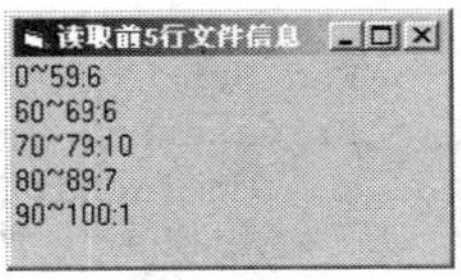

图 9-7　例 9-6 参考界面

分析：使用 Line Input #语句一行行读取文件信息，但是读取的信息不包括回车换行符，所以必须在输出时，人为控制回车换行。

```
Private Sub Form_Click()
    Dim s As String, ss As String
    Open App.Path & "statfile.txt" For Input As #1
    For i = 1 To 5
        Line Input #1, s
        ss = ss & s & vbCrLf          '加上回车换行符，保证分行格式
    Next i
    Print ss
    Close #1
End Sub
```

3. Input 函数

格式：**Input(n, [#]文件号)**

功能：返回从顺序文件中读取的连续 *n* 个字符构成的字符串。

说明如下：

（1）Input 函数返回的字符串中包含读到的所有字符，包括作为前导的空格、逗号、双引号、回车和换行符。

（2）通常 Input 函数读取使用 Print #和 Put #语句写入的数据。

（3）Input 函数仅适用于以顺序和二进制方式打开的文件。

使用 Input 函数也可以将一个文件的内容一次性读出，存放在一个变量中，示例代码如下：

```
x$ = Input(LOF(1),#1)   '将文件号 1 所代表的文件中所有字符读出到字符串 x 中
```

注意，Lof 函数返回的是以字节为单位的文件大小，而 Input 函数中第 1 个参数是字符的个数，即按字符数读取数据。如果文件中全是西文字符，一个西文字符占 1 字节，可以直接使用，但如果文件中夹杂出现中文字符，每个中文字符占 2 字节，这样就出现 Lof 函数返回的值不等于文件中的字符数，若仍使用上述语句将出现“输入超出文件尾”的错误；因此，Lof 与 Input 函数两者搭配使用读取文件内容时要谨慎。

例 9-7　下面程序的功能是把随机写入文件 ABC1.dat 中的重复字母字符去掉后（即若有多个字符相同，则只保留 1 个）写入文件 ABC2.dat。

窗体界面设计如图 9-8 所示，其中设置两个列表框的 Columns 属性值为 2。

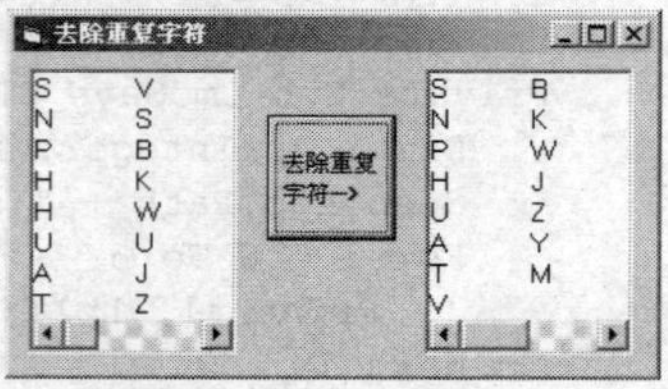

图 9-8　例 9-7 参考界面

程序代码如下：

```
Private Sub Form_Load()       '建立一个由 26 个大写随机字母构成的文件
    Dim i As Integer, ch As String * 1
    Open App.Path + "\ABC1.dat" For Output As #1       '以顺序写方式建立并打开文件
    For i = 1 To 26
        ch = Chr((Int(Rnd * 26) + Asc("A")))           '生成一个随机大写字母字符 ch
        Print #1, ch;                                  '将字符 ch 写入文件
        List1.AddItem ch                               '将字符 ch 同步添加到列表框 1 中显示
    Next i
    Close #1                                           '关闭文件
End Sub
Private Sub CmdDel_Click()                             '去除重复字符
    Dim inchar As String, ch As String * 1, outchar As String, n As Integer, i As Integer
    outchar = ""
    Open App.Path + "\ABC1.dat" For Input As #1        '以顺序读取方式打开文件
    n = LOF(1)            '利用 Lof 函数获取 1 号文件的字节数
    inchar = Input(n, #1)   '将 1 号文件中所有内容一次性读出到字符串 inchar 中
    For i = 1 To n
    '依次判断 inchar 中每个字符是否在目标字符串 outchar 中出现，若没有出现，则连入  outchar 中
        ch = Mid(inchar, i, 1)
        If InStr(outchar, ch) = 0 Then outchar = outchar & ch
    Next i
    Open App.Path + "\ABC2.dat" For Output As #2       '以顺序写方式打开文件
    Print #2, outchar;              '将去除重复字母字符的文件内容，写入目标文件中
    Close                           '关闭 1 号和 2 号文件
    Open App.Path + "\ABC2.dat" For Input As #1        '以顺序读取方式打开文件
    List2.Clear
    Do While Not EOF(1)     '将去除重复字母字符的文件内容依次读取输出到列表框 2 中
        ch = Input(1, #1)           '从 1 号文件中读取一个字符 ch
        List2.AddItem ch            '将读取的每个字母字符 ch 添加入列表框 2 中显示
    Loop
    Close #1                        '关闭文件
End Sub
```

4. 小结

上述三种读操作的区别和适用场合分别为：Input #语句读取的是文件中的数据项，Line Input #语句读取的是文件中的一行，Input 函数读取的是文件中的指定数目的字符。

已知文件中待读取的每个数据项类型结构时，建议使用 Input #语句读取每项数据，否则使用 Line Input 一行行读取文件内容，或使用 Input 函数一个个字符读取文件内容。当需要用程序从文件中读取单个或指定数量字符时，或者使用程序读取一个二进制的或非 ASCII 码文件时，使用 Input 函数较为适宜。

9.4.4　顺序文件的应用

掌握了顺序文件的读操作和写操作，就可以方便地对顺序文件进行各种操作应用，如查询、追加、修改和删除等，以下例子介绍如何对顺序文件进行这些操作应用。

例 9-8　如图 9-9 所示，设计一个简易商品信息管理程序，要求能够实现以下功能。

（1）单个商品信息的追加。

（2）能按记录号、商品号和商品名分别查询商品信息。

（3）根据市场需要，按涨跌浮动百分比调整指定类商品的价格。

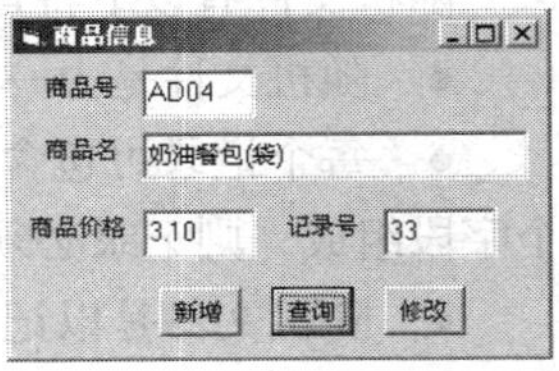

图 9-9　例 9-8 的运行界面

分析：假设商品信息（商品号、商品名、单价等）保存在顺序文件中。商品号的前 2 位表示商品类别。

（1）商品信息的追加可以通过 Append 方式打开文件，Write #方式写入实现；通常商品编号是唯一标识商品的，商品编号不允许为空，且不允许重复，所以追加商品信息时，需要先做判断。

（2）商品信息的查询操作，实质就是对文件进行读操作；由于商品信息的存放是一个接一个按顺序方式进行的，只知道第 1 个写入商品的存放位置，其他商品信息的位置无从知道，因此，当要查找某个商品信息时，不管哪种查询方式，都只能从文件头开始，一个一个商品顺序地读取，直到找到要查找的商品信息。

（3）调整商品价格就意味着对文件的修改，但顺序文件是不能直接进行修改的。若要修改顺序文件，首先要把原始文件中的数据读出来，对数据进行修改，将修改过的数据用中间文件暂存起来；其次，需删除原文件，将中间文件改为原文件的名字，最终还原成只剩原文件的状态。由此可见顺序文件修改一条信息的代价与整体修改是一样的，所以顺序文件仅适合批量数据的整体修改或处理。

执行“工程”菜单中的“添加模块”命令，建立标准模块，在此声明商品信息类型。

```
Option Explicit
Type CommodityInfo                          '声明商品信息类型
    id As String
    Name As String
    Price As Currency
End Type
```

在窗体模块编写代码，由于篇幅限制，这里仅给出修改按钮的 Click 事件过程代码。

```
Option Explicit
Dim c As CommodityInfo                          '定义 CommodityInfo 类型的变量 c
Private Sub CmdUpdate_Click()                   '修改商品价格信息
    Dim L As String * 2, per As Integer
    L = InputBox("请输入修改商品的类别编号")
    per = Val(InputBox("请输入商品价格浮动百分比%"))
    Open App.Path + "\commodity.dat" For Input As #1      '顺序读方式打开文件
    Open App.Path + "\commodity0.dat" For Output As #1    '顺序写方式建立并打开临时文件
```

```
    Do While Not EOF(1)
        Input #1, c.id, c.Name, c.Price                        '读取文件中一条商品信息
        If Left(c.id, 2) = L Then c.Price = c.Price * (1 + per / 100)
                                                               '修改指定类别商品的价格
        Write #2, c.id, c.Name, c.Price                        '将修改后的商品信息，写入临时文件
    Loop
    Close    '关闭文件
    Kill App.Path + "\commodity.dat"                           '删除原文件
    Name App.Path + "\commodity0.dat" As App.Path + "\commodity.dat"   '重命名临时文件
End Sub
```

顺序文件中数据的删除和修改类似，将数据读出后，不需要的数据就不再放入中间文件，这里不再详述。

9.5 随机存取文件

随机文件有以下特点：

- 随机文件是由一组定长记录组成，一个紧接着一个，记录之间没有特殊的分隔符。
- 每个记录可包含一个或多个字段，每个字段的长度等于相应变量的长度；若记录是由多个字段组成，则记录必须是用户自定义类型；每个字段所占字节必须是固定长度。
- 随机文件是以记录为单位进行操作，只有给出记录号 n，才能通过$(n-1)\times$记录长度，计算出该记录与文件首记录的相对地址。因此，用 Open 语句打开随机文件时必须指定记录的长度。
- 打开随机文件，既可以读也可以写，根据记录号能直接访问文件中任意一条记录，无须按顺序进行。

对于随机文件的访问操作分为以下 4 个步骤：

（1）声明记录类型，定义相关变量。

（2）Random 模式打开文件。

（3）Put #和 Get #语句编辑文件。

（4）关闭文件。

9.5.1 随机文件的打开和关闭

与顺序文件不同，打开一个随机文件后，既可以用于写操作，也可用于读操作。

格式：**Open 文件名 [For Random] As 文件号 [Len = 记录长度]**

说明：打开随机文件时，必须确定读写的记录长度，若默认，则记录的默认长度为 128 个字节，否则记录长度等于各字段长度之和，可以通过 Len（记录变量）获取。

文件的关闭使用与顺序文件相同的 Close 语句。

9.5.2 随机文件的读写

1. 写入记录

随机文件的写操作是通过 Put #语句来实现的。

格式：**Put #文件号, [记录号], 变量**

功能：将变量的内容写入文件号所对应磁盘文件指定的记录位置。

说明如下。

（1）记录号是大于 1 的整数，它指定将数据写到文件中的第几条记录上；若默认，则将数据写到下一个记录位置，即最近执行 Get 或 Put 语句后或由最近 Seek 语句所指定的位置；注意，记录号可以默认，但其后的占位符逗号不可以默认，示例代码如下。

```
Put #1, , r
```

（2）变量的类型要与文件中记录的类型一致，可以是基本类型，也可以是记录类型（Type 定义的类型）。

（3）在使用 Put #语句进行数据的写入时，还必须注意数据的长度和 Open 中 Len 子句定义的长度的匹配，其中：

① 如果所写的数据长度小于 Open 语句中 Len 子句所指定的长度，Put #语句仍以指定的记录长度为边界写入后续的记录，并以文件缓冲区中的内容填充当前记录的多余空间。但由于填充数据的字节数无法精确确定，最好写入数据的长度与指定的记录长度相匹配。

② 如果要写入的变量是一个变长字符串型变量，那么 Put #语句先写入 2 个字节来标明字符串的长度，然后才写入字符串变量的内容。因此，在 Open 语句中的 Len 子句指定的记录长度至少比实际写入字符串长度多 2 个字节，否则会产生“Bad Record Length”错误。

③ 如果写入的变量是数值型变体变量，Put #语句先写两个字节，用于标明变体变量的变体类型（Vartype），然后再把变量内容写到文件中去。例如，当写入变体类型是 3 的变体变量（Long 型）时，Put #语句要写 6 个字节到文件中去，其中 2 个字节用来标明变体变量的变体类型为 3，4 个字节用来存放长整型数据。因此，在 Open 语句中用 Len 子句指定的记录长度至少要比存放变量内容所需的实际长度多 2 个字节。

④ 如果要写入的变量是字符串型的变体变量（VarType 为 8），Put #语句写入的字符串的实际长度比原字符串实际长度多 4 个字节，其中 2 个字节用于标明变体类型，2 个字节用来标明字符串长度。

⑤ 如果要写入的变量值是其他任何类型（非变长字符串和 Variant 类型），那么 Put #语句仅写入变量的内容。用 Len 子句说明的记录长度必须大于或等于数据的长度。

（4）Put 通常用于记录的替换和添加。

① Put 命令将记录写入由记录号指定的位置，同时覆盖原记录内容，所以常用于记录的改写替换。

格式：**Put #文件号, 替换记录号, 新记录变量**

② 追加记录就是指向随机文件尾追加新记录，所以先确定新记录的记录号，然后写入记录。

```
新记录的记录号 = 最后一条记录号 + 1 = Lof(文件号)/Len(记录变量) + 1
写入记录：Put #文件号, 新记录号, 新记录变量
```

③ 任意位置插入记录，操作起来比较麻烦，需要采用类似在指定位置插入数组元素的算法实现：先读取最后一条记录，然后将它追加写入文件，然后依次读取倒数第 2 条、倒数第 3 条记录……直至插入位置的记录，将它们顺序替换写入后一条记录位置，最后将新记录改写入指定位置。

2. 读取记录

随机文件的读操作是通过 Get #语句来实现的。

格式：**Get #文件号, [记录号], 变量**

功能：将磁盘文件指定记录号位置中的数据读到变量中。

说明

记录号指定读取文件中的第几条记录；Get #语句中的各个参数的含义均与 Put #语句类似。

注意 Put #或 Get #每执行完一次记录的读或写操作，文件读写指针会自动移向下一个记录位置。

3. 删除记录

方法 1：可以将待删除记录的后续记录依次替换写入前一记录位置，实现记录被覆盖式的删除；但是会出现最后两个记录相同的、记录总数不变的状况。

方法 2：清空待删除的记录内容；但是该记录仍在文件中存在，而且通常文件中不能有空记录，因为它会浪费空间且会干扰顺序操作。

最好把上述两种方法操作后余下的记录拷贝到一个新文件中，然后删除老文件，从而真正删除记录。步骤如下：

（1）创建一个临时文件。

（2）把有用的所有记录从原文件写入该临时文件。

（3）关闭原文件，使用 Kill 语句删除。

（4）使用 Name 语句把临时文件以原文件的名字重新命名。

9.5.3 随机文件的应用

了解随机文件基本访问方法，就可以方便地对随机文件进行记录的查询、追加、修改和删除等操作，下面具体通过例子说明随机文件的这些操作应用。

例 9-9 采用随机文件方式，实现并进一步完善例 9-8，实现一个简易商品信息管理程序的功能：①当前商品信息的编辑（新增、修改、删除）操作。②商品信息的查询（按记录号、商品号）操作。③商品信息的浏览。运行界面如图 9-10 所示。

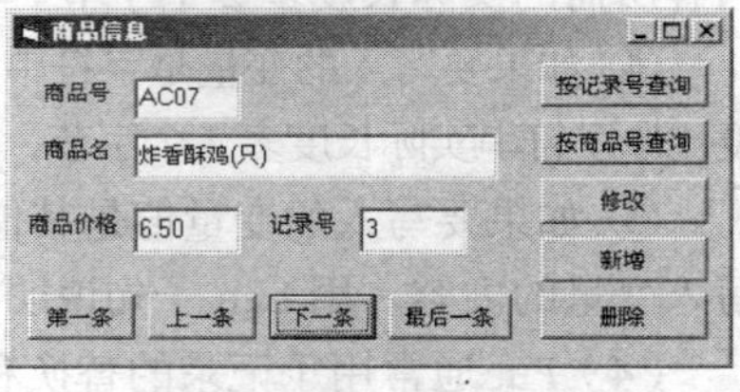

图 9-10 例 9-9 的运行界面

分析：使用与例 9-8 相同的记录类型。由于篇幅限制，这里仅分析添加和删除商品信息功能的实现。

（1）添加商品信息。

添加实际上是在文件的末尾追加新记录，所以应先确定最后一条记录的位置，然后用 Put #语句直接将要增加的新记录写入它的后面。

此处变量 recordnum 存放记录总数，也就是最后一条记录的位置，因此 recordnum + 1 即为新增记录的写入位置。

```
Private Sub cmdAdd_Click()                  '新增商品信息
    Dim i As Integer
    If Trim(TxtId) <> "" Then               '若商品号不为空，从文本框获取新商品信息，追加写入
      For i = 1 To recordnum                '顺序读取每条商品记录，判断即将写入商品是否已存在
        Get #1, i, c                        '从文件中读取第 i 号记录信息，存入记录变量 c 中
        If Trim(TxtId) = c.Id Then MsgBox "该商品已经存在!": Exit Sub
      Next i
      c.Id = Trim(TxtId)                    '从文本框中获取新商品信息
      c.Name = Trim(TxtName):   c.Price = Val(TxtPrice)
      recordnum = recordnum + 1             '记录总数增 1，确定写入新商品记录的位置
      Put #1, recordnum, c                  '在文件尾追加写入新商品信息
      CurrentID = recordnum                 '更新当前记录号
      TxtNo = CurrentID                     '显示当前记录号
      CmdDel.Enabled = True                 '设置删除、修改和浏览按钮的有效性
      CmdUpdate.Enabled = True
      CmdView(0).Enabled = CurrentID > 1  :  CmdView(1).Enabled = CurrentID <> 1
```

```
        CmdView(2).Enabled = CurrentID < recordnum
        CmdView(3).Enabled = CurrentID <> recordnum
    Else
        MsgBox "商品号不能为空!"
    End If
End Sub
```

（2）删除记录。

在随机文件中删除当前记录，并不是真正删除记录，而是把下一个记录重写到删除的记录位置上，其后的所有记录依次前移，总记录数减 1。

```
Private Sub cmddel_Click()                           '删除当前商品信息
    Dim i As Integer
    If MsgBox("确定要删除吗?", vbYesNo) = vbYes Then
        For i = CurrentID To recordnum - 1           '将待删除商品记录后的记录依次向前替换写入
            Get #1, i + 1, c                         '从文件中读取第 i+1 号记录信息，存入记录变量 c 中
            Put #1, i, c                             '记录变量 c 中信息，替换写入第 i 号记录位置
        Next i
        recordnum = recordnum - 1                    '记录总数减 1
        If CurrentID > recordnum Then CurrentID = CurrentID - 1   '更新当前记录号
        If CurrentID > 0 Then                        '若记录数不为 0，读取记录，更新当前显示
            Get #1, CurrentID, c                     '从文件中读取当前记录信息，存入记录变量 c 中
            TxtId = c.Id:     TxtName = c.Name
            TxtPrice = Format(c.Price, "0.00"):    TxtNo = CurrentID
            CmdView(0).Enabled = CurrentID > 1                '设置浏览按钮的有效性
            CmdView(1).Enabled = CurrentID <> 1
            CmdView(2).Enabled = CurrentID < recordnum
            CmdView(3).Enabled = CurrentID <> recordnum
        Else   '若记录数为 0，则清空当前界面，便于添加新记录
            TxtId = "":    TxtPrice = "":    TxtName = "":    TxtNo = ""
            For i = 0 To 3
                CmdView(i).Enabled = False
            Next k
            CmdDel.Enabled = False :     CmdUpdate.Enabled = False
        End If
    End If
End Sub
```

对比顺序访问文件，随机存取文件操作可以根据记录号直接立即读写这条记录，因而能快速地查找和修改记录，不必为修改某个记录而对整个文件进行读、写操作，体现出随机存取灵活、方便、速度较快和容易修改的优点。

9.6 二进制存取文件

对文件的操作使用二进制访问的模式将更为方便简洁，事实上，任何文件都可以用二进制模式访问，并且可以获取文件中的任何一个字节。二进制模式与随机模式很类似，如果把二进制文件中的每一个字节看做一条记录的话，则二进制模式就成了随机模式。当要保持文件的尺寸尽量小时，应使用二进制型访问。

9.6.1 打开和关闭二进制文件

与随机文件相同，打开一个二进制文件后，既可以用于写操作，也可以用于读操作。

格式：**Open** 文件名 **For Binary As [#]**文件号

说明 二进制文件刚被打开时，文件指针指向第一个字节，以后将随着文件处理命令的执行而移动，可移到文件的任何地方。

文件的关闭使用 Close 语句。

9.6.2 二进制文件的读写操作

访问二进制文件与访问随机文件类似，也是用 Get 和 Put 语句读写，区别在于二进制文件的读写单位是字节，而随机文件的读写单位是记录。

1. 写文件操作

格式：**Put [#]文件号, [位置], 变量**

功能：从位置指定的字节开始，一次写入长度（字节数）等于变量长度的数据。

2. 读文件操作

格式：**Get [#]文件号, [位置], 变量**

功能：从指定位置开始读取长度（字节数）等于变量长度的数据，并存放到该变量中。

说明 可使用 Input 函数读取二进制文件指针当前位置开始指定字节数的字符串。

注意 Put #或 Get #语句完成数据读写后，文件的读写指针会向后移动变量长度位置。

9.6.3 二进制文件的应用

下面通过具体例子说明二进制文件的这些操作应用。

例 9-10 将 26 个大写字母 A～Z 依次写到二进制文件 ABC.DAT 中，然后将文件中的大写字母在原位置改写成小写字母。

```
Private Sub Form_Load()
    Open App.Path + "\Myfile" For Binary As #12   '以二进制访问方式打开文件
End Sub
Private Sub CmdUpdate_Click()              '将文件中的大写字母在原位置改写成小写字母
    Dim p As Integer, ch As String * 1
    Seek #12, 1                            '将文件读写指针定位到文件开头
    Do While Not Eof(12)
        Get #12, , ch                      '读取一个字符
        ch = LCase(ch)                     '将读取内容转换为小写
        p = Seek(12) - 1                   '确定刚才读取信息的位置（Seek 函数返回下一个读写位置）
        Put #12, p, ch                     '将转换好的小写字符写入原位置
    Loop
End Sub
Private Sub CmdPut_Click()                 '依次将大写字母顺序写入文件
    Dim i As Integer , ch As String * 1
    For i = 0 To 25
        ch = Chr(Asc("A") + i)
        Put #12, , ch                      '将大写字母顺序写入文件
    Next i
End Sub
Private Sub Form_UnLoad(Cancel As Integer)
    Close #12                              '关闭文件
End Sub
```

对二进制访问模式的文件进行读操作时，除使用 Eof 函数判断文件是否结束外，还可以结合使用 Lof 和 Loc 函数确定文件是否结束。Lof 函数返回文件长度，Loc 函数返回打开文件的指针的

当前位置；当 Lof 函数值等于 Loc 函数值，则说明文件已读完。

9.7 文件系统控件

Visual Basic 中提供了 3 种能直接浏览系统的磁盘、目录结构和文件情况的文件系统控件，即驱动器列表框（DriveListBox）、目录列表框（DirListBox）和文件列表框（FileListBox）。读者可利用这 3 种控件建立与文件管理器类似的窗口界面，如图 9-11 所示。

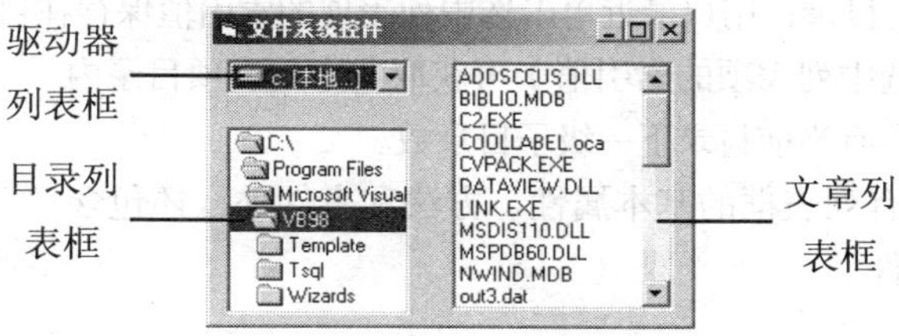

图 9-11　文件系统控件

9.7.1　驱动器列表框

工具箱上的▭按钮即为驱动器列表框（DriveListBox）按钮，实际上，驱动器列表框是一个下拉式列表框，在执行时下拉列表中包含了当前计算机系统中所有的驱动器名，如图 9-12 所示。驱动器列表框除了具有列表框的基本属性、方法和事件外，还包含有如下重要的属性和事件。

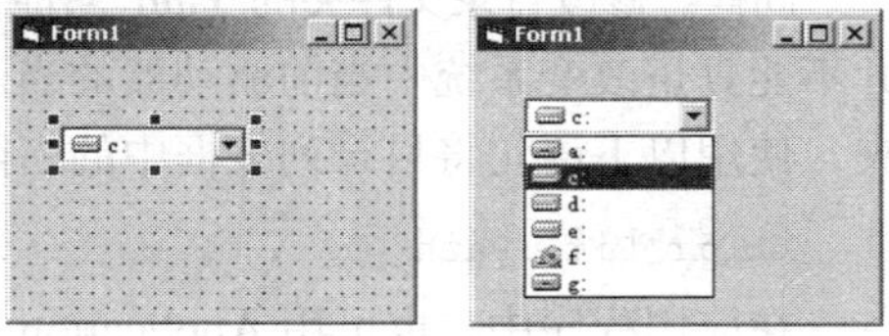

（a）设计状态　　（b）运行状态

图 9-12　驱动器列表框

1. Drive 属性

用来设置或返回所选择的驱动器名。Drive 属性不能在属性窗口中设置，只能在程序运行时，对驱动器列表框选择操作设置，或在程序代码中用语句设置。使用格式如下：

驱动器列表框名.Drive [= 驱动器名]

其中，驱动器名是字符串形式的指定所选择的驱动器，例如，"A:"或"a:"，"C:\"或"c:"等；默认情况下，Drive 属性表示驱动器列表框中选中的驱动器。

从驱动器列表框中选择驱动器或用代码修改 Drive 属性并不能使计算机系统自动改变当前驱动器，必须通过 ChDrive 语句来实现，使用格式如下：

```
ChDrive Drive1.Drive
```

同样，ChDrive 语句不会改变驱动器列表框中的选项，仅修改系统的当前驱动器号。

2. Change 事件

每次重新选择驱动器列表框中的选项或修改驱动器列表框的 Drive 属性时都会触发 Change 事件。示例代码如下：

```
Private Sub Drive1_Change()
   ChDrive Drive1.Drive     '改变计算机系统当前驱动器
End Sub
```

9.7.2 目录列表框

工具箱上的▢按钮即为目录列表框按钮（DirListBox），在执行时目录列表框中以左缩进结构显示了当前驱动器的目录结构，并突出显示当前目录。

如图 9-13 所示，目录列表框中按目录结构层次逐层排列，层层缩进的方式显示了从根目录开始到当前目录这条路径间的所有目录，以及当前目录的下属所有的第一级子目录。对于每一个显示的列表项都有一个索引值标识，图 9-13 中当前目录的索引值为-1，向上依次为-2、-3…，向下的每一个第一级子目录索引值依次为 0、1、2…。通过双击某个列表项（目录），可显示其所有子目录或关闭显示，并使该目录成为当前目录；用户最近单击选中列表项的索引值保存在目录列表框的 ListIndex 属性中。借助属性 List（选中列表项的索引值）可获取选中列表项目录内容，ListCount 属性中保存有当前目录下一级子目录数。

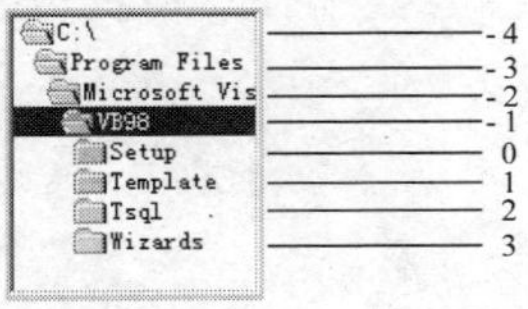

图 9-13 目录列表框

目录列表框除了具有列表框的基本属性、方法和事件外，还包含有如下重要的属性和事件。

1. Path 属性

用来设置或返回目录列表框中突出显示的当前目录信息。双击某列表项目录，将该列表项目录作为当前目录赋予 Path 属性，同时将其索引值 ListIndex 属性设置为-1，并重新设置目录列表框中的显示内容。此时，Dir1.Path 属性和 Dir1.List(Dir1. ListIndex)属性值相同。

可以使用语句来修改当前的目录，如 Dir1.Path= "D:\123"。

同样，修改目录文件夹的 Path 属性，只会改变目录列表框中的显示及目录列表框的选中目录，并不能真正改变系统中当前驱动器的当前文件夹。ChDir 语句能改变系统当前驱动器的当前文件夹，使用以下语句将目录列表框中的当前目录设置为系统当前文件夹：

```
ChDir Dir1.Path
```

在应用程序中，也可用 Application 系统对象（对象名为 App）将当前目录设置成应用程序的可执行文件所在的目录。

```
ChDrive App.Path                    '设置当前驱动器
ChDir App.Path                      '设置当前目录
```

一般地，在同一个窗体中将目录列表框和驱动器列表框联合起来使用表示驱动器和目录信息，并且希望在目录列表框中显示驱动器列表框的当前驱动器中的目录信息。这时，可以在驱动器列表框的 Change 事件中设置目录列表框的当前目录，示例代码如下：

```
Private Sub Drive1_Change()     '实现目录列表框与驱动器列表框的同步变化
   Dir1.Path = Drive1.Drive
End Sub
```

2. Change 事件

每次用户双击重新选择目录列表框中的选项，或在代码中修改目录列表框的 Path 属性时都会触发 Change 事件。示例代码如下：

```
Private Sub Dir1_Change()
   ChDir Dir1.Path    '将目录列表框中的当前目录设置为系统当前文件夹
End Sub
```

9.7.3 文件列表框

工具箱上的▤按钮即为文件列表框（FileListBox）按钮，在执行时文件列表框中显示了其 Path

属性表示的目录中的所有文件，如图 9-14 所示。文件列表框除了具有列表框的基本属性、方法和事件外，还包含有如下重要的属性和事件。

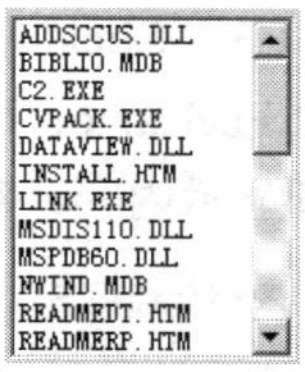

图 9-14　文件列表框

1. 属性

（1）Path 属性　用来设置和返回文件列表框中显示文件的路径，这也是一个运行态属性，仅能在代码中通过重新赋值来改变文件列表框中的显示，代码如下：

```
File1.Path = "D:\qy"
File1.Path = Dir1.Path    '语句使文件列表框和目录列表框同步
```

（2）Pattern 属性　用来设置文件列表框中显示文件的类型，可以在属性窗口中设置，也可以在代码中设置。默认时，Pattern 属性值为“*.*”，即显示所有的文件。Pattern 属性可以是带有通配符的字符串，常用的通配符有“*”和“?”。

“*.doc”表示只显示扩展名为 doc 的 Word 文档；

“*.frm;*.vbp”表示只显示扩展名为 frm 和 vbp 的文件；

“??.exe”表示只显示文件名由两个字符组成且扩展名为 exe 的文件。

在代码窗口可以用赋值语句设置其 Pattern 属性，代码如下。

```
File1.Pattern = "b*.doc"        '设置文件列表框 File1 只显示 b 开头的扩展名为 doc 的 Word 文档
```

（3）FileName 属性　用来设置和返回文件列表框中被选定文件的文件名称，这是一个运行态属性，可使用语句修改该属性，代码如下：

```
File1.FileName = "NotePad.exe"
' 表示将 File1 的 FileName 属性改为"NotePad.exe"，且在文件列表框中选定显示 NotePad.exe 文件
```

注意，FileName 属性本身不包含文件的路径，这与通用对话框中的 FileName 属性不同。若要利用文件系统控件浏览文件或进行打开、复制等操作，就必须获取文件完整的路径信息。所以往往采用文件列表框的 Path 和 FileName 属性值字符串连接的方法来获取带路径的文件名。

```
If Right(File1.Path, 1) = "\" Then
            '判断 Path 属性值的最后字符是否是目录分隔符"\"，以保证目录分隔的正确
   FName = File1.Path + File1.FileName
Else        '如果不是，应添加一个"\"，以保证目录分隔的正确
   FName = File1.Path + "\" + File1.FileName
End If
```

使用语句修改 FileName 属性时，如包含路径和通配符，则将直接修改该文件列表框的 Path 和 Pattern 属性。代码如下：

```
File1.FileName = "C:\WINNT\*m?.bmp"
```

表示将 File1 的 Path 属性改为"C:\WINNT"，且在文件列表框中显示文件名中倒数第 2 个字符是 m 的 bmp 图片类型文件。

2. 事件

（1）PathChange 事件　当文件列表框的 Path 属性改变时触发 PathChange 事件。以下两条语句都将导致程序触发文件列表框 File1 的 PathChange 事件：

```
File1.Path = Dir1.Path
File1.FileName = "D:\myfile.exe"        '带有改变的路径式修改 FileName
```

（2）PatternChange 事件　当文件列表框的 Pattern 属性被改变时触发 PatternChange 事件，此事件常被用来对用户自定义的 Pattern 属性进行判断。

（3）Click 和 DblClick 事件　经常通过文件列表框的 Click 事件，获取所选中的文件名 File1.FileName；通过文件列表框的 DblClick 事件，对所双击的文件进行处理，如：双击文本文件，打开显示内容；双击应用程序文件，执行该程序。

```
Private Sub File1_DblClick()
    ChDrive Drive1.Drive                     '改变计算机系统当前驱动器
    ChDir File1.Path                         '将目录列表框中的当前目录设置为系统当前文件夹
    x = Shell(File1.FileName, 1)             '执行在文件列表框中双击的应用程序文件
End Sub
```

9.7.4　文件系统控件的同步与应用

在实际应用中，文件系统的 3 个基本控件总是同时使用，而且类似于资源管理器，它们还需要保证同步操作。驱动器列表框中当前驱动器的变动引发目录列表框中当前目录的变化，并进一步引发文件列表框目录的变化，这些可以在相应控件的 Change 事件过程中编写相关同步化程序代码来实现。

例 9-11　设计一个简易的图片浏览器，在窗体上放置一个驱动器列表框、一个目录列表框、一个文件列表框、一个框架和一个图像控件，由驱动器、目录和文件列表框联合使用选择一个图片文件，则在图像控件中显示该图片，如图 9-15 所示。

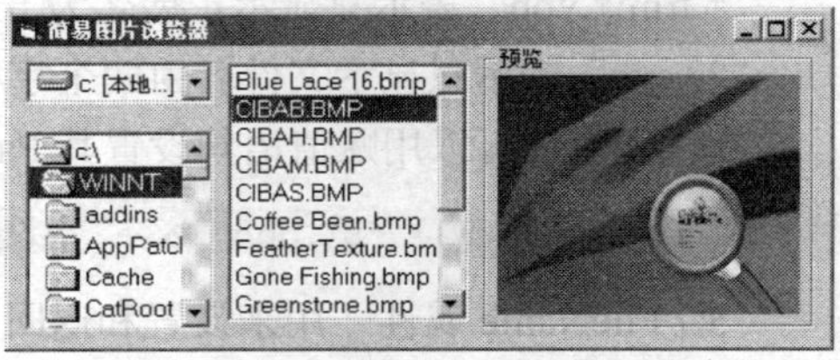

图 9-15　例 9-11 运行界面

```
Private Sub Form_Load()
    Form1.Caption = "简易图片浏览器"          :    Frame1.Caption = "预览"
    File1.Pattern = "*.bmp;*.gif;*.ico;*.jpg"  :    Image1.Stretch = True
End Sub
Private Sub Drive1_Change()
    Dir1.Path = Drive1.Drive      '保证目录列表框与驱动器列表框的同步
End Sub
Private Sub Dir1_Change()
    File1.Path = Dir1.Path        '保证文件列表框中显示的内容与目录列表框的同步
End Sub
Private Sub File1_Click()
    Dim picname As String
    If Right(File1.Path, 1) = "\" Then             '获取选中图片文件的完整文件名
        picname = File1.Path + File1.FileName
    Else
        picname = File1.Path + "\" + File1.FileName
    End If
    Image1.Picture = LoadPicture(picname)           '显示选中的图片文件
End Sub
```

当驱动器列表框的 Drive 属性被改变时，发生驱动器列表框的 Change 事件，调用执行驱动器列表框 Drive1_Change 事件过程。通过执行其中的 Dir1.Path = Drive1.Drive 语句，改变目录列表框的 Path 属性，使得目录列表框突出显示由驱动器列表框的 Drive 属性指定的驱动器的当前目录，这样就保证了驱动器列表框与目录列表框的同步。

同样由于目录列表框的 Path 属性发生变化，就会产生目录列表框的 Change 事件，调用 Dir1_Change 事件过程。执行其中的 File1.Path = Dir1.Path 语句后，改变文件列表框的 Path 属性，从而将 File1 文件列表框中的显示内容更新为 Dir1.Path 指定目录中的文件，保证了文件列表框中显示的内容与目录列表框和驱动器列表框同步。

9.8 有关文件操作的常用算法

9.8.1 读取文件全部内容

通常采用 Do While Not Eof(文件号)…Loop 循环实现文件内容的读取。

- 若文件内容由相同结构数据项构成，则循环体使用 Input #语句读取文件中的数据。
- 若文件是由记录组成的，则循环体采用随机方式 Get 读取。
- 若文件内容是无统一结构的，则循环体使用 Line Input #语句读取文件中的一行行信息，或使用 Input 函数一个个字符读取。

若文件内容是纯西文字符构成的，则可先使用 Lof 函数获取文件总字符数 *n*，然后使用 Input 函数直接读取 *n* 个字符，即文件全部内容。

对于随机文件内容的读取，可以事先通过 Lof(文件号)/Len(记录变量)获取记录总数，然后使用 For 循环实现文件内容的读取。

9.8.2 文件合并

文件的合并操作隐含对文件操作的两个动作：①读取源文件的全部内容；②写入目标文件。

在读取的源文件内容和数量未知情况下，通常采用 Do…Loop 循环配合 Eof 函数（当指定文件的文件读写指针到达文件尾，Eof 函数返回 True，否则返回 False），从文件头开始，一行行地顺序读取文件的全部内容。方案 1：对源文件的内容每读出一行，就追加式写入一行到目标文件中，直到源文件的读写指针指向文件尾为止。方案 2：将每次读取的一行行源文件内容顺序连接起来，当内容全部读取完毕，最后一次性写入文件目标文件。

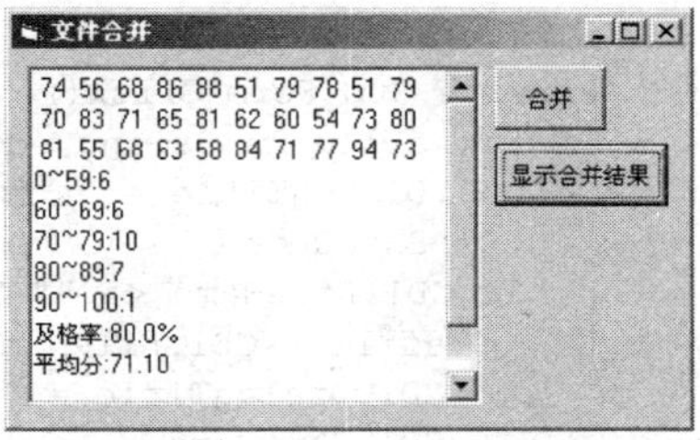

图 9-16 例 9-12 参考界面

例 9-12 如图 9-16 所示，将例 9-5 中的文件 statfile.txt 的内容全部合并入 scorefile.txt 中，并在窗体上文本框中显示合并后 scorefile.txt 的内容。

分析：首先采用 9.8.1 小节的方法读取 statfile.txt 文件的全部内容，然后采用方案 2 进行文件合并。

设置文本框的 MultiLine 属性为 True，ScrollBar 属性为 2-Vertical，用于显示合并后的文件内容。

```
Sub ReadData(filename As String, data As String)      '读取文件中的所有内容
    Dim fileno As Integer, s As String
    fileno = FreeFile
    Open filename For Input As fileno              '以顺序读取方式打开文件
    Do While Not EOF(fileno)
        Line Input #fileno, s                      '从源文件中读取一行内容，存入字符串变量 s 中
        data = data & s & vbCrLf                   '将每行内容 s 连入字符串 data，加上回车换行符
    Loop
    Close fileno                                   '关闭文件
End Sub
Sub WriteData(filename As String, data As String)     '将数据追加写入文件
    Dim fileno As Integer
    fileno = FreeFile
    Open filename For Append As fileno                 '以顺序追加写方式打开文件
```

```
    Print #fileno, data                                   '将 data 中的内容追加写入文件中
    Close fileno                                          '关闭文件
End Sub
Private Sub Cmdfilemerge_Click()                          '文件合并
    Dim whole As String
    Call ReadData("statfile.txt", whole)
     '调用 ReadData 过程读取源文件中的所有内容，保存在 whole 变量中
    Call WriteData("scorefile.txt", whole)
     '调用 WriteData 过程将保存在 whole 变量中源文件中的所有内容，追加式写入目标文件
    MsgBox "Merge Success!"
End Sub
Private Sub Cmddisplay_Click()                      '显示合并效果
    Dim whole As String
    Text1 = ""                                      '文本框清空
    Call ReadData("scorefile.txt", whole)
     '调用 ReadData 过程读取合并后文件的全部内容，保存在 whole 变量中
    Text1 = whole                                   '在文本框中显示 whole 变量中的文件内容
End Sub
```

9.8.3 文件复制

文件的复制操作步骤与文件的合并操作类似：①读取源文件的内容；②覆盖写入目标文件（只需将写入的目标文件的打开方式设置为 For Output 即可）。

例 9-13 实现任意文件的复制操作。

分析：使用二进制访问模式可以方便地对任何文件实现复制操作。在读取的源文件内容和数量未知情况下，通常采用 Do…Loop 循环，从文件头开始，对源文件的内容每读出一个字符，就写入一个字符到目标文件中，直到源文件的读写指针指向文件尾为止。

添加通用对话框控件 CD1，用于获取复制文件的文件名（含路径）。

```
Private Sub Form_Click()                                '任意文件的复制
    Dim sfile As String, dfile As String, s As Byte
    CD1.DialogTitle = "请选择复制操作的源文件"
    CD1.ShowOpen
    If CD1.FileName <> "" Then
        sfile = CD1.FileName                            '获取源文件名（包含路径）
        CD1.DialogTitle = "请选择复制操作的目标文件"
        CD1.ShowSave
        If CD1.FileName <> "" Then
            dfile = CD1.FileName                        '获取目标文件名（包含路径）
            Open sfile For Binary As #1                 '以二进制方式打开源文件
            Open dfile For Binary As #2                 '以二进制方式打开目标文件
            Do While Loc(1) < LOF(1)                    '使用 Lof 和 Loc 函数确定文件是否结束
                Get #1, , s                             '从源文件中读取一个字节，存入变量 s 中
                Put #2, , s                             '将读取的字节写入目标文件中
            Loop
            MsgBox "File Copy Success!"
        Else
            MsgBox "请选择复制操作的目标文件"
        End If
        Close      '关闭文件
    Else
        MsgBox     "请选择复制操作的源文件"
    End If
End Sub
```

本章小结

本章主要介绍了对文件访问的3种基本模式，即顺序模式、随机模式和二进制模式。不管以何种方式访问文件，必须先使用Open语句打开文件，然后读或写操作，最后使用Close语句关闭文件。对于文件内容的批量读写，若已知文件读写操作内容的数据量，建议采用For循环，否则建议采用Do…Loop循环实现。

用户可以使用驱动器列表框、文件夹列表框和文件列表框这3个文件系统控件设计自己的文件系统。

思考练习题

1. 读取文件中的所有内容，对于选中的文本内容进行字母字符的大小写互换操作。如图9-17所示。

2. 将1 000以内的所有素数输出至图片框中，并存入文件Prime.dat中；读取文件Prime.dat中的素数，找出其中的回文素数，显示在文本框中。

3. 读取文件中的所有内容，对文件内容按照规则规范保存：每条语句的开头字母必须大写，句中单词小写。要求：使用通用对话框实现文件的打开，采用Line Input函数读取文件内容。

4. 采用二进制存取文件方式，读取文件中的所有内容，分类统计字母、数字、空格和其他字符的数量。

5. data.txt文件中依次存放有20个数据，用程序读取其中的数据，并将这些数据按行顺序构造4*5矩阵，要求在文本框中显示矩阵，并将data.txt文件中的数据改写为二维矩阵形式的存放格式。

6. 利用记事本，分别建立由一组随机排列的字符串构成的文件A.txt和B.txt，编程实现读取数据，并将两组数据合并，按字母表顺序显示在列表框中，并以逗号分隔形式将合并结果存入文件C.txt。

7. 假定在顺序文件athlete.txt中保存有观众评选的“甲A联赛”参赛足球队中优秀运动员的信息，包括球队名、号码、姓名、年龄、位置和4场比赛进球记录。试编写程序，建立以下4个文件：①所有“上海申花”足球队的运动员信息的文件；②对每个运动员增加“进球总数”一项；③按“进球总数”建立射手榜；④分类统计各个位置上的运动员数量。

8. 如图9-18所示，读取任意文本文件内容，显示在文本框中，对其字母字符进行加密，最后将加密后文件进行保存。要求：利用文件管理控件实现文件的打开和保存，采用Input函数读取文件内容。加密算法自拟。

9. 读入汽车型号和报价，根据订购量和折扣计算总费用。程序运行时，单击“装入数据”按钮，则文件Data.txt中读入所有汽车型号和报价，放到数组 a 中，汽车型号按顺序添加到列表框List1中，当选中列表框中的一个汽车型号时，它的报价就显示在文本框Text1中。此时，单击“计算总价格”按钮，则根据文本框Text2中用户输入的订购量计算购买该型号汽车的总费用（结果取整，不四舍五入），并显示文本框Text3中。购买该型号汽车的总费用 = 订购量 × 折扣 × 报价。

当订购量 = 1，不打折扣；当 2≤订购量 < 5，折扣为 9 折；当 5≤订购量 < 10，折扣为 8.5 折；当 10≤订购量 < 20，折扣为 8 折；当 20≤订购量，折扣为 7.5 折。单击“保存”按钮，将每次订购汽车情况存入文件 OrderForm.txt 中。

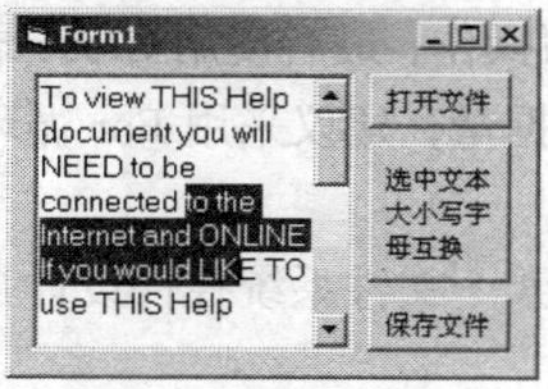

图 9-17　题 1 运行界面

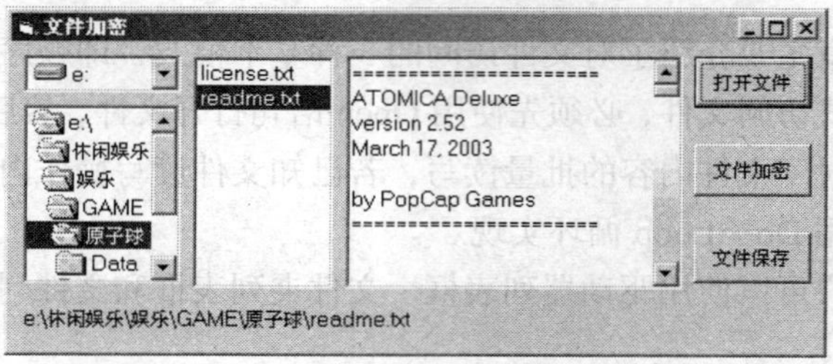

图 9-18　题 8 运行界面

10. 如图 9-19 所示，从随机文件“民族组.Dat”读取民族组 10 位歌手的打分记录（歌手编号、歌手姓名、选送单位、演唱得 8 分、知识得 1 分、新歌加 0.5 分），要求计算每位歌手得分（演唱得分去除最高分和最低分后的得分总和*80% + 知识得分*20% + 0.5 新歌加分），选出民族组冠军，得分保留 3 位小数，将结果最终保存入 result.Dat 文件。

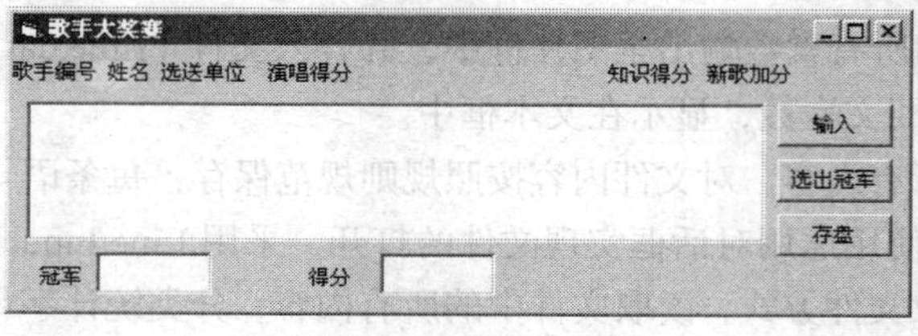

图 9-19　题 10 运行界面

第 10 章 高级控件

学习重点

- 菜单设计。
- 常用 ActiveX 控件介绍。
- 多媒体制作。

10.1 菜单设计

菜单是 Windows 应用程序友好界面必不可少的组成部分，设计者可以将应用程序的功能隐藏在菜单的命令选项中，从而增加应用程序的功能，节省界面空间，方便用户的使用。

以前，要为一个应用程序开发一组菜单并不容易，现在利用 Visual Basic 强大的集成开发环境，制作一组美观实用的菜单不再是难事。本节将介绍如何在 Visual Basic 应用程序中创建菜单和使用菜单。

10.1.1 菜单编辑器简介

使用菜单编辑器可以创建菜单和弹出式菜单。打开菜单编辑器的方法有以下几种：

（1）选择“工具”菜单→选中“菜单编辑器”选项。

（2）在工具栏上单击“菜单编辑器”按钮。

（3）在窗体上单击鼠标右键，在弹出的快捷菜单中选择“菜单编辑器”选项。

（4）使用快捷键 Ctrl+E。

“菜单编辑器”对话框如图 10-1 所示。

下面介绍菜单编辑器对话框中的各个组成部分。

1. 标题

用来设置显示的菜单名，对应菜单对象的 Caption 属性。标题应简短，同一菜单中应避免标题同名，不同菜单中的相似动作标题可以同名。

（1）设置访问键

同命令按钮一样，可以为菜单设置访问键。只需在设置的访问键字符前加“&”字符，该访问键会自动加下划线（见图 10-2），运行时，按 Alt+访问键就等同于单击该菜单控件。

（2）设置分隔符

在同一组菜单项中，可以根据它们的功能用分隔符分组。设置分隔符的方法很简单，就是在标题中输入“-”减号连字符，外观显示如图 10-3 所示。

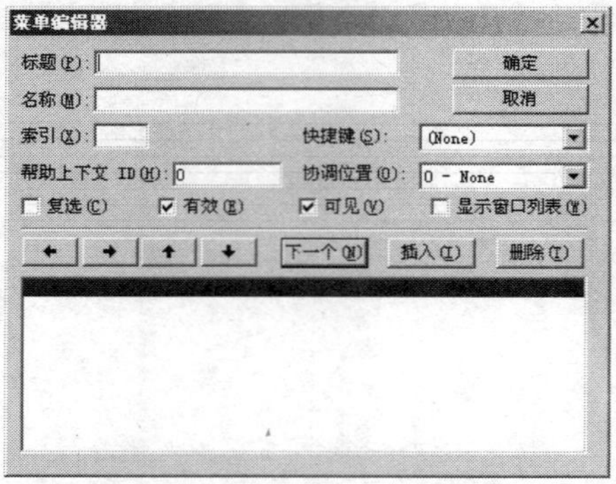

图 10-1　“菜单编辑器”对话框

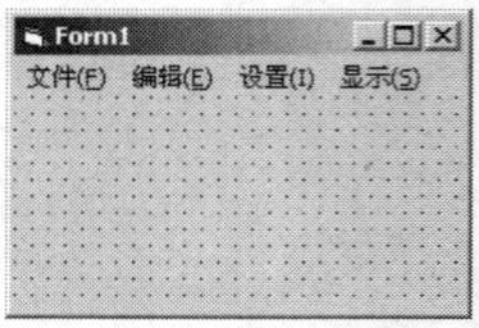

图 10-2　访问键示例

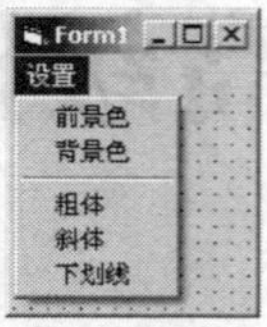

图 10-3　分隔符示例

2. 名称

菜单控件的标识符。该属性对应菜单对象的 Name 属性，在程序代码中用于访问菜单控件，并不显示在菜单中。

一般在命名时建议用前缀“mnu”加其他名称来标识，如“编辑”的名称可以取名为“mnuEdit”。这样可以在程序代码中和其他的控件对象名明显区分开来。同一菜单中不同菜单控件的名称要唯一，若创建菜单控件数组，名称虽一样，但索引值要不同。

3. 索引

菜单控件数组的下标，对应菜单对象的 Index 属性，为整型值。

4. 快捷键

在下拉列表框中为菜单控件选定快捷键，如 Ctrl+A，在菜单标题的右边显示。

5. 帮助上下文 ID

允许为其指定唯一数值。在 HelpFile 属性指定的帮助文件中用该数值查找适当的帮助主题。

6. 协调位置

决定如何在容器窗口中显示菜单。可以取值 0（默认值）、1、2、3，分别表示菜单不显示、靠左显示、居中显示和靠右显示。

7. 其他项

（1）4 个复选框简介。

① 复选：在菜单显示的标题左侧设置复选标记，对应菜单对象的 Checked 属性。通常为切换选项做成开关状态。

② 有效：决定是否让菜单控件对事件作出响应。若在程序运行中要改变菜单控件的有效状态，可以修改其 Enabled 属性值。

③ 可见：决定是否显示菜单控件，对应菜单对象的 Visible 属性。若为弹出式菜单，则菜单控件的可见项应取消。

④ 显示窗口列表：在 MDI 应用程序中，确定菜单控件是否包含一个已经打开的 MDI 子窗口列表。

（2）7 个按钮简介。

① 左箭头/右箭头：使选中菜单上升一个等级/下降一个等级。该组按钮用来设置菜单控件具体是哪种类别：菜单标题、菜单项、子菜单标题还是子菜单项。

② 上箭头/下箭头：使选中菜单上移一个位置/下移一个位置。

③ 下一个：将选定项移动到下一行。

④ 插入/删除：在选中菜单控件的上方添加新的菜单控件/删除选中菜单控件。

菜单的各要素及名称如图 10-4 所示。

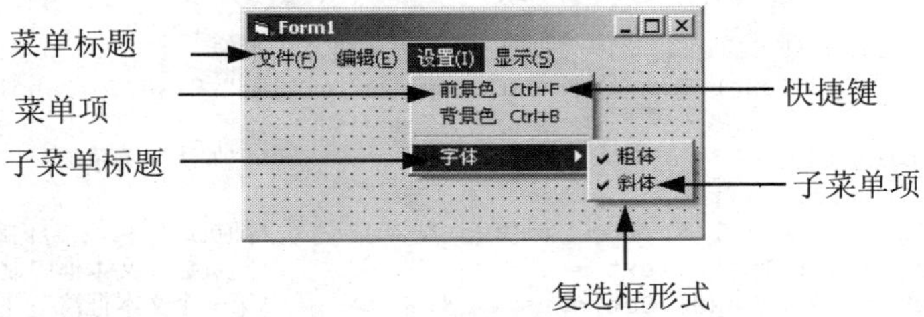

图 10-4 菜单的各要素

（3）菜单列表框 位于菜单编辑器的下半部分，它列出了当前窗体的所有菜单控件。

10.1.2 创建菜单

创建菜单的具体步骤如下。

（1）构思好所建菜单的组成结构，打开“菜单编辑器”对话框。

（2）输入每一项的标题、名称。确定是否要加访问键或快捷键，是否要进行其他选项的设定。然后单击“下一个”命令按钮，进行下一项的设置。

（3）对菜单控件的级别和位置进行整体调整。

例 10-1 建立一个菜单，菜单结构如表 10-1 所示。窗体上有 1 个图片框控件对象，图片框中有 3 个文本框、2 个标签和 1 个命令按钮。界面如图 10-5 所示。

表 10-1 菜单结构

标 题	名 称	快 捷 键	标 题	名 称	快 捷 键
四则运算考试（&S）	mnutest		……二级运算	mnutwo	
……一级运算	mnuone		…………乘法	multiply	Ctrl+U
…………加法	plus	Ctrl+P	…………除法	divide	Ctrl+D
…………减法	minus	Ctrl+M	帮助（&H）	mnuhelp	

要求

当选择“加法”、“减法”、“乘法”、“除法”菜单项时，图片框中出现对应的随机考题，若用户答对考题，单击“批改”按钮，按钮上标题更改为“正确”，否则，更改为“错误”。

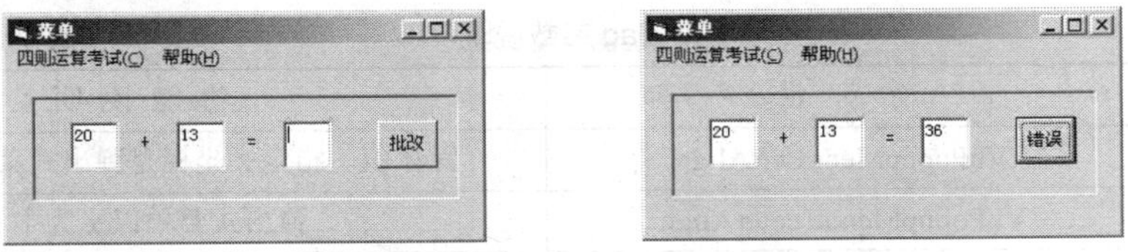

（a）单击“加法”菜单项后界面　　（b）单击“批改”命令按钮后界面

图 10-5 例 10-1 运行界面

程序代码如下：

```
Dim X As Integer, Y As Integer, z As Single   Private Sub mnuhelp_Click()
Private Sub Form_Load()                           Picture1.Visible = False
    Randomize              '随机初始化             CurrentX = Form1.Width / 4 '设置输出位置
    Picture1.Visible = False                      CurrentY = Form1.Height / 3
End Sub                                           Print "进行简单的四则运算测试！"
                                              End Sub
Private Sub Command1_Click()   '“批改”命令按钮的单击事件
    If z = Val(Text3.Text) Then Command1.Caption = "正确" Else Command1.Caption = "错误"
End Sub
Private Sub plus_Click()                              '“加法”菜单项
    Picture1.Visible = True
    X = Int(Rnd * 20) + 1 :  Y = Int(Rnd * 20) + 1 '随机产生[1,20]内的数作为操作数
    Text1.Text = X : Text2.Text = Y                   '随机数在文本框中显示
    Text3.Text = "" : Text3.SetFocus                  '第三个文本框清空并获得焦点
    Command1.Caption = "批改"                          '更改命令按钮标题
    Label1.Caption = "+"          'A: 减法、乘法、除法代码中修改为"-", "+"*, "/"
    z = X + Y                     'B: 减法、乘法、除法代码中修改为 X - Y, X * Y, X / Y
End Sub
```

说明

minus_Click()、multiply_Click()、divide_Click()事件过程和 plus_Click()事件过程代码相似，只有 A 代码行和 B 代码行部分不同，不再重复给出。

10.1.3 弹出式菜单

菜单按使用形式可以分成下拉式菜单和弹出式菜单两种。例 10-1 介绍了下拉式菜单，位于标题栏下方。弹出式菜单（又称快捷菜单）是独立于窗体菜单栏而显示在窗体内的浮动菜单，它出现的位置取决于鼠标单击时的位置。

弹出式菜单的创建方式和下拉式菜单相同，也是通过“菜单编辑器”对话框进行，只不过，在设置时应将菜单标题的“可见”复选框取消。

运行时，在代码编辑器中要调用对象的 PopupMenu 方法来显示弹出式菜单。

PopupMenu 方法的一般格式如下：

```
[对象名.] PopupMenu 菜单名[,flag [,x [,y [,boldcommand]]]]
```

格式说明如下：

（1）第 1 个参数菜单名是必需的，其他参数可选。

（2）x，y 参数指定弹出式菜单显示的位置。

（3）flag 参数用于定义弹出式菜单的位置和性能，如表 10-2 所示。

（4）Boldcommand 参数指定弹出式菜单中的菜单控件的名字，用以显示其黑体正文标题。如果该参数省略，则弹出式菜单中没有以黑体字出现的控件。

表 10-2　flag 参数说明

值	常　量	功 能 说 明
0	VbPopupMenuLeftAlign	默认值。指定 x 坐标是弹出式菜单的左边界
4	VbPopupMenuCenterAlign	弹出式菜单以 x 为中心
8	VbPopupMenuRightAlign	x 坐标是弹出式菜单的右边界
0	VbPopupMenuLeftButton	默认值。只能用鼠标左键触发弹出式菜单
2	VbPopupMenuRightButton	能用鼠标左右键触发弹出式菜单

一般情况下，在 Windows 应用程序中使用单击鼠标右键来显示弹出式菜单，所以，PopupMenu 方法通常放在 MouseDown 事件中调用。

例 10-2 将例 10-1 去除“帮助”菜单后修改成弹出式菜单，将“四则运算考试”菜单控件的“可见”项取消。程序运行时，在窗体上单击鼠标右键，显示该弹出式菜单，运行界面如图 10-6 所示。

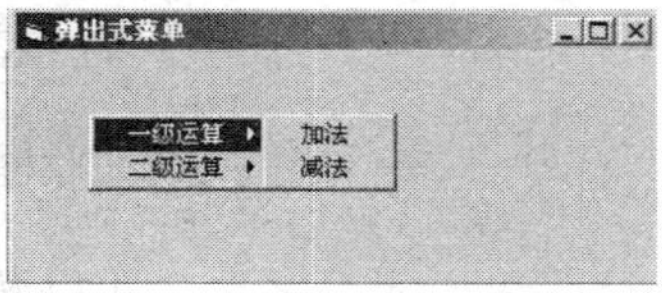

图 10-6 例 10-2 菜单及界面

程序代码在原有的基础上再加一个窗体的 MouseDown 事件过程：

```
Private Sub Form_MouseDown (Button As Integer, Shift As Integer, X As Single, Y As Single)
    If Button = 2 Then Me.PopupMenu mnutest
End Sub
```

10.1.4 动态菜单

在程序运行时，菜单常常会随着执行条件的变化而发生一些动态的改变，如菜单项的增加和减少、有效和无效状态的转换、显示和隐藏的转换等。

1. 菜单项的有效和无效

菜单控件和命令按钮一样，也可以通过 Enabled 属性的设置来改变其有效性状态。设计时，可以通过“菜单编辑器”对话框或菜单控件的属性窗口来实现；运行时，可以通过代码给属性重新赋值来实现。

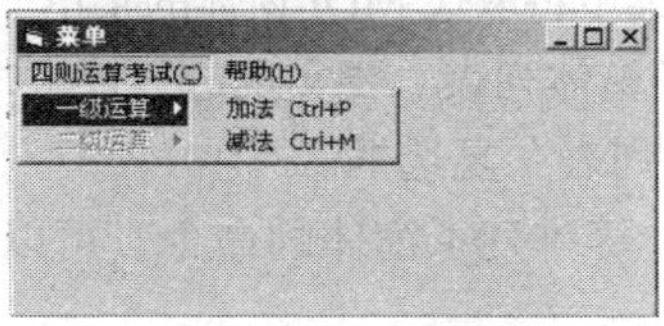

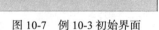

图 10-7 例 10-3 初始界面

例 10-3 将例 10-1 中的“二级运算”子菜单在运行初始设为无效。若考生将“一级运算”题答对满 3 次，则将“二级运算”子菜单改为有效状态允许考生参加二级运算的考试，如图 10-7 所示。

分析： 需要借助模块级变量累计一级考题答对次数。

给出修改后的程序代码，未修改的部分同例 10-1。

```
Dim t1 As Integer                          '增加模块级变量 t1，累计一级运算题答对次数
Private Sub Form_Load()
    ……                                     '省略代码同例 10-1
    mnutwo.Enabled = False                 '使“二级运算”子菜单无效
End Sub
Private Sub Command1_Click()               '“批改”命令按钮的单击事件
    If z = Val(Text3.Text) Then            '如计算正确
        Command1.Caption = "正确" : t1 = t1 + 1    '累计答对次数
        If t1 >= 3 Then mnutwo.Enabled = True     '一级运算答对 3 次使“二级运算子”菜单有效
    Else : Command1.Caption = "错误"
    End If
End Sub
```

2. 菜单项的显示和隐藏

同菜单有效状态的更改类似，某些菜单控件可以随着执行条件的变化而动态地显示和隐藏。在设计状态和运行状态，修改其 Visible 属性即可。

例 10-4 将例 10-1 中的“二级运算”子菜单在设计状态设置为不可见，若考生答对一级考题满 3 次，就将“二级运算”子菜单更改为可见状态，允许考生做二级考题，如图 10-8 所示。

分析： 在菜单编辑器对话框中将“二级运算”菜单控件的“可见”复选框取消选中状态，并在例 10-1 中的程序代码的相应部分将 Visible 属性修改为 True。

修改部分程序代码如下：

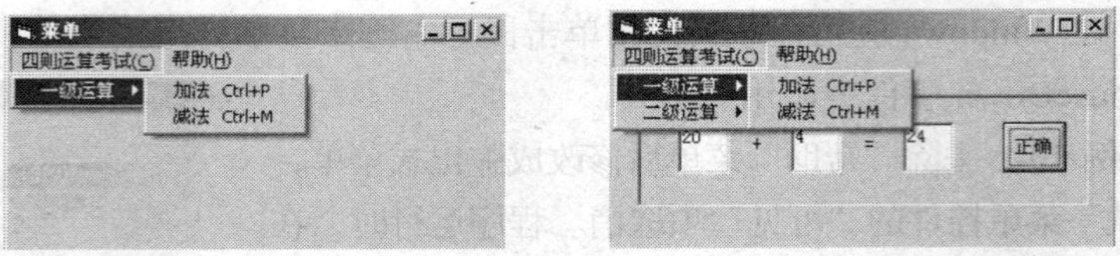

（a）初始运行界面　　（b）一级考题答对 3 次后界面

图 10-8　例 10-4 运行界面

```
Private Sub Command1_Click()                        '“批改”命令按钮的单击事件
    If z = Val(Text3.Text) Then                     '如计算正确
        Command1.Caption = "正确" : t1 = t1 + 1    '累计答对次数
        If t1 >= 3 Then mnutwo.Visible = True     '一级运算答对 3 次使“二级运算”子菜单可见
     Else :  Command1.Caption = "错误"
    End If
End Sub
```

10.1.5　MDI 应用程序中的菜单

MDI 应用程序中经常会使用 MDI 窗体上的菜单来进行子窗体之间的切换。菜单既可以建立在 MDI 窗体上，也可以建立在子窗体上，或者两边都建立。子窗体上的菜单不显示在子窗体上，而显示在 MDI 窗体上。若其中一个带菜单的子窗体成为当前活动窗体，则该菜单将取代 MDI 窗体的菜单。

一般 MDI 应用程序中会有“窗口”菜单，可以显示已经打开的子窗体列表。要实现这一效果，可以将该菜单控件的 WindowList 属性设为 True，即选中“显示窗口列表”复选框。

如果要在“窗口”菜单中出现“层叠”、“平铺”和“排列图标”等排列子窗体的命令，可以通过调用 MDI 窗体的 Arrange 方法来实现。

Arrange 方法的一般格式如下：

```
[对象名.]Arrange 排列方式
```

格式说明如下：

（1）对象名为 MDI 窗体名称。

（2）排列方式的参数值有 4 种，如表 10-3 所示。

表 10-3　排列方式参数值

值	常　量	功 能 说 明
0	VbCascade	层叠所有非最小化的子窗体
1	VbTileHorizontal	水平平铺所有非最小化的子窗体
2	VbTileVertical	垂直平铺所有非最小化的子窗体
3	VbArrangeIcons	重排最小化子窗体的图标

下面举例观察各菜单的显示情况以及子窗体的排列状况。

例 10-5　MDI 应用程序中有一个 MDI 窗体和两个子窗体。MDI 窗体创建菜单，其结构如图 10-9（a）所示；子窗体 1 也创建菜单，如图 10-9（b）所示；子窗体 2 无菜单。

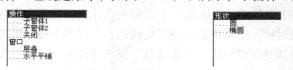

（a）MDI 窗体中的菜单结构　　（b）子窗体 1 的菜单结构

图 10-9　设计时界面

运行时，若子窗体 1 为当前活动窗体，则 MDI 窗体上显示子窗体 1 的菜单，如图 10-10（a）所示；若子窗体 2 为当前活动窗体，则 MDI 窗体上显示本身的菜单，如图 10-10（b）所示，若同时显示两个子窗体，并选择“层叠”命令，则界面显示如图 10-10（c）所示。

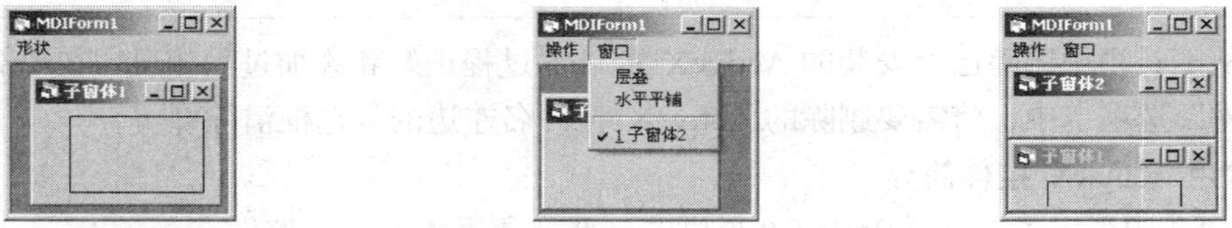

（a）子窗体 1 显示时的界面　　（b）子窗体 2 显示时的界面　（c）选择“水平平铺”命令后界面

图 10-10　运行时界面

下面给出“层叠”和“水平平铺”菜单控件的 Click 事件过程，其他代码省略。

```
Private Sub Mnuc_Click()                Private Sub Mnuh_Click()
   MDIForm1.Arrange 0  '层叠                  MDIForm1.Arrange 1  '水平平铺
End Sub                                 End Sub
```

10.2　常用 ActiveX 控件

10.2.1　ActiveX 控件简介

随着开发技术的不断提高，应用程序会越来越复杂，现有工具已不能满足要求。例如，我们要设计一个“颜色设置”对话框，利用现有的工具一时无从着手，不用着急，Visual Basic 6.0 已经提供了一组高级控件供我们使用，即 ActiveX 控件，使用前只需将要用的 ActiveX 控件添加到工具箱中，然后我们就能像使用 Visual Basic 6.0 的标准控件一样来使用它们。此外，还可以将第三方开发商提供的 ActiveX 控件装入工具箱，但要注意，它们必须是 32 位的，否则不能正常使用。

ActiveX 控件是 Visual Basic 工具箱的扩充部分，它们以文件的形式（扩展名为.ocx）被安装和注册在“\Windows\System 或 System32”目录下。在程序中加入 ActiveX 控件后，该控件将出现在工具箱中，成为 Visual Basic 集成开发环境的一部分。

ActiveX 控件保留了一些熟悉的属性、事件和方法，比如 Name 属性等。此外，ActiveX 控件拥有特有的属性和方法，这些都有助于编程人员大大提高应用程序的功能。

1. 添加/删除 ActiveX 控件

Visual Basic 启动后，工具箱只为用户提供了 20 种标准控件，要想使用 ActiveX 控件，需要按照如下步骤添加 ActiveX 控件到工具箱中。

（1）单击“工程”菜单→选中“部件”命令；或者在工具箱中单击鼠标右键，在弹出的快捷菜单中选中“部件”菜单项（或者使用快捷键 Ctrl+T）。弹出的“部件”对话框如图 10-11 所示。

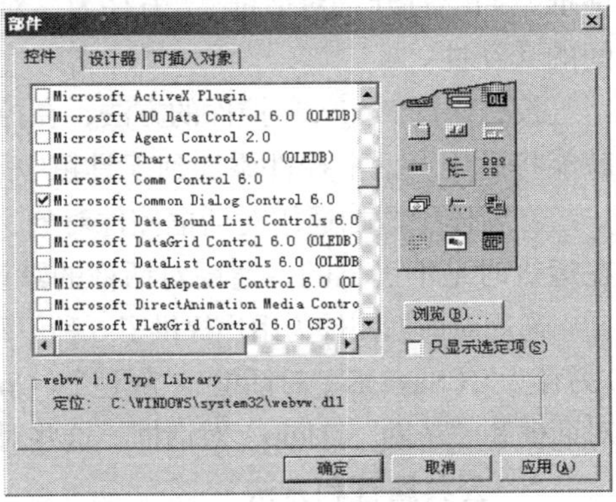

图 10-11　“部件”对话框

（2）在“控件”选项卡中列出了所有已安装过的 ActiveX 控件文件，将需要的 ActiveX 控件名左边的复选框选定。

（3）单击“确定”按钮，关闭对话框。

提示　在 ActiveX 控件组列表下方，将显示当前被选 ActiveX 控件或控件组的文件的路径及文件名。

用户从工具箱中删除已经安装的 ActiveX 控件的过程正好和添加过程相反。在“部件”对话框的“控件”选项卡中，将需要删除的 ActiveX 控件名左边的复选框清除即可。

2. 常用 ActiveX 控件简介

在表 10-4 中列出了 Visual Basic 6.0 提供的一部分常用 ActiveX 控件。

表 10-4　　常用 ActiveX 控件

控件名	图标	功能说明
CommonDialog		提供一组通用对话框，包括“打开”、“保存”、“打印”对话框等
ToolBar		创建工具栏，它包含一个 Button 对象集合
ImageList		是为其他控件提供图像的公用控件，它包含了一个 ListImage 集合
StatusBar		创建状态栏，它包含了一个 Panels 集合
TabStrip		创建多层选项卡，但它不能作为容器。它包含了一个 Tabs 对象集合
TreeView		用于显示 Node 对象的分层列表，显示磁盘上的文件和目录等
ListView		提供 4 种显示项目的视图，包括大图标、小图标、列表、报表
ProgressBar		提供一个用于表示过程进展情况的进度条
Slider		提供可带有刻度标记的滚动条来表示区间或范围
RichTextBox		具有 TextBox 标准控件的全部功能，还具有更高级的格式设置功能
MMControl		管理媒体控制接口设备上的多媒体文件的记录和回放
Animation		用于播放无声动画

10.2.2　通用对话框控件

通用对话框控件对应用程序而言是一个很实用的 ActiveX 控件，它能提供几种常规的标准对话框，如“打开”对话框、“另存为”对话框、“颜色”设置对话框等，增强了应用程序和用户之间的交互性。

按照添加 ActiveX 控件的方法，在控件列表框中选中“Microsoft Common Dialog Control 6.0”，就能将通用对话框控件添加到工具箱中了。

在窗体中添加通用对话框控件对象，其大小会自动调整，位置并不重要，它和时钟控件一样，在运行时是不可见的。通用对话框的默认名称为 CommonDialogN（N 为 1，2，3，…）。

通用对话框控件为用户提供了 6 种不同类型的标准对话框，它们分别为“打开”（Open）对话框、“另存为”（Save as）对话框、“颜色”（Color）对话框、“字体”（Font）对话框、“打印机”（Printer）对话框和“帮助”（Help）对话框。这些对话框与 Windows 本身及许多应用程序具有相同的风格。

1. 公共属性和方法

在具体应用中，用户需要根据实际情况设置通用对话框的属性，通用对话框的公共属性如表 10-5 所示。

表 10-5　　通用对话框的公共属性

属 性 名	功 能 说 明
Name	通用对话框名称
Action	决定打开何种类型的对话框
DialogTitle	对话框标题
CancelError	按对话框中的“取消”按钮是否产生出错信息

其中，Action 属性是通用对话框中最重要的一个属性，直接决定打开何种类型的对话框。该属性不能在属性窗口中设置，只能在程序代码中赋值。此外，还可以通过调用相应的 Show 方法，来确定对话框类型。表 10-6 列出了各类对话框所需要的属性值和方法名。

表 10-6　　Action 属性和 Show 方法

对话框类型	值	方　法	对话框类型	值	方　法
无对话框	0		“字体”对话框	4	ShowFont
“打开”对话框	1	ShowOpen	“打印”对话框	5	ShowPrinter
“另存为”对话框	2	ShowSave	“帮助”对话框	6	ShowHelp
“颜色”对话框	3	ShowColor			

例如，在代码编辑器中输入如下语句：

```
Commondialog1.ShowColor 或者 Commondialog1.Action=3
```

运行时，执行完上述语句，系统就会调出“颜色”对话框。

2. 各对话框的特有属性

不同类型的通用对话框除了拥有上述的公共属性外，每种对话框还有自己的特有属性。这些属性可以在属性窗口中设置，也可以在通用对话框控件的“属性页”对话框（见图 10-12）中设置。打开该对话框的方法：鼠标右键单击窗体上的通用对话框对象，在弹出的快捷菜单中选中“属性”，按照对话框的不同类型选择相应的选项卡设置。

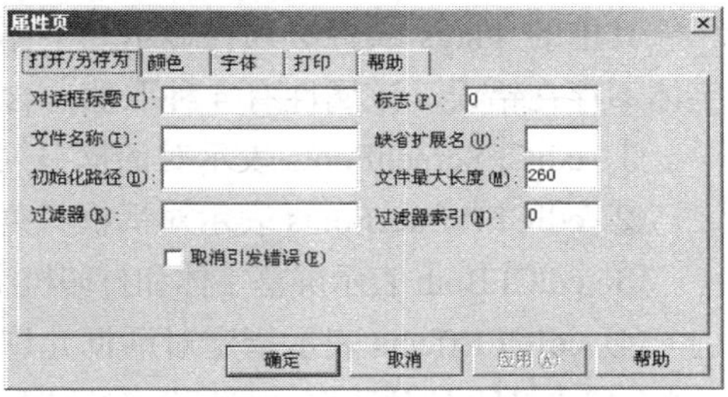

图 10-12　“属性页”对话框

下面详细地介绍这 6 种标准对话框。

（1）文件对话框　文件对话框分为“打开”对话框和“另存为”对话框。从结构上看，这两种对话框是类似的，如图 10-13 所示。

“文件”对话框的特有属性如表 10-7 所示。

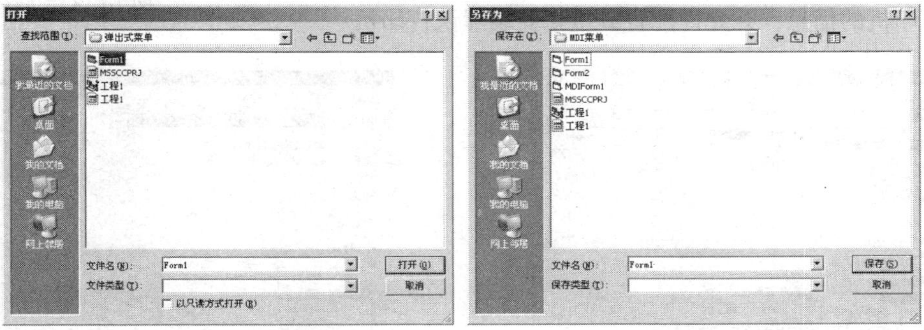

（a）“打开”对话框　　（b）“另存为”对话框

图 10-13　文件对话框

表 10-7　　“文件”对话框的特有属性

属 性 名	功 能 说 明
FileName	设置或返回要打开或保存的文件的路径及文件名
FileTitle	指定“文件”对话框中所选择的文件名（不包括路径）
Filter	过滤器，指定在对话框中显示的文件类型
FilterIndex	用来指定默认的过滤器，其设置值为一整数
DefaultEXT	设置对话框中默认文件类型，即扩展名
InitDir	指定对话框中显示的起始目录
MaxFileSize	设定 FileName 属性的最大长度
Flags	为文件对话框设置选择开关，用来控制对话框的外观

（2）“颜色”对话框用户可以使用“颜色”对话框（见图 10-14）在调色板中选择颜色，或者创建并选定自定义颜色。选定颜色后，该颜色值（长整型）赋予 Color 属性。

（3）“字体”对话框“字体”对话框（见图 10-15）给用户提供了选择字体、字体大小、颜色、样式和效果的界面。用户选定好字体后，用户选定的信息就包含在相关属性中。

表 10-8 是字体对话框特有属性的说明。

表 10-8　　字体对话框的特有属性

属 性 名	功 能 说 明	属 性 名	功 能 说 明
FontName	字体名称	FontStrikethru	是否选定删除线
FontSize	字体大小	FontUnderline	是否选定下划线
FontBold	是否选定粗体	Color	选定字符颜色
FontItalic	是否选定斜体	Min	设置最小字号
Flags	设置对话框的外观	Max	设置最大字号

其中的 Flags 属性必须在显示“字体”对话框前设定，否则将发生字体不存在错误。该属性有 4 种取值，含义如下：

① cdlCFScreenFonts 表示对话框只列出系统支持的屏幕字体。

② cdlCFPrinterFonts 表示对话框只列出打印机支持的字体。

③ cdlCFBoth 表示屏幕字体和打印机字体都可以。

④ cdlCFEffects 表示指定对话框允许删除线、下划线以及颜色效果。

（4）“打印”对话框“打印”对话框（见图 10-16）用于指定打印输出方式，指定被打印页的范围、打印质量、打印份数等。它还包含当前安装的打印机的信息，并允许配置或重新安装默认打印机。

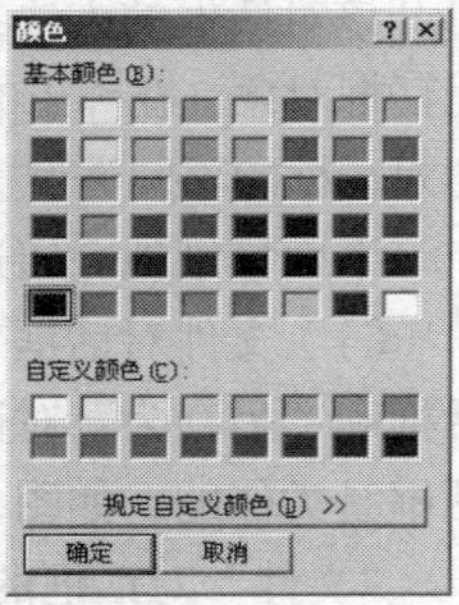

图 10-14 “颜色”对话框

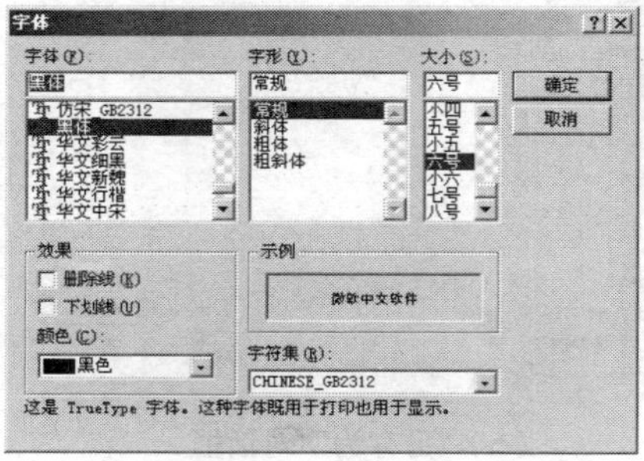

图 10-15　“字体”对话框

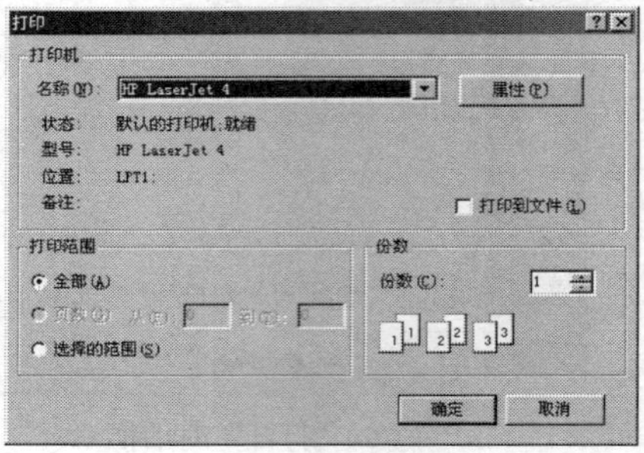

图 10-16　打印对话框

“打印”对话框的特有属性说明如表 10-9 所示。

表 10-9　“打印”对话框的特有属性

属　性　名	功 能 说 明	属　性　名	功 能 说 明
Copies	要打印的份数	HDc	选定打印机的设备上下文
FromPage	打印的起始页	Orientation	页面定向
ToPage	打印的终止页		

提示　“打印”对话框允许用户指定如何打印数据，但不真正地将数据送到打印机上。用户必须编写代码实现按指定格式打印数据。

（5）“帮助”对话框 “帮助”对话框用于制作应用程序的在线帮助，将已经制作好的帮助文件打开并与界面相连，达到显示检索帮助信息的目的。

“帮助”对话框的特有属性说明如表 10-10 所示。

表 10-10　“帮助”对话框的特有属性

属　性　名	功 能 说 明
HelpCommand	返回或设置需要的联机帮助的类型
HelpFile	返回或设置帮助文件的完整限定路径及其文件名
HelpKey	在帮助窗口中显示由该关键字指定的帮助信息
HelpContextID	为一个对象返回或设置一个相关联上下文的编号
HelpContext	返回或设置 HelpTopic 的 Context ID，指定要显示的 HelpTopic

步骤：调用 ShowHelp 方法显示一个帮助文件，首先要设置好 HelpCommand 属性。通过此属性设置需要哪种类型的连机帮助，如上下文相关；然后设置 HelpFile 属性，最后可以使用 ShowHelp 方法显示一个帮助文件。

例 10-6　编程演示 6 种标准对话框的功能。

要求：

（1）本例有 3 个窗体界面，启动界面如图 10-17（a）所示，在框架中选择需要的功能，单击“演示”命令按钮进入相应的界面；单击“结束”命令按钮，结束整个程序运行。

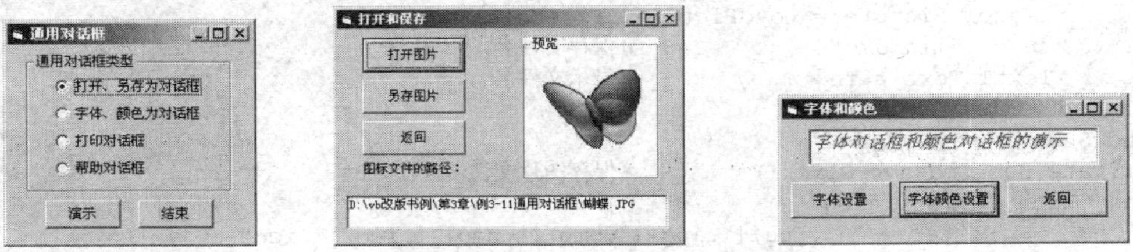

（a）首界面　（b）打开和保存文件界面　（c）字体和颜色设置界面

图 10-17　设计态界面

（2）图 10-17（b）为演示打开和保存文件对话框的界面，单击窗体上的“打开图片”命令按钮，可以弹出“打开”对话框，将选中的某个图片文件加载到窗体上的图像控件中显示，并将所选文件的路径和文件名显示在文本框中；单击“另存图片”命令按钮，弹出“另存为”对话框，可以将当前显示的图片文件以新的文件名复制到其他位置；单击“返回”命令按钮，可以返回首界面。

（3）图 10-17（c）为演示字体和颜色设置对话框的界面，单击“字体设置”命令按钮，弹出

“字体”对话框，将所选设置加注到文本框中；同样，单击“字体颜色设置”命令按钮，弹出“颜色”对话框，将文本框中的字体颜色更改；单击“返回”命令按钮仍然返回到首界面。

（1）首界面的程序代码如下：

```
Private Sub Cmdshow_Click() '“演示”按钮
Private Sub Cmdend_Click()'“结束”按钮
   If Option1.Value = True Then           '选中第一个
End
      Form1.Show                          '显示 Form1
End Sub
   ElseIf Option2.Value = True Then       '选中第二个
      Form2.Show                          '显示 Form2
   ElseIf Option3.Value = True Then       '选中第三个
      CommonDialog1.CancelError = True    '按“取消”键会触发错误
      On Error GoTo errhandler            '若出现错误程序跳转至errhandler处
      CommonDialog1.Action = 5            '设置为打印对话框
      Printer.Print Label1.Caption        '打印标签标题
      Printer.EndDoc                      '打印结束
errhandler:
      Exit Sub                            '结束本过程
Else
   '显示一个帮助文件
    With CommonDialog1
      .HelpCommand = cdlHelpForceFile     '确定联机帮助的类型
      .HelpFile = App.Path & "\DEVDTG.HLP" '指定帮助文件的路径和文件名
      .ShowHelp                           '设置为帮助对话框
   End With
End If
End Sub
```

（2）打开和保存文件界面程序代码如下：

```
Dim fn As String                      '该变量存放图片文件的路径和文件名
Private Sub Cmdopen_Click()           '打开图片文件
   With CommonDialog1
      .DialogTitle = "打开图片"        '对话框标题
      .InitDir = App.Path             '初始路径
      .Filter = "(*.jpg)|*.jpg|(*.bmp)|*.bmp|(*.ico)|*.ico"
      '文件类型
      .DefaultExt = "*.jpg"           '缺省文件类型
      .Action = 1                     '设为打开对话框
      Image1.Picture = LoadPicture(.FileName)
      fn = .FileName                  '保存文件名
      Text1.Text = fn                 '显示文件名
   End With
End Sub
Private Sub Cmdsave_Click()           '保存图片文件
    With CommonDialog1
       .Filter = "(*.jpg)|*.jpg|(*.bmp)|*.bmp|(*.ico)|*.ico"
       .InitDir = App.Path
       .DialogTitle = "图片另存为"
       .ShowSave                      '设为保存对话框
      FileCopy fn, .FileName          '文件复制
       .FileName = ""
   End With
End Sub
Private Sub Cmdreturn_Click()         '返回
   Formmain.Show                      '显示主界面
   Unload Me                          '卸载本窗体
End Sub
```

（3）字体和颜色设置界面程序代码如下：

```
Private Sub Cmdfont_Click()                       '字体设置
    With CommonDialog1
        .CancelError = True                       '按“取消”键触发错误
        On Error GoTo errhandler                  '捕捉错误
        .Flags = cdlCFBoth Or cdlceffects
        .CancelError = False                      '按取消键无错误
        .Action = 4                               '设置字体对话框
        If .FontName <> "" Then
            Text1.FontName = .FontName
        End If
        Text1.FontSize = .FontSize
        Text1.FontBold = .FontBold
        Text1.FontItalic = .FontItalic
        Text1.FontStrikethru = .FontStrikethru
    End With
errhandler:
    Exit Sub
End Sub
Private Sub Cmdfontcolor_Click()                  '颜色设置
    .With CommonDialog1
         .Action = 3                              '设置颜色对话框
         Text1.ForeColor = .Color
         '更改文本框字体颜色
    End With
End Sub
Private Sub Cmdreturn_Click()                     '返回
      Formmain.Show                               '显示主界面
      Unload Me
End Sub
```

10.2.3　ToolBar 控件和 ImageList 控件

工具栏如同菜单一样是 Windows 应用程序界面不可缺少的要素之一，工具栏中含有的按钮组提供了对应用程序中最常用的命令的快速访问。根据前面所学知识，虽然也能利用命令按钮和图片框制作工具栏，但却十分费劲。在 Visual Basic 6.0 集成开发环境中我们可以使用 ToolBar 控件和 ImageList 控件方便快速地创建工具栏。它们都是通过“Microsoft Windows Common Control 6.0”部件添加到工具箱中。

1. ToolBar 控件

ToolBar 控件能独立使用，可以用来创建工具栏的 Button 对象集合，每个按钮对象通过代码编程都可以拥有独立的功能，一般将这些代码都放在 ToolBar 控件的 ButtonClick 事件中。在按钮对象上可以显示文字、图形或两者兼有。

利用双击或单击工具箱的 Toolbar 控件在窗体上创建对象，该对象一般出现在窗体顶端、菜单下方（假如有菜单的话）。表 10-11 给出了 ToolBar 控件的常用属性。

表 10-11　　ToolBar 控件的常用属性

属 性 名	功 能 说 明
Align	设置对象在窗体中的显示位置。有 5 个值可供选择，用来决定工具栏放置在窗体的上部、下部、左边、右边等
Buttons	控件中使用的 Button 对象的集合
Index	控件名相同时产生一个数组标识
ToolTipText	鼠标指针在工具栏按钮暂停时所显示的提示文本

续表

属 性 名	功 能 说 明
ShowTips	是否显示工具栏按钮上的提示文本
AllowCustomSize	用户是否可以自定义工具栏
Wrappable	窗口尺寸发生变化，是否自动包含文本控件按钮
Style	决定如何绘制工具栏

右击设计窗体中的工具栏对象，在弹出的菜单中执行“属性”命令，打开如图 10-18 所示“属性页”对话框。也可以选中窗体中的 ToolBar 控件，单击属性窗口的“自定义”项右边的“…”按钮打开该对话框。

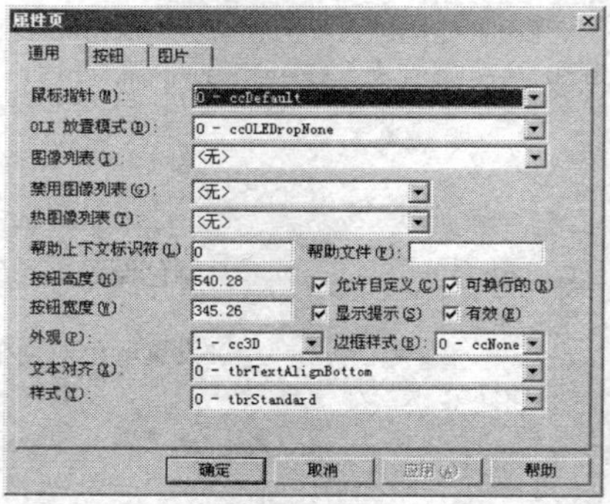

图 10-18　ToolBar 控件的属性页对话框

在“属性页”对话框中有“通用”、“按钮”和“图片”3 个选项卡。表 10-12 和表 10-13 分别给出了“通用”选项卡和“按钮”选项卡中的常用设置说明。

表 10-12　　通用选项卡中的常用设置

设 置 名 称	功 能 说 明	设 置 名 称	功 能 说 明
图像列表	选择关联的图像控件列表	允许自定义	自定义改变运行时的工具栏
禁用图像列表	选择禁止关联的图像控件	显示提示	工具栏的信息提示
按钮高度	工具栏按钮高度值	有效	工具栏是否有效
按钮宽度	工具栏按钮宽度值	样式	工具栏的显示效果
外观	工具栏外观设计		

表 10-13　　“按钮”选项卡中常用设置

设 置 名 称	功 能 说 明
索引	工具栏按钮集合中的索引值，为整数，用于标识和访问按钮
插入按钮	在工具栏按钮集合中插入按钮
删除按钮	在工具栏按钮集合中删除索引值或关键字对应的按钮
标题	按钮上显示的文字
描述	按钮的说明信息
关键字	标识和访问按钮
值	按钮的状态，按下和没按下两种
图像	选定 ImageList 对象中的图像，可以用图像的 Key 或 Index 值
样式	按钮的样式
工具提示文本	程序运行时，鼠标停在工具栏按钮上显示的提示信息

其中的“样式”可以取 6 种可能值，每种值的含义如下：

（1）0 表示普通按钮，效果如 Word 工具栏中的“保存”按钮，如图 10-19 所示。

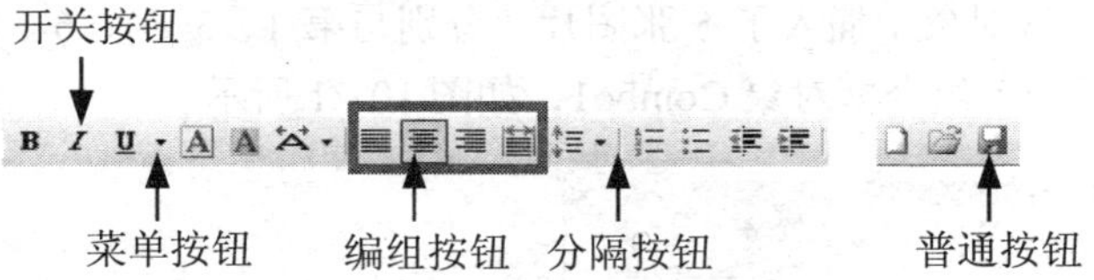

图 10-19　工具栏中按钮的各种样式

（2）1 表示开关按钮，如“粗体”、“斜体”按钮。

（3）2 表示编组按钮，一组按钮中只能有一个有效，如“左对齐”、“居中”、“右对齐”按钮。

（4）3 表示分隔按钮。当工具栏是平面风格，表现为一竖线；当工具栏是标准风格，表现为一定宽度的间隔。

（5）4 表示占位按钮，以便安放其他控件。

（6）5 表示菜单控件，具有下拉式菜单，如“行距”按钮。

2. ImageList 控件

ImageList 控件是包含 ListImage 对象的集合，它不能独立使用，只是作为一个向其他控件提供图像的资料中心。可以将 ImageList 控件看成是储存一系列图像的数据库，在需要时，以索引方式取得这些图像即可。

工具栏按钮本身没有 Picture 属性，不能将图片直接添加到工具栏上，必须使用 ImageList 控件将工具栏中要用到的图标加入进来，再关联到工具栏中。

（1）添加工具栏图标　右键单击 ImageList 控件对象，在弹出的快捷菜单中选择“属性”，屏幕上显示“属性页”对话框（见图 10-20）。在 ImageList 控件“属性页”对话框中也有“通用”、“图像”和“颜色”3 个选项卡。“通用”选项卡用来指定图像的大小和是否屏蔽等选项，屏蔽的颜色在“颜色”选项卡中指定，“图像”选项卡是其中最重要的一项，常用设置如表 10-14 所示。

表 10-14　“图像”选项卡中的常用设置

设 置 名 称	功 能 说 明
索引	每个图片的编号，从 1 开始
关键字	每个图片的标识名
图像数	已插入的图片数
插入图片	插入新的图片（图片文件扩展名为.ico、.bmp 等）
删除图片	删除已插入的图片

（2）关联 ToolBar 控件　在图 10-20 中显示的 ToolBar 控件的“属性页”对话框的“通用”选项卡中，使用“图像列表”组合框选择需要的 ImageList 控件对象名，单击“确定”按钮，就建立了 ImageList 控件和 ToolBar 控件的关联。这种关联也可以在运行时通过代码修改，代码格式如下：

```
ToolBar控件对象名.ImageList=ImageList控件对象名
```

例 10-7　创建一个工具栏，分别放上不同样式的按钮，体验使用 TooBar 控件和 ImageList 控件创建工具栏的简单快捷。

要求如下：

（1）时钟控件的 Interval 属性设为 1 000，组合框的 List 属性设为 10、14、18、22、26 和 30

（每个数据分行输入）。ToolBar1 对象中设置了 10 个按钮，样式分别为开关按钮、分隔按钮、编组按钮、编组按钮、分隔按钮、菜单按钮、分隔按钮、占位按钮、分隔按钮和普通按钮。ToolBar1 与 ImageList1 关联，该对象中插入了 5 张图片，分别与第 1、3、4、6、10 个按钮进行了关联。第 8 个按钮中放置了一个组合框对象 Combo1，如图 10-21 所示。

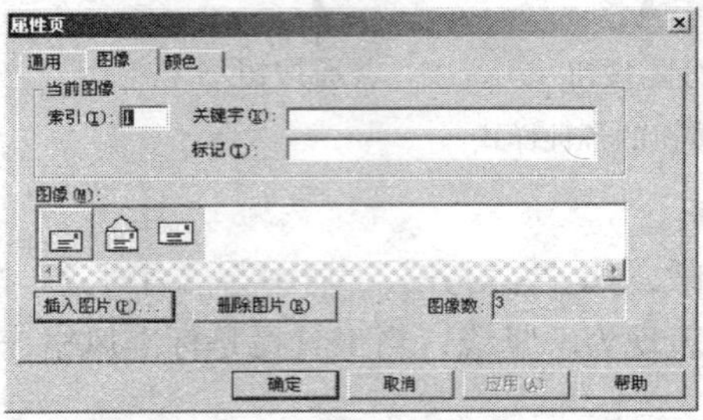

图 10-20　ImageList 控件的“属性页”对话框

图 10-21　设计态界面

（2）编程实现当单击第 1 个按钮，标签中显示当前系统时间，并按秒刷新时间；当单击第 3 或第 4 个互斥按钮，标签中显示“今天心情好!”、“今天心情差!”的信息；当单击第 6 个按钮，弹出下拉菜单，有“红灯”、“黄灯”、“绿灯”三个菜单项，选中后能在标签中显示相应文本信息；选中组合框中的选项，可以改变标签中的字体大小；单击第 10 个按钮，标签中显示本例题说明信息。

程序代码如下：

```
Private Sub Timer1_Timer()
   Label1.Caption = Time  '显示系统时间
End Sub
'工具栏按钮的单击事件过程
Private Sub Toolbar1_ButtonClick(ByVal Button As MSComctlLib.Button)
Select Case Button.Index
   Case 1                                                    '单击第一个开关按钮
       If Button.Value = 1 Then                              '处于开状态
          Timer1.Enabled = True                              '时钟控件有效
       Else : Timer1.Enabled = False : Label1.Caption = "文本显示"  '时钟控件无效
       End If
   Case 3: Label1.Caption = "今天心情好! "
   Case 4: Label1.Caption = "今天心情差! "
   Case 10: Label1.Caption = "这是一个工具栏实例，" + vbCrLf + _
       "使用了 ToolBar 控件和 ImageList 控件"
End Select
End Sub
'菜单按钮的单击事件过程
Private Sub Toolbar1_ButtonMenuClick(ByVal ButtonMenu As MSComctlLib.ButtonMenu)
   Select Case ButtonMenu.Index                   '根据按钮菜单的选择标签显示对应的值
      Case 1: Label1.Caption = "红灯停"
      Case 2: Label1.Caption = "注意黄灯"
      Case 3: Label1.Caption = "绿灯行"
   End Select
End Sub
Private Sub Combo1_Click()
   Label1.FontSize = Combo1.Text
End Sub
```

10.2.4　Statusbar 控件

Microsoft Windows Common Control 6.0 部件添加后，StatusBar 控件就出现在工具箱里，使用该

控件通常可以在应用程序的底部创建一个状态栏显示各种状态数据，其高度可以调节，宽度充满整个容器（不一定是窗体）。

一个 StatusBar 控件最多可以分成 16 个 Panel 对象，都保存在一个 Panels 集合中，每个 Panel 对象都可以包含文本和图片。设计时可以自定义 Panel 对象的外观，在 StatusBar 控件的“属性页”对话框中（见图 10-22），选择“窗格”选项卡就可以设置每个 Panel 对象。

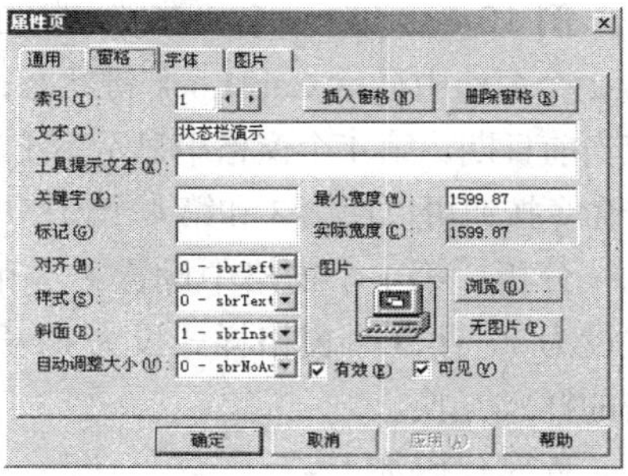

图 10-22 StatusBar 控件“属性页”对话框

每个 Panel 对象的常用设置如表 10-15 所示。

表 10-15 每个 Panel 的常用设置

属 性 名	功 能 说 明
索引	每个窗格的编号，从 1 开始
文本	窗格上显示的文本信息
工具提示文本	窗格的功能说明，即 ToolTipText 属性
关键字	每个窗格的标识名
标记	用表达式来存储程序中需要的额外数据
对齐	窗格中文本或图片的对齐方式（左/右对齐，居中）
样式	系统提供的窗格样式
斜面	指定窗格相对于状态栏的显示方式（突出、陷入、同状态栏等高）
自动调节大小	窗格是否随容器大小改变而改变
最小宽度	窗格的宽度设置
浏览	选择窗格上设置的图片（扩展名为 .ico 或 .bmp）

其中，系统提供了几种窗格样式，包括当前日期和时间等，具体如下。

（1）SbrText 为默认值，可以在窗格中设置文本。

（2）1-SbrCaps 可以显示 CapsLock 键状态。

（3）2-SbrNum 可以显示 NumberLock 键状态。

（4）3-SbrIns 可以显示 Insert 键状态。

（5）4-SbrScrl 可以显示 ScrollLock 键状态。

（6）5-SbrTime 可以显示系统当前时间。

（7）6-SbrDate 可以显示系统当前日期。

（8）7-SbrKana 可以显示 KanaLock 键状态（仅在日文操作系统中有效）。

在运行时，可以根据应用程序的状态对 Panel 对象重新设置，如改变其中的文字、图形、宽度和样式等，示例代码如下。

```
StatusBar1.Panels(3).Style = sbrTime                        '改变窗格样式
StatusBar1.Panels(1).Picture = LoadPicture(Filename)        '改变窗格显示的图片
StatusBar1.Panels(1).Picture = LoadPicture(Filename)        '改变窗格显示的图片
```

运行中还可以动态增加窗格，这需要调用 Add 函数的 Set 语句，示例代码如下。

```
Dim pn As Panel
Set pn = StatusBar1.Panels.Add()                            '创建窗格对象
pn.Style = sbrIns                                           '显示 Insert 键状态
```

例 10-8 设计一个状态栏（见图 10-23），在第 1 个窗格中显示一个图片和“状态栏演示”文本；第 2 个窗格中显示 CapsLock 键状态；第 3 个窗格中显示系统当前日期；第 4 个窗格中显示系统当前时间。并且通过单击命令按钮可以使第 3 和第 4 个窗格中的显示内容互换。

图 10-23 例 10-8 运行界面

分析：第 1 个窗格中设置文本和图片，第 2 个窗格样式设为 1，第 3 个窗格样式设为 6，第 4 个窗格样式设为 5。当单击命令按钮时将第 3 和第 4 个窗格的样式互换。

程序代码如下：

```
Private Sub Command1_Click()
    Dim temp As Integer                    '借助变量 temp 实现两个数据的互换
    temp = StatusBar1.Panels(3).Style
    StatusBar1.Panels(3).Style = StatusBar1.Panels(4).Style
    StatusBar1.Panels(4).Style = temp
End Sub
```

10.2.5 TabStrip 控件

TabStrip 控件可以制作一个类似于 StatusBar 控件属性页对话框，利用该控件可以在应用程序的同一窗口或对话框中定义多个选项卡页面。此控件同样是通过“Microsoft Windows Common Control 6.0”部件添加到工具箱中。

TabStrip 控件由 Tabs 集合中的一个或几个 Tab 对象组成，可以在设计时通过该控件的“属性页”对话框（见图 10-24）改变每个 Tab 对象的设置。

TabStrip 控件的常用设置如表 10-16 所示。

表 10-16 每个 Tab 的常用设置

设 置 名 称	功 能 说 明	设 置 名 称	功 能 说 明
索引	选项卡的编号，从 1 开始	标记	用表达式存储程序中需要的额外数据
标题	选项卡上显示的文本 即 Caption 属性	工具提示文本	窗格的功能说明，即 ToolTipText 属性
关键字	每个选项卡的标识名		

TabStrip 控件不是一个容器，要包含实际的页面和大小，必须使用 Frame 控件或其他容器，使之与所有选项卡所共享的内部区域匹配。

例 10-9 使用 TabStrip 控件设置 3 个选项卡，每一个选项卡页面中有 1 个框架和 1 个文本框对象，运行界面如图 10-25 所示。

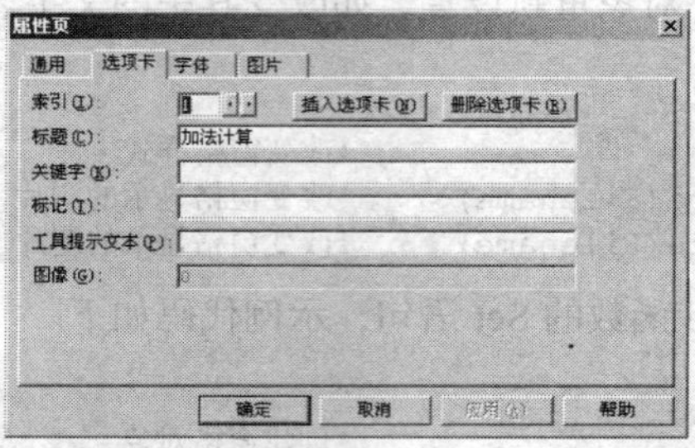

图 10-24 TabStrip 控件的“属性页”对话框

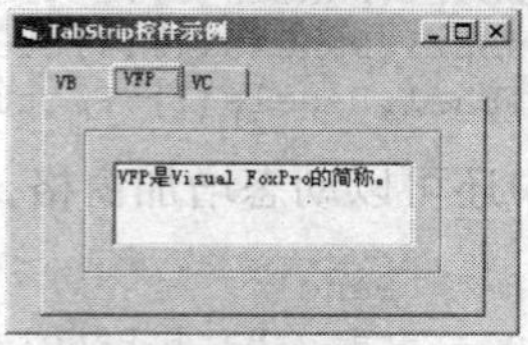

图 10-25 例 10-9 运行界面

分析：TabStrip 控件中选项卡个数和标题在其“属性页”对话框中设置。

程序代码如下：

```
Private Sub Form_Load()                    '运行初始只显示第一个框架
   Frame2.Visible = False
   Frame3.Visible = False
End Sub
Private Sub TabStrip1_Click()              '每次单击选项卡只显示一个框架
   Select Case TabStrip1.SelectedItem.Index
      Case 1: Frame1.Visible = True : Frame2.Visible = False : Frame3.Visible = False
      Case 2: Frame1.Visible = False: Frame2.Visible = True : Frame3.Visible = False
      Case 3: Frame1.Visible = False: Frame2.Visible = False: Frame3.Visible = True
   End Select
End Sub
```

10.2.6　TreeView 控件和 ListView 控件

1. TreeView 控件

TreeView 控件以分层的形式显示数据，允许用户随意扩展或折叠结点。TreeView 控件通常用于显示文档头、索引中的条目、磁盘上的文件和目录或者可以显示为等级结构的各种其他信息。用户可以通过添加“Microsoft Windows Common Control 6.0”部件将该控件添加到工具箱中。

TreeView 控件的常用属性如表 10-17 所示。

表 10-17　TreeView 控件的常用属性

属 性 名	功 能 说 明
ImageList	设置与 TreeView 控件关联的 ImageList 控件
Indentation	设置各结点对象的缩进宽度
LabelEdit	确定用户是否编辑本控件中的结点对象的标签，它有 0、1 两个属性值，0 代表自动编辑标签，1 代表人工编辑标签
LineStyle	确定结点对象之间显示的线条类型，它有 0、1 两个属性值，0 表示显示子线条，1 表示显示根线条
Style	确定为各个 Node 对象而显示的映像、文本和线条的类型

在 TreeView 控件中经常用到 Add 函数，可在 TreeView 控件中产生结点对象，格式如下：

```
[对象名.]Nodes.Add([Relative],[RelationShip] ,[Key],[Text],[Image],[SelectedImage])
```

函数中的参数分别表示相关联的亲属、亲属间的关系、关键字、显示文本、显示图形和被选中图形。其中，RelationShip 可以取值 tvwChild 和 tvwNext，表示亲属间的父子关系和平等关系。

例 10-10　此例实现了 TreeView 控件中结点的添加和删除，子结点的折叠，运行界面如图 10-26 所示。

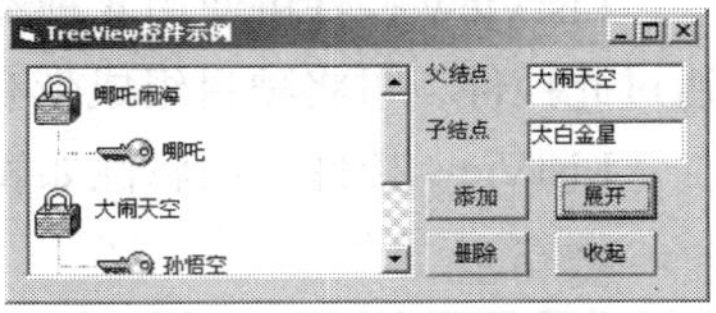

图 10-26　运行界面

程序代码如下：

```
Dim I As Integer , J As Integer, nodx As Node, flag As Boolean '定义变量
Private Sub Form_Load()
  TreeView1.LineStyle = tvwTreeLines                     '在兄弟结点和父结点之间显示线
  TreeView1.ImageList = ImageList1                       '链接图像列
  TreeView1.Style = tvwTreelinesPlusMinusPictureText     '树状外观包含全部元素
  Set nodx = TreeView1.Nodes.Add(, , "哪吒闹海", "哪吒闹海", 1)
```

```
                    '建立名称为"哪吒闹海"的父结点，选择索引为 1 的图像
  Set nodx = TreeView1.Nodes.Add("哪吒闹海", tvwChild, "child01", "哪吒", 3)
                    '在"哪吒闹海"父结点下建立"收件箱"子结点，选择索引为 3 的图像
  flag = False
End Sub
Private Sub Cmdadd_Click()
If Txtp.Text <> "" And Txtc.Text <> "" Then       '不允许建立零字结的父结点和子结点
   flag = False :   J = TreeView1.Nodes.Count
   For I = 1 To J                                  '检查新输入的父结点名称是否存在
       If TreeView1.SelectedItem.Children > 0 Then
          If Txtp.Text = TreeView1.Nodes(I).Text Then flag = True
       End If
   Next I
   If flag = True Then                             '若存在，则在父结点下建立子结点
     Set nodx = TreeView1.Nodes.Add(Txtp.Text, tvwChild, "child" & J, Txtc.Text, 3)
   Else '若不存在,则建立父结点和子结点
     Set nodx = TreeView1.Nodes.Add(, , Txtp.Text, Txtp.Text, 1)
     Set nodx = TreeView1.Nodes.Add(Txtp.Text, tvwChild, "child" & J, Txtc.Text, 3)
   End If
   TreeView1.Refresh
ElseIf Txtp.Text = "" Or Txtc.Text = "" Then MsgBox "父、子结点不能为空!", vbInformation, "警告!
End If
End Sub
Private Sub Cmdunf_Click()       '展开所有结点
 For I = 1 To TreeView1.Nodes.Count
   TreeView1.Nodes(I).Expanded = True
 Next I
End Sub
Private Sub Cmdfold_Click()      '收起所有结点
 For I = 1 To TreeView1.Nodes.Count
   TreeView1.Nodes(I).Expanded = False
 Next I
End Sub
Private Sub Cmddel_Click()
 If TreeView1.SelectedItem.Index <> 1 Then
   TreeView1.Nodes.Remove TreeView1.SelectedItem.Index    '删除选定的节点
 End If
End Sub
```

2. ListView 控件

ListView 控件经常与 TreeView、ImageList 等控件联合使用。用 TreeView 显示一个树型结构，而用 ListView 显示选中的结点对象的记录集。此控件的添加同样使用"Microsoft Windows Common Control 6.0"部件的添加。

ListView 控件可使用 4 种不同视图显示项目，分别是大图标（标准）、小图标、列表和报表。通过此控件，可将项目组成带有或不带有列标头的列，并显示伴随的图标和文本。

ListView 控件常用属性如表 10-18 所示。

表 10-18　　ListView 控件的常用属性

属　性	功 能 说 明
Arrange	图标示图确定排列的方式。0 表示不排列，1 表示自动靠右排列，2 表示自动靠上排列
MultiSelect	确定用户能否在本控件中作多重选择
SelectItem	获得一份对被选择列表项对象的参照
Sorted	是否对图标示图的列表项进行排序

续表

属　　性	功 能 说 明
SortKey	确定如何对 ListView 控件中的列表项进行排序
SortOrder	确定控件中的列表项以升序排列还是降序排列
Icons	指定图标视图时的图标与 ImageList 的绑定
ListItems(Index)	ListItems 属性是 ListView 控件中列表项的集合。Index 用于指定列表项集合中的一个对象

ListItems 集合的属性如表 10-19 所示。

表 10-19　ListItems 集合属性

属　　性	功 能 说 明	属　　性	功 能 说 明
Text	设置或返回显示文本	checked	给 checkboxes 打√
key	关键字	selected	使处于选定状态
index	索引编号	ListSubitems(index)	把这个集合看作对这行中单元格的引用
icon , smallicon	不同视图时显示单元格的图标		

在 ListView 控件中也用到 Add 函数，可在 ListView 控件中产生图形列表框，格式如下：

```
[对象名. ]ListItems.Add([Index],[Key] ,[Text] ,[Icon],[SmallIcon])
```

其中的参数分别表示索引号、关键字、显示文本、显示图形和小图标。

例 10-11　ListView 控件示例。在窗体中添加 1 个 ListView 控件、1 个 ImageList 控件、1 个标签和 1 个框架对象，框架中画 1 个图像框控件对象。ImageList 控件对象中插入了 4 张图片。

要求　运行时将在 ListView 控件对象中选中的图片显示在右侧的图像框中，运行界面如图 10-27 所示。

图 10-27　例 10-11 运行界面

程序代码如下：

```
Private Sub Form_Load()                    '在图片下方添加文字
   Dim lit As ListItem
   lit = ListView1.ListItems.Add(, , "木马", 1)
   lit = ListView1.ListItems.Add(, , "小熊", 2)
   lit = ListView1.ListItems.Add(, , "苹果", 3)
   lit = ListView1.ListItems.Add(, , "草莓", 4)
End Sub
Private Sub ListView1_Click()
Dim i As Integer
For i = 1 To ListView1.ListItems.Count         '逐个扫描将选中的图片加载到图像框中
   If ListView1.ListItems(i).Selected Then Image1.Picture = ImageList1.ListImages(i).
Picture
Next i
End Sub
```

10.2.7 Progressbar 控件和 Slider 控件

1. Progressbar 控件

用户在安装程序或者传输文件的过程中，经常看到一格窗口，以进度条的形式形象地显示当前程序运行的进程。在 Visual Basic 6.0 中，用户也可以通过 Progressbar 控件实现这个功能。该控件也是通过“Microsoft Windows Common Control 6.0”添加到工具箱中。

Progressbar 控件可以帮助用户了解等待一项长时间的操作完成所需的时间，主要通过排列在水平条中的适当数目的矩形来指示操作的进度。操作完成时，进度栏被填满。

Progressbar 控件常用属性如表 10-20 所示。

表 10-20 Progressbar 控件的常用属性

属 性 名	功 能 说 明
Max	进度栏最大值
Min	进度栏最小值
Value	进度栏当前值

Progressbar 控件还有 Height 属性和 Width 属性，它们决定填充进度栏的方块的数量和大小。方块数量越多，越能精确地描述操作进度，方块的数量可以通过减小 Height 属性或减小 Width 属性增加。

图 10-28 例 10-12 运行界面

例 10-12 编程实现 10 秒倒计时，用一进程条显示已运行的时间，界面如图 10-28 所示。

分析：要实现倒计时，需要使用时钟控件，并设置 Interval 属性值为 1000，在 Timer 事件过程中刷新文本框中的剩余秒数以及进程条的 Value 属性值。进程条的 Max 属性设为 10，Min 属性设为 0。

程序代码如下：

```
Private Sub Timer1_Timer()
    If Val(Text1.Text) >= 1 Then                    '10 秒倒计时未结束时
        Text1.Text = Str(Val(Text1.Text) - 1)       '文本框中秒数减 1
        ProgressBar1.Value = 10 - Val(Text1.Text)   '运行时间在进程条上的方块显示
    Else : End
    End If
End Sub
```

2. Slider 控件

Slider 控件是一个包含滑块和可选择刻度标记的滑杆。可以通过拖动滑块或用鼠标单击滑块的任意一侧或使用键盘移动滑块来选择一个值。

在选择离散数值或某个范围内的一组连续数值时，Slider 控件十分有用。例如，无须键入数字，通过将滑块移动到刻度标记处，就可以使用 Slider 控件来输入数值。

Silder 控件的大部分基本属性比较简单，表 10-21 介绍一些常用的属性。

表 10-21 Silder 控件的常用属性

属 性 名	功 能 说 明
Max	滑杆的最大值
Min	滑杆的最小值
Value	滑杆的当前值
LargeChange	按 PageUp/PageDown 或单击当前滑杆位置的两侧时滑杆移动的点数

续表

属　性　名	功　能　说　明
SmallChange	按左/右箭头时滑杆移动的点数
TickStyle	滑杆上显示的刻度标记的样式
TickFrequency	滑杆上刻度标记的频率
SelectRange	设置滑杆是否有一个可选择的范围
SelStart	当 SelectRange=True，该属性为滑杆上的起始位置
SelLength	当 SelectRange=True，该属性为滑杆选择范围长度
TextPosition	当鼠标单击滑块时提示的当前刻度值相对于控件的位置

TickStyle 属性和 TickFrequency 属性介绍如下。

（1）TickStyle 属性　返回或设置 Slider 控件上显示的刻度标记的样式，它有 4 个取值，含义如下：

① 0 为默认值，表示刻度在控件的下方。

② 1 为刻度在控件的下方。

③ 2 为控件的上方、下方均有刻度。

④ 3 为控件的上方、下方均无刻度。

提示　如果 Slider 控件的高度不够，即使设置了刻度，也看不到刻度。

（2）TickFrequency 属性　表示控件上刻度标记的频率。例如，如果该属性的值设置为 3，则在 Min 和 Max 属性值的范围中每隔 3 个增量设置一个刻度。

例 10-13　移动 3 个滑杆上的滑块，用文本框显示对应滑杆的当前值，分别控制 RGB 函数的 r,g,b 三个参数值，从而改变框架中文本框的背景色，运行界面如图 10-29。

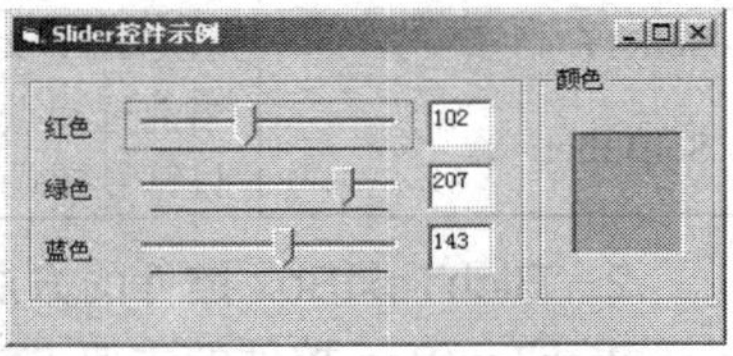

图 10-29　例 10-13 运行界面

要求　在窗体上应创建 3 个 Slider 控件，3 个文本框、3 个标签、1 个框架和 1 个图像框控件对象。其中每个 Slider 控件对象的 Max 属性为 255，Min 属性为 0，LargeChange 属性为 5，SmallChange 属性为 1。其他属性设置略。

程序代码如下：

```
Dim r As Integer, g As Integer, b As Integer
Private Sub Slider1_Scroll()
    r = Slider1.Value
'r 为红色参数，g 为绿色参数，b 为蓝色参数
    Text1.Text = Slider1.Value
'将滑杆刻度值显示在对应的文本框中
    Text4.BackColor = RGB(r, g, b)
'同步更新 Text4 的背景色
End Sub
```

说明　Slider2_Scroll()、Slider3_Scroll()事件过程中的代码和 Slider1_Scroll()中的基本类似，只需把其中的语句 r = Slider1.Value: Text1.Text = Slider1.Value 分别更改为 g = Slider2.Value: Text2.Text = Slider2.Value 和 b = Slider3.Value: Text3.Text = Slider3.Value 即可。

10.2.8　RichTextBox 控件

RichTextBox 控件和前面介绍的 TextBox 控件一样都可用于文本的输入和编辑，但

RichTextBox 控件提供了比 TextBox 控件更高级的格式特性。我们可以对 RichTextBox 控件中任何被选中的文本进行不同的格式设置，如设为粗体或斜体，改变字体颜色，创建上、下标，还可以调整段落的左右缩进等。另外 RichTextBox 控件支持大于 64K 的文本，还可以插入图形，这些都是 TextBox 控件不能相比的。

RichTextBox 控件的添加需要选择“Microsoft Rich TextBox Control 6.0”部件。

1．RichTextBox 控件的常用属性

RichTextBox 控件的强大的文本编辑功能主要体现在它的属性上，表 10-22 给出了 RichTextBox 控件的常用属性。

表 10-22　RichTextBox 控件的常用属性

属 性 名	功 能 说 明	属 性 名	功 能 说 明
SelAlignment	文本对齐方式	SelCharoffset	确定文本出现的位置状态
SelBold	粗体	SelStart	选择文本的开始
SelItalic	斜体	SelLengh	选中文本的长度
SelStrikethru	删除线	SelText	选中的字符
SelUnderLine	下划线	SelRightIndent	文本右边向右边缩排的字数
SelColor	字体颜色	SelIndent	控件右边缩排的字数
SelFontName	字体类型	SelProtected	文本是否能被编辑
SelFontSize	字体大小	SelTabCount	制表符数目
SelRTF	选定 RTF 文档内容	SelTabs	制表符的绝对位置
SelBullet	当前选择点在的段落是否有项目符号样式	SelHangingIndent	指定所选段落第一行与后面各行左边之间的距离

2．RichTextBox 控件的方法

RichTextBox 控件的主要方法如表 10-23 所示。

表 10-23　RichTextBox 控件的主要方法

方 法 名	功 能 说 明	方 法 名	功 能 说 明
LoadFile	打开文件	Find	搜索文本
SaveFile	保存文件	SelPrint	打印

（1）LoadFile 方法/SaveFile 方法　LoadFile 方法可以从文件中导入文本到 RichTextBox 控件中；SaveFile 方法可以将 RichTextBox 控件中的内容保存到指定的文件中。这两个方法只支持 .txt 和 .rtf 格式的文件。文件的打开和保存还可以在 Visual Basic 的输入输出语句中使用 SelRTF 和 TextRTF 属性来实现。

LoadFile 方法和 SaveFile 方法的调用格式如下：

```
[对象名.]LoadFile 文件名[, 文件类型]
[对象名.]SaveFile(文件名[, 文件类型])
```

格式说明：文件名参数包括要打开或保存的文件路径和文件名；文件类型参数可省略，表示要打开或保存的文件类型，可以有 0 和 1 两种取值。

① 0 表示.rtf 格式的文件。

② 1 表示.txt 格式的文件。

（2）Find 方法　根据给定的字符串，在 RichTextBox 控件中搜索文本。方法调用格式如下：

```
[对象名.]Find(查找字符串[, 起始位置][, 结束位置][, 匹配模式])
```

格式说明： 匹配模式参数有 3 种选择。

① rtfWholeWord：整个单词匹配而不是单词片段。

② rtfMatchCase：是否忽略字体的差别。

③ rtfNoHighlight：找到的单词是否高亮显示。

（3）SelPrint 方法　将 RichTextBox 控件中格式化文本发送给设备进行打印，方法调用格式如下：

```
[对象名.]SelPrint(hdc)
```

格式说明： hdc 为准备用来打印控件内容的设备的句柄。

此外，RichTextBox 控件还可以使用 OLEObjects 集合支持嵌入的对象，每个嵌入控件中的对象都表示为一个 OLEObject 对象。这允许文档中创建的控件可以包含其他控件或文档。例如，可以创建一个包含 Microsoft Excel 表格、Microsoft Word 文档或任何在系统中注册的其他 OLE 对象的文档。

把 OLEObject 对象添加到 OLEObject 集合的语句格式如下：

```
[对象名.]OLEObjects.Add [索引][, 关键字] ,文件名[, OLE 类名]
```

示例代码如下：

```
'在 RichTextBox 控件中插入一张.bmp 图片
RichTextBox1.OLEObjects.Add , , "e:\flower.bmp"
```

例 10-14　编程实现 RichTextBox 控件的打开和保存文件功能，并且能实现选中文本的上、下标格式设置，运行界面如图 10-30 所示。

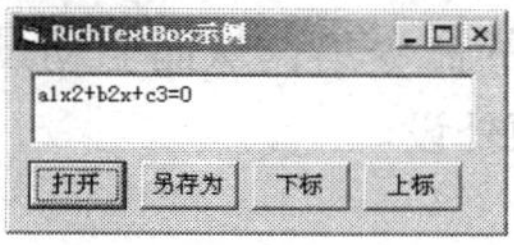

（a）单击“打开”按钮后界面

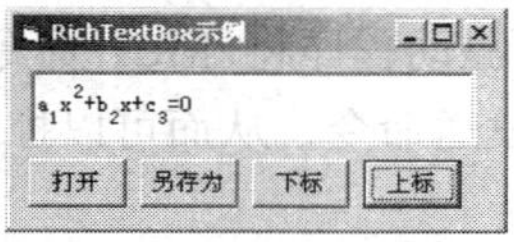

（b）上、下标设置后界面

图 10-30　例 10-14 运行界面

程序代码如下：

```
Private Sub Command1_Click()
   RichTextBox1.LoadFile App.Path + "\formula.txt", 1
   '打开本应用程序所在路径下的 formula.txt 文本文件
End Sub
Private Sub Command2_Click()
   Dim name As String
   name = InputBox("输入新文件名！", "保存文本文档")                   '文件名由用户输入
   RichTextBox1.SaveFile App.Path + "\" + name + ".rtf", 0            '保存文件
End Sub
Private Sub Command3_Click()
   If RichTextBox1.SelText = "" Then                                  '设置前必须先选中文本
      MsgBox "先选中文本！"
   Else
      RichTextBox1.SelCharOffset = -100                   '负数表示作为下标出现在基线下
      RichTextBox1.SelFontSize = 8                        '改变字体大小
   End If
End Sub
Private Sub Command4_Click()
   If RichTextBox1.SelText = "" Then                      '设置前必须先选中文本
        MsgBox "先选中文本！"
   Else
   RichTextBox1.SelCharOffset = 100                       '正数表示作为上标出现在基线上
    RichTextBox1.SelFontSize = 8
```

```
    End If
End Sub
```

10.3 多媒体处理

在 Visual Basic 6.0 中，还可以使用 MMControl 控件、Animation 控件等 ActiveX 控件在应用程序中加入声音、视频、动画，使程序丰富多彩。

10.3.1 MMControl 控件

MMControl 控件是多媒体编程中最常使用的 ActiveX 控件，需要选择"Microsoft Multimedia Control 6.0"部件将此控件添加到工具箱中。该控件可以通过媒体控制接口（MCI）对多媒体设备进行控制。MMControl 控件支持多种多媒体设备，如 CD 播放器、MIDI 发生器、视频播放器等。

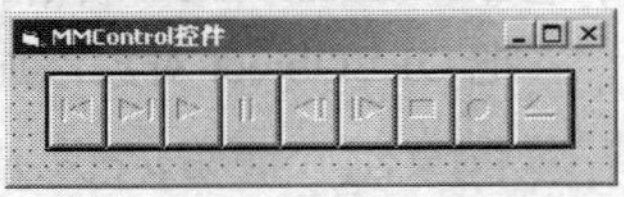

图 10-31 MMControl 控件

MMControl 控件由一组按钮组成（见图 10-31），从左到右共有 9 个按钮依次是 Prev（前一个）、Next（下一个）、Play（播放）、Pause（暂停）、Step（前进）、Back（后退）、Stop（停止）、Record（录制）和 Eject（弹出）。该按钮组为灰色即无效状态，想使用其中的按钮，要将 Visible 和 Enabled 属性设置为 True。

MCI 设备能识别普通的英语命令（见表 10-24），如 Play、Stop 等，这些命令称为 MCI 命令。MCI 设备通过设备驱动程序将 MCI 命令翻译成设备的命令集，从而驱动设备。我们可以通过 MMControl 控件来发送命令，从而可以控制音频和视频外设。

表 10-24 MCI 命令

命　令	功 能 说 明
Open	打开 MCI 设备
Close	关闭 MCI 设备
Play	用 MCI 设备进行播放
Pause	暂停播放或录制
Stop	停止 MCI 设备
Back	向后步进可用的曲目
Step	向前步进可用的曲目
Prev	使用 Seek 命令跳到当前曲目的起始位置。若在前一 Prev 命令执行后 3 秒内再次执行，则跳到前一曲目的起始位置；若在第一个曲目，则跳到第一个曲目的起始位置
Next	使用 Seek 命令跳到下一个曲目的起始位置。若已在最后一个曲目，则跳到最后一个曲目的起始位置
Seek	向前或向后查找曲目
Record	录制 MCI 设备的输入
Eject	从 CD 驱动器中弹出音频 CD
Save	保存打开的文件

如：

```
MMControl1.Command="Play"       '发送播放命令
```

1. 常用属性

MMControl 控件的常用属性如表 10-25 所示。

表 10-25 MMControl 控件的常用属性

属性名	功能说明
Enabled	设置按钮是否有效
Visible	设置按钮是否可见
DeviceType	指定要打开的 MCI 设备的类型
AutoEnable	决定系统是否自动检测各按钮的状态
FileName	指定要播放的文件
Command	发送 MCI 命令
Frames	指定 Back（后退）和 Step（前进）命令步进的帧数
Length	返回多媒体文件的长度
Position	指定打开的 MCI 设备的当前位置
Silent	决定在播放视频文件时是否播放声音
TimeFormat	设置使用的时间格式
From	为 Play 和 Record 命令指定起点
To	为 Play 和 Record 命令指定终点

2. 主要事件

MMControl 控件的主要事件有 Done 事件和 StatusUpdate 事件。

（1）Done 事件　该事件在当 Notify 属性为 True 的 MCI 命令结束时发生。

事件过程格式如下：

```
Private Sub MMControl1_Done(NotifyCode As Integer)
    [程序代码]
End Sub
```

格式说明：NotifyCode 参数表示 MCI 命令是否成功，可取的值有 1、2、4、8，分别表示执行成功、执行失败、被其他的命令取代和被用户中断。

（2）StatusUpdate 事件　类似于计时器，在 UpdateInterval 属性设置的时间间隔内会自动发生，能对控件的运行状态进行跟踪。

事件过程格式如下：

```
Private Sub MMControl1_StatusUpdate()
    [程序代码]
End Sub
```

例 10-15　利用 MMControl 控件制作 VCD 播放器。窗体上放置一个图片框用于播放视频，MMControl 控件实现播放控制，通用对话框用于 .dat 文件的打开，界面如图 10-32 所示。

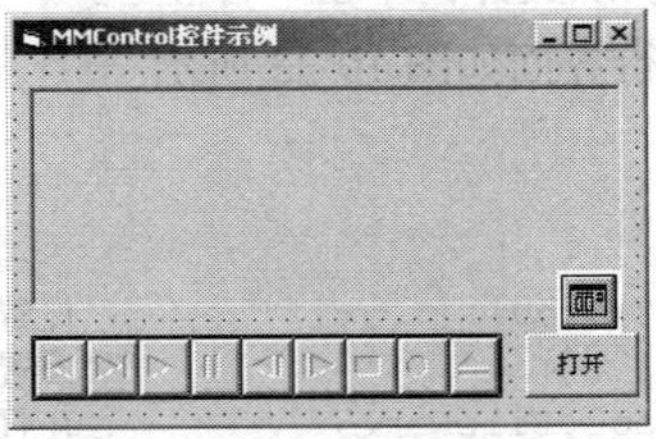

图 10-32　例 10-15 设计界面

程序代码如下。

```
Private Sub Command1_Click()                    '弹出打开对话框，打开 .dat 文件
    CommonDialog1.FileName = ""                 '设置通用对话框中的文件名
```

```
    CommonDialog1.Filter = "(*.dat)|*.dat"              '设置通用对话框中的文件类型
    CommonDialog1.Action = 1                            '设置通用对话框中的类型为打开对话框
    MMControl1.Command = "close"                        '关闭 MCI 设备
    If CommonDialog1.FileName = "" Then                 '若未选择播放文件则弹出提示框
       MsgBox "请选择播放文件！", 37, "提醒"
    Else
       MMControl1.DeviceType = "mpegvideo"              '确定 MCI 设备类型
       MMControl1.TimeFormat = 3                        '设置时间格式
       MMControl1.FileName = CommonDialog1.FileName     '确定播放文件
       MMControl1.Command = "open"                      '打开 MCI 设备
       MMControl1.hWndDisplay = Picture1.hWnd           '使媒体文件能够在图片框中播放
    End If
End Sub
```

10.3.2 Animation 控件

利用 Animation 控件可以播放无声的视频动画.avi 文件，该控件的使用需要添加部件"Microsoft Windows Common Controls-2 6.0"。在运行时，Animation 控件是不可见的，在播放时，该控件使用独立的进程，并不影响应用程序的运行。

1. 常用属性

Animation 控件的常用属性包括 AutoPlay 属性和 Center 属性。AutoPlay 属性用于设置动画文件在打开后是否自动播放；Center 属性用于设置动画文件是否居中播放。

2. 主要方法

Animation 控件的主要方法如表 10-26 所示。

表 10-26　　Animation 控件的主要方法

方 法 名	功 能 说 明	方 法 名	功 能 说 明
Open	打开文件	Stop	停止播放
Play	播放文件	Close	关闭文件

注意　Animation 控件不能播放含有声音数据的*.avi 文件。如果该文件含有声音数据或不具有受支持的压缩格式，运行时将会引发错误。

例 10-16　在窗体中画 1 个标签、1 个文本框、2 个命令按钮、1 个通用对话框和 1 个 Animation 控件对象。单击"…"按钮，可以弹出打开对话框，让用户选择*.avi 文件，并把打开的文件路径和文件名显示在文本框中，同时在 Animation 控件中播放该文件；单击"停止"按钮，可以停止该文件的播放，运行界面如图 10-33 所示。

图 10-33　例 10-16 界面

程序代码如下。

```
Private Sub Cmdopen_Click()
   CommonDialog1.Filter = "(*.avi)|*.avi*"          '设置通用对话框中的文件类型
   CommonDialog1.Action = 1                         '设置通用对话框中的类型为打开对话框
   Text1.Text = CommonDialog1.FileName              '在打开对话框中选择的文件名显示在文本框中
   Animation1.Open CommonDialog1.FileName           '打开该文件
   Animation1.Play                                  '播放该文件
End Sub
Private Sub Cmdclose_Click()
   Animation1.Close                                 '关闭该文件
End Sub
```

本章小结

本章属于应用程序中界面的高级设置，重点介绍了菜单设计以及一些常用的 ActiveX 控件。一个标准的 Windows 应用程序应该具有菜单栏、工具栏、状态栏等基本构件，我们通过本章的学习掌握必要的工具，也可以使设计的 Visual Basic 应用程序具备这些要素，既可以美化界面，又能方便用户的操作。

另外本章还介绍了如何进行音频和视频的处理。在 Visual Basic 应用程序中加入声音、动画等元素，可以使单一的界面变得多姿多彩、生动无比，充分体现了多媒体的特征。

思考练习题

一、基本题

1. “菜单”编辑器可以创建哪几种菜单，设计时有什么不同设置？
2. 菜单访问键该如何设置，快捷键该如何设置？
3. 动态菜单如何设置？
4. Visual Basic 中有哪些常用的 ActiveX 控件，其分别有什么功能？
5. 通用对话框共有几种类型？
6. ImageList 控件可以和哪些控件结合使用？
7. 如何在 RichTextBox 控件中插入图片？打开保存的文件有几种类型？
8. 用来表示进程条或滑杆的当前刻度值的属性是________。
9. 菜单中设置分隔符的方法是在菜单项的标题中输入________。
10. Animation 控件用于播放动画文件的方法是________

二、操作题

1. 在窗体中建立二级菜单，第一级含 2 个名称分别为 mnuFile、mnuHelp 的菜单项，它们的标题分别为“文件”和“帮助”，其中“帮助”子菜单含有 3 个名为 mnuHelp1、mnuHelp2、mnuHelp3 的菜单项，标题依次为“Visual Basic 帮助”、“关于 Visual Basic”、“联系我们”。

2. 在 Form1 的窗体中建立一个名为 mnuFile 的弹出式菜单，它包含两个名称分别为 mnuFileopen、mnuFilesave 的菜单项，它们的标题分别为“打开”、“保存”。编写适当的事件过程，当运行时在窗体上单击鼠标右键则弹出此菜单。

3. 在 TreeView 控件中利用 Add 函数产生如图 10-34 所示节点。

4. 设置通用对话框为颜色对话框，用来改变窗体的背景色。

5. 移动一个滑杆上的滑块，用文本框显示滑杆当前值，运行界面如图 10-35。（其中 Slider 控件对象的 Max 属性为 20，Min 属性为 0，LargeChange 属性为 2，SmallChange 属性为 1。）

图 10-34　操作题 3 运行界面

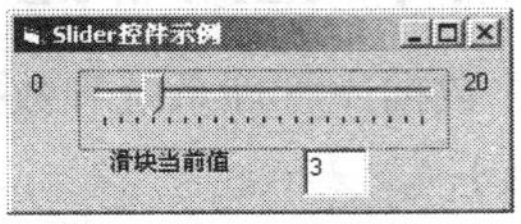

图 10-35　操作题 5 运行界面

第11章 数据库编程技术

学习重点

- 数据库的基本理论。
- SQL 语言。
- 数据库的建立和记录的操作。
- Data 控件的使用。

11.1 数据库的基本知识

在应用程序中，对于数据库的处理是很常见的。Visual Basic 具有强大的数据操作功能，能够开发出各种数据库应用系统，管理并维护这些数据库。

11.1.1 数据库的发展历史

数据库从 20 世纪 60 年代中期产生，在不到半个世纪的时间里，形成了坚实的理论基础、成熟的商业产品和广泛的应用领域，吸引越来越多的研究者加入。数据模型是数据库系统的核心和基础。因此，对数据库技术发展阶段的划分应该以数据模型的发展作为主要依据和标志。总体说来，数据库技术经历了网状和层次数据库系统、关系数据库系统以及以面向对象数据模型为主要特征的数据库系统三个发展阶段。

第 1 阶段为网状和层次数据库系统，这二者是格式化数据模型，都是在 20 世纪 60 年代后期研究和开发的，其中层次模型可以看作是网状模型的特例。

第 2 阶段数据库系统支持关系数据模型。关系模型不仅具有简单、清晰的优点，而且有关系代数作为语言模型，有关系数据理论作为理论基础。因此关系数据库具有形式基础好、数据独立性强、数据库语言非过程化等特点，这些特点是数据库技术发展到了第 2 阶段的显著标志。

第 3 阶段数据库系统的特征是数据模型更加丰富，数据管理功能更为强大，能够支持传统数据库难以支持的新的应用需求。

11.1.2 数据库的基本概念

数据、数据库、数据库管理系统和数据库系统是与数据库技术密切相关的 4 个基本概念。

1. 数据（Data）

数据是对客观事物特征的一种抽象的、符号化的表示。即用一定的符号表示在观察或测量中所收集到的基本事实，采用什么符号完全是人为的规定。数据是数据库中存储的基本对象。

例如，（王华，男，1987，计算机专业，江苏），这个学生记录就是数据。

2. 数据库（Database，简称 DB）

数据库是数据存放的地方。在计算机中，数据库是数据和数据库对象的集合。数据库对象是指表（Table）、视图（View）、存储过程（Stored Procedure）、触发器（Trigger）等。

数据库中的数据按一定的数据模型组织、描述和存储，具有较小的冗余度、较高的数据独立性和易扩展性，并可为各种用户共享。

3. 数据库管理系统（Database Management System，简称 DBMS）

数据库管理系统是一种操纵和管理数据库的大型软件，可以用于建立、使用和维护数据库。它对数据库进行统一的管理和控制，以保证数据库的安全性和完整性。用户通过 DBMS 访问数据库中的数据，数据库管理员也通过 DBMS 进行数据库的维护工作。它提供多种功能，主要包括以下几个方面。

（1）模式翻译：提供数据定义语言（DDL）。用它书写的数据库模式被翻译为内部表示。数据库的逻辑结构、完整性约束和物理储存结构保存在内部的数据字典中。数据库的各种数据操作（如查找、修改、插入和删除等）和数据库的维护管理都是以数据库模式为依据的。

（2）应用程序的编译：把包含访问数据库语句的应用程序，编译成在 DBMS 支持下可运行的目标程序。

（3）交互式查询：提供易使用的交互式查询语言，如 SQL。DBMS 负责执行查询命令，并将查询结果显示在屏幕上。

（4）数据的组织与存取：提供数据在外围储存设备上的物理组织与存取方法。

（5）事务运行管理：提供事务运行管理及运行日志，事务运行的安全性监控和数据完整性检查，事务的并发控制及系统恢复等功能。

（6）数据库的维护：为数据库管理员提供软件支持，包括数据安全控制、完整性保障、数据库备份、数据库重组以及性能监控等维护工具。

4. 数据库系统（Data base System，简称 DBS）

数据库系统是一个实际可运行的存储、维护和应用系统提供数据的软件系统，是存储介质、处理对象和管理系统的集合体。它通常由软件、数据库、数据管理员和用户组成。其软件主要包括操作系统、各种宿主语言、实用程序以及数据库管理系统。数据库由数据库管理系统统一管理，数据的插入、修改和检索均要通过数据库管理系统进行。数据管理员负责创建、监控和维护整个数据库，使数据能被任何有权使用的人有效使用。

对数据库系统的基本要求如下：

（1）保证数据独立性。数据和程序相互独立有利于加快软件开发速度，节省开发费用。

（2）冗余数据少，数据共享程度高。

（3）系统的用户接口简单，用户容易掌握，使用方便。

（4）能够确保系统运行可靠，出现故障时能迅速排除；能够保护数据不受非授权者访问或破坏；能够防止错误数据的产生，一旦产生也能及时发现。

（5）有重新组织数据的能力，能改变数据的存储结构或数据存储位置，以适应用户操作特性的变化，改善由于频繁插入、删除操作造成的数据组织零乱和时空性能变坏的状况。

（6）具有可修改性和可扩充性。

（7）能够充分描述数据间的内在联系。

在一般不引起混淆的情况下常常将数据库系统简称为数据库。

11.1.3 关系数据库

关系数据库是目前各类数据库中最重要、最流行的数据库，它用数学方法来处理数据库中的数据。20 世纪 70 年代以后开发的数据库管理系统产品几乎都是基于关系的。在数据库发展的历史上，最重要的成就就是关系模型。

11.2 SQL 语言

SQL（Structure Query Language）是关系数据库的标准语言，是一种综合的、功能强大的语言。不同的数据库管理系统（如 Access，FoxPro，SQL Server 等）都支持它。在 Visual Basic 程序设计中也可以嵌入 SQL 命令，用于操作相连数据库中的数据。

11.2.1 SQL 语言的组成

SQL 语言由命令、子句、运算和函数等组成。利用它们可以得到所需要的语句，实现数据库的数据定义、数据查询、数据操纵和数据控制等，表 11-1 给出了常用的 SQL 命令。

表 11-1　常用 SQL 命令

分类	命令	功能说明	分类	命令	功能说明
DDL	CREATE	建立新的基本表、视图、索引	DML	INSERT	添加记录
	ALERT	修改数据结构		UPDATE	修改记录
	DROP	删除数据结构		DELETE	删除记录
				SELECT	查找满足特定条件的记录

完整的 SQL 语句在不同的命令后面还要加上相应的子句，用运算符实现表达式的连接（包括算术运算符、比较运算符和逻辑运算符），对于常用的运算还可以利用统计函数进行操作。SQL 语言中的统计函数包括 SUM（求和）、AVG（求平均值）、MAX（求最大值）、MIN（求最小值）、COUNT（求记录个数）等。

11.2.2 DDL

DDL（Data Definition Language）是 SQL 语言集中的数据定义语言，可以定义表、视图和索引。本节只介绍基本表的操作。

1. 定义基本表

建立数据库最重要的一步就是定义基本表。SQL 使用 CREATE TABLE 语句定义基本表，一般格式如下：

```
CREATE TABLE<表名>(<列名> 数据类型 （长度） [,<列名> 数据类型 （长度）…] )
```

格式说明：<表名>是所要定义的基本表的名字，可以由一个或多个属性组成。

例 11-1　bj 表有 3 个字段，分别是 bjbh（班级编号，Text(2)），bjmc（班级名称，Text(50)），rs（人数，Integer）。

语句为：CREATE TABLE bj (bjbh Text(2), bjmc Text(50), rs Integer)

2. 修改基本表

SQL 语言使用 ALERT TABLE 语句修改基本表，一般格式如下：

```
ALERT TABLE <表名>
    [ADD COLUMN <列名> 数据类型 （长度）]
    [DROP COLUMN <列名> ]
```

格式说明：ADD 子句用于增加字段，DROP 子句用于删除指定的完整性约束条件。

例 11-2　在 bj 表中删除字段 rs，语句如下：

```
ALERT TABLE bj DROP COLUMN rs
```

3. 删除基本表

SQL 语言使用 DROP TABLE 语句删除基本表，一般格式如下：

```
DROP TABLE <表名>
```

例 11-3　删除 bj 表，语句如下：

```
DROP TABLE bj
```

11.2.3　DML

DML（Data Manipulation Language）是 SQL 语言集中的数据操纵语言，用户可以使用 DML 操纵数据实现对数据库中记录的基本操作，如查询、插入、删除和修改等。

1. 查询

数据查询是数据库的核心操作。SELECT 语句进行数据查询的一般格式如下：

```
SELECT [ALL|DISTINCT]<目标列表达式>[,<目标列表达式>]…
    FROM  <表名或视图名>[,<表名或视图名>]…
    [WHERE  <条件表达式>]
    [GROUP BY  <列名 1>[HAVING<条件表达式>]]
    [ORDER BY  <列名 2>[ASC|DESC]]
```

例 11-4　现在要查询班级人数在 30 人以上的班级编号和班级名称，语句如下：

```
SELECT bjbh,bjmc FROM bj WHERE rs>30
```

2. 插入

SQL 语言提供了 INSERT 语句进行数据插入，一般格式如下：

```
INSERT INTO <表名>[<列名 1>[,<列名 2>…]] VALUES(<常量 1>[,<常量 2>]…)
```

例 11-5　在 bj 表中添加一条记录（”08”,”数字媒体 0701”，30），语句如下：

```
INSERT INTO bj(bjbh,bjmc,rs) VALUES ("08","数字媒体 0701",30)
```

3. 删除

删除语句的一般格式如下：

```
DELETE FROM <表名> [WHERE<条件>]
```

例 11-6　删除 bj 表中学生人数少于 20 人的班级，语句如下：

```
DELETE FROM bj WHERE rs<20
```

4. 修改

修改语句的一般格式如下：

```
UPDATE <表名> SET<列名>=<表达式>[,<列名>=<表达式>]… [WHERE<条件>]
```

例 11-7　把 bj 表中所有班级人数增加一人，语句如下：

```
UPDATE bj SET rs=rs+1
```

11.3 可视化数据管理器

在 Visual Basic 中，可以使用可视化数据管理器（Visual Data Manager）方便地建立数据库、数据表和数据查询。可视化数据管理器提供了可视化的操作界面，能够完成几乎所有有关数据库的操作。

11.3.1 建立数据库

1. 可视化数据管理器的启动

在 Visual Basic 环境中，选择"外接程序"菜单→"可视化数据管理器"菜单项，就可以打开"可视化数据管理器"VisData 窗口，如图 11-1 所示。

图 11-1 可视化数据管理器窗口

2. 建立数据库

在可视化数据管理器窗口中，选择"文件"菜单→"新建"→"Microsoft Access"→"Version 7.0 MDB"，出现创建数据库对话框。在该对话框中设定要保存的数据库的路径和文件名。在 VisData 多文档窗口中出现"数据库窗口"和"SQL 语句"两个子窗口，在"数据库窗口"中单击 Properties，将列出数据库的常用属性（见图 11-2）。

3. 建立数据表

在建立数据库后，就可以向该数据库中添加数据表，也可以使用代码来创建。本节以 Access 表为例介绍添加和建立数据表的方法，具体步骤如下。

（1）打开已经建立的 Access 数据库。

（2）在数据库窗口中，单击鼠标右键，在弹出的快捷菜单中选择"新建表"，利用表结构对话框可以建立数据表的结构，如图 11-3 所示，在"表名称"栏中输入表名。

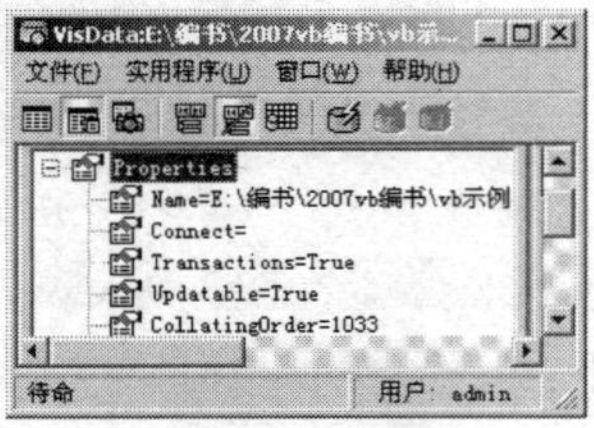

图 11-2 数据库窗口

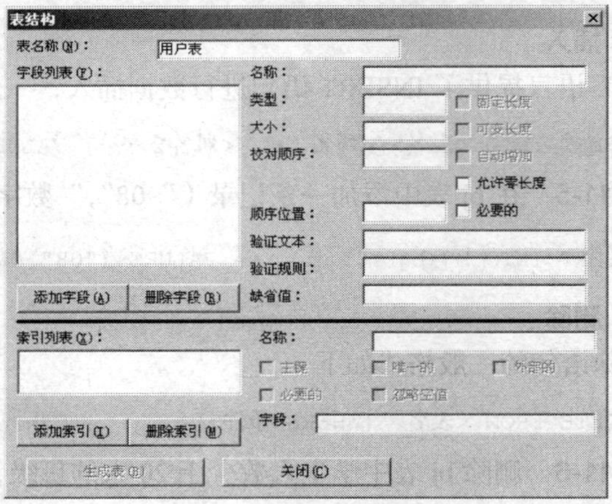

图 11-3 "表结构"对话框

（3）单击"添加字段"和"删除字段"按钮可以进行字段的添加和删除。打开"添加字段"对话框，如图 11-4 所示。在"名称"文本框中输入一个字段名，在"类型"下拉列表框中选择对应的数据类型，在"大小"框中输入字段长度，选择字段是"可变字段"还是"固定字段"，以及"允许零长度"和"必要的"，还可以定义验证规则来对取值进行限制，指定输入记录时字段的默认值。

（4）单击“添加索引”按钮可以打开添加索引对话框，如图 11-5 所示。添加索引可以提高搜索数据记录的速度。

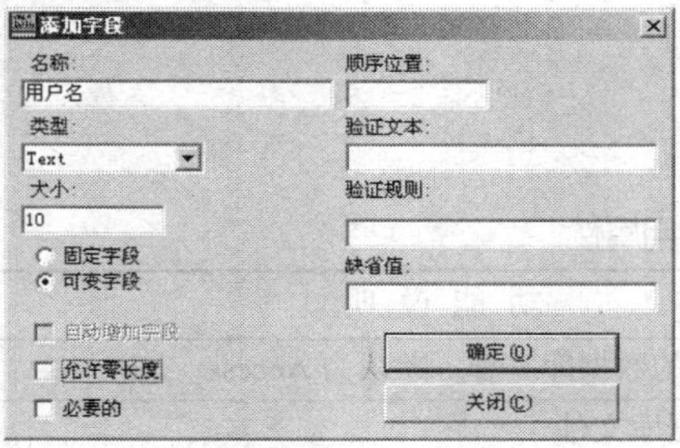

图 11-4　“添加字段”对话框

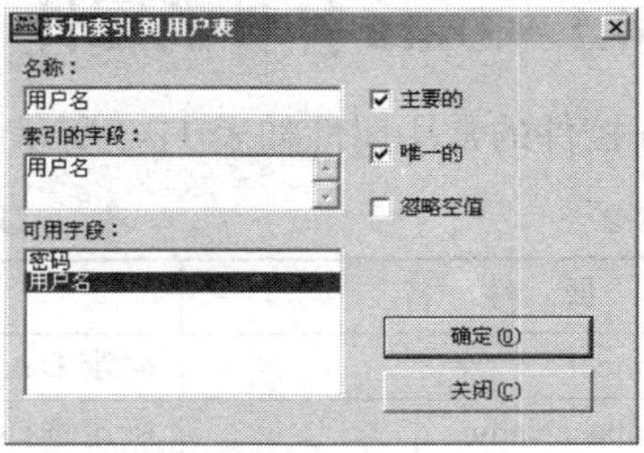

图 11-5　添加索引对话框

当数据表设计完成后，单击“生成表”按钮完成新建工作，新生成的表就会出现在“数据库窗口”中。数据表结构建好后，就可以输入记录的各项数据了，当然也可以通过数据控件删除记录。

如果修改数据表结构，可以用鼠标右键单击该数据表，在快捷菜单中选择“设计”命令，就可以将“表结构”对话框打开，进行表结构的更改。

11.3.2　建立查询

对于数据表中的数据，常常需要找到符合某些条件的记录，这样的操作称作查询。查询操作可以通过“查询生成器”来完成。在数据库窗口单击鼠标右键，选择“新建查询”菜单项，就可打开“查询生成器”对话框，如图 11-6 所示。

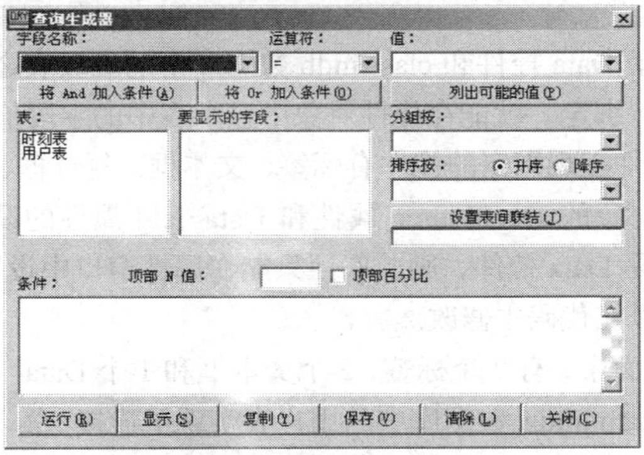

图 11-6　“查询生成器”对话框

在“查询生成器”对话框中按照查询的要求进行构造，然后保存和运行，其实运行时执行的就是一个等价的 SELECT-SQL 查询语句。

11.4　Data 控件

Data 控件是 Visual Basic 提供的内部控件，使用该控件可以不编写任何代码就能实现对数据库的访问，Data 控件具有强大的数据操作功能，在建立与数据库的连接后，就可以对数据库中的记录进行显示和编辑操作。

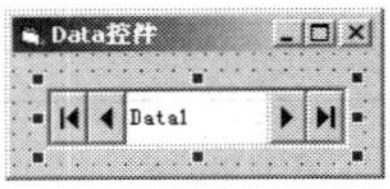

图 11-7　Data 控件

在窗体上新建一个 Data 控件对象，它的外观如图 11-7 所示，从左往右有四个按钮，第一条记录、前一条记录、后一条记录、最后一条记录，中间的 Data1 是标题。通过对 Data 控件的属性设置、方法调用、事件过程的编写，我们可以开发比较复杂的数据库应用程序。

11.4.1 Data 控件的属性

Data 控件的常用属性如表 11-2 所示。

表 11-2　　Data 控件的常用属性

属 性 名	功 能 说 明
Connect	确定 Data 控件所连接的数据库类型，默认为 Access
DatabaseName	确定选择要访问的数据库文件
RecordSource	确定要访问的数据源
RecordsetType	确定 Recordset 对象的类型
Exclusive	确定是否按照独享方式打开数据库
Options	决定记录集的特征
BOFAction/EOFAction	决定当该控件位于光标开始或末尾时的行为

在表 11-2 列出的属性中，最重要的是 Connect 属性、DatabaseName 属性和 RecordSource 属性。该组属性可以在属性窗口中设置，也可以在代码中修改，示例代码如下：

```
Private Sub Form_Load()
    Data1.Connect = "Access"
    Data1.DatabaseName = App.Path + "\class.mdb"
    Data1.RecordSource = "班级表"
End Sub
```

通过上面的代码实现了 Data 控件和 class.mdb 数据库中的班级表之间的连接。若将窗体上的控件对象和表中的字段进行绑定，就能在控件对象中显示表中的字段值了。

工具箱中能与 Data 控件实现绑定的控件有标签、文本框、复选框、图片框、图像框、列表框和组合框等，通过对控件对象的 DataSource 属性和 DataField 属性的设置，就能够实现绑定了。若 DataSource 属性绑定的是 Data 控件，则此属性只能在属性窗口中设置，而 DataField 属性可以在属性窗口中设置，也可以在代码中修改。

例 11-8　在图 11-8 界面中，有 2 个标签，2 个文本框和 1 个 Data 控件对象。Data1 已经和 train.mdb 数据库中的用户表实现了连接，2 个文本框和班级表中的 2 个字段实现了绑定，运行时，用户表中的记录直接在 2 个文本框中显示，并且文本框中数据的修改就是对数据库中数据的修改。

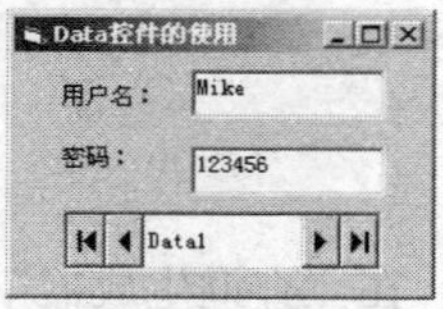

图 11-8　例 11-8 运行界面

11.4.2 Data 控件的事件

Data 控件的事件如表 11-3 所示。

表 11-3　　Data 控件的事件

事 件 名	功 能 说 明
Reposition	当某一记录成为当前记录之后触发
Validate	当某一记录成为当前记录之前触发
Error	Data 控件产生执行错误时触发

11.4.3 Data 控件的方法

Data 控件的方法功能比较强大，用户可以通过这些方法实现数据库中的记录的浏览、编辑和查询。表 11-4 给出了 Data 控件常用的方法。

表 11-4 Data 控件常用的方法

方法名	功能说明	方法名	功能说明
AddNew	添加新记录	Refresh	更新数据内容
Delete	删除当前记录	UpdateControls	恢复原值
Edit	编辑当前记录	Close	关闭记录集
Update	保存记录内容到数据库	Move 组	记录定位
Seek	查找符合条件的记录	Find 组	Find 方法组用于查找记录

1. 记录的定位

Move 方法组可以实现记录的无条件定位，主要由如下方法组成。

（1）MoveFirst 方法：指针定位到第一条记录。

（2）MoveLast 方法：指针定位到最后一条记录。

（3）MovePrevious 方法：指针定位到前面一条记录。

（4）MoveNext 方法：指针定位到后面一条记录。

2. 记录的添加和删除

记录的添加和删除是数据库中最常规的数据操作，通常我们利用如下语句来实现这两种操作。

（1）记录的添加，代码如下。

```
Private Sub CommandAdd_Click()
    Data1.Recordset.AddNew                  '添加一条空记录
    Data1.Recordset.Update                  '向系统发送更新命令
    Data1.Recordset.MoveLast                '指针指向最后一条记录
End Sub
```

（2）记录的删除，代码如下。

```
Private Sub CommandDelete_Click()
    Data1.Recordset.Delete                  '删除当前指针指向的记录
    Data1.Recordset.MoveLast
End Sub
```

语句中出现的 Recordset 指一个打开的表，它是 Recordset 对象变量。

3. 记录的查找

有条件的记录查找可以使用 Seek 方法和 Find 方法组来实现。

（1）Seek 方法是基于索引的查找，所以在使用该方法之前需要先建立索引字段，然后进行关键字的比较，将指针定位到符合条件的第 1 条记录。利用 Seek 方法查找速度比较快。一般语法格式如下：

Recordset.Seek 比较运算符，关键字 1，关键字 2…

格式说明：比较运算符有>=、<=、>、<、=和<>；关键字与索引字段类型要一致，如果有多个索引，则关键字段可以给出多个。

例如，当索引字段为"班级编号"时，查找"001"班级的记录。

```
    Data1.Recordset.Seek "=","001"
```

（2）Find 方法组是针对记录集的查找，包括 4 种方法。

① FindFisrt 方法：查找记录集中满足条件的第一条记录。

② FindLast 方法：查找记录集中满足条件的最后一条记录。

③ FindPrevious 方法：从当前记录开始查找记录集中满足条件的上一条记录。

④ FindNext 方法：从当前记录开始查找记录集中满足条件的下一条记录。

示例代码如下：

```
Data1.Recordset.. FindFirst "所在学院='01'"
If Data1.Recordset.NoMatch
MsgBox "没找到"
EndIf  '若找到符合条件的记录，则定位在所在学院为“01”的第 1 条记录上
```

11.5 应用举例

例 11-9 利用 Visual Basic 中的 Data 控件制作一个简单的火车资源管理系统，要求能够实现火车信息的编辑和查询功能。基本表有“用户表”和“时刻表”。

用户表表结构：

```
用户名 Text(10)，密码 Text(6)
```

时刻表表结构：

```
火车车次 Text(10)，始发时间 Date/Time，抵达时间 Date/Time，始发站 Text(10)，
终点站 Text(10)，硬座票价 Single，硬卧票价 Single
```

其中：用户表中“用户名”字段建立了索引，时刻表中“火车车次”字段建立了索引。

本例中有两个窗体：用户登录窗体和编辑查询窗体。

（1）程序运行，先启动用户登录窗体，界面如图 11-9 所示。组合框中显示了用户表里所有的“用户名”字段值，操作人员可以输入用户名或选择适当的用户名，并输入正确的密码即可登录本系统，显示编辑查询窗体。若用户名或密码输入有误，则显示相应的出错信息。

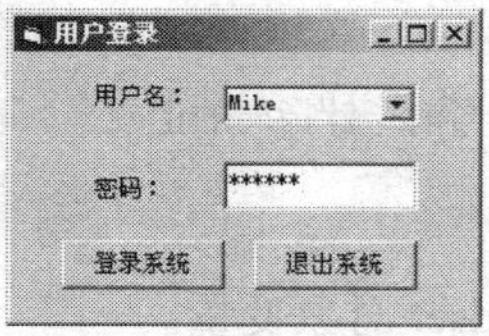

图 11-9 用户登录窗体界面

图 11-10 成功登录信息

程序代码如下：

```
Dim db As Database, rs As Recordset
Private Sub Form_Load()                    '数据库的打开
    Set db = OpenDatabase(App.Path + "\train.mdb")
    Set rs = db.OpenRecordset("用户表")
    Do While Not rs.EOF                    '组合框中显示所有的“用户名”字段值
        Combo1.AddItem rs.Fields("用户名")  :  rs.MoveNext
    Loop
End Sub
Private Sub Command1_Click()               '“登录系统”命令按钮的实现
    Dim user As String, passw As String
```

```
    user = Trim(Combo1.Text) :  rs.Index = "用户名"  :  rs.Seek "=", user
    If Not rs.NoMatch Then
        passw = Trim(Text1.Text)
        If passw = rs.Fields("密码") Then
            MsgBox "身份验证成功，欢迎进入火车资源管理系统！"
            Formedit.Show : Me.Hide
        Else
            MsgBox "密码输入错误！" : Text1.Text = ""
        End If
    Else
        MsgBox "该用户名不存在！" : Combo1.Text = ""  :  Text1.Text = ""
    End If
    rs.Close                                    '关闭表
    db.Close                                    '关闭数据库
End Sub
Private Sub Command2_Click()                    '"退出系统"命令按钮的实现
    End
End Sub
```

（2）编辑和查询窗体中用命令按钮实现记录的定位和更新操作，界面如图 11-11 所示。

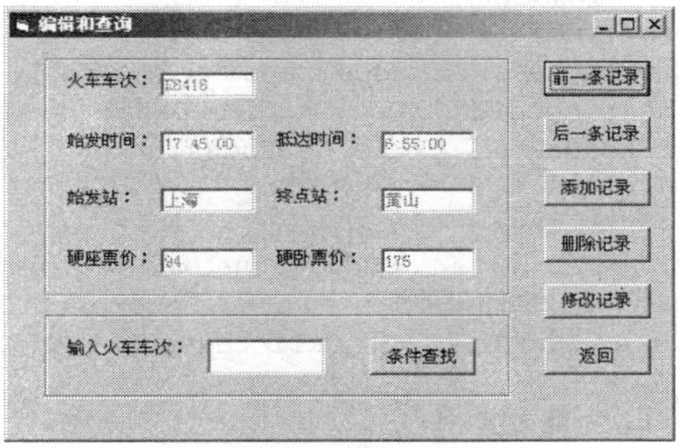

图 11-11　编辑和查询界面

窗体中用于显示时刻表各字段值的 7 个文本框已经和 Data 控件实现了绑定（设置文本框的 DataSource 属性和 DataField 属性，Enabled 属性设为 False），Data 控件的属性设置如表 11-5 所示。

表 11-5　　Data 控件的属性设置

对　象	属　性	属 性 值
Data1	Connect	Access
	DatabaseName	App.Path+"\train.mdb"
	RecordSource	时刻表
	Visible	False

程序代码如下：

```
Private Sub Cmdpre_Click()                  '"前一条记录"命令按钮的实现
    If Data1.Recordset.RecordCount = 0 Then
        MsgBox "没有记录！"
    Else
        If Data1.Recordset.BOF Then
            MsgBox "这是第一条记录！" : Data1.Recordset.MoveFirst
        Else
            Data1.Recordset.MovePrevious
            If Data1.Recordset.BOF Then
```

```
                Data1.Recordset.MoveFirst :  MsgBox "这是第一条记录！"
            End If
        End If
    End If
End Sub
Private Sub Cmdnext_Click()             '“后一条记录”命令按钮的实现
    If Data1.Recordset.RecordCount = 0 Then
        MsgBox "没有记录！"
    Else
        If Data1.Recordset.EOF Then
            MsgBox "这是最后一条记录！" :  Data1.Recordset.MoveLast
        Else
            Data1.Recordset.MoveNext
            If Data1.Recordset.EOF Then
                Data1.Recordset.MoveLast  :  MsgBox "这是最后一条记录！"
            End If
        End If
    End If
End Sub
Private Sub Cmdadd_Click()          '“添加记录”命令按钮的实现
    If Cmdadd.Caption = "添加记录" Then
        Call textenabled(True)  :  Call cmdenabled(False)
        Cmdmod.Enabled = False  :  Cmdadd.Caption = "确定"
        If Data1.Recordset.RecordCount > 0 Then Data1.Recordset.MoveLast
        Data1.Recordset.AddNew  :  Txtno.SetFocus
    Else
        If Txtno.Text <> "" Then
            Call cmdenabled(True) :   Cmdmod.Enabled = True
            Cmdadd.Caption = "添加记录" :   Data1.Recordset.Update
            Data1.Recordset.MoveLast :  Call textenabled(False)
        Else
            MsgBox "火车车次不能为空！"
        End If
    End If
End Sub
Private Sub Cmddel_Click()              '“删除记录”命令按钮的实现
    If Data1.Recordset.RecordCount = 0 Then
        MsgBox "没有记录！" :  Exit Sub
    Else
        Data1.Recordset.Delete :  Data1.Refresh
    End If
End Sub
Private Sub Cmdmod_Click()              '“修改记录”命令按钮的实现
    If Cmdmod.Caption = "修改记录" Then
        Call textenabled(True) :   Call cmdenabled(False)
        Cmdadd.Enabled = False :  Cmdmod.Caption = "确定"
    Else
        Call textenabled(False)  :  Call cmdenabled(True)
        Cmdadd.Enabled = True :   Cmdmod.Caption = "修改记录"
    End If
End Sub
Private Sub Cmdfind_Click()             '“条件查找”命令按钮的实现
    Dim no As String
    no = Trim(Text1.Text)
    If no = "" Then MsgBox "请在左侧文本框中输入要查询的火车车次！": Exit Sub
    Data1.Recordset.FindFirst "火车车次='" + no + "'"
    If Data1.Recordset.NoMatch Then  MsgBox "该车次不存在！"
End Sub
Private Sub Cmdreturn_Click()           '“返回”命令按钮的实现
```

```
    Formmain.Show :  Unload Me
End Sub
Private Sub textenabled(x As Boolean)          '文本框的有效性设置
    Txtno.Enabled = x  : Txttime1.Enabled = x : Txttime2.Enabled = x : Txtstart.Enabled = x
    Txtterminus.Enabled = x : Txtprice1.Enabled = x: Txtprice2.Enabled = x
End Sub
Private Sub cmdenabled(x As Boolean)          '命令按钮的有效性设置
    Cmdpre.Enabled = x  : Cmdnext.Enabled = x : Cmddel.Enabled = x
    Cmdfind.Enabled = x  : Cmdreturn.Enabled = x
End Sub
```

本系统只是演示了数据库中的一些基本操作，如果从实用出发，还需要进一步完善。

本章小结

本章简要介绍了数据库的基本理论知识和 SQL 语言，详细讲述了在 Visual Basic 环境中可视化数据管理器的使用，并重点介绍了 Data 控件的使用。在最后的应用举例中介绍了党员信息管理系统的基本功能实现，使读者能将前面的理论应用到具体的实例中。

Visual Basic 6.0 在数据库方面提供了多项工具，除了介绍的 Data 控件以外，还有 ADO 数据控件等。其企业版或专业版能支持 3 种数据访问技术，即 DAO（数据访问对象）技术、RDO（远程数据对象）技术和 ADO（ActiveX 数据对象）技术。感兴趣的读者可以深入学习 Visual Basic 中的数据库编程知识，设计出功能更完备更强大的管理信息系统。

思考练习题

一、基本题

1. 数据库中的数据模型有几种？分别是什么？
2. SQL 的命令有哪些？
3. 绑定控件的绑定属性是什么？
4. Visual Basic 可视化数据管理器中数据表如何创建？
5. 如何利用查询生成器创建查询？
6. Data 控件的主要功能是什么？它的常用属性和方法有哪些？
7. Seek 方法和 Find 方法组的相同点和不同点是什么？
8. Move 方法组中具体有哪些方法？它们的功能分别是什么？

二、操作题

在 Visual Basic 可视化数据管理器中创建一个 Access 数据库 enroll.mdb 和一个数据表 bm，表结构为：报名号 Text(3)、姓名 Text(10)、身份证号 Text(18)、毕业院校 Text(30)、专业名称 Text(20)、报考院校 Text(30)、报考专业 Text(20)，并录入部分原始记录。要求在应用程序中能实现数据库的连接，并能实现基本的查询和编辑功能。

第 12 章 Visual Basic .NET 简介

学习重点

- Visual Basic .NET 集成环境的使用。
- 掌握面向对象程序设计中类、对象及命名空间的概念。
- 了解 Visual Basic .NET 和 Visual Basic .60 的差异。

12.1 Visual Basic .NET 简介

Visual Basic 是目前最流行的软件开发工具之一，由于它简单易学、开发效率高、开发周期短而深受广大软件开发人员的喜爱，但美中不足的是 Visual Basic 并不完全支持面向对象。这种不足在 Visual Basic .NET（以下简称 VB.NET）中得到了完全改变，VB .NET 是一门真正的面向对象的语言，具有继承、派生、重载等特性。

VB .NET 是集成在 Visual Studio .NET 中的一个开发工具。Visual Studio .NET 是一个功能强大、高效并可扩展的开发工具，用于迅速生成企业级 ASP Web 应用程序、高性能桌面应用程序和移动应用程序，Visual Studio .NET 把 VB .NET、Visual C++ .NET 和 Visual C# .NET 集成在一个开发环境中，这个共有的环境允许它们共享工具，有助于创建混合语言解决方案。在 Visual Studio .NET 中，通过不同的语言开发组件，并通过交叉语言继承，可以从用一种语言编写的类中派生出用另一种语言编写的类，并且可以相互调用。例如，编写一个 C#类，在 VB .NET 类中可以继承此 C#类。

VB .NET 支持许多新的或改进的面向对象的语言功能，如继承、重载、重写关键字、接口、共享成员和构造函数，同时还包括结构化异常处理、委托以及自定义属性和符合公共语言规范（CLS）等。VB .NET 还支持多线程处理。VB .NET 的面向对象的特色带来了许多切实的好处，使得创建某些类型的应用更加快捷和方便，对基于网络程序开发的功能也大大增强。

12.2 Visual Basic .NET 程序开发环境

在 Visual Studio .NET 中，VB .NET、Visual C++ .NET 和 Visual C# .NET 的绝大多数界面功能是相同的。VB .NET 的界面风格与 Visual Basic 相似，采用选项卡式的多窗口的布局。

VB .NET 集成开发环境包括了以下窗口：主窗口菜单栏和工具栏、工具箱窗口、Windows 窗体设计器窗口、解决方案资源管理器窗口、属性窗口、动态帮助窗口、代码窗口、调试窗口和对象浏览器窗口等。如图 12-1 所示，可以通过对齐、停靠窗口等方法来自定义这些窗口元素，避免出现拥挤杂乱的现象，也可以通过隐藏工具的方法将一些暂时不使用的工具隐藏起来，需要时再将它们打开。

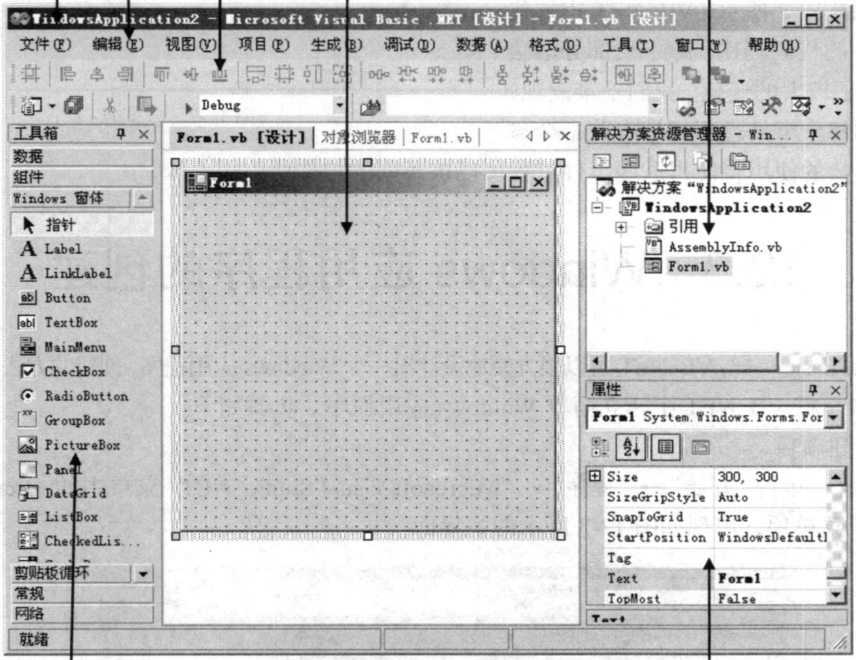

图 12-1 VB .NET 集成开发环境

1. Windows 窗体设计器窗口

Windows 窗体设计器窗口和 Visual Basic 6.0（以下简称 VB 6.0）类似，是用于生成应用程序的编辑窗口，是放置其他控件的容器，设计时可以将工具箱中的控件添加到窗体上。

2. 解决方案资源管理器窗口

解决方案资源管理器窗口类似于 VB6.0 的工程资源管理器，其功能是显示一个应用程序中所有的属性以及组成这个应用程序的所有文件，双击项目中的列表项可以打开相应的对象窗口，打开的窗口在主界面的中间区域内以选项卡的形式依次排放。

项目类型为“Visual Basic 项目”的 Visuan Studio .NET 工程中的资源文件扩展名均为*.vb。

3. 工具箱窗口

Visuas Studio .NET 提供了一组工具用于设计时在窗体中放置控件，其显示方式较 VB6.0 有了较大的改变。默认情况下，集成开发环境中包含了“数据”、“组件”、“Windows 窗体”、“剪贴板循环”、“常规”等几个选项卡。除了默认的工具箱布局之外，还可以通过右键单击“工具箱”窗口，在显示的快捷菜单中选定“添加选项卡”来增加选项卡，并在结果选项卡中添加控件以完成自定义布局。

4. 属性窗口

每个 VB .NET 对象都有其特定的属性，可以通过“属性”窗口来设置，对象的外观和对应的操作由所设置的值来确定。如果想详细了解窗体的每个属性，可以选择某个属性并按 F1 键获得联机帮助。

5. 代码窗口

与 VB6.0 中一样，所有的窗体设计窗口都与代码窗口有联系，代码窗口包含所有 Form 和对象的代码，是进行程序编辑的场所。如图 12-2 所示，VB .NET 中的代码与 VB6.0 的代码相比，除了大部分语法一致外，有了较大的变化。我们不难发现，VB .NET 的每个事件过程都带有若干个参数，这些参数的使用将使得这些事件过程可以被不同的控件所引用。

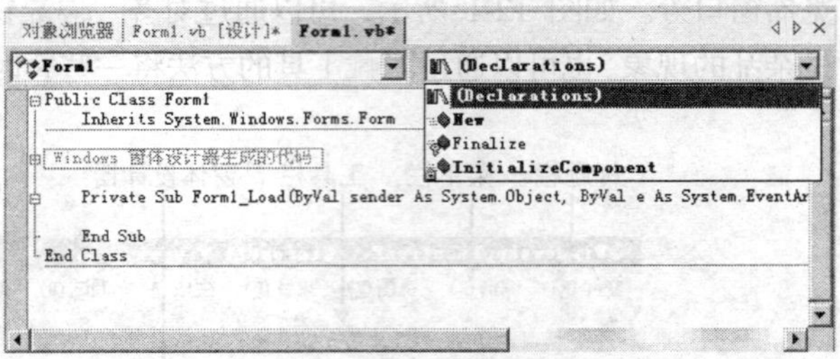

图 12-2　代码窗口

12.3　Windows 应用程序的创建

与 Visual Basic 一样，VB .NET 可以很方便地设计出一个 Windows 应用程序，创建的方法也基本一样。

例 12-1　在 VB .NET 中建立简单 Windows 应用程序。步骤如下。

（1）新建项目

在桌面上，运行"开始"→"程序"→"Microsoft Visual Studio .NET"菜单中的 Microsoft Visual Studio .NET 菜单项，出现如图 12-3 所示的主界面。

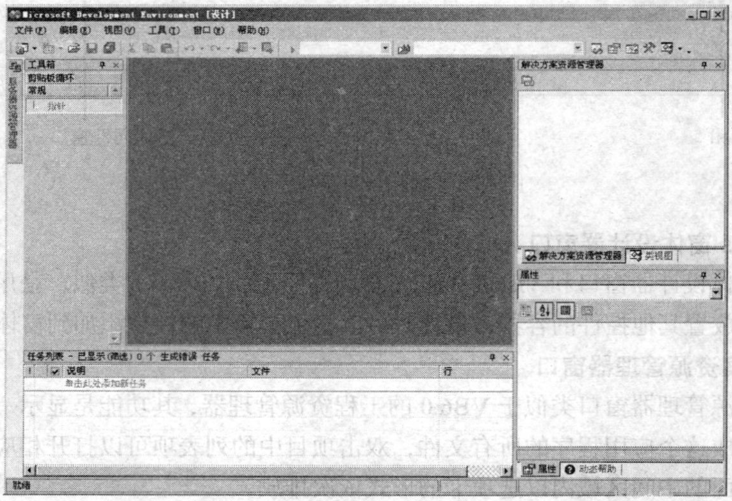

图 12-3　Visual Studio .NET 主界面

选择"文件"菜单中的"新建"→"项目"，出现如图 12-4 所示的界面。

在左侧"项目类型"列表中选择"Visual Basic 项目"，右侧"模板"列表中选择"Windows 应用程序"，然后在"名称"文本框中输入要创建的项目名，在"位置"文本框中选择要保存项目的位置，最后单击"确定"按钮就可以创建一个新的项目。如图 12-1 所示，解决方案资源管理器窗口中出现窗体文件 Form1.vb。

（2）界面及属性设计

在窗体设计器中的窗体上放置两个命令按钮（Button）控件和一个文本框（TextBox）控件。将窗体的 Text 属性设置为"我的第一个程序"，将 Button1 的 Text 属性设置为"显示"，Name 属性设置为“ok”，将 Button2 的 Text 属性设置为“取消”，Name 属性设置为“quit”。TextBox1 的 Text 属性设置为空。设计界面如图 12-5 所示。

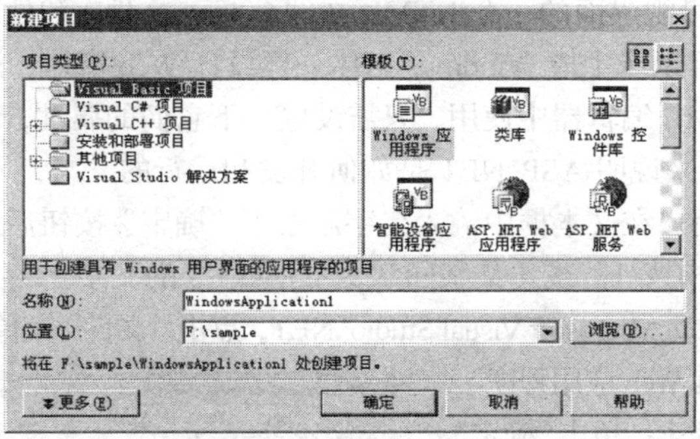

图 12-4　新建项目对话框

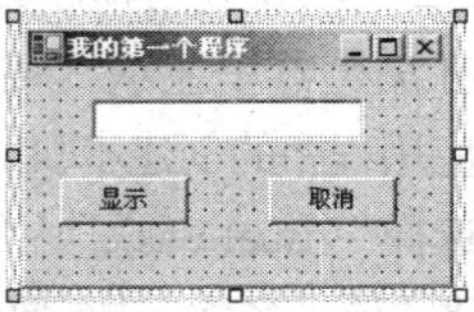

图 12-5　程序设计界面

（3）程序代码编写

双击窗体或按钮进入代码窗口，如图 12-6 所示。在代码窗口的类名下拉列表框中选“ok”，在事件下拉列表框中选“Click”，在 ok_Click 中输入代码：

```
TextBox1.Text = "这是我的第一个程序"
```

同样选择“quit”控件的 Click 事件，输入代码：

```
Me.Close()
```

（4）保存文件

选择“文件”菜单的“保存”或“全部保存”选项，将项目、解决方案和代码保存。由于新建项目时确定了项目所在的位置，所以在保存文件时以默认的位置和名称进行保存，如需更改，可选择“另存为”选项。

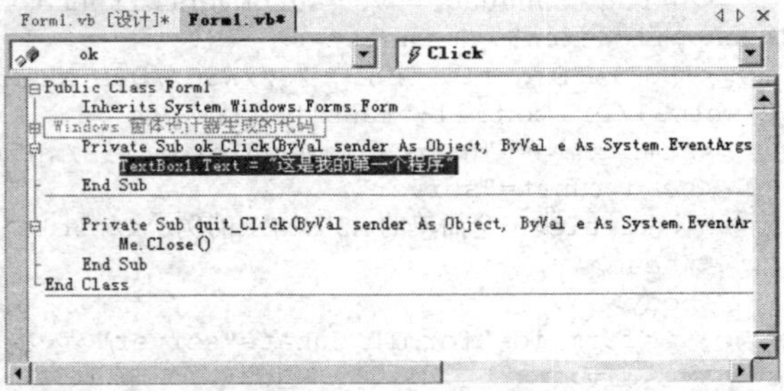

图 12-6　包含 ok_Click 和 quit_Click 事件的代码窗口

（5）调试和运行

单击“调试”菜单→“运行”，或按 F5，或按工具栏上的“运行”按钮，即可运行程序，运行结果如图 12-7 和图 12-8 所示。

图 12-7　“显示”按钮点击前

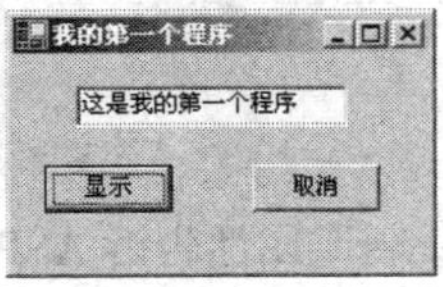

图 12-8　“显示”按钮点击后

12.4　Web 应用程序的创建

在 VB .NET 中除了 Windows 窗体引擎之外，还包含了 Web 窗体，这是一个专门为构造 Web 应用而设计的窗体引擎。这个引擎的目标是要让用户能够像创建传统 Windows 桌面应用的窗体一样非常方便快捷地创建 Web 窗体。Web Form 是一种 ASP .NET 技术，通过 Web Form 我们可以使用熟悉的快速程序开发工具来创建带有执行代码的窗体。窗体中的代码以编译方式在服务器端运行，经过处理后把结果以 HTML 的方式发送给浏览器。

一个 Web Form 页包括两部分，实现可视界面的一个 HTML 文件（.aspx 文件）和处理事件的源文件（.vb 文件）。在 VB .NET 中我们可以像生成 Windows 窗体一样设计 Web 窗体，通过 Web 控件工具箱，可以直接把控件拖放到 HTML 编辑器中使用，只需设置一下它们的属性，编写一些适当的代码即可。我们以一个简单的例子来说明 ASP .NET 是如何开发和运行的。

例 12-2 Web 应用程序开发示例。用户在文本框中输入名字后按下“确定”按钮后会根据当前的时间在浏览器里显示“某某同学，上午好！”或“某某同学，下午好！”的文字。

Web 应用程序的创建步骤如下：首先启动 Microsoft Visual Studio .NET，点击“文件”菜单中的“新建项目”，选择“Visual Basic”中的“ASP .NET Web 应用程序”，输入要创建的项目名称，选择要保存的文件路径，单击“确定”按钮，此时一个具有空白页面的 Web 应用程序已建立完成。

新建项目会有一个名为“Default.aspx”的起始页面，选择工具箱，拖放一个 Label 控件至 Web 窗体，其文本属性设置为“请输入姓名：”，再放置一个 TextBox 控件和一个 Button 控件至 Web 窗体，Button 控件的文本属性设置为“确定”。此时一个简单的 Web 窗体已经完成，如图 12-9 所示，VB .NET 将自动生成如下的 HTML 文本代码：

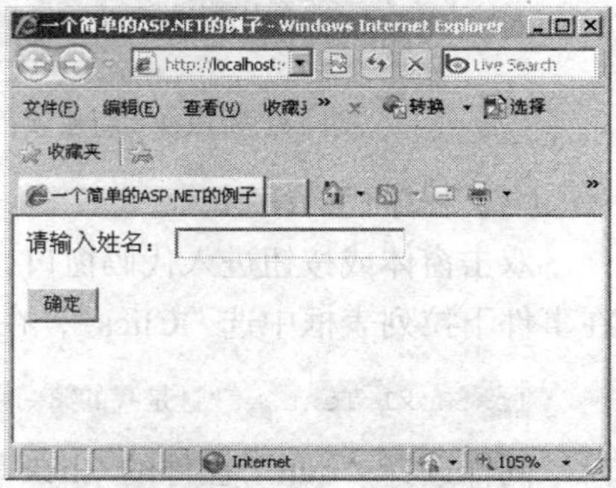

图 12-9 ASP .NET 窗体

```
<%@ Page Language="vb" AutoEventWireup="false" CodeBehind="Default.aspx.vb" Inherits=
"WebApplication8._Default" %>
<!DOCTYPE html PUBLIC "-//W3C//DTD XHTML 1.0 Transitional//EN" "http://www.w3.org/
TR/xhtml1/DTD/xhtml1-transitional.dtd">
<html xmlns="http://www.w3.org/1999/xhtml" >
<head runat="server">
   <title>一个简单的 ASP.NET 的例子</title>
</head>
<body>
   <form id="form1" runat="server">
   <div>
      <asp:Label ID="Label1" runat="server" Text="请输入姓名：">
</asp:Label>
      <asp:TextBox ID="TextBox1" runat="server"></asp:TextBox><br />
      <br />
      <asp:Button ID="Button1" runat="server" Text="确定" /></div>
   </form>
</body>
</html>
```

代码中“runat=server”属性告诉 ASP .NET 服务器和客户都可以使用这些控件，这种控件称之为服务器控件。而属性“asp:”用作控件名的前缀，标识了控件是从哪里来的。此时在设计页面上双击 Button1 控件，进入 Default.aspx.vb 文件编辑 Button1_Click 事件，在 Button1_Click 中输入如下代码：

```
Dim intHour As Integer
Dim strHello As String
intHour = DateTime.Now.Hour
If (intHour >= 6 And intHour <= 12) Then
   strHello = "上午好！"
End If
If (intHour > 12 And intHour <= 13) Then
   strHello = "中午好！"
End If
```

```
        If (intHour > 13 And intHour <= 18) Then
            strHello = "下午好! "
        End If
        If (intHour > 18 And intHour <= 23) Then
            strHello = "晚上好! "
        End If
        Response.Write("<html>")
        Response.Write("<center>")
        Response.Write("<h2>" + TextBox1.Text.Trim() + "同学," + strHello + "</h2>")
        Response.Write("</center>")
        Response.Write("</body>")
    Response.Write("</html>")
```

保存文件，并点击“调试”菜单上的“开始调试”项或单击快捷按钮上的▶按钮便可在浏览器中运行程序，上述 Web 窗体运行结果如图 12-10 和图 12-11 所示，在文本框中输入姓名，单击“确定”按钮后，连同由时间确定的问候语一起出现在页面上方。

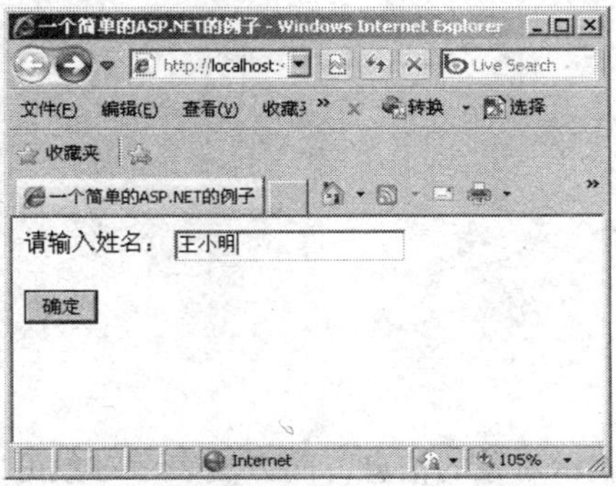

图 12-10　TextBox 控件输入文字

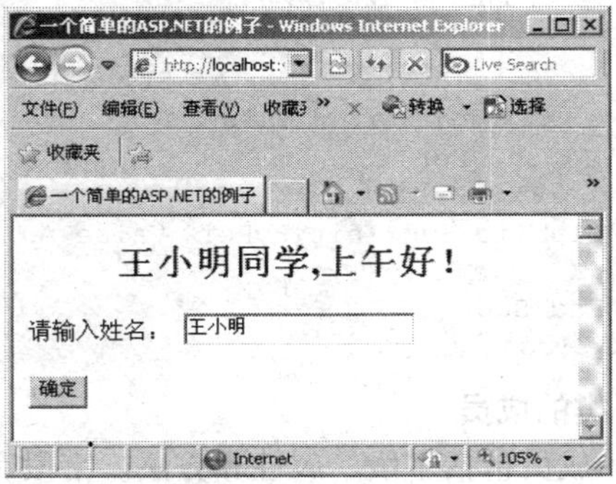

图 12-11　运行结果

从例 12-2 中我们不难发现，在 ASP .NET 中，基本网页信息存放在.aspx 文件中，而窗体上对象的事件过程存放在.vb 文件中，且在.aspx 文件开头有关联说明。

上述例子是一个简单的 ASP .NET 的例子，要实现更复杂的功能只需往项目中逐个添加 Web Form 即可，并在代码或属性中设置相关的链接。但要注意的是上述例子开发到现在只有本机能看到运行结果，要让其他人也能运行此 Web 应用程序，需要将此项目发布到相应的 Web 服务器。

12.5　类、对象和命名空间

VB .NET 语言中的类分为两种，一种是系统定义的类，即 VB .NET 类库中的类，如 Forms 类、Math 类、String 类等，另一种是用户自定义的类。本节主要介绍用户自定义的类及相关的概念。

12.5.1　类与对象

1. 类的定义

类和对象是面向对象语言的基本特征。类是对具有相同特征的一类事物的归纳，现实生活中也可以把具有相同特征的一些事务抽象出来作为一个类，不仅可以用来表示具有相同特征的具体事务，也可以表示具有相同特征的抽象事务。例如，我们使用的手机，虽然生产厂家不同，外观不同，但它们有一些共同特征，都能打电话接电话，都能收发短信，因此我们可以抽象出一个手机类。

类的定义格式如下：

```
Class 类名
  代码
End Class
```

类由一个 Class 关键字和 End Class 对应，在中间添加代码即可。使用这对关键字的目的是为了在一个源文件中包含多个类，同时一个源文件（后缀名为.vb）中可以使用多个 Class…End Class 块。在 Visual Studio .NET 中添加类非常简单，具体步骤是在已存在的项目中选择“项目”→“添加类”命令。尤其需要注意的是，在 IDE 创建子类，会增加新的文件到项目中去。

例 12-3 TestClass 类的定义。

```
Class TestClass
    Public TestField As String
    Private m_PropVal As String
    Public Property One() As String
        Get
          Return m_PropVal
        End Get
        Set (ByVal Value As String)
          m_PropVal = Value
        End Set
        End Property
    Plublic Sub Init(ByRef  Value As String)
          Value=""
    End Sub
End Class
```

2. 类的成员

类的成员包括字段、属性和方法。字段和属性表示对象的信息，而方法表示对象可以采取的行为。从应用程序角度来看，字段和属性几乎无法区别，但在类中声明它们的方式不同。字段是类公开的公共变量，而属性使用 Property 过程控制如何设置或返回值。

（1）类的字段成员

类中的字段可以认为是类中的变量。向类添加一个字段实质上就是在类定义中声明一个公共变量，字段成员也称为数据成员。如例 12-3 中的 TestField 就是定义的一个公共变量。

（2）类的属性成员

类中声明一个局部变量来存储属性值，然后编写属性过程。属性过程包含在 Property 和 End Property 之间，根据需要以修饰符（Public 和 Shared）作为属性声明的开头，使用 Property 关键字声明属性名称，并声明属性存储和返回的数据类型，在属性定义中定义 Get 和 Set 属性过程。如例 12-3 中的 TestClass 类拥有一个名称为 One 的属性，局部变量 m_PropVal 用来存放该属性值。

（3）类的方法成员

类的方法就是在这个类中声明的公共 Sub 或 Function 过程，也称为函数成员。如例 12-3 中的 TestClass 类拥有一个名称为 Init 的方法，该方法有一个参数，该方法的功能是将一个字符串清空。

3. 对象

对象是可视为一个单元的代码和数据的组合，对象可以是一段程序、一个控件或一个窗体，整个应用程序也可以是一个对象。

VB .NET 中每个对象都由一个类来定义。类描述对象的字段、属性、方法和事件。对象是类的实例。创建一个类后，可以创建所需的任何数量的类的实例，即对象。

VB .NET 中类和对象之间的关系如下。

（1）在 VB .NET 中，工具箱上的控件表示类。当将控件从工具箱拖放到窗体上时，实际上是在创建一个对象，即类的一个实例。

（2）在设计时使用的窗体是一个类，运行时，VB .NET 创建的窗体类是一个实例。

任何一个类必须“实例化”对象后才能应用对象的方法或更改某个属性的值。实例化是一种过程，通过该过程创建类的实例并将该实例分配给对象变量。

一般地，我们使用 New 关键字创建类的实例变量。例如：

```
Dim x As New TestClass ()
```

以上代码中用变量 *x* 来引用类 TestClass 的新实例，*x* 具有上述 TestField 成员和 One 属性。

4. 类的应用

在面向对象的编程中，实际操作的是类的具体实例——对象，类只是一个模板。对象被称为类的实例（instance），因此创建一个对象的过程又被称为类的实例化。

例 12-4　Boss 类的实例化及应用。

在项目中新建一个类文件 Class1，在其代码窗口中定义名为 Boss 的类，代码如下：

```
Class Boss
  Dim Salary As Decimal=30000
  Dim YearlyBonus As Decimal=50000
  Public Sub Display()
    System.console.writeline("经理收入: "& Salary)
  End Sub
End Class
```

该 Boss 类中有两个数据成员 Salary 和 YearlyBonus，有一个 Display 的方法。

在窗体 Form1 中建立一个按钮 Button1，并给按钮编写事件过程如下：

```
    Private Sub Button1_Click(ByVal sender As System.Object, _
                             ByVal e As System.EventArgs) Handles Button1.Click
        Dim anBoss As Boss
        anBoss = New Boss()             '必须使用关键字 New 初始化类 Boss
        anBoss.Display()                '调用 Display 方法
    End Sub
```

在 Button1_Click 中声明了 Boss 类的对象变量，名为 anBoss。在对变量 anBoss 初始化后就可以使用它的功能了，例如调用 Display 方法。

调试并运行该程序，在“输出”窗口中显示运行结果，如图 12-12 所示。

调试结束后，保存该程序中的窗体文件为 Form1.vb，类文件为 Class1.vb。

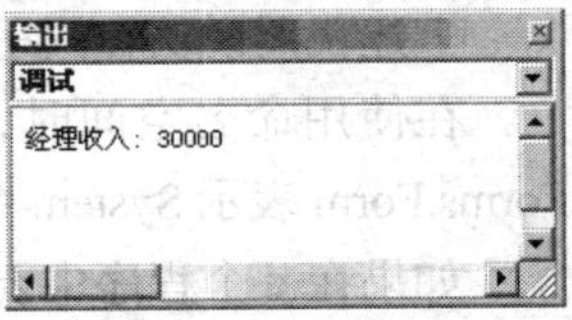

图 12-12　例 12-4 调试结果

5. 类的特性

类的特性主要有以下几方面，体现了面向对象编程所共有的特征。

（1）封装性。VB 6.0 没有继承，因此其封装性还不完善。然而在 VB .NET 中这一点得到了根本的改善，VB.NET 有着良好、完善的封装性。

（2）继承性。对于具备继承性的开发工具，编写代码的效率提高，维护代码也方便得多。VB .NET 中使用 Inherits 语句来继承父类，例如：

```
Public Class Form1
  Inherits System.Windows.Forms.Form
```

从上述代码可以看出一个类继承另一个类是非常简单的，同样一个对象可以继承一个已制定好的对象。

（3）重载。重载就是几个函数的名字完全一样，但参数类型或个数不一样，实际调用将按参数类型来区分。在 VB .NET 中，使用 Overloads 关键字可实现重载。例如：

```
    Overloads Sub Display (ByVal thechar As Char)
    …
    End Sub
    Overloads Sub Display (ByVal theInteger As Integer)
    …
    End Sub
```

（4）多态。同一操作作用于不同的对象，可以有不同的解释，产生不同的执行结果，这就是多态性。多态性分为两种，一种是编译时的多态性，另一种是运行时的多态性。

在 VB6.0 中通过接口已经能实现多态，接口必定是公有的。而在 VB .NET 中对接口的支持更加好，用户可以将接口定义为私有的，不让别人看见。

总之，在 VB .NET 中一切都是对象，代码复用简化了开发过程。同时用户可通过支持 Visual Studio .NET 的通用语言运行库（CLR）继承在其他 Visual Studio .NET 语言中定义的类。

12.5.2 命名空间

命名空间提供了把类组织到逻辑组中，使这些类更易于调用和管理。命名空间不具有任何特别的功能，只是在逻辑上用来存放一个或者多个类、模块、结构等。使用命名空间来管理类，可以避免同名类发生的冲突。一个项目中可以有多个命名空间，一个命名空间中还可以嵌套一个或多个命名空间。命名空间是一种松散的类的集合，一般不要求处于同一个命名空间中的类有明确的相互关系，如继承关系等，但由于同一命名空间中的类在默认情况下可以相互访问，所以为了方便编程和管理，通常把需要在一起工作的类放在同一个命名空间中。在默认状态下，VB .NET 项目中有一个根命名空间，它实际上是项目属性的一部分，这个根命名空间与项目同名。所以，当使用自定义命名空间块结构时，实际上是增加到根命名空间去。

VB .NET 使用了关键字 Namespace…End Namespace 组成一个区块来声明一个自定义的命名空间。例如：

```
Namesapce NamespaceTest1
  Public Class Boss
  …
  End Class
  Class Test
  …
  End Class
End Namespace
```

上述代码说明在同一个命名空间中有两个类：Boss 和 Test。

在使用命名空间时，可以使用符号“.”来表示命名空间的层次。例如：System.Windows.Forms.Form 表示 System 命名空间中的 Windows 子命名空间中的 Forms 子命名空间中的 Form 类。

如果在一个程序中要经常使用一个命名空间，可以采用引用命名空间的方法，这样在每次调用其成员时就不需要重复写命名空间了。引用的方法是利用 Imports 语句，格式如下：

```
Imports 命名空间名.类名
```

需要注意的是，Imports 语句必须位于类声明语句之前，一个模块中可以包含任意数量的 Imports 语句。

12.5.3 继承和接口

1. 继承

类的继承是面向对象方法的重要特征之一。通过类的继承，可以在已有类的基础上构造新的类，新类继承原有类的所有属性、方法和事件，同时还能拥有自己特殊的属性和方法。新构造的类称为子类，原有的类称为父类。默认情况下 VB .NET 创建的类都是可继承的。

继承使得用户只需编写和调试类代码一次就可将此类作为新类的基础不断重复使用。

（1）Inherits 语句指定基类。

（2）NoInheritable 修饰符用于防止将该类作为基类。

（3）MustInherit 修饰符用于该类仅适用于做基类。

（4）Overridable 允许某个类的属性或方法在派生类中被重写。

（5）Overrides 重写基类中定义的 Overridable 属性或方法。

（6）NotOverridable 修饰符防止某个属性或方法在继承类中被重写，默认情况下 Public 方法为 NotOverridable。

（7）MustOverride 要求派生类重写属性或方法。使用 MustOverride 关键字时，方法定义仅由 Sub、Function 或 Property 语句组成，不允许其他语句，尤其是不能有 End Sub 或 End Function 语句。必须在 MustInherit 类中声明 MustOverride 方法。

例 12-5　继承实例。

以下代码中定义了两个类：第一个类是具有两个方法的基类；第二个类从基类中继承这两个方法，重写第二个方法，并定义一个名为 Field 的字段。

```
Class Class1
   Sub Method1()
      System.Console.Writeline("This is a method in the base class. ")
   End Sub
   Overridable Sub Method2()   '允许Method2 方法被重写
      System.Console.Writeline("This is another method in the base class.")
   End Sub
End Class
Class Class2
   Inherits Class1                '指定基类为Class1
   Public Field2 As Interger
   Overrides Sub Method2()        '重写Class1 中的Method2 方法
      System.Console.Writeline("This is a method in the derived class.")
   End Sub
End Class
Protected Sub TestInheritance()
   Dim C1 As New Class1()
   Dim C1 As New Class2()
   C1.Method1()                   '调用基类中的Method1 方法
   C1.Method2()                   '调用基类中的Method2 方法
   C2.Method1()                   '调用从基类中继承来的Method1 方法
   C2.Method2()                   '调用派生类中的Method2 方法
End Sub
```

运行过程 TestInheritance 后，结果显示：

```
This is a method in the base class.
This is another method in the base class.
This is a method in the base class.
This is a method in the derived class.
```

2. 接口

Interface 定义为类所能实现的属性、方法和事件。接口允许将功能定义为一些紧密相关的属性、方法和事件的小组，这样可以在不损害现有代码的基础上开发接口的增强型功能。在无须从基类继承的情况下，使用接口更合适。

与类相似，接口也定义了一系列属性、方法和事件。但与类不同的是接口并不能提供实现，需要由类来实现。接口表示一种约定，实现接口的类必须严格按其定义来实现接口的每个方面。

接口定义包含在 Interface 语句和 End Interface 语句之间。在 Interface 语句后面可以选择性地加一个 Inherits 语句，由它列举一个或多个继承接口。默认的接口语句是通用的，也可以将它们显式地声明为 Public、Friend、Protected 或 Private。

12.6 VB .NET 与 VB 6.0 的差异

Visual Basic 早期的版本的目标是建立 Windows 客户端程序，而 VB.NET 则旨在创建 XML Web 服务应用程序。为达到此目的，VB .NET 为公共语言运行库生成托管代码，就需要更改语言本身。通过更改，VB .NET 简化了语言并增强了一致性，添加了用户要求的新功能，使得代码易于阅读和维护，帮助程序员避免出现编码错误，使应用程序更稳健并更易于调试。

由于 VB .NET 大部分代码规则及基本知识与 VB 6.0 一致，本节将简单介绍 VB .NET 与 VB 6.0 的部分区别供读者参考，方便读者从 VB 6.0 程序设计晋级到 VB .NET 的学习。

12.6.1 开发环境

1. 窗口布局

VB .NET 完全集成到 Visual Studio 集成开发环境（IDE）中，这种集成开发环境与 VB 6.0 在某些方面有差异。

① 窗口的标准排列方式在 VB .NET 中与 VB 6.0 中有所不同。如果喜欢 VB 6.0 的排列方式，则可以在 Visual Studio“起始页”界面中单击“我的配置文件”链接，然后在“窗口布局”下拉列表框中选择“VB 6.0”选项。

② 在 VB 6.0 中，默认情况下 IDE 设置为某种 MDI 布局；而在 VB .NET 中，IDE 的默认布局是新的“选项卡式文档”布局。如果要将默认布局设置为 MDI，则操作方法为：首先单击“工具”中的“选项”菜单命令，然后在弹出的“选项”对话框左侧列表的“环境”文件夹中单击“常规”选项，并在右侧的“设置”栏中选中“MDI 环境”单选按钮，最后点击“确定”按钮。

③ 在 VB 6.0 中，可以通过“选项”对话框来控制某些工具窗口的停靠行为。而在 VB .NET 中，所有窗口默认情况下都是可停靠的，并且可以通过“窗口”主菜单中的“可停靠”菜单命令控制它们的行为。

2. 项目（工程）

VB 6.0 中文版中将 Project 翻译成工程，而 VB .NET 中文版中将 Project 翻译成项目。

① 在 VB 6.0 中，工程使用基于引用的模型，即工程文件包含对工程项的引用，这些引用指定工程项的路径。例如，向工程添加文本文件时，工程文件中会记录指向该文件的位置，生成工程时，将自动从记录的位置加载该文本文件。VB .NET 使用基于文件夹的模型，即所有项目项均放置在项目文件夹层次结构中。当添加文本文件时，将在项目文件夹中放置该文件的副本，生成该项目时，将从该文件副本加载该文本文件。

② 在 VB 6.0 中，可在工程资源管理器中添加多个工程，多个工程称为“工程组”。而在 VB .NET 中，解决方案资源管理器代替了项目资源管理器，解决方案代替了“项目组”。VB 6.0 的“工程组”只能包含 VB 工程，而解决方案可包含使用任意 Visual Studio .NET 语言组合创建的项目。

12.6.2 控件及属性

虽然 VB 6.0 和 VB.NET 都提供创建组件的功能，但两者在组件创作的某些方面差异较大。在 VB 6.0 中，组件创建全部是关于创建 COM 组件，即可在 COM 应用程序中使用的 ActiveX 控件、ActiveX DLL 和 ActiveX EXE。在 VB .NET 中，组件基于.NET 框架，创建的组件可用于使用.NET 框架生成的应用程序。使用 VB .NET 生成的组件基于继承，即每个组件都是从 Component 或 Control 基类派生的。

1. 组件栏

在 VB 6.0 中，不论控件在程序运行时是否可见，都可以在窗体设计器中看到，例如 Timer 控件。而在 VB .NET 中，这些不可见的控件均显示在组件栏中。当不可见控件添加到窗体时，窗体设计器在窗体底部显示一个可以调整大小的栏，所有不可见控件都在此栏中显示。将不可见控件添加到组件栏后，选中不可见控件，设置其属性的方法与设置窗体上任何其他可见控件的方法相同。

2. 位置属性

VB6.0 中使用的是传统的 Left 和 Top 属性来设置控件的位置，而在 VB .NET 中，窗体和控件的位置属性是 Point 类结构，也就是 X 坐标和 Y 坐标。它们分别对应于 VB 6.0 中的 Left 和 Top 属性。实际上，在 VB .NET 中 Left 和 Top 属性仍然是窗体和控件的属性，可以在代码中使用，只是它们不再显示在“属性”窗口中。

3. 控件的新增属性

在程序运行时，如果窗体的大小产生了变化，则需要重新设置窗体内控件的相对位置和大小。在 VB6.0 中，需要手工计算控件的位置和大小，而在 VB .NET 中可以使用 Anchor 和 Dock 属性来实现。

（1）Anchor 属性是控件的定位点。定位点可以使控件的一个或多个边框与窗体对应的边缘保存固定值，也就是说，控件最近的一条边和指定边之间的距离将保持不变。Anchor 属性的默认值是 Top、Left，如果要改变属性值，则在属性值图表中单击包含要使用 Anchor 属性的矩形。黑灰色的矩形表示选中的边框。

（2）Dock 属性允许控件“停靠”在窗体的一个边界上。它类似于 VB 6.0 中某些控件的 Align 属性。Dock 的默认属性值是 None，如果要改变属性值，则在属性值图表中单击要使用 Dock 属性的按钮。

4. Timer 控件属性

在 VB .NET 中，Timer 控件的属性有较大的改动，它不再支持 Index、Parent 和 Tag 属性，而 Interval 和 Name 属性的作用也与 VB 6.0 不同。在 VB 6.0 中，Timer 控件的 Name 属性可以在设计时更改并在运行时读取。而在 VB.NET 中，Name 属性只是 Timer 控件设计时名称，该名称在运行时不可访问。在 VB 6.0 中 Interval 属性可以设置为 0，用来停止 Timer 控件。而在 VB .NET 中，Interval 属性的最小值是 1，可以使用 Enabled 属性来停止和启动 Timer 控件。

5. 不再支持控件数组

在 VB6.0 中，控件数组可用于指定一组共享事件集的控件。这些控件应该是相同的类型，并且具有相同的名称。

在 VB .NET 中，不再支持控件数组。对事件模型的更改使控件数组没有存在的必要。VB .NET 中的事件模型允许任何事件处理程序都可以处理来自多个控件的事件。事实上，就允许程序员创建属于不同类型但共享相同事件的控件组。

6. 不再使用菜单编辑器

VB .NET 程序中菜单的设计不再使用菜单编辑器，而采用一种“所见即所得”的、能快速设计出菜单的菜单结构容器 MainMenu 控件。

7. 通用对话框控件

VB6.0 中使用通用对话框控件实现打开文件、保存文件、字体、颜色、打印等对话框，而在 VB .NET 中使用“OpenFIleDialog”（打开文件对话框）、“SaveFileDialog”（保存文件对话框）、“FontDialog”（字体对话框）、“ColorDialog”（颜色对话框）、“PrintDialog”（打印对话框）、“PrintPreviewDialog”（打印预览对话框）等独立控件。

8. Caption 属性被 Text 属性取代

VB6.0 中按钮、窗体等对象的 Caption 在 VB .NET 中被 Text 属性取代。

9. 几个控件被其他控件取代

Image 控件被 PictureBox 控件取代，OptionButton 控件被 RadioButton 控件所取代，Fame 控件被 GroupBox 控件所取代。CommandButton 按钮控件改称为 Button 控件。

10. 不支持 Variant（变体）数据类型

此外，VB .NET 中不再支持 Variant（变体）数据类型，默认情况下，所有的变量都需要先定义后才能使用。

12.6.3 数据类型的更改

1. 不支持 Deftype 语句

VB6.0 中可以使用 Deftype 语句来设置变量的默认类型，如 DefBool、DefByte、DefCur、DefDbl 分别用于设定变量默认是 Bool、Byte、Currency、Double 类型；而 VB .NET 不支持 Deftype 语句。

2. 用 Decimal 类型替代 Currency 类型

VB6.0 中可将 Currency 数据类型用于货币的计算和定点计算；而 VB .NET 不支持 Currency 类型，对于货币变量和计算，改用新的 Decimal 数据类型，该类型可以处理小数点两边更多的位数。

3. 整数类型

与 VB6.0 相比，VB .NET 将整数类型进行了调整以取得和 Visual Studio .NET 中其他语言的一致，如表 12-1 所示。

表 12-1　　VB6.0 与 VB .NET 的整数类型对照表

整数大小	VB6.0 类型和类型字符	VB .NET 类型和类型字符	公共语言运行库类型
8 位，有符号	无	无	System.SByte
16 位，有符号	Integer(%)	Short（无）	System.Int16
32 位，有符号	Long(&)	Integer(%)	System.Int32
64 位，有符号	无	Long(&)	System.Int64

4. 通用数据类型

VB6.0 中 Variant 作为通用数据类型，VB .NET 虽然仍将 Variant 作为保留关键字，但其已没有意义，而使用 Object 作为通用数据类型，例如：

```
Dim testObj As Object
```

5. 结构与自定义类型

在 VB6.0 中，使用 Type…End Type 语句块创建结构或自定义类型。VB .NET 引入新的 Structure…End Structure 语句块，Type…End Type 不再被支持。Structure…End Structure 可以指定结构中每个元素的可访问域，如 Public、Protected、Friend、Protected Friend、Private 等。例如：

```
    Structure StdRec
    Public StdId As Integer
    Public StdName As String
    Private StdInternal As String
End Structure
```

VB .NET 中的自定义就像类一样，也可以拥有方法和属性。

12.6.4 数组

除了不支持控件数组外，VB .NET 中对数组的使用也有一些变化。

1. 下标下限固定为 0

VB6.0 中数组的每一维度的默认下限是 0，可以通过 Option Base 语句将其改为 1，还可以重写单个数组声明中的默认下限。而 VB .NET 每一数组维度的下限都是 0，不能使用其他数，Option Base 语句不被支持。

2. 不支持固定长度数组

VB6.0 可以在数组声明中指定数组的大小，对于固定大小的数组不能使用 ReDim 对其进行修改大小。而 VB .NET 不支持固定长度数组，随时可以在执行期间通过 ReDim 更改数组大小。例如：

```
Dim X(10) As Integer
…
ReDim X(15)
```

3. 不能更改数组的维数

VB6.0 可以通过 ReDim 更改数组的维数，如：

```
Dim X() As Single
ReDim X(10)
…
ReDim X(10,10)
```

但在 VB .NET 中不能更改数组的维数。

12.6.5 变量及运算

1. 变量声明的差异

（1）VB6.0 中，可在同一语句中声明同一数据类型的多个变量，但必须指定每个变量的数据类型。例如：

```
Dim L, M As Integer              'L是变体型，M也是整型
VB .NET，声明同一类型的数据，无须重复类型关键字。例如：
Dim L, M As Integer              'L是整型，M也是整型
```

（2）在 VB6.0 中不能同时声明和初始化变量，而 VB .NET 则支持这个特性。例如：

```
Dim name As String = "Mahesh"
```

（3）支持 New 关键字。在 VB .NET 中，New 关键字用于创建对象。由于数据类型是对象，所以 New 关键字用以创建一个数据类型对象。

```
Dim i As Integer = New Integer()
```

2. 字符串长度声明的差异

VB6.0 可以声明固定长度的字符串。

VB .NET 除非声明中使用 VBFixedStringAttribute 类特性，否则不能声明固定长度的字符串。

3. 变量作用域的差异

VB6.0 中，在过程内部声明的任何变量都有过程作用域，可以在同一过程内的任何地方访问该变量。如果在块内部声明变量，在块外部仍可访问该变量。例如：

```
For i=1 to 10
Dim N As Long       '尽管 N 在块内部声明，但作用域为整个过程
  N=N+Incr(i)
Next i
W=Base^N            'N 在块外可见
```

VB .NET 在块内声明的变量只能作用于块内，不可从外部访问。例如：

```
Dim N As Long       'N 在块外声明，作用域为整个过程
For I=1 to 10
   Dim N As Long    'N 在块内声明，作用域为所在块结构
   N=N+Incr(I)
Next I
W=Base^N            'N 在块外不可见，语句出错！
```

不管变量的作用域是哪里，其生存期是整个过程的生存期，若变量在块内声明，并且在生存期内数次进入该块，则应初始化该变量值，以免出现意外值。

4. 算术操作符

VB .NET 支持+=，-=，*=，/=等赋值运算符，表示各类算术运算的快捷方式。

格式：

变量 赋值运算符 表达式

例如：

操作符	常规语法	快捷方式
加法	A = A+5	A +=5
减法	A = A − 5	A −= 5

12.6.6 函数

1. 日期/时间格式

VB6.0 中若要显示短日期或长日期，可使用“ddddd”或“dddddd”格式说明符。DayOfWeek（“w”）和 DayOfYear（“ww”）说明符显示视为每周第一天的那一天以及视为年份第一周的那一周。小写“m”字符将月份显示为前面不带零的数字，小写“q”字符将每年的季度显示为小写数字 1～4。若要将分钟显示为前面带有或不带零的数字，需使用“Nn”或“N”格式说明符。字符“Hh”将小时显示为前面带零的数字。“tttt”将时间显示为完整的时间，中午前后的时间如果希望显示时带有大写或小写的“A”或“P”，可使用“AM/PM”、“am/pm”、“A/P”、“a/p”或“AMPM”。

VB.NET 中，“ddddd”、“dddddd”和“dddd”都显示天的完整名称，行为相同。不支持 DayOfWeek（“w”）和 DayOfYear（“ww”），而使用 DatePart 函数，例如：

```
Format(Datepart(DateInterval.Weekday ,Now))
Format(Datepart(DateInterval.WeekOfYear ,Now))
```

同时“M”和“m”适用对象不同，“M”仅用于日期/时间格式的日期部分的月份，“m”仅用于时间部分中的分钟。不支持“q”说明符，而使用 DatePart 函数，例如：

```
Format(Datepart(DateInterval.Quarter ,Now))
```

若要将分钟显示为带有或不带有前导零的数值，需使用“m”或“mm”，不再支持“tttt”格

式。“H”和“h”适用对象不同，“H”仅适用于 24 小时时钟，而“h”适用于 12 小时时钟。用“t”和“tt”替换 AM/PM 格式。

2. 数字格式

VB6.0 中，Format 函数将字符串转换为数字。带有空负数格式字符串的负数显示为空字符串。显示尾随小数点。支持四种格式部分——正数、负数、零和空。用于科学记数法格式的指数支持“#”占位符。ShortDate/Time 说明符（“c”）以 ddddddtttt 格式显示日期和时间。

VB .NET 中，Format 函数不将字符串转换为数字。带有空负数格式字符串的负数显示为减号。不显示尾随小数点。支持三种格式部分——正数、负数和零。不支持“#”占位符，而使用“0”占位符。ShortDate/Time 说明符（“c”）是保留用作 Currency 格式设置的，对于日期格式设置，使用 ShortDate/Time（“g”）格式。

3. 字符串格式

VB6.0 中，使用@、&、<、>和!说明符为用户定义的格式字符串创建表达式。

VB .NET 中，不再对上述字符支持。

4. 日期和时间

VB6.0 中，Date 和 Time 函数以 4 字节的 Date 格式返回系统日期和时间。Date$和 Time$函数以 String 格式返回系统日期和时间。

VB .NET 中，使用 Today 和 TimeOfDay 替代 Date 和 Time，使用 DateString 和 TimeString 替代 Date$和 Time$函数。

5. 字符串($)函数

VB6.0 中，有些函数有两个版本，一个返回 String 值，一个返回 Variant 值，这些函数通过“$”符号与 String 版本区分开。

VB .NET 中，使用一个函数来替代每个函数对。Variant 版本已经停止，可以使用$后缀来调用 String 版本，也可以不使用$调用该版本。

12.6.7 过程调用

1. 外部过程声明

VB6.0 当使用 Declare 语句声明对外部过程的引用时，可以将 As Any 指定为任何参数的数据类型和返回类型。

VB .NET 不支持 Any 关键字。

2. 过程调用时括号的使用

VB6.0 中，Function 调用的参数列表应包含在括号中。在 Sub 调用中，如果使用 Call 语句，则必须使用括号。不使用 Call 语句，则禁止使用括号。例如：

```
Y=Sqrt(X)
Call DisplayCell(2,14,Value)
DisplayCell 2,14,Value
```

在 VB .NET 中任何过程调用都需要将非空参数放置在括号内，上述代码在 VB .NET 中写为：

```
Y=Sqrt(X)
DisplayCell(2,14,Value)
```

3. ByVal 是默认参数传递类型

在 VB6.0 中，在调用函数或子程序过程时 ByRef（传址）是默认的参数传递类型，而在

VB .NET 中默认的参数传递类型是 ByVal（传值）。

4. Return 语句

VB6.0 中，仅可使用 Return 语句向后分支到 GoSub 语句之后的代码，这两个语句必须在同一个过程中。

VB .NET 不支持 GoSub 语句，可以使用 Return 语句将控制从 Function 或 Sub 过程返回给调用程序。

5. Optional 关键字

VB6.0 中，可以将某个过程参数声明为 Optional，无须指定默认值。如果可选参数是 Variant 类型，可以使用 IsMissing 函数确定该参数是否存在。

VB .NET 中，每个可选参数都必须声明一个默认值，如果调用程序不提供该参数，该默认值会传递给过程。无须使用 IsMissing 函数检测缺少的参数，系统也不支持该函数。

12.6.8 控制流

1. 控制语句

VB6.0 中，GoSub 语句调用过程内的子过程。On…GoSub 和 On…GoTo 还被称为已计算的 GoSub 和已计算的 GoTo。

VB .NET 中，可以使用 Call 语句调用过程，但不支持 GoSub 语句。可以通过 Select…Case 语句执行多个分支，但不支持 On…GoSub 和 On…GoTo 结构。但 VB .NET 仍然支持 On Error 语句。

VB 6.0 中的 While ... Wend 语句在 VB .NET 中被改为 While…End While 语句，不再支持 Wend 关键字。

2. 异常处理

VB 6.0 中使用非结构化异常处理来处理代码中的错误。将 On Error 语句放在代码块的起始位置来处理该块中发生的任何错误。非结构化异常处理还使用 Error 和 Resume 语句。

VB .NET 中，结构化异常处理代码通过将控制结构与异常、受保护的代码块和筛选器结合起来，在执行过程中检测和响应错误。结构化异常处理通过 Try 语句完成，该语句由 3 块组成：Try、Catch 和 Finally。Try 块是包含要执行语句的语句块。Catch 块是异常处理的语句块。Finally 包含在 Try 语句退出后要运行的语句，无论是否发生异常都不产生影响。与 Catch 块一起使用的 Throw 语句引发由 System.Exception 类派生的类型的实例表示的异常。

12.6.9 数据访问和数据绑定

在数据库应用技术上，VB 6.0 和 VB .NET 之间的不同点主要表现在数据访问技术、数据访问具体实现方法和数据绑定上的不同。

在数据访问技术上，VB 6.0 是通过 ADO（Active X Data Object，即：Active X 数据对象）来实现对数据库访问的。同时为了保证对早期版本的兼容，也提供 RDO（远程数据对象）和 DAO（数据访问对象）二种数据访问技术。在 VB .NET 中是使用 ADO .NET 来访问数据库，ADO .NET 是.NET 框架的一部分，其对应的类库是.Net FramWork SDK 的真子集。ADO 和 ADO .NET 这两种技术在概念、功能和实现上都有许多差异。由于篇幅所限，这里就不一一介绍了。其实在 VB .NET 中也可以使用 ADO 来访问数据库，但 ADO 在 VB .NET 中是以 COM 组件的形式出现的，通过添加引用才可以在 VB .NET 中使用。添加引用的过程，其实就是对 COM 组件互操作。经过互操作后的 COM 组件，已经并非先前意义上的 COM 组件，而是转变成可供 VB .NET 直接使用的.Net 类库。

在数据访问的具体实现方法上，VB 6.0 实现数据访问主要是两种方法：其一是在程序设计阶段，可通过把数据源绑定到 ADODC 控件或使用数据环境；其二在运行时，可以通过编程方式创建记录集 RecordSet 对象并与记录集对象交换数据。同样在 VB.NET 中实现数据访问的方法主要也是两种：其一是在程序设计阶段，通过创建、配置数据适配器 DataAdapter 和生成数据集 DataSet；其二在运行中，通过编程方式动态创建、配置数据适配器和创建、生成数据集。

在数据绑定（Data Bind）上，在 VB 6.0 中实现数据绑定通过设置控件的下列属性来实现：DataChanged、DataField、DataFormat、DataMember 和 DataSource。通常是把控件的显示属性绑定到数据源中的相应字段。而在 VB.NET 中，数据绑定的应用范围可广泛得多，VB.NET 中可以将任何控件的任何属性绑定到包含数据的任何结构中。

12.6.10　Web 开发

在 Web 开发技术中，VB 脚本语言——VBScript 结合 HTML 代码使用 Active Server Page（简称 ASP）来创建 Web 应用程序。在 VB .NET 中是使用 ASP .NET 技术来编写 Web 页面，在 ASP .NET 中使用的也不再是脚本语言，而是真正意义编程语言，其中就可以是 VB .NET，它建立在新的框架结构上，完全支持 Web 编程。凭借 ASP .NET 的 Web 应用程序、XML Web Services 等基于 Web 的功能，使 VB .NET 开发 Web 页面与开发 Windows 编程很相似，Web 页面代码也显得更有条理了。

本章小结

VB .NET 是在 VB 6.0 基础上推出的新一代程序开发环境，对于快速开发 ASP .NET 和 Web 服务程序都起着巨大的推动作用。在认真掌握 VB6.0 的基础上学习 VB .NET 编程技术迎合了当前编程思想和编程技术的最新潮流，是一项明智之举。

本章介绍了 VB .NET 的开发环境、面向对象的编程语言的一些新的概念和表示方法。通过具体实例介绍了如何使用 VB.NET 开发简单的 Windows 应用程序和 Web 应用程序，详细介绍了 VB .NET 与 VB 6.0 的若干差异，便于读者在掌握 VB6.0 后能快速地掌握 VB .NET，实现 VB 6.0 到 VB.NET 的无缝过渡。

思考练习题

1. 什么是类？什么是对象？二者的关系是什么？
2. 什么是 VB .NET 的命名空间？
3. 在 VB .NET 中编写一个程序，判断所输入正整数为一位数、二位数或是三位及以上数。
4. 设有 10 个学生的某门功课成绩分别是 80、78、91、62、88、82、49、96、52、85，编写一个 ASP .NET 程序，找出最高分和最低分，并求出平均成绩，在网页上显示出来。
5. 编写一个商品的类，类中包含商品的名称、生产厂家、生产日期、保质期、销售数量、售价等信息，并包含检测商品是否在有效期、统计销售总额的方法。并编写程序输入 10 个商品的相关信息，统计出已过期商品、在 15 天内即将过期商品、销售额第一名的商品。

附录A 程序调试与错误处理

无论是初学者还是资深的程序员，只要是编程就免不了要出错，出错并不可怕，只要我们能检查出错误的地方和出错的原因。如果光靠编程人员逐行阅读代码来找错误不仅耗时间，而且正确率也不高，所以要学会借助 Visual Basic 中的调试手段和出错处理方法来查错和纠错。

A.1 程序调试

在 Visual Basic 6.0 中提供了丰富的调试工具和调试手段，可以方便地跟踪程序的运行，快速发现和纠正程序错误。

A.1.1 错误类型

程序设计中的错误可以分成语法错误、运行错误和逻辑错误 3 类。

1. 语法错误

用户在输入不符合 Visual Basic 语法规则的语句时会产生语法错误或编译错误，如使用非法变量名、内置常量名拼写有误、标点符号使用不正确、分支循环语句格式不完整等。假如选定 Visual Basic 中的自动语法检查选项，则在输入代码时，Visual Basic 会自动检测错误。若是语句使用形式错误，则在代码换行时，系统即可检测错误，错误所在行会以红色字显示，并弹出错误消息框，提示出错原因；若是违反语法规则而产生的错误，则会在运行代码时被快速检测，并显示相关出错信息。

如图 A-1 的代码编辑器中，我们输入“x = MsgBox "语法错误"”代码行后按 Enter 键换行，系统弹出出错框，提示错误原因和类型。在安装 MSDN 联机帮助后用户还能通过“帮助”按钮获取更多的错误分析和解决方法。

2. 运行错误

运行错误是由于试图执行一个不可进行的操作而引起的。如使用一个不存在的对象、数组下标越界、文件操作时文件找不到，除法运算中除数为零等。这些错误在语法检查时检查不出来，只有在运行过程中才会发现。

例 A-1 在下面的事件过程中发生了运行错误，错误显示如图 A-2 所示。错误框中的“调试”按钮能使程序切换到中断状态，并且代码编辑器中的出错行会加亮显示。

```
Private Sub Form_Click ()
    Dim i As Integer, a(1) As Integer
    For i = 0 To 2
        a(i) = I                          '出错代码行
        Print a(i)
```

```
    Next i
End Sub
```

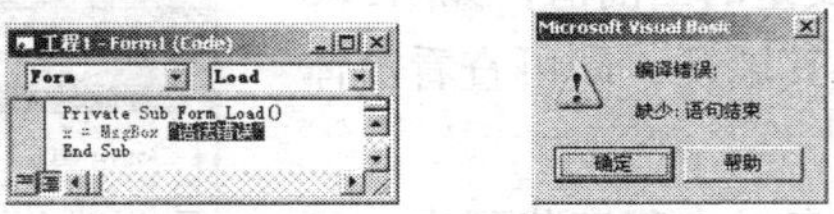

图 A-1 语法错误消息框

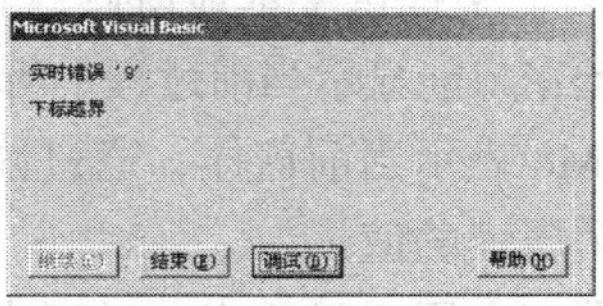

图 A-2 运行错误消息框

3. 逻辑错误

逻辑错误指应用程序可以正常运行，但不能实现预定的处理功能要求而产生的错误。这类错误是由程序设计本身存在的逻辑缺陷造成的，所以查错、纠错的难度较大。这时，我们要灵活机动地使用 Visual Basic 中的调试工具来排除错误。

A.1.2 Visual Basic 的调试环境

Visual Basic 中有调试菜单、调试工具栏和调试窗口，提供了单步执行、设置断点、添加监视等调试功能。

1. 调试菜单

调试菜单如图 A-3 所示。

2. 调试工具栏

Visual Basic 中的调试工具栏可以通过选择“视图”菜单→“工具栏”子菜单→“调试”选项来显示。调试工具栏如图 A-4 所示。

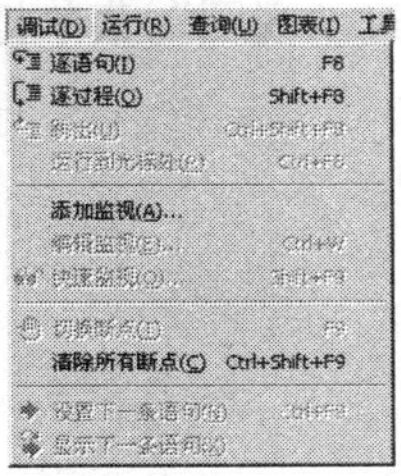

图 A-3 调试菜单

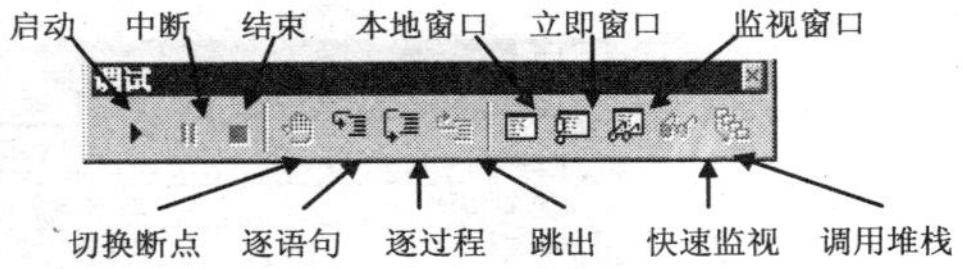

图 A-4 调试工具栏

表 A-1 调试工具栏中各按钮的功能

工具按钮	功　能	快　捷　键
启动	运行程序	F5
中断	中断当前程序的运行，进入中断模式	Ctrl+Break
结束	终止当前程序的运行	
切换断点	设置或取消断点	F9
逐语句	逐行执行代码	F8
逐过程	不进入过程或函数内部，视函数或过程调用为一条语句完成	Shift+F8
跳出	在逐语句执行代码执行到调用的过程中时，单击该按钮将从被调用的过程中跳出	Ctrl+Shift+F8
本地窗口	显示局部变量的当前值	
立即窗口	打开立即窗口	Ctrl+G
监视窗口	打开监视窗口，显示所监视表达式的值	
快速监视	添加监视表达式	Shift+F9
调用堆栈	可弹出一个对话框显示所有已被调用且尚未结束的过程	Ctrl+L

3. 调试窗口

Visual Basic 中提供了本地窗口，立即窗口和监视窗口 3 种调试窗口。

（1）本地窗口能显示当前过程中所有的局部变量的当前值，如图 A-5 所示。其中 Me 表示当前窗体，通过鼠标单击将其展开，即可查看窗体和控件的各个属性的值。

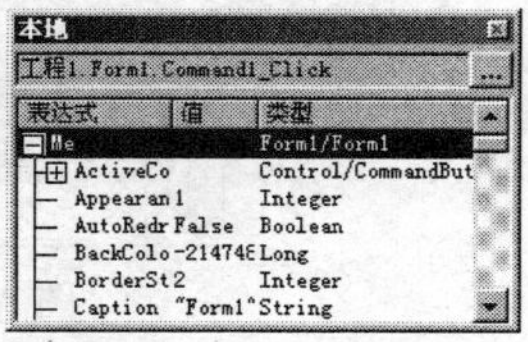

图 A-5　本地窗口

（2）立即窗口用于显示当前过程中的有关信息。在程序代码中，可以使用以下形式将变量或表达式的值在立即窗口中输出。

```
Debug. Print 参数 1[,|;参数 2]……
```

或直接在立即窗口中使用如下形式。

```
Print 参数 1[,|;参数 2]……
```

例 A-2　在例 A-1 的代码中作简单修改，运行时显示立即窗口如图 A-6 所示。

```
Private Sub Form click_()
    Dim i As Integer, a(2) As Integer
    For i = 0 To 2
        a(i) = i: Debug.Print a(i)
    Next i
End Sub
```

（3）监视窗口可以查看指定表达式或变量的值。通过“调试”菜单→“添加监视”命令或“编辑监视”命令可以打开“添加监视”对话框，用于指定或修改需要监视的表达式，选定监视内容所在的模块和过程，以及确定监视的类型。

例如，在例 A-1 中添加监视变量 i（见图 A-7），则运行时通过“视图”菜单打开监视窗口，能观察到所监视表达式的值的变化（见图 A-8）。

图 A-6　立即窗口

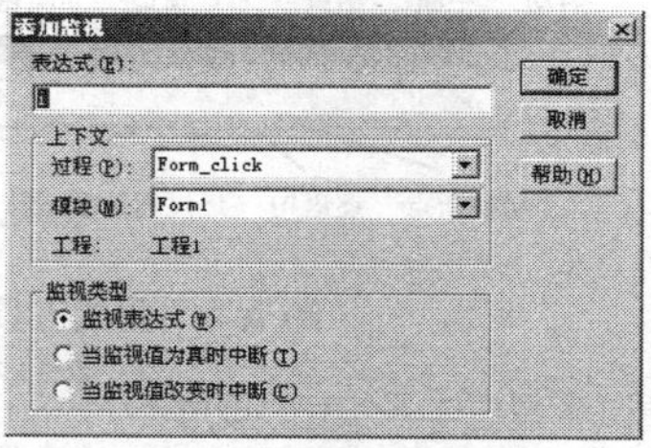

图 A-7　“添加监视”对话框

图 A-8　“监视”窗口

A.1.3　程序调试

简单的错误可以用眼睛直接看出来，但复杂的错误就需靠调试手段来找出了。

在第 1 章中已经介绍 Visual Basic 有设计模式、运行模式和中断模式 3 种工作模式。当应用程序正在 Visual Basic 环境下进行调试时，程序进入中断模式。在 Visual Basic 中我们可以通过单步执行（单击 F8）或设置断点的方法使程序暂停运行，进入中断模式。

1. 设置断点

设置断点的方法有如下两种。

（1）将光标定位在某行，选择“调试”菜单上的“切换断点”命令或通过单击调试工具栏上的“切换断点”的按钮，则在该行上设置了一个断点。

（2）在需要设置断点的代码行的左边单击鼠标即可。

设置了断点的行将以粗体显示，并在该行左边显示一个咖啡色的圆点，作为断点标记，如图 A-9 所示。程序在运行时，当运行到断点处，程序会被挂起，进入中断状态。当把鼠标移到一个变量处，会显示变量的当前值。清除断点的方法同断点的设置类似。

2. 单步调试

我们通常使用的调试手段是逐语句调试和逐过程调试。

（1）逐语句调试。

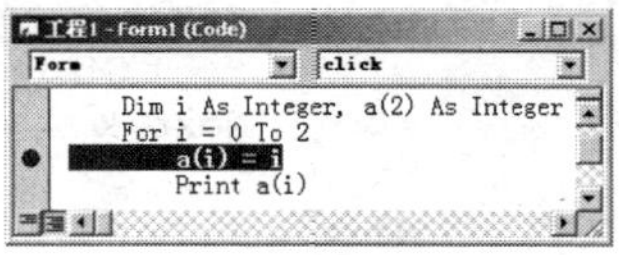

图 A-9　设置断点

逐语句执行就是一条语句一条语句地执行程序代码，每执行完一条就进入中断，便于用户观察程序执行的流程和变量值的变化。逐语句执行可以通过“调试”菜单→“逐语句”命令，或调试工具栏中的“逐语句”按钮，或利用快捷键 F8 来实现。

（2）逐过程调试。

当程序要调用其他过程时，利用“逐语句”就会进入被调用程序内部一条一条语句执行，当排除了过程的出错可能之后，这样“逐语句”执行被调过程显然没必要，所以可以采用“逐过程”跟踪，即把调用过程当作一条语句执行。

实现逐过程调试的方法，可以通过“调试”菜单中的“逐过程”命令，或调试工具栏中的“逐过程”按钮，或利用快捷键 Shift+F8 来实现。

当使用“逐语句”进入被调过程内部后，若已能判断该过程没有错误，希望提前跳出该过程，可通过“调试”菜单中的“跳出”命令，或调试工具栏中的“跳出”按钮，或利用快捷键 Ctrl+Shift+F8 来实现。

在使用“逐语句”跟踪和“逐过程”跟踪时，通常会和本地窗口、立即窗口，监视窗口一起使用，观察变量或表达式值的变化，进而判断程序的错误所在。

A.1.4　程序调试实例

综合利用上述调试工具和调试手段，改正以下程序。

例 A-3　本程序的功能是用来统计二维数组 *a*(1To 3,1 To 4)中所有元素中 0~9 十个数字出现的次数，存入数组 times 中并显示在窗体上。

程序源代码如下：

```
Option Explicit
Private Sub Form click()
   Dim a(1 To 3, 1 To 4) As Integer, i As Integer, j As Integer
   Dim times(9) As Integer
   Randomize
   For i = 1 To 3                                      'A 行
      For j = 1 To 4                                   'B 行
         a(i, j) = Int(Rnd * 100) + 1                  'C 行
         Print a(i, j);                                'D 行
      Next j                                           'E 行
   Next i                                              'F 行
   Call stat(a, times)                                 'G 行
   For i = 0 To 9                                      'H 行
      Print i; "..."; times(i)                         'I 行
   Next i                                              'J 行
End Sub
Private Sub stat(a() As Integer, t() As Integer)
   Dim i As Integer, j As Integer, cub As Integer, k As Integer
   Dim rub As Integer, ch As String
   cub = LBound(a, 1)                                  'K 行
```

```
    rub = UBound(a, 2)                              'L 行
    For i = 1 To cub                                'M 行
       For j = 1 To rub                             'N 行
          ch = Str(a(i, j))                         'O 行
          For k = 1 To 10                           'P 行
             t(Mid(ch, k, 1)) = t(Mid(ch, k, 1)) + 1 'Q 行
          Next k                                    'R 行
       Next j                                       'S 行
    Next i                                          'T 行
End Sub
```

程序运行，弹出出错信息“类型不匹配”，若单击“调试”按钮，出错行落在 Q 行上。鼠标移至变量 ch 上停留片刻，会发现在 *a*(1,1)数值转换的字符串中第一个字符为空格，此空格必须去除，故 O 行代码可以修改为“ch =CStr(a(i, j))”。

继续运行，发现本错误仍然存在，在 Q 行和 R 行之间增加语句“Debug.Print ch, Mid(ch, k, 1),k”，运行时通过立即窗口发现 *a*(1,1)数值的每一位数字已经成功统计，但循环仍在继续。仔细观察 P 行，发现循环次数不能固定为 10，应随着数值位数的改变而改变，因而第二个错误被发现，P 行代码应修改为“For k = 1 To Len(ch)”。

再运行，程序没有发生语法错误，界面如图 A-10 所示，第一行输出的是二维数组 *a*(1To 3,1 To 4)的所有数值，而且还有部分内容没有完全显示，按照习惯，二维数组以分行的形式输出比较清晰，且数值较多时也不会有遗漏，因此在 E 行和 F 行之间增加代码“Print”实现换行，运行界面如图 A-11 所示。

观察界面上的结果发现数据统计不正常，出现这样的逻辑错误，要利用增加断点或单步执行等方式来观察程序流程及相关变量的值的变化。我们可以在 M 行增加断点，当程序运行中断后再单步执行，发现 Q 行代码只完成了对 a(1,1)～a(1,4)的数字统计，而图 A-11 上的结果也正是第一行 4 个数值的统计结果，分析得出结论，问题出现在 M 行的终止值 cub 变量上（变量值为 1），继而发现是 K 行上函数使用不正确所致，LBound 求的是数组下标的下界，UBound 求的才是数组下标的上界，因此 K 行代码应改为“cub = UBound(a, 1)”。至此，程序运行全部正常。

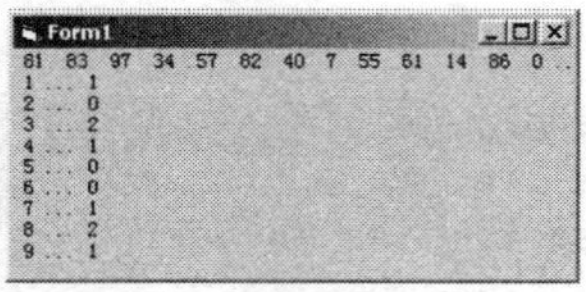

图 A-10　运行界面

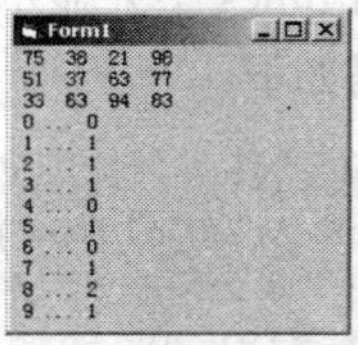

图 A-11　换行后运行界面

A.2　错 误 处 理

一个好的应用程序应该拥有良好的错误处理能力。用户在编程时，要充分考虑运行时可能遇到的各种错误，如对软盘操作时，软驱中没有软盘，这时就会发生错误，程序会被终止。为了避免这种情况发生，需要在可能出错的地方设置错误陷阱捕捉错误，并给出提示，以便使用户进行适当的处理。

A.2.1　错误捕捉和处理

Visual Basic 中提供了 On Error 语句设置错误陷阱。On Error 语句有以下 3 种形式。

1. On Error Goto 语句标号

语句格式：

```
On Error Goto 语句标号
[程序代码]                    '可能出错的语句部分
Exit Sub                      '或 Exit Function
语句标号:
[错误处理语句]
Resume [Next]
```

语句功能：在发生运行错误时，转到语句标号所指定的程序块执行错误程序，错误处理完毕，执行 Resume 语句，程序返回到出错语句处执行。若没有错误发生，过程或函数通过 Exit Sub 或 Exit Function 正常结束。

若有 Next 关键字，则当错误处理完成后，程序转到出错语句的下一条语句执行。这种结构常用于不易更改的错误处理。

2. On Error Resume Next

语句功能：发生运行错误时，忽略错误行，转到发生错误的下一条语句继续运行。

3. Error GoTo 0

语句功能：禁止当前过程中任何已启动的错误。

A.2.2 错误处理实例

例 A-4 单击窗体中的图像框，链接到指定的可执行文件，运行界面如图 A-12 所示。

```
Private Sub Form_Load()
    Image1.Picture = LoadPicture(App.Path + "\word.jpg")
End Sub
Private Sub Image1_MouseDown(Button As Integer, Shift As Integer, X As Single, Y As
Single)
    Image1.Picture = LoadPicture(App.Path + "\word2.jpg")
End Sub
Private Sub Image1_MouseUp(Button As Integer, Shift As Integer, X As Single, Y As Single)
    Image1.Picture = LoadPicture(App.Path + "\word.jpg")
End Sub
Private Sub Image1_Click()
    On Error GoTo e1
    Shell "G:\Program Files\Microsoft Office\Office\WORD.EXE"
    Exit Sub
e1:
    MsgBox "链接出错！"
    Resume Next
End Sub
```

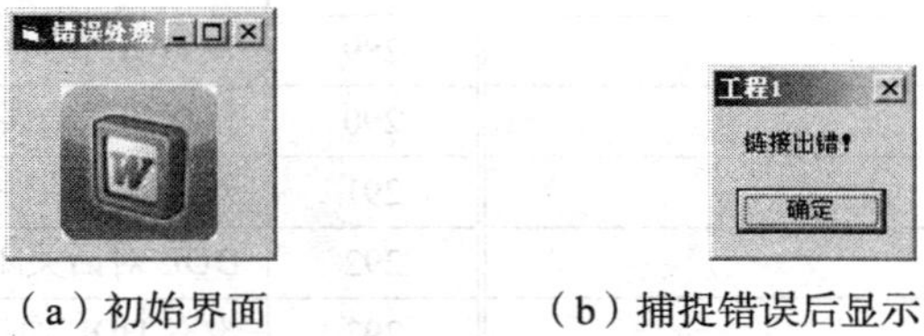

（a）初始界面　　（b）捕捉错误后显示的消息框

图 A-12　例 A-4 运行界面

附录B 常见错误代码表

错误码	说明	错误码	说明
3	有 Return，没有 Gosub	63	记录号有误
5	不合法的函数调用	64	文件名有误
6	溢出	67	文件太多
7	内存溢出	68	设备未准备好
9	下标超限	70	拒绝请求
10	数组长度固定或暂时锁定	71	驱动器未准备好
11	除数为 0	74	无法对不同的驱动器改名
13	类型不匹配	75	路径/文件名错误
14	字符串空间不够	76	没找到指定路径
16	字符串格式太复杂	96	拒绝接收该对象的事件，因为它触发的事件已达到可接收事件者的最大数量
17	无法继续执行操作	97	在不是定义类的实例的部件
18	用户中断	260	没有计时器
19	没有 Resume	280	DDE 对话通道尚未关闭，正在等待对方反应
20	有 Resume，没有错误	281	没有多余 DDE 对话通道
28	堆栈空间不够	282	没有外界应用软件对 DDE 产生反应
35	没有定义函数	283	多个外界应用软件对 DDE 产生反应
47	DLL 应用客户太多	284	DDE 对话通道上锁
48	装入 DLL 错误	285	外界应用软件不执行 DDE
49	DLL 调用约定错误	286	等待 DDE 反应时间不够
51	内部错误	287	当执行 DDE 时，用户按 ALT 键
52	文件名或文件错误	288	目标程序忙碌
53	找不到文件	289	在 DDE 执行中没有数据供应
54	文件格式不对	290	数据形态错误
55	文件业已打开	291	外界应用软件结束
57	设备 I/O 错误	292	DDE 对话关闭或改变
58	文件已存在	293	没有 DDE 通道对话
59	记录长度有误	294	无效的 DDE 连接格式
61	磁盘已满	295	通道线已满；DDE 信息失落
62	超越文件的尾端	296	控件图已执行 “PASTELNK”

续表

错误码	说　　明	错误码	说　　明
297	无法设置 LinkMode 属性：无效的 LinkTopic 属性	424	需要对象
320	不能在文件名中使用设备名称	425	无效的使用对象
321	无效的文件格式	429	OLE 自动服务器不能创建对象
322	不能创建临时文件模式窗体	430	没有当前的活动控件
340	控件数组元素“项目”不存在	431	没有最近的有效窗体
341	无效的对象数组索引	432	在 OLE 自动操作期间文件名或类名未发现
342	无足够的空间定位控件数组“项目”		
343	对象非数组	438 440	对象不支持该属性或方法 OLE 自动化错误
344	给对象数组必须指定下标	442	远程处理的类型库或对象库的连接已丢失
345	无法在这个表格上再建立控制图	445 446	对象不支持该动作 对象不支持命名的参数
360	对象已装入	447	对象不支持当前设置
361	无法装入或删除此对象	448	已命名的参数未发现
362	不能删除设计状态下建立的控件	449	参数不可选
363	自定义控件的“项目”找不到	450	参数数目错误
364	对象已删除	451	对象不是集合
365	在这个环境下无法删除	452	顺序无效
380	无效的属性值	453	指定的 DLL 函数未发现
381	无效的属性数组下标	454	代码资源未发现
382	“项目”属性在执行时设置	456	Get 和 Put 不能用于数组
383	“项目”属性为只读	457	重复键
384	当表格被极大或极小化时，“项目”属性无法修改	458	Visual Basic 中不支持使用的变量类型
385	当使用属性数组时，必须指定下标	459	这个部件不支持事件
386	“项目”属性在执行时无效	460	无效的 Clipboard 格式
387	“项目”属性不能在这控件上设置	461	设置格式不符合系统的数据格式
388	不能在菜单上设置属性	480	不能建立 AutoDraw 图像
400	窗体已显示，不能显示“Model”模式窗体	482	打印机错误
401	当一个“Model”模式窗体被显示时，无法再显示“非 Model”格式窗体	520	不能清除 Clipboard
402	必须先关掉（或隐藏）最上的“Model”模式窗体	521	无法打开 Clipboard
403	MDI 窗体不能以模式窗体方式显示	735	不能在 TEMP 目录中保存文件
420	无效的对象参考	744	搜索的文本未找到
421	该方法不配属此对象	746	替换内容太长
422	属性“项目”找不到	31001	内存不足
423	属性或控件“项目”找不到		

附录 C
标准 ASCII 码表

ASCII 值	字　符	助记符	ASCII 值	字　符	ASCII 值	字　符	ASCII 值	字　符
0		NUL	32	Space	64	@	96	`
1		SOH	33	!	65	A	97	a
2	┐	STX	34	"	66	B	98	b
3	└	ETX	35	#	67	C	99	c
4	┘	EOT	36	$	68	D	100	d
5	│	ENQ	37	%	69	E	101	e
6	–	ACK	38	&	70	F	102	f
7	•	BEL	39	'	71	G	103	g
8	◘	BS	40	(	72	H	104	h
9		HT	41	)	73	I	105	i
10		LF	42	*	74	J	106	j
11	♂	VT	43	+	75	K	107	k
12	♀	FF	44	,	76	L	108	l
13		CR	45	-	77	M	109	m
14	♫	SO	46	.	78	N	110	n
15	☼	SI	47	/	79	O	111	o
16	┼	DLE	48	0	80	P	112	p
17	◄	DC1	49	1	81	Q	113	q
18	↕	DC2	50	2	82	R	114	r
19	‼	DC3	51	3	83	S	115	s
20	¶	DC4	52	4	84	T	116	t
21	┴	NAK	53	5	85	U	117	u
22	┬	SYN	54	6	86	V	118	v
23	┤	ETB	55	7	87	W	119	w
24	↑	CAN	56	8	88	X	120	x
25	├	EM	57	9	89	Y	121	y
26	→	SUB	58	:	90	Z	122	z
27	←	ESC	59	;	91	[	123	{
28		FS	60	<	92	\	124	|
29		GS	61	=	93	]	125	}
30		RS	62	>	94	^	126	~
31		US	63	?	95	_	127	DEL